Nanophotonics

纳米光子学

〔美〕 帕拉斯·N.普拉萨德 著

Paras N. Prasad

University at Buffalo
The State University of New York

张镇西 姚翠萍 王 晶 梅建生
王斯佳 辛 静 宋璟波 译

西安交通大学出版社
Xi'an Jiaotong University Press

Paras N. Prasad
Nanophotonics
ISBN:978 - 0 - 471 - 64988 - 5
Copyright©2004 by John Wiley & Sons, Inc.

陕西省版权局著作权合同登记号　图字 25 - 2009 - 034 号

图书在版编目(CIP)数据

纳米光子学/(美)帕拉斯・N.普拉萨德(Prasa・N. Prasad)著;
张镇西等译.—西安:西安交通大学出版社,2018.3(2019.12 重印)
书名原文:Nanophotonics
ISBN 978 - 7 - 5693 - 0492 - 3

Ⅰ.①纳… Ⅱ.①普… ②张… Ⅲ.①纳米技术-光子
Ⅳ.①TB383 ②O572.31

中国版本图书馆 CIP 数据核字(2018)第 052480 号

书　　名	纳米光子学	
著　　者	(美)帕拉斯・N.普拉萨德	
译　　者	张镇西 等	
策划编辑	赵丽平　鲍　媛	
责任编辑	鲍　媛	

出版发行	西安交通大学出版社
	(西安市兴庆南路 1 号　邮政编码 710048)
网　　址	http://www. xjtupress. com
电　　话	(029)82668357　82667874(发行中心)
	(029)82668315(总编办)
传　　真	(029)82668280
印　　刷	西安日报社印务中心

开　　本	787mm×1092mm　1/16	印张	26.25
印　　数	1001~2000	字数	489 千字
版次印次	2018 年 11 月第 1 版　2019 年 12 月第 2 次印刷		
书　　号	ISBN 978 - 7 - 5693 - 0492 - 3		
定　　价	98.00 元		

读者购书、书店添货,如发现印装质量问题,请与本社发行中心联系、调换。
订购热线:(029)82665248　(029)82665249
投稿热线:(029)82665397
读者信箱:banquan1809@126.com

版权所有　侵权必究

再版序

　　纳米光子学是一门新兴的前沿学科,融合了纳米技术和光子学的交叉研究领域。该学科在能源、生命科学、环境保护和全球安全等重大议题领域内发挥着特有的作用。纳米光子学的系列理论无疑是纳米技术这一科学研究的重要推手。《纳米光子学》(*Nanophotonics*)不但对这一研究领域的基础理论做出了全面的论述,还对纳米生物材料、纳米生物医学及纳米光子学的应用和市场前景进行展望,因此使得这本专著在纳米医学界不但有着举足轻重的地位,而且已经广泛地用作教学素材材料和难得的科研参考资料。

　　本书出版后,得到广大读者的好评和厚爱,荣获了国家2010年度引进版科技类优秀图书奖,并陆续被许多院校选为研究生教材。读者评价该书非常经典,"理论和应用结合,专业权威","前沿书籍,激发灵感与创新",等等。再版前,我们全面细致地审校全文,对原书翻译的不准确之处进行了修订,并再次呈现给大家,并期待本书的能吸引和启发更多年轻的研究人员,在这一领域中提出新见解并作出创新,为中国在这个多学科交叉的研究领域中作出重要贡献,在中华民族的伟大复兴中贡献力量。

　　这次修改中,付磊博士生修改了序、第1章和第3章;王思琪博士生修改了第2章和第5章;辛静博士生修改了第4章;周一成硕士生修改了第6章;贺宇路博士生修改了第7章和第12章;王斯佳博士修改了第8章和第14章;杜晓凡博士生修改了第9章;王森豪硕士生修改了第10章和第11章;王佳壮硕士生修改了第13章。生物医学工程在读本科生孔渊、姚兴、刘阳霈、张瑞、毛建允、杨靖伟、靳晓博等参加了本书的一些校对工作。王森豪同学用相机记录了课题组博士和硕士研究生搭建的系统,并呈现在本书的封面上。

我们也要感谢最新获得国家自然科学基金项目的资助*。借此还要感谢生物医学光子学教育部网上合作研究中心西安交通大学分部(http://bmp. xjtu. edu. cn/)的全体成员,他们的辛勤努力使得本课题组的研究方向不断扩展,研究水平也向国际的前沿水平靠近提高。

西安交通大学出版社的鲍媛老师给予了极大的配合和支持,使得本书的中文翻译版再次面世。

此书是我们翻译的有关纳米光子学的一本专著,希望该书的翻译出版会对我国生物医学光子学领域的发展有所帮助。而生物医学光子学已经成为多个学科集成综合高速发展的领域,也成为重要学科前沿生命科学和医学成像新领域研究的重要组成部分。有关纳米生物医学光子学的进展,请参阅封面书舌的介绍。

生物医学光子学依然处于发展新阶段。作为一个与其他学科交叉发展从而促进生命科学进展的学科,纳米生物医学光子学具有其独特的优势和难点。在今后数年间,我们可以期待该学科将以更快的速度向前发展并产生更大的影响。

由于能力所限,此书中翻译的不妥之处,恳请读者批评指正。

张镇西

于西安交通大学生命科学与技术学院

生物医学分析技术与仪器研究所

zxzhang@mail. xjtu. edu. cn

http://bmp. xjtu. edu. cn/

http://bmp. xjtu. edu. cn/jpkc. htm

2018 年 9 月 15 日

---

　*　国家重大科研仪器研制项目(自由申请):基于波前整形的高光谱成像引导的肿瘤光热/光动力双模治疗手术系统(61727823)。

译者序

在从事生物医学光子学研究的同时,我们先后翻译出版了《激光与生物组织的相互作用——原理及应用》(西安交通大学出版社,1999)、《医学工作者的因特网》(西安交通大学出版社,2000)、《分子光子学——原理及应用》(科学出版社,2004)、《激光与生物组织的相互作用原理及应用(第三版)》(科学出版社,2005)和编写出版了《生物医学光子学新技术及应用》(科学出版社,2008)等书。本书的翻译是继上述几本书之后又一本有助于我们项目发展的作品。

本书的翻译完稿得到了许多单位和朋友的支持与帮助。德意志学术交流中心(Deutscher Akadimischer Austausdinst,DAAD)长期为我们提供书籍资料和其他支持。著名教授蒋大宗先生多次关心课题的发展;福建师范大学物理与光电信息科技学院的院长、西安交通大学兼职教授谢树森教授长期对我们给予支持。同时感谢国家自然科学基金委员会多年来对我们课题的资助*,以及 CSC-DAAD 联合资助重点实验室项目:2006 年中德合作科研项目(PPP)基因转染新方法研究——激光照射金纳米颗粒诱导细胞的选择性吸收。

借此还要感谢生物医学光子学教育部网上合作研究中心西安交通

* 基于 ALA 脂类衍生物的光动力疗法对白血病细胞的影响(60178034)、心脏电活动高分辨光学标测技术的研究(60378018)、基于激光技术的微粒辅助基因转染新方法研究(60578026)、基于新型金纳米-ALA 结合体对白血病细胞的灭活效率及机理研究(60878056)、科学仪器基础研究专款:基于多光谱荧光成像的在体三维光学标测系统(60927011)。

大学分部(http://bmp.xjtu.edu.cn/)的全体成员,他们的辛勤努力使得本课题组的研究方向不断扩展,研究水平也有了大幅度的提高。

课题组的在读博士生梁晓轩、梁佳明、臧留琴、刘成波、隆弢、梅曦、王波、许皓和在读硕士生邓亮、刘琛、钱康、杨洋等参加了本书一些章节的翻译和校对工作。

特别要感谢纽约州立大学布法罗分校(University at Buffalo The State University of New York)的Paras N. Prasad教授给中文翻译版的书撰写了序言,并更正了原书中的一些印刷错误。

西安交通大学出版社的赵丽萍和鲍媛老师给予了我们极大的配合和支持,没有他们的鼓励,本书的中文翻译版是不能面世的。

此书是我们翻译的有关纳米光子学的一本专著,希望该书的翻译出版会对我国生物医学光子学领域的发展有所帮助。由于能力所限,翻译此书中的不妥之处,恳请读者批评指正。

张镇西

于西安交通大学生命科学与技术学院

生物医学分析技术与仪器研究所

zxzhang@mail.xjtu.edu.cn

http://bmp.xjtu.edu.cn/

2010 年 1 月 15 日

中文版序言

我非常高兴地知悉我的专著《纳米光子学》中文翻译版即将出版。

纳米光子学是一门在世界范围内，激励众多科学和工程人员想象和创造力的一门新型学科领域。该学科必将在全球关注的许多重大议题领域内，诸如能源、卫生保健、环境保护和全球安全，发挥其独特的作用。当前，纳米光子学已是许多有关光学与光子学会议的重要主题之一。中国已成为一个对这一领域的发展有重要贡献的国家之一。毫无疑问，中国在这方面的研究和努力，还将继续扩展和增强，从而将有利于整个学界。我期望本书中文版将会吸引更多年轻一代的研究人员，启发他们在这一新领域内提出新见解和做出创新，并鼓励他们与国际同行建立更多的合作。

最后，我谨向为促成本书中文版出版而做出杰出努力的张镇西教授表示由衷的感谢。

帕拉斯·N.普拉萨德

Preface to the Chinese Edition

I am very happy that my monograph *"Nanophotonics"* has been translated into Chinese. Nanophotonics has clearly established itself as a new frontier, stimulating the imagination of scientists and engineers worldwide. This field is destined to play a major role in implementing many technological aspects of critical global priorities, ranging from energy, to healthcare, to environment, and to world security. Nanophotonics is a major topic of coverage in any conference on photonics and optics. China is now a significant contributor to this field and undoubtedly, the scope of research activities in Nanophotonics in China will continue to expand to the benefit of all. It is thus my hope that this Chinese translation will attract young researchers in China to this field, inspire them to develop new ideas and innovations, and encourage them to establish international collaborations.

I wish to thank Professor Dr. Zhenxi Zhang for his extraordinary effort to make this Chinese edition a reality.

Paras N. Prasad

序　言

　　纳米光子学,是一个将纳米技术和光子学融合起来的新兴交叉学科。它为基础研究带来了挑战,也为新技术的发展提供了机遇。纳米光子学在市场上已经带来了一定的影响。作为一个多学科交叉的研究领域,纳米光子学为物理学、化学、应用科学、工程学和生物学,以及生物医学技术的发展创造了机遇。

　　对于不同的人而言,纳米光子学的意义有所不同,在各自的情况下,纳米光子学的定义都显得非常的狭隘片面。一些书籍和综述里包含了纳米光子学的多个方面以供选择。然而,随着时代的发展,有必要出一本关于纳米光子学的专著来提供一个统一综合的体系。本书努力迎合了这些需求,就纳米光子学提供了统一的、全方位的描述,以满足各个不同学科读者的需要。本书的目的是为这个涉及面广泛的学科提供基础知识,以使各个学科的学者都能迅速掌握最低限度的、必要的知识背景用以研究和发展纳米光子学。作者希望本书既能够作为教学与培训的教科书,也可以作为帮助集光学、光子学和纳米技术于一体的领域研究和发展所需要的参考书。本书的另外一个目的是引起研究人员、产业部门和企业促进合作的兴趣,在这个新兴科学上,能够制定出多学科交叉的工程,促使随之产生的技术能够发展和转化。

　　本书包含了集纳米技术、光子学和生物学于一体的理论知识和各种应用。每章开头的引言介绍了读者能从该章获取的知识范围。每章结尾的知识要点是需要深刻理解的部分,同时也为前面所陈述内容做一个回顾。

　　本书主题广泛，在撰写过程中，我获得了纽约州立大学布法罗分校激光研究所、光子研究所和生物光子研究所众多研究人员以及来自于其他地方的研究人员的帮助。这些帮助包括技术信息的提供、插图的制作、校正，以及书稿的准备。对于这些帮助过我的研究人员们特此分别给予鸣谢。

　　在这里，我还要感谢那些给予我无私帮助的至亲。他们的帮助对于本书的完成有着至关重要的价值。我衷心地感谢我的妻子 Nadia Shahram。她是我一直不断的精神力量之源泉，她不顾自己非常繁忙的职业事务，给予我这次写作以支持和鼓励。我也很感激我们的女儿，我们的公主 Melanie 和 Natasha，她们付出大量的时间陪伴我，展现了她们的爱与理解。

　　我要对我的同事 Stanley Bruckenstein 教授表示衷心的感谢，他不断地给予我支持和鼓励。我要感谢 Marek Samoc 博士、Joseph Haus 教授和 Andrey Kuzmin 博士，他们给予了我有价值的总体支持和技术帮助。我还要感谢我的行政助理 Margie Weber 小姐，她负责处理研究所的很多关键性的日常行政事务。最后，我要感谢 Theresa Skurzewski 小姐和 Barbara Raff 小姐，她们在书稿编写工作中给予了我非常宝贵的帮助。

帕拉斯·N.普拉萨德

致 谢

技术目录：

Martin Casstevens 先生、Joseph Haus 教授、Andrey Kuzmin 博士、Paul Markowicz 博士、Tymish Ohulchanskyy 博士、Yudhisthira Sahoo 博士、Marek Samoc 博士、Wieslaw Strek 教授和 Albert Titus 教授。

技术说明和参考：

E. James Bergey 博士、Jean M. J. Frechet 教授、Christopher Friend 先生、Madalina Furis 博士、Bing Gong 教授、James Grote 博士、Aliaksandr Kachynski 博士、Raoul Kopelman 教授、Charles Lieber 教授、Tzu Chau Lin 博士、Derrick Lucey 博士、Hong Luo 教授、Tobin J. Marks 教授、Chad Mirkin 教授、Haridas Pudavar 博士、Kaushik RoyChoudhury 博士、Yudhisthira Sahoo 博士、Yuzchen Shen 博士、Hanifi Tiryaki 先生、Richard Vaia 博士和 QingDong Zheng 先生。

各章校正：

E. James Bergey 博士、Jeet Bhatia 博士、Robert W. Boyd 教授、Stanley Bruckenstein 教授、Timothy Bunning 博士、Alexander N. Cartwright 教授、Cid de Araújo 教授、Edward Furlani 博士、Sergey Gaponenko 教授、Kathleen Havelka 博士、Alex Jen 教授、Iam Choon Khoo 教授、Kwang-Sup Lee 教授、Nick Lepinski 博士、Hong Luo 教授、Glauco Maciel 博士、Seth Marder 教授、Bruce McCombe教授、Vladimir Mitin 教授、Robert Nelson 博士、Lucas Novotny 教授、Amitava Patra 博士、Andre Persoons 教授、Corey Radloff 博士、George Schatz 教授、George Stegeman 教授和 Richard Vaia 博士。

书稿编写：

Michelle Murray、Barbara Raff、Theresa Skurzewski 和 Marjorie Weber。

简要目录

目　录

第1章

绪　论

1.1　纳米光子学——纳米技术领域的研究热点

　　纳米光子学是一个激动人心的崭新的前沿领域,在这里,全世界的研究者们 P.1
尽情发挥着他们的想象力和创造力。它的研究内容为在纳米尺度内光与物质的相
互作用。纳米光子学作为纳米科技新的分支,为基础研究带来了挑战,并为新技术
的诞生创造了机遇。人们对纳米科学方面的兴趣来自于已经实现了的费曼的著名
言论——"在更精细的空间内仍大有可为"(Feynman,1961,"There's Plenty of
Room at the Bottom")。他指出,如果能将一毫米的长度在十亿分之一米的纳米
范围内进行分割,可以想象将会有大量可进行操控和处理的片段和组分。

　　我们生活在一个"纳米热"的时代。有关纳米的一切都被认为是极其令人振奋
和有价值的。许多国家已经对纳米技术展开了积极的研究。2002年,美国国家研
究委员会出版了关于美国国家纳米技术计划的详细报告(NRC Report,2002)。虽
然不能断言纳米技术对每个问题都能提供一个较好的解决方法,但纳米光子学仍
然创造了足以令人振奋的机会并使新技术的发展成为可能,关键的因素是纳米光
子学是在一个比光波长还要短的尺度下处理光与物质之间的关系。本书涵盖了纳
米光子学与新型纳米材料及其相互作用,以及它们的应用。撰写本书的目的是想
通过对纳米光子学的介绍激发起更多人对这个新领域的兴趣。为了方便起见,书
中列举的例子尽可能出自我们研究所开展的激光、光子学及生物光子学方面的工
作,这些工作都是基于纳米光子学的综合性研究。

　　作为补充参考,本书英文版还推荐一张由 SPIE 出版的 CD-ROM(CDV497),
其内容为本书作者在 SPIE 讲授的关于纳米光子学的短期课程,并以 PPT 形式提
供了大量的彩色插图。

1.2　纳米光子学概述

从概念上纳米光子学可以分为表 1.1(Shen et al., 2000)所示的三个部分。

表 1.1　纳米光子学

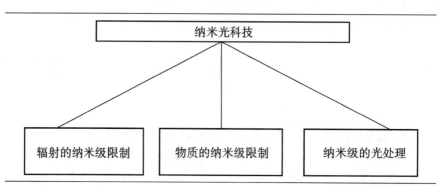

P.2　　　　引发光与物质在纳米级范围内相互作用的一种方法是将光限制在远小于其波长的纳米范围内。第二种方法是将物质的尺寸限制在纳米尺度范围内,从而将光与物质的相互作用限制在纳观范围,这种方法属于纳米材料的应用领域。最后一种方法是对光处理(如诱导光化学反应或光诱导相变)的纳米级限制,该方法可用于对光子的结构与功能单元进行纳米级加工。

对于辐射的纳米级限制,有诸多的方法可将光限制到纳米级范围。其中之一是使用近场光学传播,这部分将在本书的第 3 章中进行详细的讨论。一个典型的例子是光通过一个有金属涂层的锥形光纤,由一个远小于光波长的尖端发射出来,最终将光限制在纳米尺度。

为了制备在光子学中使用的纳米材料,对物质的纳米级限制会涉及到限制物质尺寸以及纳米结构等多个方面。同时具有电子和光子特性的无机或有机纳米粒子已经被应用于纳米光子学的多个方面,例如在防晒润肤剂中添加的紫外吸收剂。纳米蒙脱土(Nanomers)是一种单体有机结构的纳米级低聚物(少量的重复单元),是纳米粒子的有机类似物。与此相对,高分子材料(Polymers)是一种包含大量重复单元的长链结构。这些纳米蒙脱土表现出尺寸制约性的光学特性。金属纳米粒子表现出独特的光响应和增强型电磁场特性,形成"等离子体光子学"的领域。此外,还有的纳米粒子能将吸收的两个红外光子转化为一个紫外可见范围的光子;反之,有些被称作是量子切割器的纳米粒子,可吸收一个真空紫外光子转换成为两个可见光范围内的光子。纳米材料研究领域的一个热点是在光学尺度上具有周期性介电结构的光子晶体。纳米复合材料包含两种或多种不同材料构成的纳米畴,这些材料在纳米级范围内发生相分离现象。在纳米复合材料中的每一个纳米畴可以

将其特定的光学特性传输到块状介质（bulk media）中，并且由于不同纳米畴之间 P.3
的能量转换（如光通信）而形成的光能的流动也是可控的。

纳米级的光处理可用来进行纳米光刻以制作纳米结构。这些纳米结构可用于
研制纳米级的传感器和驱动器。纳米级的光学存储是纳米加工的一个热点概念。
纳米加工的一个重要特点是光学处理能被限制在边界明确的纳米区域内，以便能
在精确的几何条件与布局下制作纳米结构。

1.3 多学科的教育、培训与研究

我们生活在一个通信、计算机存储与数据处理方面已经取得并将继续创造革
命性进展的多元世界里。对用于疾病早期甚至是前期快速检测和治疗方面的新技
术的需求不断增长。我们逐步适应这些进步的同时，也强烈地期望更小巧、更高
效、更快速、更环保的技术出现。光子技术与纳米技术的结合能应对更多的挑战。
在医疗方面，基于分子技术的无创光子诊断方法可以在诸如癌症等疾病的发病前
期或发病初期发现征兆，并提供早期的干预，这是医学史上的一个巨大飞跃（Pras-
ad，2003）。纳米医学与光诱导和光活化疗法相结合将推动基于分子识别的个性化
疗法的发展，而且此方法的优势在于能使副作用减少到最小。

过去的几十年已经见证了许多由不同学科相融合所产生的重大技术突破，并
且这种趋势在这个千年可能会更明显。纳米光子学在其广阔的发展前景中，为科
学、技术与医学领域等许多不同的传统学科之间的融合提供了机遇。就本书而言，
纳米光子学是一个涵盖了物理、化学、应用科学与工程、生物学以及生物医学技术
的跨学科领域。

要实现纳米光子学更广阔的美好愿景，就面临着一个重大的多学科综合的挑
战。应对这些挑战需要培养更多具有相关知识的研究人员和训练有素的科技人
员。因此我们需要为正处于本科与研究生水平的未来一代研究者提供多学科、广
范围的训练。世界各国都已认识到了这一点的重要性，他们通过越来越多地举办
关于这一主题的会议与研讨会，以及通过各种研究机构的教育和培训计划来实现
这一目标。例如，本书作者在布法罗提供了一个关于纳米光子学方面的多学科综
合课程，还在 SPIE 专业学会会议上举办了一个有关该学科的短期课程。这本书
中的大部分材料都是在这些课程的教学中形成的，同时还根据这些课程的参与人
员提出的有价值的反馈而进行了部分修正。

我们希望本书既能作为教育和培训机构的教材，也能作为科研和开发工作者 P.4
的参考书。本书的最后一章通过对纳米光子学技术的发展现状提出了有建设性的
评价，这对推进纳米光子学的产业化和市场化进程也具有一定的价值。

1.4　本书的理论基础

诚然,对于纳米光子学这样一个热门领域,已经有许多优秀的综述性文章和书籍出版发行。纳米光子学对于不同领域的研究者们也有着不同的侧重点。一些人把近场相互作用和近场显微技术作为纳米光子学的发展重点,而另一些人则把关注的焦点集中在光子晶体上。纳米光子学另一个主要的研究方向是纳米材料,尤其是那些光学特性具有尺寸依赖性的材料,这些纳米材料都具有量子限制结构。而对于工程师来说,纳米光学器件与纳米光刻是纳米光子学中与自身关联最密切的方面。

就光学材料而言,科学界往往将其分为两部分:无机材料与有机材料,且两者几乎没有交叉。物理学界通常侧重于无机半导体与金属,而忽略了复杂的有机结构;另一方面,化学界则只是传统地涉及到了有机结构与生物材料,却对无机半导体没有足够的重视,特别是没有重视界定它们的电子与光子特性的概念。新一代的杂化纳米材料包含不同层次的有机结构与无机结构,对新兴基础科学研究和新型技术发展具有重要意义。例如,新的化学路线可以用来为纳米光子学制造无机半导体纳米结构,而工程师们需要利用这些新材料的灵活性以加工具有多功能和异构集成的构件,但是他们往往在处理这些材料时缺乏必要的知识与经验。生物学家们可为纳米光子学提供大量的生物材料,与此同时,生物学与生物医学研究人员能利用纳米光子学来研究细胞生命过程以及使用纳米探针进行诊断和实现光诱导及光活化疗法。

通常情况下,缺乏共同语言是影响跨学科交流的一个主要障碍。因此,创造一个涵盖这些学科并能促进学科间交流的环境是当务之急。

本书致力于解决上述问题,并从以下特色方面进行阐述以填补现有空白:

- 多方面详细地介绍了纳米光子学,包括近场相互作用、纳米材料、光子晶体以及纳米加工。
- 将重点放在纳米粒子的相互作用、纳米光学材料以及纳米光子的应用上。
- 涵盖无机与有机材料、生物材料以及这些材料的复合应用。
- 对纳米光刻技术的概述。
- 纳米光子学对生物医学研究以及纳米医学的影响。
- 纳米光子学市场化的严格评估以及前景预测。

P.5

1.5　基础研究与新技术发展的机遇

纳米光子学集成了许多重大技术领域:激光、光电子、光电、纳米技术和生物技术。所有这些技术已经或者正在创造超过 1000 亿美元的年销售收入。纳米光子学还为多学科综合研究提供了良好的机遇。下面根据学科的分类,对这些领域进行简单的介绍。

化学家与化学工程师:
- 纳米新型合成路线及其处理过程;
- 基于多种纳米架构的新型分子纳米结构和超分子组件;
- 自组装的周期和非周期纳米结构产生的多功能性和合作效应;
- 通过化学修饰合成纳米模板;
- 不改变反应容器条件下的一步合成法;
- 可扩展的生产,使得大量制备更为经济。

物理学家:
- 利用量子电动力学来研究纳米腔内的新型光学现象;
- 利用单光子源进行量子信息处理;
- 纳米非线性光学过程;
- 对电子、声子与光子之间相互作用的纳米控制;
- 纳观激发动力学过程的时间分辨和频率分辨研究。

设备工程师:
- 利用纳米光刻技术对发射器、探测器与耦合器进行纳米加工;
- 耦合功率源的发射器、传输信道、信号处理器和探测器的纳米级集成;
- 光子晶体回路及微腔设备;
- 光子晶体与等离子体光子学结合以增强其多种线性及非线性光学性能;
- 量子点与量子线激光器;
- 可包装成卷筒状的高效宽带轻型太阳能电池板;

P.6

- 可将真空紫外光子分裂成两个可见光光子以用于制作新一代荧光灯和照明装置的量子切割器。

生物学家:
- 对生物材料进行遗传改造以用于光子学;
- 引导仿生光子材料发展的生物学原理;
- 用于光子构造的新型生物胶体与生物模板;
- 光子材料的细菌合成。

生物医学研究人员:
- 用新型光学纳米探针进行医学诊断;
- 用光引导纳米医学方法进行靶向治疗;
- 利用纳米粒子的新型光活化疗法;
- 基于纳米技术的生物传感器。

1.6 本书的适用范围

本书是为在交叉学科领域工作的读者所写的,其目标是对纳米光子学进行详细全面的介绍。其重点是以最少的数学细节对最基本的概念进行阐明,提供丰富的范例来说明其原理和应用。本书还可帮助初学者尽快获得必要的背景知识以便尽早地展开研究开发工作。

在交叉学科领域工作的研究人员面临的一个重大挑战是学习他们专业之外的跨学科知识。学习过程需要研究大量的文献,这样就会使这些研究者无法快速、准确地获得信息。本书通过对纳米光子学进行比较详细的说明,并充分参考其他信息资源,有效地缓解了这些问题。

本书通过精心编排,对多个专业的从事本科和研究生教育的人员具有参考价值。对于他们来说,这本书可作为阐明纳米光子学基本原理及多学科综合研究的教科书。本书中大多数章节是相互独立的,使用者可灵活选择所需相关主题进行单独学习。此外,本书还可用于对大学生进行短期培训和辅导,以及作为各种专业性学术会议的参考资料。

每章的开始会对这一章内容进行简述。对本章内容熟悉的读者可以忽略这一部分内容,而其他读者通过阅读介绍后可以选择是否阅读本章的详细内容。每章最后会对本章内容进行小结。每章的重点部分都会对已学过的知识点进行回顾,并帮助读者充分理解、深刻领会其内容。此外,对于那些习惯于粗略研读章节的读者而言,重点部分也能提供所述主题的概述。对于教师而言,重点部分的内容可用于准备讲义内容及多媒体演示文稿。

第 2 章介绍了纳米光子学的基础知识。通过讨论光子与电子的异同点引出"纳米级相互作用"这一概念。描述了光子与电子的空间限制效应、遂穿效应、产生带隙时的周期势场效应及协同效应。本章还叙述了纳米级光相互作用轴向和横向定位的方法。

第 3 章介绍了近场相互作用以及近场显微术。对近场相互作用进行简短的理论描述,并介绍了一些引起近场相互作用的几何构型。同时介绍了纳观畴内各种光相互作用和高阶非线性光相互作用,以及单分子光谱高活性区的应用。

第 4 章介绍了尺寸依赖性量子限制材料的光学特性。介绍了半导体量子阱、量子线、量子点及其有机类似物。简单介绍了量子限制效应表现形式,这会对首次涉猎这个领域的研究者(例如一些化学家和生命科学家)有所帮助。此外,对于量子限制材料在半导体激光器中的应用也作了介绍,并举例说明了这类材料在技术应用上的重要性。

第 5 章介绍了金属纳米结构的内容,当前出现的一个新词"等离子体光子学"

P.7

(plasmonics)便描述了该主题。本章介绍了与潜在应用相关的一些概念,叙述了应用等离子体波导技术使光在尺寸比光波长还小的媒介内进行传导。另外还介绍了金属纳米结构在化学与生物传感器方面的应用。

第6章介绍了纳米材料与纳米粒子。它们的电子能带不会随着体积的改变而发生改变,但是它们的激发动力学特性,包括这些纳米粒子的发射性能、能量传递以及协同光跃迁特性,则取决于它们的纳米结构。因此,本章介绍了激发动力学过程的纳米控制,其中描述的重要过程有:(i)能量上转换,如同光学转换器一样将两个红外光子上转换成一个可见光子;(ii)量子切割,它可使一个真空紫外光子下转换为两个可见光子。

第7章介绍了纳米材料的制备与表征的不同方法。除了介绍传统的半导体加工方法如分子束外延(MBE)和金属有机物化学气相沉积(MOCVD)之外,还介绍了基于湿化学合成的纳米化学法的应用。本章中介绍到的一些表征技术对纳米材料具有特异性。

第8章介绍了纳米分子结构,其中包括一大类不为物理学家和工程师们所熟知的纳米材料。这些纳米结构包括有机结构和无机-有机杂化结构。它们在由化学共价键和非共价作用(如氢键)构成的三维结构内保持性能稳定。这一课题指出了最细微的化学细节,因此非化学工作者对此不必太深究。本章中涉及到的纳米 P.8
材料包括嵌段共聚物、分子马达、树状高分子、超分子、Langmuir-Blodgett 膜以及自组装结构。

第9章介绍了光子晶体这一课题。这是使纳米光子学受到全球广泛关注的另一个重要推动力。光子晶体是一种周期性的结构。本章介绍了其基本概念、制备方法、计算能带结构的理论方法以及光子晶体的应用。文中清晰而简要地描述了它的特性,因为人们很容易会忽略光子晶体理论部分但对其新颖的特性情有独钟。

第10章介绍了纳米复合材料。其重点在于那些由材料差异度很大的纳米畴合成的纳米复合材料,诸如无机半导体或无机玻璃与塑料。还结合一些应用的例子说明了纳米复合材料的优点,例如高能效宽带太阳能电池和其他一些光电设备。

第11章介绍了纳米光刻技术。从广义上讲,纳米光刻是用来制造纳米级的光学结构。本章叙述了光学和非光学方法,并列举出了一些应用方面的例子。文中提出一种称为双光子吸收的非线性光学过程,使用这种方法制作出的光生纳米结构比那些利用线性吸收法制作的纳米结构更小,是纳米光刻技术的新型改良方法。

第12章介绍了生物材料。它是一类重要的纳米光子学的应用材料。文中介绍了生物衍生材料和仿生材料,以及可用作模板的生物组件。讨论的应用有能量获取、低阈值激光以及高密度数据存储。

第13章介绍了纳米光子学在光子诊断以及光引导和光活化疗法中的应用。讨论了纳米粒子在生物成像和传感器的应用以及以纳米医学为基础的靶向药物治疗。

　　第 14 章从市场化角度评估了纳米光子学的发展现状。分析了近场显微技术、纳米材料、量子限制激光器、光子晶体以及纳米光刻技术的应用现状，最后对纳米光子学的前景进行了展望。

参考文献

Feynman, R. P., There's Plenty of Room at the Bottom, in *Miniaturization,* Horace D. Gilbert, ed., Reinhold, New York, 1961, pp. 282–296.

NRC Report, *Small Wonders, Endless Frontiers—A Review of the National Nanotechnology Initiative,* National Academy Press, Washington, D.C., 2002.

Prasad, P. N., *Introduction to Biophotonics,* Wiley-Interscience, New York, 2003.

Shen, Y., Friend, C. S., Jiang, Y., Jakubczyk, D., Swiatkiewicz, J., and Prasad, P. N., Nanophotonics: Interactions, Materials, and Applications, *J. Phys. Chem. B* **140,** 7577–7587 (2000).

第 2 章

纳米光子学基础

P.9
光和物质的相互作用是纳米光子学研究的基础。这种相互作用是针对大多数系统中的电子而言的。确切地说,它包含着与光作用时系统中电子性质的各种变化。因此,对光子和电子性质的讨论便成为研究其相互作用的一个重要的出发点。2.1 节首先对光子和电子的异同点进行了讨论,其内容包括对传播性质以及其相互作用性质的讨论。紧接着这一节又对限制效应进行了阐述。通过让光子和电子穿过经典的能量禁带,来讨论它们的隧穿效应,观察它们的共同点。文中分别描述了在周期性结构的光学晶体和电子半导体晶体中光子与电子的定域化。

文中描述了电子-电子、电子-空穴以及光子-光子相互之间的合作效应。举例说明了非线性光学效应的光子-光子相互作用,在超导媒介中构成电子对的电子-电子相互作用,以及产生激子和双激子的电子-空穴相互作用。

2.2 节讨论了纳米级光学相互作用的定域化。介绍了利用表面等离子体共振和倏逝波的方法对光的电磁场产生轴向定域化,以及由近场方法实现的侧向(在平面上)定域化。

2.3 节中举例说明了在纳米级电子相互作用下,材料的光学性质产生的较大改变或表现出的新特征。同时还举例说明了新的合作跃迁、纳米级的电子能量转移和合作发射现象。对于其他关于纳观相互作用动力学和量子限制效应的例子,将在第 4 章和第 6 章中进行介绍。

最后,2.4 节为本章内容的总结。

在本章一些内容的介绍中,运用了一些较复杂的数学公式来表述,数学基础薄弱的读者在阅读时可以跳过这些数学细节,因为这并不影响理解本书的要义。

如需进一步了解该方面的知识,现提供如下书籍供参考:

Joannopoulos, Meade, and Winn (1995):*Photonic Crystals*

Kawata, Ohtsu, and Irie, eds. (2002):*Nano-Optics*

Saleh and Teich (1991):*Fundamentals of Photonics*

2.1 光子和电子：同与异

在物理学领域，光子和电子都是基本粒子，它们都表现出粒子性和波动性（Born and Wolf，1998；Feynman et al.，1963）。在此，我们先从经典物理学出发对光子和电子做一比较，可以看出它们表现出的差异很大。在经典物理学中，光子被定义为传播能量的电磁波，而电子是质量最小的带电粒子。但是，在量子学领域中，光子和电子可以被认为很近似，拥有许多相似的特性。表 2.1 总结了一些光子和电子相似的性质，以及各性质的详细描述。

表 2.1　光子和电子相似的性质

光子	电子
波长	
$\lambda = \dfrac{h}{p} = \dfrac{c}{\nu}$	$\lambda = \dfrac{h}{p} = \dfrac{h}{m\nu}$
(波的)特征值方程	
$\left\{ \nabla \times \dfrac{1}{\varepsilon(r)} \nabla \times \right\} \boldsymbol{B}(r) = \left(\dfrac{\omega}{c} \right)^2 \boldsymbol{B}(r)$	$\hat{H}\psi(r) = \left[-\dfrac{\hbar^2}{2m} \nabla^2 + V(r) \right] \psi(r) = E\psi$
自由空间传播	
平面波	平面波
$\boldsymbol{E} = \left(\dfrac{1}{2} \right) \boldsymbol{E}^o (\mathrm{e}^{i[k \cdot r - \omega t]} + \mathrm{e}^{-i[k \cdot r + \omega t]})$	$\boldsymbol{\Psi} = c(\mathrm{e}^{i[k \cdot r - \omega t]} + \mathrm{e}^{-i[k \cdot r + \omega t]})$
$\boldsymbol{k}$＝波矢，一个实数	$\boldsymbol{k}$＝波矢，一个实数
媒介中的相互作用势	
电介质常数(折射率)	库仑作用
通过经典禁区的传播	
光子隧穿效应(倏逝波)中具有虚构波矢 $\boldsymbol{k}$ 并且振幅在禁区呈指数下降	电子隧穿效应中振幅(概率)在禁区呈指数下降
定域化	
由于在电介质常量中的大幅改变而引发强烈的散射(例如：在光子晶体中)	由于在库仑作用中的较大变化而引发强烈的散射(例如：在电子半导体晶体中)
合作效应	
非线性光学相互作用	多体交互作用 超导库珀对 双激子结构

按照著名的德布罗意假设,当光子和电子都被看做是一种波时,二者用相同的关系式 $\lambda = h/p$ 来描述波长与性质的关系。这里 p 是该粒子的动量(Atkins and dePaula,2002),光子和电子的不同之处在于波长范围:电子的波长通常被认为要小于光子。在大多数情况中,同样的能量下,电子比光子(通过 $m = h\nu/c^2$ 可以导出,电子相对于光子,有较大的静止质量)具有更大的动量。这就是电子显微镜(其中电子的能量和动量被加速的高电压值所控制)比光学显微镜的性能显著提高的原因,因为显微镜最终的分辨率是由波长的衍射极限决定的。电子动量的数值由原子或分子中的束缚态决定,或在固体中由载流电子的传播来决定。电子的动量与光子相比也相对要高,因此其特征波长会短于光子的波长。由这个特性可以推出一个重要结论,即与电子相比,光子会在较大的尺度范围内产生"尺度"或"限制"效应。

在介质中,光子作为波以电磁波扰动的形式来进行传播,它包括一个电场 $\boldsymbol{E}$(相应的位移矢量 $\boldsymbol{D}$)和一个与其正交的磁场 $\boldsymbol{H}$(相应的位移矢量 $\boldsymbol{B}$)。在自由空间中,光的传播方向又与二者所成的平面垂直(Born and Wolf,1998)。这些电场和磁场用麦克斯韦方程组描述。对于许多电介质,电磁波在其中传播的角频率 ω 可用表 2.1 中的特征值方程来表示。特征值方程的形式如下:

$$\hat{O}F = CF \tag{2.1}$$

其中,常数 C 为函数 F 中的数学算符 $\hat{O}$ 的特征值,符合以上条件的函数 F 被称为 $\hat{O}$ 的特征函数。在表 2.1 的特征方程中,$\varepsilon(r)$ 是电磁波在频率为 ω 时介质的介电常数,在光学范围内,它等于 $n^2(\omega)$,其中 n 是在角频率 ω 下的介质折射率。当磁导率一致时,介电常数和其相关的折射率描述了在电磁波传播中介质的阻力。因此,光速从真空中的 c_0 降低为介质中传播速度 c 的公式由此得出:

$$c = \frac{c_0}{n} = \frac{c_0}{\varepsilon^{1/2}} \tag{2.2}$$

表 2.1 的特征方程中包含了磁位移矢量 $\boldsymbol{B}$。由于电场 $\boldsymbol{E}$ 和磁位移 $\boldsymbol{B}$ 通过麦克斯韦方程组相联系,因此方程也可以写成和 $\boldsymbol{E}$ 有关的形式。但是,方程在求解时通常要用到 $\boldsymbol{B}$,因为 $\boldsymbol{B}$ 更具有数学特性(运算符 $\boldsymbol{B}$ 具有 Hermitian 理想特性)。对于光子,$(\omega/c)^2$ 是特征方程中的特征值 C,它给出了光子在介电常数为 $\varepsilon(r)$ 和折射率为 $n(r)$ 的介质中光子的一组容许频率 ω(即一组能级)。其中的介电常数可能是介质本身的常数或是取决于空间位置 r 和波矢 k 的量。

电子相应的波函数方程是薛定谔方程,并且它的时间独立形式常常被写为表 2.1 中特征方程的形式(Levine,2000;Merzbacher,1998)。其中 $\hat{H}$ 被称为哈密顿算符(Hamiltonian operator),它由电子动能的计算式和电子中势能的计算式二者相加而得,具体公式如下:

$$\hat{H} = -\frac{\hbar^2}{2m}\left(\frac{\partial^2}{\partial x^2} + \frac{\partial^2}{\partial y^2} + \frac{\partial^2}{\partial z^2}\right) + V(\boldsymbol{r}) = -\frac{\hbar^2}{2m}\nabla^2 + V(\boldsymbol{r}) \tag{2.3}$$

其中,第一部分括号内表示动能,第二部分 $V(r)$ 表示电子与周围介质相互作用(库仑作用)所得到的势能。

当用波函数 ψ 对电子进行概率描述时,由薛定谔方程的解可得出容许的电子能态,即能量特征值 E。$|\Psi(r)|^2$ 是这个函数的绝对值的平方,表示电子在位置 r 时的概率密度。这样,电子的波函数 ψ 可以被认为是电子波动的振幅,与之相对应的是电磁波的电场 E。

电磁波在介质中传播的相互作用是由介电常数(或折射率)的空间变动来描述的。这种变动也引起了一些传播特性的改变,比如在某些情况下光子容许能量值的改变。在等式(2.3)中用相互作用势 V 描述了库仑相互作用(比如电子和核的静电引力),这种相互作用改变了电子波函数(即概率分布)的性质。同时,由薛定谔方程(列于表 2.1 中)的解所得出的能量特征值 E 也改变了。下面会通过一些例子对不同相互作用势下电子和光子的波传播特性进行讨论。

尽管上面讨论了电子和光子的相似点,但是它们还有很多不同之处。电子产生的是标量场,而光子是向量场(光是偏振的)。电子有自旋现象,而且它们的分布由费米-狄拉克统计(Fermi-Dirac statistics)描述,因此它们被称为费米子。光子没有自旋,它们的分布由玻色-爱因斯坦统计(Bose-Einstein statistics)描述,因此它们被称为玻色子。最后,由于电子是带电荷的,而光子的电荷为零,因此它们在与外部静电场和磁场的相互作用中存在着重大的差别。

2.1.1 自由空间传播

在"自由空间"传播中,没有相互作用势或者它被认为在空间中是恒定不变的。
P.13 对于光子,可简单视为折射率 n 在空间没有发生变化,这种情况的电磁波传播用一个平面波描述,电场用一个复平面描述(包括实部和虚部),在表 2.1 中列出。它是一个具有振荡(正弦)电场 E(并且相应的磁场为 B)的传播的电磁波(Born and Wolf, 1998)。场的振幅用 E° 表示。传播的方向由波矢 k 描述,它和动量的重要关系如下所示:

$$p = \hbar k$$

波矢量 k 的长度计算为

$$k = |k| = \frac{2\pi}{\lambda} \tag{2.4}$$

其中,k 为正值时描述前进的方向(例如,由左向右),k 为负值时描述在反方向的传播(由右向左)。电磁波的粒子特性用光子的能量来表示:

$$E = h\nu = \hbar \omega = \frac{hc}{\lambda}$$

由这些关系式可得出传播的关系式:

$$\omega = c|k| \tag{2.5}$$

它反映了光子的频率(或能量)由波矢决定,其线性分布关系如图2.1所示。

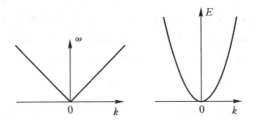

图2.1 在自由空间传播中波矢决定的能量分布关系。(a)光子的能量分布关系;(b)电子的能量分布关系

　　同样,对于无束缚电子的自由空间传播,由薛定谔方程的解所得到的波函数是一个振荡(正弦)的平面波,和光子的很相似,也是由波矢 k 来表示。因此,由波函数绝对值的平方来描述概率密度同样对自由空间的电子也适用。电子的动量同样是由 $\hbar k$ 来定义的,自由电子的能量分布是由抛物线关系(由 k 决定的二次方程式)来描述。公式如下:

$$E = \frac{\hbar^2 k^2}{2m} \tag{2.6}$$

其中,m 是电子质量。通常利用一种经修正后的自由电子理论(即所谓的 Drude 模型)对电子在金属中的特性进行描述,一般涉及电子离域或电子波函数等行为。这种由波矢决定电子能量的关系也在图2.1中示出。我们可以清楚地看到,尽管在光子和电子中可以用相类似的表述,但是对于光子(线性关系)和电子(二次函数关系)而言,由其波矢决定的能量是不同的。

　　在自由空间传播中,光子的频率 ω 和电子的能量 E 允许取任意值。取一组连续的频率(或能量)值可以组成一个能带,并且该能带结构与频率(或能量)的特性相关,其中的频率(或能量)由波矢 k 决定。

2.1.2 对光子和电子的限制

　　为了将光子和电子的传播限制在一定范围内,可通过在它们的传播路径上对一些区域的相互作用的势加以变化,使这些粒子发生反射或反向散射,从而把它们的传播限制在特定的一个或一组路径中。

　　以光子为例,为实现其限制作用,可以将光限制在一个高折射率或高表面反射性的区域中(Saleh and Teich,1991),这个限制区域可以是波导或者空腔谐振器。图2.2是各种限制作用的示意图。这些限制可以在一个维度上产生,比如平面。

P.14

平面光学波导便是一个例子。这时,光的传播被限制在一个有高折射率的薄层中
(例如,薄膜),导光介质的折射率 n_1 高于周围介质的折射率 n_2,如图 2.2 所示。图
中用经典的光路图来描绘基于全内反射的光导(光阱)。在平面波导的例子中,限
制只发生在垂直方向(x 方向),其传播方向为 z。在光纤或波导管中,限制发生在
x 和 y 方向。在微球中,光在所有维度上都受限制。光线由于导体介质和周围介
质中折射率的差异而受到限制,因此,二者折射率的比值 n_1/n_2 引发的散射势垒起
到了光传播分界线的作用(Joannopoulos et al.,1995)。

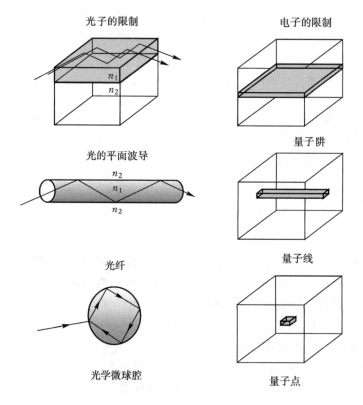

图 2.2　电子和光子在不同维度和范围的限制效应,传播方向为 z

　　和自由空间传播时所用到的矢量 k 相类似,在沿特定方向(z 轴)传播中,光作
为一种平面波要用到传播常数 β。在所限定方向上,电场分布有不同的空间构象。
因此,电场 E 的包络线(仅仅是有空间依赖关系的部分)相对于表 2.1 中出现的自
由空间传播,被修正为如下波导方程(Prasad and Williams,1991;Saleh and
Teich,1991):

$$E=\frac{1}{2}f(x,y)a(z)(\mathrm{e}^{i\beta z}+\mathrm{e}^{-i\beta z})\qquad(2.7)$$

方程(2.7)描述了在具有二维限定的光纤或通道波导(矩形或平方通道)中的光导。其中函数 $a(z)$ 是在 z 轴方向的电振幅,它是恒定的(无损耗)。函数 $f(x,y)$ 表示在限定平面中的电场分布。以限制只发生在 x 方向的平面波导为例,只有 x 方向表现出了受限制势能所限制的空间分布,而当波导方式由平面波激发时,函数 f 中的 y 则类似于自由空间中平面波的情况。另一方面,该方程可以表示当一束限定束腰的光线(如高斯光束)射入波导时,在 y 方向上的传播特性。 P.16

通过解麦克斯韦方程和限定边界条件(定义波导边界和相对折射率),可得到此处的场分布和相对应的传播常量。波方程的解表明,这种限制会产生某些称为本征模的场分布的离散集,它由量子数(整数)标记。在一维限制中,只有一个量子数 n,可以假定是 0 或者 1,以此类推。但是,由于同样的字母 n 还可以表示折射率,所以读者需要从前后文的关系中区分它们。在此,以图 2.3 所示的几个模型(用 TE_0,TE_1,TE_2 等标记)为例,在平面(或平板)波导的受限 x 方向上,利用一束横向电场(TE)偏振光(在薄膜平面上偏振的光)示意了几种场的分布情况。通过以上模型的描述可以清楚地看出,限制产生了量子化即场分布的离散型,从而由一组量子数的积分集来表征不同的本征模。

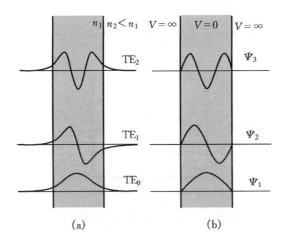

图 2.3 (a)在对光子进行一维限制的平面波导中,横向电场(TE)模 $n=0,1,2$ 时的电场分布;(b)在一维盒中电子的量子能级为 $n=1,2,3$ 时的波函数 Ψ

接下来,我们讨论电子的限制,它同样可以导致波特性的改变并产生量子化,也就是可产生可能的本征模的离散值(Merzbacher, 1998;Levine, 2000)。相应地在图 2.3 中,一维、二维和三维的电子受限也被表现出来(Kelly, 1995)。在这里,限制电子的势便是该处的能垒,即在该处方程(2.3)的势能 V 远高于电子的能量 E。经典理论中,此处电子将被完全限制在势能壁垒(肼)中。如果势能壁垒是 P.17

无限的,这种情况将被实现(如图 2.3 所示)。然而当势垒有限时,其波函数可进入到该势垒区域并与光子在图 2.3 中的形式相似。因此,对电子的限制作用和对光子的很相似。但是,它们的波长范围不同。为了对光子产生限制效应,限制区域的尺度在微米级别。但对于波长明显较短的电子,限制尺度必须在纳米级别才可以产生显著的量子化效应。

在第 4 章会详细介绍电子中的量子限制效应。这里,只是给出大概的电子限制效应概念。在图 2.4 中,仅举简单的例子说明电子在一维盒中的限制效应(Levine, 2000)。

电子被捕获(限制)在一个长度为 l 的盒中,盒内势能为零,势能在盒的两端上升到无穷大,在盒子外部保持无穷大。

在盒内,用以下条件解薛定谔方程:

$$V(x) = 0$$
$$\Psi(x) = 0 \quad 当 \quad x = 0 \quad 和 \quad x = l \tag{2.8}$$

该方程的解得出了 E 容许值的解集和相应的函数 ψ,每个解确定一个粒子的给定能量状态,并用量子数 n 表示,它取从 1 开始的整数值(Atkins and dePaula, 2002),这些值由如下的公式定义:

$$E_n = \frac{n^2 h^2}{8ml^2} \quad 其中 \quad n = 1, 2, 3, \cdots \tag{2.9}$$

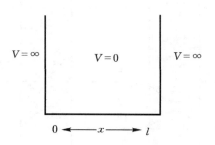

$V = \infty \qquad V = 0 \qquad V = \infty$

$0 \longleftarrow x \longrightarrow l$

图 2.4 粒子在一维盒中的图示

总能量的最低值是 $E_1 = h^2/8ml^2$。因此,当一个电子被束缚(或限制)时,它的总能量 E 永远不会为零,尽管它的势能为零。对于取不同的量子数 $n = 1, 2, 3$ 等,有不连续的能量值 E_1 和 E_2 等。这些不同能量值决定了一个限制在一维盒中的电子的能级。两个相继能级之间的能隙导致了量子化作用的产生。如果值为零,对于自由电子来说,能量就会连续变化,这时量子化不会产生。

两个能级 E_n, E_n+1 之间的差 ΔE,可由以下公式表示:

$$\Delta E = (2n + 1) \frac{h^2}{8ml^2} \tag{2.10}$$

方程表明,当盒的长度增加时,两个相继能级之间的差随着区域的 l^2 的增大而减小。因此,当电子在一个较长的限制区域内传播(移位)时,两个相继能级之间的间距减小。例如,共轭结构中的 π 电子云就是这种情况。当 $l \to \infty$ 时,没有限制并且 $\Delta E = 0$,表示没有量子化。各种量子级别的波函数也是由平面波修正而来,如表2.1 中所示。

不同量子态 n 的波函数如下公式所示(Levine,2000):

$$\Psi_n(x) = \left(\frac{2}{l}\right)^{1/2} \sin\left(\frac{n\pi x}{l}\right) = \frac{1}{2i}\left(\frac{2}{l}\right)^{1/2}(e^{ikx} - e^{-ikx}) \tag{2.11}$$

其中,$k = n\pi/l$。

图 2.3 也表示当函数 n 取不同的量子态 $n = 1, 2, 3$ 时的波函数 Ψ_n。在光子的场分布中取平面波导模为 $n = 0, 1, 2$,在电子的波函数中取量子态 $n = 1, 2, 3$,由这种相关性,我们可以清楚地看出二者的一维限制效应是很相似的。

函数 $|\psi_n|^2$ 的概率密度随着一维盒中位置的变化而变化,并且对于量子态数 n 的不同,这种变化也不同。另一方面,这种变化就是自由电子中一定概率密度的改变。比如说,$n = 1$ 时,最大的概率密度在盒的中间,而平面波形图中概率处处相等。在二维的模拟中采用一个矩形盒。在此盒中,位于距离 l_1 和 l_2 处的势垒是一个在 x 和 y 方向上 $V = \infty$ 的区域。在二维薛定谔方程中其解产生的能量特征值取决于两个量子数 n_1 和 n_2,公式如下:

$$E_{n1,n2} = \left(\frac{n_1^2}{l_1^2} + \frac{n_2^2}{l_2^2}\right)\frac{h^2}{8m} \tag{2.12}$$

相应的波函数为

$$\Psi_{n1,n2}(x,y) = \frac{2}{(l_1, l_2)^{1/2}} \sin\left(\frac{n_1\pi x}{l_1}\right)\sin\left(\frac{n_2\pi y}{l_2}\right) \tag{2.13}$$

量子数 n_1 和 n_2 均有容许值 1,2,3 等。同样,对于三维限制的情况,诸如三维长度为 l_1, l_2, l_3 的盒,是由三个量子数 n_1, n_2, n_3 决定的,均可以赋值 1,2,3 等。其本征值 E_{n_1,n_2,n_3} 和波函数 Ψ_{n_1,n_2,n_3} 也都是对公式(2.12)和(2.13)的简单扩展,它包含一个由 n_3 和 l_3 决定的第三维。 P.19

2.1.3 在经典禁区中的传播:隧穿

在经典描述中,电子和光子被完全限制在限定区域中,对于光子,可以从图2.2 看到,光束以波的形式传播。同样地,经典物理学认为,对于被限制于势能壁垒中的电子,其能量 E 小于壁垒的势能 V 时,电子将始终被完全限制在壁垒中。然而,波形图却并非如此。图 2.3 中,在一个波导中光场的分布超过了该波导的边界,图 2.5 中也表现了这一特点。

因此,光可以泄漏到波导区域以外,即经典物理所禁止的区域。这种由光的泄漏所产生的电磁场称为倏逝波（evanescent wave）（Courjon，2003）。而在波导之外的该区域（经典禁区），其场分布的表现与波矢 k 作为实量的平面波中的表现有所不同（Saleh and Teich，1991）。当在传统禁区中传播的电场由波导区域的边界进入低折射率介质时，其振幅随着距离 x 成指数衰减，公式如下：

$$E_x = E_0 \exp(-x/d_p) \tag{2.14}$$

其中，E_0 为波导边界的电场，参数 d_p 也叫做穿透深度，它被定义为电场振幅降低到 E_0 的 $1/e$ 时的距离。把公式（2.14）中的 E_x 与表 2.1 中平面波的公式相对比，可以看出在公式（2.14）中存在一种情况，即这里的波矢 k 是虚构的（令 $k = i/d_p$，进而令 e^{ikx} 等于 e^{-x/d_p}），这种带有虚的波矢量 k 的呈指数衰减的波，就是倏逝波。

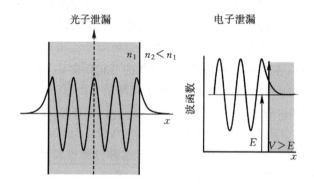

图 2.5　光子和电子经过经典禁止区域时的图示

　　一般情况下，可见光的穿透深度 d_p 为 $50\sim100$ nm。由于倏逝波产生的光学相干作用可以被限制在纳米范围内，因此这种波可被用作纳米光子。倏逝波已经被用在很多表面选择性激发中。我们将在 2.2 节进一步讨论倏逝波在纳米级光学相干作用中的应用。

　　与光子的情况相似，电子在通过一个 $E<V$ 的区域时也会产生泄漏，同样表示在图 2.5 中。进一步地，这种情况是由电子的波特性而产生的，它也可由一个波函数所描述。图 2.5 所示的情况是一个粒子在一维盒（图 2.4）中的泄漏。在图 2.4 中，势垒表示为 $V=\infty$，但在图 2.5 中，势垒简单表示为 $V>E$ 的情况。在盒内，同样有 $V=0$，波函数由公式（2.11）所表示，此处的 $|k|$ 是一个实量。在图 2.5 中，盒内的波函数对应着高量子数 n（因此有许多个振荡周期）。但是当波函数扩展到盒的另一边 $V>E$ 的区域时，波函数开始呈指数递减，就像受限光中的倏逝波一样。

　　按照如下所述的电子通道来定义电子隧穿，即电子在该通道中从一个限定的区域（$E>V$），通过一个称为壁垒层（barrier layer）的经典禁区（$V>E$），到达另一个被限定的区域 $E>V$（图 2.6）（Merzbacher，1998）。同样，光子隧穿被定义为光子通过一个低折射率壁垒层的通道，如图 2.6 所示（Gonokami et al.，2002；Fillard,1996)。这里的隧穿概率由 T 表示,称为传播概率,公式如下:

$$T = ae^{-2kl} \tag{2.15}$$

其中,a 是 E/V 的函数,k 等于 $(2mE)^{1/2}/\hbar$。后者的参数和自由电子的平面波矢量 k 相同,它是虚构的,由此产生了指数衰减。

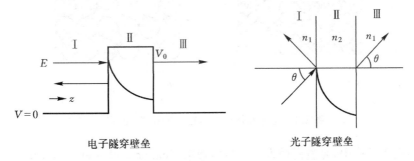

电子隧穿壁垒   光子隧穿壁垒

图 2.6 通过壁垒时电子和光子隧穿效应的图示

2.1.4 在周期势场下的定域化:带隙

P.21

当被置于周期性的势场下时,电子和光子表现出相似性。在半导体晶体中就存在电子受周期势场影响的情况。半导体晶体有周期性的原子排列,电子可以自由通过原子晶格(规则排列),但当它们运动时,它们在每个点阵位处受原子核的强库仑(吸引力)作用影响。图 2.7 是半导体晶体示意图,我们也可称其为电子晶体。与此相似,在纳米光子学中快速发展的一个领域称为光子晶体,将在第 9 章中对其详细介绍。这里仅对电子晶体和光子晶体的相似性做一下简要的说明。光子晶体呈现出有序排列的介电结构,它有周期性变化的介电常数(Joannopoulos et al.,1995),图 2.7 中所示的是一个密堆积的、高度统一的胶体粒子体系,比如硅晶或聚苯乙烯球。相对折射率(n_1/n_2)表现出一种周期势场,用 n_1 表示该胶体粒子的折射率,n_2 表示存在于胶体粒子间隙中的媒介物的折射率(该媒介物可以是空气、液体或更为理想的一种高折射率的材料)。

在这两种晶体中周期性有着不同的尺度。在电子(半导体)晶体中,原子排列(晶格大小)是次纳米尺度;在电磁波领域,对应于该尺度范围的是 X 射线。X 射线能够在晶格之间衍射,进而产生 X 射线波的布拉格散射(Bragg scattering)。空间上衍射发生的趋势便可由布拉格方程判断,公式如下:

$$m\lambda = 2nd\sin\theta \tag{2.16}$$

其中,d 为晶格间距,λ 为该波的波长,m 为衍射级[1],n 为折射率,θ 为射线的入射角。

---

① 衍射级数与折射率的乘积。——译者注

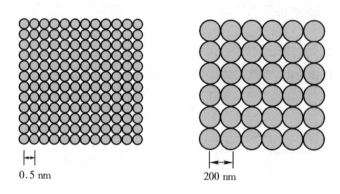

图 2.7   电子晶体(左)和光子晶体(右)的图示

P.22　　　在光学晶体中,光波同样发生布拉格散射(Joannopoulos et al. , 1995)。由公式(2.16)可以得出,例如当晶格间隙(两个堆积球中心间的距离)为 200 nm 时,波长为 500 nm 的光波才会发生布拉格散射。

　　　如图 2.8 中所示的自由电子,其薛定谔方程中电子能量的解由周期性的势能 V 决定,它导致了电子能带的分裂(Kittel,2003)。低能量带称为价带,高能量带称为导带。在化学术语中,这一情况在包含有转换角和双键的高度 π-共轭结构中也有所体现。休克尔(Hückel)理论预测了一种与价带类似的密集的分子成键填充轨道(π)和一种密集的分子反键空轨道(π*)(Levine,2000)。图 2.8 所示为价带和导带的分裂变化,两种可能的情况由 E 与波矢 k 组成的关系图所示。两个带之间由一个"禁止"能带隔开,其宽度称为带隙(bandgap)。带隙通常由 E_g 表示,它在决定电子和光子在半导体中的特性时起着重要的作用。

　　　对于自由电子,每个带中的分裂关系都对应一个抛物线形式。在能量最低时,所有的价带被完全占满,不会产生电子的流动,此时导带是空的。当一个电子被热或者光激发,或者因存在杂质(n 掺杂)而入射到导带中,该电子可在导带中移动,
P.23　在外加电场下产生电导。当电子激发到导带时,在价带中留下了带一个净正电荷的空缺,这也被看作是一种含正电荷的粒子,称为空穴(hole)。空穴(正空缺)可以在价带中移动,产生导电性。

　　　接近导带底部的电子的能量由 E_{CB} 表示,公式如下(Kittel,2003):

$$E_{CB} = E_C^0 + \frac{\hbar^2 k^2}{2m_e^*} \qquad (2.17)$$

其中,E_C^0 是导带底部的能量,m_e^* 是电子在导带中的有效质量,由于电子表现出的周期势场,因此 m_e^* 是由电子的实际质量经修正得到的。同样,接近价带顶端的能量,由以下公式表示:

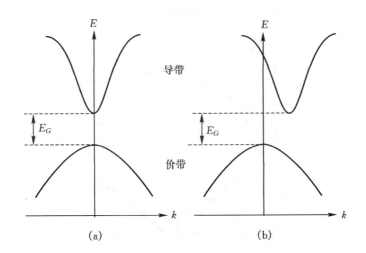

图 2.8　电子能级在(a)直接带隙（如 GaAs,InP,CdS)和(b)间接带隙（如 Si,Ge,GaP)中的图示

$$E_{VB} = E_V^0 + \frac{\hbar^2 k^2}{2m_h^*} \tag{2.18}$$

其中,$E_V^0 = E_C^0 - E_g$ 是价带顶端的能量,m_h^* 是一个空穴在价带中的有效质量,公式 (2.17)和公式(2.18)预示了一个 E 和 k 的抛物线关系,如果 m_e^* 和 m_h^* 被认为是独立于 k 的,那么有效质量 m_e^* 和 m_h^* 可由计算能带结构(E 对 k)的曲率得出。

图 2.8 所示为出现的两种情况:(a)直接带隙材料,其价带顶端和导带底部有着同样的 k 值,比如二元化合物半导体砷化镓;(b)间接带隙的材料,其价带顶端和导带底部 k 值不同,比如半导体硅。因此在间接带隙半导体中,电子在价带和导带中的转移会使动量发生显著改变(由 $\hbar k$ 得出)。这种改变对两种带间由光子的吸收和发射所引起的光学跃迁有着显著的影响。比如说光子的发射(发光)将导致电子在动量守恒的条件下由导带向价带跃迁,也就是说,电子在导带中的动量应该等于电子在价带中的动量与发射光子的动量之和。由于光子的波长大于电子,所以光子具有很小的动量($k\sim 0$),因而在导带和价带之间发生光致电子跃迁需要使 $\Delta k = 0$。因为受到这种选择规则的限制,间接带隙的半导体比如硅,用其发射光子在本质上便是行不通的,这使得硅在体状下并不是荧光发射体。然而,砷化镓作为直接带隙材料却是一个高效的发射器,在第 4 章将会讨论电子半导体的整体性质,我们会看到在诸如量子势阱、量子线、量子点等的受限半导体结构中,其半导体整体性质是如何改变的。

在光学晶体中,表 2.1 中光子的特征方程可以用来计算 ω 与 k 的散射关系。P.24
图 2.9 所示为对一个一维光学晶体(著名的布拉格堆,Braggstack)经计算得出的

色散曲线,这种一维光学晶体由两个折射率分别为 n_1 和 n_2 的电介质媒介组成的交替层构成（Joannopoulos et al. ,1995）。

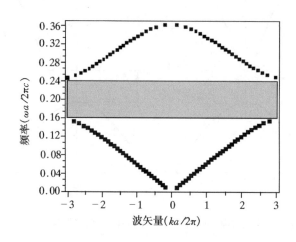

图 2.9　具有最低能量带隙的一维光学晶体的色散曲线

　　同样,光学晶体中也存在能带的分裂,与电子晶体中价带和导带间存在一个禁止频区类似,在光学晶体的两个带间也存在这样的频区,叫做光子带隙。和电子带隙相似,在光学晶体的带隙区域中,没有与该光子波段相对应的容许能态存在于媒介里,所以在这一波段内光子不能在光学晶体中传播。在布拉格衍射模型的运用中,光子的带隙频率可以看做是控制布拉格衍射的条件。因此,另外一种在光子的带隙区域(非传播)内设想光子定域化的途径是:利用相对折射率 n_1/n_2 很大时产生的散射势,使这部分频率光子的散射倍增,由此来实现定域化。换句话说,当射在光学晶体上的光子频段正好位于带隙区域时,它将被晶体表面反射而不会进入晶体。同样,如果能带区域的一个光子经发射产生在晶体内,由于其定域化(无法传播),它也将无法逸出晶体。这些特性及产生的影响将在第 9 章中详细介绍。

2.1.5　光子和电子的合作效应

　　合作效应是指多个粒子之间的相互作用。通常,对电子之间和光子之间的合作效应的描述都是单独进行的,但是二者的合作效应也可进行类比描述。有一点必须弄清楚的是,电子可以直接发生相互作用,而光子仅可通过传播介质进行相互作用。

　　在光子学领域,合作效应的一个例子是在非线性光学介质中产生的非线性光学效应(Shen, 1984)。在线性介质中,光子是以电磁波的形式进行传播的,光子彼此之间不存在影响。如前所述,电磁波在介质中的传播情况是通过介质的介电常数和折射率来反映的。对于线性的介质,介电常数或折射率与介质的线性电极化率 $\chi^{(1)}$ 的关系可通过下面的公式来表示(Shen,1984;Boyd,1992):

$$\varepsilon = n^2 = 1 + \chi^{(1)} \tag{2.19}$$

公式中 $\chi^{(1)}$ 表示线性电极化率,它是与介质的极化(电荷变化)有关的系数,极化系数可由光的电场强度 E 线性推导,其大小为

$$P = \chi^{(1)} E \tag{2.20}$$

$\chi^{(1)}$ 与 P 和 E 两个矢量有关,实际上是一个二维张量。

对于强光场比如激光束,其电场振幅较大(相对于电场所对应的电子相互作用),以至于在高度极化的非线性介质中它的线性极化性质(公式(2.20))不再适用。在这种情况下,极化系数 P 也由电场的高能量决定,可用如下公式描述(Shen,1984)(Prasad and Williams,1991;Boyd,1992):

$$P = \chi^{(1)} E + \chi^{(2)} EE + \chi^{(3)} EEE \cdots \tag{2.21}$$

在高度有序的电场中,E 产生非线性光学作用,借此光子间彼此产生相互作用。本书中所论述的一些非线性光学作用如下。

在光子-光子的相互作用中,最重要的表现是频率发生转化。以下是此类转化过程最重要的一些例子:

- 在 $\chi^{(2)}$ 项中,频率为 ω 的两个光子相互作用会导致上转换成一个频率为 2ω 的光子,这个过程称为二次谐波振荡(second harmonic generation,SHG)。例如,初始光的波长为 1.06 μm(红外,IR),输出光的波长变成原来的一半为 532 nm,呈现绿色。

- 同样在 $\chi^{(2)}$ 项中,不同频率的光子 ω_1 和 ω_2 之间的相互作用会产生频率为和频 $\omega_1 + \omega_2$ 或者是差频 $\omega_1 - \omega_2$ 的新光子,这个过程称为参量混频(parametric mixing)或参量相生(parametric generation)。

- 在三阶非线性光学电极化率 $\chi^{(3)}$ 项中,三个频率为 ω 的光子之间相互作用产生一个频率为 3ω 的光子,这个过程称为三次谐波振荡(third harmonic generation,THG)。 P.26

- 两个光子同时被吸收(双光子吸收)产生一个电子激发,这是另一种重要的 $\chi^{(3)}$ 过程。

这些频率转化过程在作者撰写的《生物光子学导论》(*Introduction to Biophotonics*)(Prasad,2003)中通过简单的能级图在概念上进行了阐述。其他一些重要的非线性光学相互作用,其场的产生依赖于光学非线性介质的折射率。重要的类

型有：

- 泡克耳斯效应（Pockels effect）描述外加电场强度与折射率的线性相关。在外加电场中可以利用这种线性的电光效应来改变光子的传播，制造诸如电光调制器的设备。
- 克尔效应（Kerr effect），确切地说是光学克尔效应，描述了折射率与光强之间的线性相关。这种效应是纯光学的，因此改变可控光束的光强可以影响另一束光（信号）的传播，这一效应是所有光信号处理的基础。

电子合作效应的一个例子是超导体中电子相互结合在一起时产生库珀对（Cooper pair），这是 Bardeen，Cooper 和 Schrieffer（BCS）在解释超导性时提出的（Kittel，2003）。两个分别带有一个负电荷的电子由于静电作用会相互排斥。然而，阳离子晶格中的电子通过所谓的光子-电子相互作用（晶格振动）能产生一个晶格自身周围正电荷增加的区域，这样就能吸引其他电子。换句话说，两个电子通过电子-光子相互作用而彼此吸引，与弹簧作用相同，形成所谓的库珀对。库珀对形成的示意图见图 2.10。

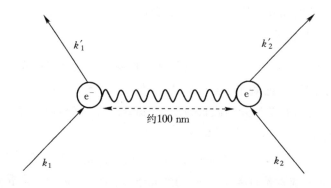

图 2.10　光子介导的两电子之间产生库珀对的示意图

电子对之间的约束能量处于毫伏级，在极低的温度下（低于所谓的临界温度 T_c）足以保持电子对的存在。库珀对受到的阻力小，在极低的温度下形成超导，电流不受阻力。

合作效应的另一个例子是电子和空穴之间的结合形成激子（exciton），同时两个激子间的结合也形成了一个称为双激子（biexciton）的结合态（Kittel，2003）。当电子和相应的空穴在价带结合以至于不能独立移动时会产生激子。因此，电子和空穴一起移动而表现为一个结合粒子，这就是激子。在有机绝缘体中，电子和空穴在同一晶格位点上（例如，很小的半径范围，通常在同一种分子中）紧密结合。结

合如此紧密的电子-空穴对称作夫伦克尔激子(Frenkel exciton)。在半导体的例
子中,导带中的电子和价带中的空穴不是独立的而是表现出耦合的特性,即产生一 P.27
个激子,这种激子的电子和空穴(分散在一个以上的晶格)位点之间存在着较大的
距离。该类激子称作瓦尼埃激子(Wannier exciton)。由带负电的电子和带正电的
空穴构成的瓦尼埃激子是中性的并具有量子性质,这与那些由电子和质子之间的
库仑作用而结合在一起的类氢原子相似。就如氢原子一样,激子的能量是通过一
系列量子化的能级来描述的,这些能级在带隙(E_g)之下,可由下式得出 (Gapo-
nenko, 1999):

$$E_n(k) = E_g - \frac{R_y}{n^2} + \frac{\hbar^2 k^2}{2m} \tag{2.22}$$

其中,R_y 称作激子的里德伯能量(Rydberg energy),定义如下:

$$R_y = \frac{e^2}{2\varepsilon a_B} \tag{2.23}$$

在公式(2.23)中,ε 是晶体的介电常数,a_B 称作激子玻尔半径或常简称特殊半导体
的玻尔半径,定义如下:

$$a_B = \frac{\varepsilon \hbar^2}{\mu e^2} \tag{2.24}$$

公式(2.24)中,μ 是电子-空穴对的约化质量,定义如下:

$$\mu^{-1} = m_e^{*-1} + m_h^{*-1} \tag{2.25}$$

利用激子玻尔半径可以估计半导体中激子的半径(电子和空穴之间大概距离)。对 P.28
于激子,k 是波矢。光产生的激子 $k \cong 0$。因此,激子跃迁的最低能量对应 $E_1 = E_g$
$- R_y$[当方程 (2.22)中 $n = 1$ 时],低于带隙能 E_g。里德伯能量 R_y 是激子结合能
的估算值,其通常范围为 $1 \sim 100$ meV。

　　当热能 $kT < R_y$ 时,能形成结合激子,如果 $kT \gg R_y$,大部分激子会离子化,变
得与未结合的电子及空穴一样。

　　在高激发强度下,两个激子会形成双激子(Klingshirn,1995)。在一些半导体
材料中,例如 CuCl,双激子的形成已获得广泛的研究,这也是量子限制结构所研究的
领域,例如量子势阱、量子线、量子点,有关这些内容的细节将在第 4 章中详细论述。

2.2　纳米级光学相互作用

　　利用一系列的几何学方法可对与光子关联的电场进行限制,产生纳米级光学
相互作用。进而,在轴向上和侧向上都能对光场进行纳米级的定域化。表 2.2 列
出了用于此种目的的一些方法。

表 2.2   电磁场中进行纳米级的定域化方法

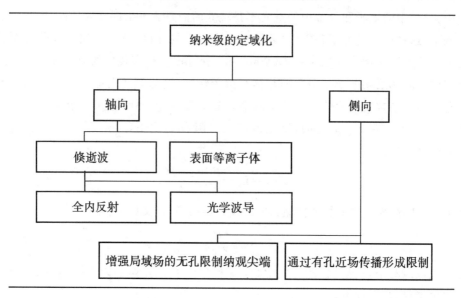

P.29 ## 2.2.1   轴向纳观定域化

倏逝波   在波导中倏逝波来自光子隧穿,这已经在前一部分进行了讨论。来自波导表面的倏逝波穿透较低折射率的介质时,在轴向上会以指数形式衰变(远离波导的方向上)。这种倏逝场延伸大约 50~100 nm,可以用于诱导纳观光子相互作用。这种倏逝波激发已用于具有较高的近表面选择性的荧光检测(Prasad,2003)。另一个纳米光子相互作用的例子是利用倏逝波进行两个波导的耦合,见图 2.11。从一个波导发射的光子能穿越进入另一个波导(Saleh and Teich,1991)。在光通信网络中,倏逝波的耦合波导可用作定向耦合器以进行信号转换。倏逝波的耦合波导也可用于传感器,当倏逝波从一个波导通道传到另一个时,会在光子通道中产生感应变化(Prasad,2003)。

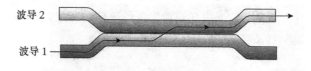

图 2.11   倏逝波耦合波导

全内反射是产生倏逝波的另一种几何学例子。当光束从折射率为 n_1 的棱镜进入较低折射率 n_2 的环境中时,会产生全内反射的现象(Courjon,2003;Prasad,2003)。在分界面,光发生折射,有一部分的光会以很小的入射角进入第二种介质。

当入射角超过 θ_c(θ_c 称为临界角),从分界面反射的光束会发生如图 2.12 的现象,这种现象叫全内反射(total internal reflection,TIR)。临界角 θ_c 由下面的公式得出:

$$\theta_c = \arcsin\left(n_2 / n_1\right) \tag{2.26}$$

如图 2.12 所示,当入射角大于 θ_c 时,光束会从棱镜/环境分界面完全反射回棱镜中。标准玻璃棱镜的折射率 n_1 为 1.52,而周围环境的折射率为 n_2,例如在水缓冲液里,n_2 大概为 1.33,此时的临界角为 61°。

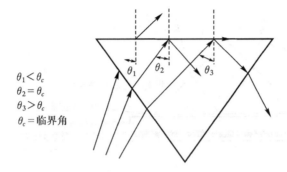

$\theta_1 < \theta_c$
$\theta_2 = \theta_c$
$\theta_3 > \theta_c$
$\theta_c = $ 临界角

图 2.12 全内反射的原理

即使在全内反射(TIR)的条件下,还是有一部分入射光能量在透过棱镜时会以倏逝波的形式进入与棱镜表面接触的环境中(Courjon,2003)。如前所述,全内反射(TIR)的电场振幅 E_z 会以指数 $\exp(-z/d_p)$ 形式衰减,其中 z 是在较低折射率 n_2 的周围介质中所能传播的最远距离。

TIR 指数项中穿透深度 d_p 由以下公式给出:

P.30

$$d_p = \lambda / \left[4\pi n_1 \{\sin^2\theta - (n_2/n_1)^2\}^{1/2}\right] \tag{2.27}$$

一般情况下,对于可见光,穿透深度 d_p 是 50～100 nm。倏逝波的能量可被荧光激发的发射团吸收来产生荧光发射。这可以用于荧光标记的生物靶分子成像(Prasad,2003)。然而,由于倏逝波短时间内以指数形式衰减的性质,只有在基质(棱镜)表面附近进行荧光标记的生物样品才能激发荧光并用于成像,而细胞基质内的荧光团不会被激发产生荧光。根据这个特点,可以利用全内反射显微镜来获得基质附近荧光标记的生物靶目标的高质量图像,它具有以下优点(Axelrod,2001):

- 低背景荧光噪音;
- 无散焦荧光(No out-of-focus fluorescence);
- 除了分界面处的细胞外,样品中任何平面的细胞曝光量很小。

表面等离子体共振(surface plasmon resonance,SPR) 从原理上讲,除了用

金属电介质界面取代波导或棱镜外,表面等离子体共振(SPR)技术仅是对上文提到的倏逝波相互作用进行的扩展。表面等离子体是在金属薄膜和介电物质如有机薄膜之间传播的电磁波(Wallis and Stegeman,1986;Fillard,1996)。由于频率和波矢处于一定范围内的表面等离子体在金属薄膜中进行传播时,光无法进入两种媒介中的另一种进行传播,因此表面等离子体的直接激发是不可能的。产生表面等离子体波的常用方法是衰减全反射(attenuated total reflection,ATR)。

衰减全反射(ATR)的克雷奇曼装置(Kretschmann configuration)广泛用于激发表面等离子体(Wallis and Stegeman,1986),如图 2.13 所示。

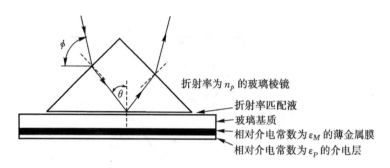

图 2.13　用于激发表面等离子体的克雷奇曼装置(Wallis and Stegeman,1986)

P.31 　　显微镜的载玻片涂上一层金属薄膜(通常是利用真空沉淀法镀 $40\sim50$ nm 厚的金或银薄膜)。载玻片再通过折射率匹配液或聚合物层与棱镜连接。一束 p-偏振激光(或来自发光二极管的光束)从棱镜入射。监测激光束的反射光线在特定的角 θ_{sp} 时,在分界面处耦合的电磁波就是表面等离子体。同时,倏逝场向远离分界面的方向上传播,在金属镀层上下两个方向上能传播大约 100 nm 的距离。在这个角度下,反射光的强度(ATR 信号)会减小。图 2.14 中左边的曲线显示了反射的倾角。

　　角 θ_{sp} 由下面的关系式确定:

$$k_{sp} = kn_p\sin\theta_{sp} \tag{2.28}$$

P.32 其中,k_{sp} 是表面等离子体的波矢,k 是整个电磁波的波矢,n_p 是棱镜的折射率。表面等离子体的波矢量 k_{sp} 由下面的公式给出:

$$k_{sp} = (\omega/c)[(\varepsilon_m\varepsilon_d)/(\varepsilon_m+\varepsilon_d)]^{1/2} \tag{2.29}$$

公式(2.29)中,ω 是光频率,c 是光速,ε_m 和 ε_d 分别是金属和电介质的相对介电常数,是两个相对的符号。以裸金属薄膜为例,ε_d(或者电介质折射率的平方)就是空气的介电常数,反射的倾角就在一个特定的角度产生。当金属薄膜再涂上另外的介电层后(可用于光学处理或检测),反射的倾角会发生偏移。图 2.14 表明在沉积有多聚电介质(聚-4-BCMU)的单层 LB 膜(Langmuir-Blodgett film)后耦合角的偏移。图 2.14 右边的曲线就是偏移的表面等离子体共振(SPR)曲线(Prasad,1988)。

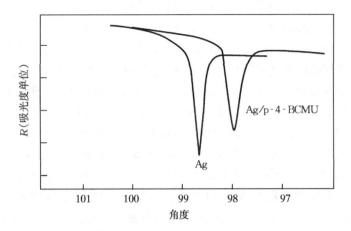

图 2.14   表面等离子体共振曲线。左边的曲线是银镀层（Ag 标记）；右边的曲线（Ag/p-4-BCMU
标记）表明在银镀层上沉积聚-4-BCMU 单层 LB 膜后发生偏移①(Prasad,1988)

在本实验中，可以测量出与反射率最小值对应的角度、反射率的最小值和共振峰峰宽。利用含有菲涅尔反射公式(Fresnel reflection formulas)的最小二乘拟合程序处理这些可测量的数据，产生电脑拟合的共振曲线，可以得到三个参数：折射率的实部和虚部、电介质层的厚度。

从以上的公式可以看出，金属层以及电介质镀层的介电常数的改变量 $\delta\varepsilon_m$ 和 $\delta\varepsilon_d$ 会导致表面等离子体共振角（对应最小的反射率，为简化起见，下标 sp 未标注）产生一个对应改变量 $\delta\theta$，由下面公式给出(Nunzi and Ricard，1984)：

$$\cot\theta\delta\theta = (2\varepsilon_m\varepsilon_d(\varepsilon_m+\varepsilon_d))^{-1}(\varepsilon_m^2\delta\varepsilon_d+\varepsilon_d^2\delta\varepsilon_m) \qquad (2.30)$$

由于 $|\varepsilon_m|\gg|\varepsilon_d|$，相比 ε_m 变化，θ 的变化对 ε_d 的改变（例如电介质镀层）更为明显。因此，按照这种方法，将 $\delta\varepsilon_d$（或者折射率的改变量）作为在电介质层中的相互作用或结构扰动的函数是可行的。通过提高电介质的倏逝波场强，可利用高灵敏度的 SPR 获得另一种检测金属薄膜上电介质光学性质变化的方法。与上文提到的用光学波导产生的典型倏逝波源的场强相比，此方法中电介质的倏逝波场强要比原来高一个数量级（见第 5 章）。由于非线性光学过程需要更高的场强，因此这种表面等离子体增强的倏逝波能够更有效地产生非线性光学效应。

2.2.2   侧向纳观定域化

利用近场几何方法可以很方便地对光进行侧向纳米级的限制。在这种限制中，

---

① 其中 p-4-BCMU 为聚-4-BCMU。全称为：poly-[5, 7-dodecadiyn-1, 12-diol-bis (n-butoxycarbonyl-methyl-urethane)]，poly-4-BCMU。中文名称为：聚-5,7-十二烷二炔-1,12-二醇-双(*n*-丁氧基-羰基-甲基-氨基甲酸乙酯)。——译者注

来自光源或光栅的光仅有很小一部分照射到样品上（Fillard，1996；Courjon，2003；Saiki and Narita，2002）。在近场几何中，纳观结构周围的电场分布产生了空间定域化的（spatially localized）光学相互作用。这种空间定域化的电场分布也包含着倏逝波以指数形式衰减的显著特征，这是由虚构的波矢量决定的。利用近场扫描光学显微镜（near-field scanning optical microscope）可以很方便地实现近场几何，近场扫描光学显微镜简写为 NSOM 或 SNOM（near-field 与 scanning 位置互换）。有关这个主题是第 3 章的内容，这里只是简单介绍 NSOM。

在常见的近场扫描光学显微镜（NSOM）装置中，用来控制光的是一个锥形光学纤维，锥形光学纤维上有一个亚微米级的大约 50～100 nm 的小孔。对于无孔径近场扫描光学显微镜装置，则利用纳观金属尖端（扫描隧道显微镜（STM）使用的尖端）或纳米粒子（如金属纳米粒子）来靠近样品，增强定位场。这种场的增强将在第 5 章中讨论。

2.3　电子相互作用的纳米级限制

这部分挑选了一些纳米级电子相互作用的例子进行论述，纳米级电子相互作用使材料的光学性质发生较大改变或产生一些新特性。表 2.3 列出了这些相互作用，并进行简要的讨论。

表 2.3　多种纳米级电子相互作用对物质光学性质产生重要影响

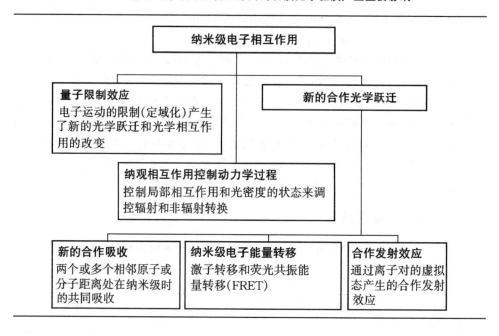

2.3.1 量子限制效应

P.34

有关量子限制效应的内容将在第 4 章进行详细讨论。

2.3.2 纳观相互作用动力学过程

第 6 章举了纳观相互作用控制的一些例子,其中较为特别的是辐射跃迁(以特定波长发射),它通过局部相互作用而增强。这方面的一个例子是,在纳米晶体主导的含有低频光子(晶格振动)的环境中,稀土离子中多光子释放的激发能显著降低,进而增强了发射的效率。这是因为稀土离子的电子跃迁对纳米相互作用很敏感,仅纳米晶体环境就足以控制电子相互作用的性质,这就为含有这些纳米晶体的玻璃或塑料介质应用到大量的设备装置中提供了机会。

纳米级电子相互作用也产生了新的光学跃迁形式,增强了两个电子中心的光通信。以下将对这些相互作用加以说明。

2.3.3 新的合作跃迁

在离子、原子或分子的集聚体中,两种相邻类别之间的相互作用可使新的光吸收带产生或允许进行新的多光子吸收过程。这里将举一些该方面的例子。在 2.1 节已经讨论的一个例子是半导体中双激子形成的过程,如 CuCl,还有在第 4 章的量子限制结构里也将要对其论述。在双激子形成过程中,新的光吸收和光发射从双激子状态产生,双激子状态的能量比两个单独激子能量之和要低。这种能量之间的差别对应两个激子结合的能量。从双激子概念扩展到由多个激子结合(凝集)形成多激子或激子串的情况,也已见报道。

在分子体系中,类似的情况是各种类型的聚集,如染料 J-聚合体(J-aggregate)(Kobayashi,1996)。J-聚合体中各种染料的偶极子头部对头部定向排列,如图 2.15 所示。

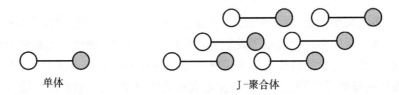

单体   J-聚合体

图 2.15 染料自由电荷转移的 J-聚合体。圆圈代表偶极子的两端

当供电子基团(或分子)临近受电子基团或分子(电子受体)的纳观距离时会导致另一种纳米尺度的相互作用,引起新的光学跃迁现象。这方面的一个例子是,无机(金属)离子与多个有机基团(配体)之间的结合形成了有机金属结构。这些类型

的有机金属结构会产生新的光学跃迁,其中包括金属到配体的电荷转移(metal-to-ligand charge transfer,MLCT)或某些情况下由光吸收引起的反向电荷转移(Prasad,2003)。另一个例子是,处在激发态的有机供体(donor,D) - 受体(acceptor,A)分子复合体会产生 $D^+ A^-$ 类的电荷转移。由于来自于可见区中新的电荷转移跃迁,这些电荷转移复合物表现出了显著的可见色,尽管组分 D 和 A 是无色的且导致在可见光谱范围内不存在单独的光吸收。

P.35

另一种类型的合作转移是处在电子激发态的 A(常以 A^* 标记)与处在电子基态的 B 形成二聚物(Prasad,2003)。这种由光吸收导致的激发态二聚物的形成过程如下所示:

$$A \xrightarrow{h\nu} A^*, \quad A^* + B \rightarrow (AB)^* \tag{2.31}$$

如果 A 和 B 是同一种物质,形成的激发态二聚物称作激态二聚物(excimer);如果 A 和 B 不同,形成的异源二聚物称作激态复合体(exciplex)。需要强调的是,激态复合体不涉及到 A 和 B 之间任何电子(电荷)的转移。在激态复合体状态下,它们两个仍旧是中性的,只是因为适当的纳观相互作用而结合在一起。与来自 A^* 的单体激发相比,这些来自激态二聚物或激态复合体状态的发射光发生了相当大的红移(波长增长或能量降低)。激态二聚物或激态复合体的光发射是很宽泛的,并且没有特征(发射带没有结构)。对于纳观结构的探测和分子周围环境的定向来说,激态二聚物或激态复合体的光发射是很敏感的探针。这已广泛地应用于生物学中局部环境的探测和动力学过程的研究中。

还有一个合作转移的例子是稀土离子对,在稀土离子对中一个离子吸收能量并将能量转移到另一个离子上,这个离子就可以吸收另一个光子而跃迁到一个更高的电子能级。而位于更高能级上的离子产生的发射相比于激发光子,就形成了上转换(up-converted)。

2.3.4   纳米级的电子能量转移

通常在纳观尺度上,由光学跃迁(或通过化学激光器中的化学反应)提供的额外电子能从一个中心(离子、原子或分子)传到另一个中心,即使是远距离的能量传输也可以实现。电子能的传递是传递额外的能量而不是传递电子,因此在这一过程中,拥有额外能量(受激电子态)的中心表现为能量的供体,它将激发能传递到能量受体。因此,能量供体中的激发电子返回到基态,而能量受体的电子跃迁到激发态。而通过电子-空穴对的从一个中心到另一个中心的跳跃,能量等同的中心之间产生相互作用,形成结合的(通过许多紧密的间隔能级形成一个激子带)或是松散的激子迁移。

P.36

另一种类型的能量转移存在于两种不同分子之间,称作荧光共振能量转移

(fluorescence resonance energy transfer，FRET)。这种类型的转移常利用两个间距在纳米级的荧光中心，当其中的能量供体分子被光激发到更高的电子能级时，利用来自能量受体的荧光就可检测到这种转移。FRET 在生物成像领域应用很广，它用来探测细胞组分之间的相互作用，例如检测蛋白分子之间相互作用的动态变化过程(Prasad，2003)。在这种情况下，当用光激发电子时，一种用荧光染料标记的蛋白质为能量供体，另一种蛋白质标记为能量受体。当两种蛋白质之间的纳观距离在 1～10 nm 范围内时，能量受体就可以接受能量。这种能量转移常在能量供体与能量受体之间产生偶极-偶极相互作用时发生，这里的距离与 R^{-6} 相关。为了放大 FRET 过程，能量供体的发射光谱与能量受体的吸收光谱必须有较大程度的重叠。

2.3.5 合作发射

合作发射是表现电子相互作用的另一个例子。当两个相邻中心处在纳观距离内，用电子激发时，可通过这对中心的一个虚拟态发射出一个较高能量的光子，如图 2.16 所示。

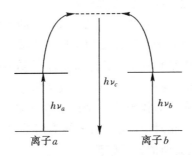

图 2.16 离子对的合作发射效应

稀土离子对中表现出的这种合作发射过程产生了上转换发射，这是比单个离子的激发能要高的光子的上转换发射($\nu_c > \nu_a$，ν_b)。当两个相邻离子间相隔的距离处在纳米尺度时，合作发射效应会再次表现出来。两个离子之间的相互作用是多偶极-多偶极模式还是电子交换模式，这取决于单个离子中的电子发射性质。需要说明的是，发射不是来自离子对真实的能级而是虚拟的能级，无论是单个离子还是离子对的电子能级都不存在这种发射能级。

P.37

2.4 本章重点

- 光子和电子都表现出波粒二象性。

- 将光子和电子看作波时,波长 λ 与它们的运动之间的关系由公式 $\lambda = h/p$ 表示。不同之处是在波长的大小上,与光子相比,电子的波长要小得多。
- 等效特征值波动方程描述了光子和电子的传播以及二者在介质中的能量阈值。
- 与在电子流的静电相互作用中引入电阻相似,在描述介质对光子传播的阻碍作用中引入了介电常数和相应的折射率。
- 光子与电子的两点不同之处:(i)光子是向量场(光可被极化),而电子的波函数是标量的;(ii)光子没有自旋和带电现象,而电子具有自旋和电荷。
- 在自由空间,电子和光子的传播用平面波及传播矢量进行描述。平面波在空间传播时振幅是不变的。传播矢量 k,表示传播的方向,k 的数值与动量相关。
- 当电子和光子的限制尺度可与它们的波长相比拟时会产生量子化,量子化中能量(对于电子)和场分布(对于光子)只能是特定的离散值。
- 在一个区域内电子和光子都存在有限振幅,经典理论认为没有足够的能量保证其更大范围的传播。而对于光,存在着处于禁带中的电磁场,这称作倏逝波,它随着穿透的深度呈指数衰减。
- 与电子隧穿相似,光子隧穿描述了光子从容许的区域穿过障碍到另一个区域的过程,在这一障碍中光传播受到了极大的限制。
- 在电子半导体晶体结构中,电子会周期性受到静电势作用(由核吸引产生),导致导带(高能)与价带的分离,形成带隙。
- 与电子晶体类似,光子晶体形成一个周期性介电域(折射率的周期调制效应)。与光子的波长相对应,光子晶体的周期数更长了。这里产生了与半导体结构电子带隙类似的光子带隙。

P. 38

- 光子和电子都表现出合作效应。对于光子,合作效应是在高场强(光强)下产生的非线性光学效应。对于电子,合作效应的例子是超导中电子-电子之间的相互作用,以及半导体中激子和双激子的形成。
- 与通过倏逝波和表面等离子体波产生光学相互作用的轴向纳米级定域化相同,利用近场几何可以得到横向上的定域化。表面等离子体是一种在金属薄膜与电介质的分界面传播的电磁波。
- 两个相邻离子之间的纳观电子相互作用可产生新的光学吸收带或允许进行新的多光子吸收。
- 由半导体中两个激子结合而形成双激子的过程,是产生新的光吸收和光发射的一个例子。在分子体系中,类似的效应是分子间的相互作用产生各种类型的带有不同光谱特征的聚合体(如 J-集聚)。
- 当供电子基团与受电子基团之间的距离处在纳米尺度时,另一种类型的纳观电子相互作用会产生新的光学跃迁现象(称为电荷转移带)。

- 还有一种纳观相互作用产生了被称为激态二聚物(同分子形成的二聚物)和激态复合体(两种不同分子组成的二聚物)的激发态二聚物。

- 纳观相互作用也产生激发态的能量转移,通过将激发能转移到拥有较低能量激发态的不同类型分子(能量受体)中,吸收分子(能量供体)回到基态。如果能量受体可产生荧光,这个过程就称作荧光共振能量转移(fluorescence resonance energy transfer,FRET)。

- 当两个相邻中心处在纳观距离,用电子激发时,可通过这对中心的一个虚拟态发射较高能量的光子。这个过程称作合作发射效应。

参考文献

Atkins, P., and dePaula, J., *Physical Chemistry,* 7th edition, W. H. Freeman, New York, 2002.

Axelrod, D., Total Internal Reflection Fluorescence Microscopy, in *Methods in Cellular Imaging,* A. Periasamy, ed., Oxford University Press, Hong Kong, 2001, pp. 362–380.

Born, M., and Wolf, E., *Principles of Optics,* 7th edition, Pergamon Press, Oxford, 1998.

Boyd, R. W., *Nonlinear Optics,* Academic Press, New York, 1992.

Cohen, M. L., and Chelikowsky, J. R., *Electronic Structure and Optical Properties of Semiconductors,* Springer-Verlag, Berlin, 1988.

Courjon, D., *Near-Field Microscopy and Near-Field Optics,* Imperial College Press, Singapore, 2003.

Feynman, R. P., Leighton, R. B., and Sands, M., *The Feynman Lectures of Physics,* Vol. 1, Addison-Wesley, Reading, MA, 1963.

Fillard, J. P, *Near Field Optics and Nanoscopy,* World Scientific, Singapore, 1996.

Gaponenko, S. V., *Optical Properties of Semiconductor Nanocrystals,* Cambridge University Press, Cambridge, 1999.

Gonokami, M., Akiyama, H., and Fukui, M., Near-Field Imaging of Quantum Devices and Photonic Structures, in *Nano-Optics,* S. Kawata, M. Ohtsu, and M. Irie, eds., Springer-Verlag, Berlin, 2002, pp. 237–286.

Joannopoulos, J. D., Meade, R. D., and Winn, J. N., *Photonic Crystals,* Princeton University Press, Singapore, 1995.

Kelly, M. J., *Low-Dimensional Semiconductors,* Clarendon Press, Oxford, 1995.

Kittel, C., *Introduction to Solid State Physics,* 7th edition, John Wiley & Sons, New York, 2003.

Klingshirn, C. F., *Semiconductor Optics,* Springer-Verlag, Berlin, 1995.

Kobayashi, T., *J-Aggregates,* World Scientific, Japan, 1996.

Levine, I. N., *Quantum Chemistry,* 5th edition, Prentice-Hall, Upper Saddle River, NJ, 2000.

Merzbacher, E., *Quantum Mechanics,* 3rd edition, John Wiley & Sons, New York, 1998.

Nunzi, J. M., and Ricard, D., Optical Phase Conjugation and Related Experiments with Surface Plasmon Waves, *Appl. Phys. B* **35,** 209–216 (1984).

P. 39

Prasad, P. N., Design, Ultrastructure, and Dynamics of Nonlinear Optical Effects in Polymeric Thin Films, in *Nonlinear Optical and Electroactive Polymers*, P. N. Prasad and D. R. Ulrich, eds., Plenum Press, New York, 1988, pp. 41–67.

Prasad, P. N., *Introduction to Biophotonics*, Wiley-Interscience, New York, 2003.

Prasad, P. N., and Williams, D. J., *Introduction to Nonlinear Optical Effects in Molecules and Polymers*, Wiley-Interscience, New York, 1991.

Saiki, T., and Narita, Y., Recent Advances in Near-Field Scanning Optical Microscopy, *JSAP Int.*, no. 5, 22–29 (January 2002).

Saleh, B. E. A., and Teich, M. C., *Fundamentals of Photonics*, Wiley-Interscience, New York, 1991.

Shen, Y. R., *The Principles of Nonlinear Optics*, John Wiley & Sons, New York, 1984.

Wallis, R. F., and Stegeman, G. I., eds., *Electromagnetic Surface Excitations*, Springer-Verlag, Berlin, 1986.

第 3 章

近场相互作用和近场光学显微术

本章讨论近场光学的原理和应用,近场光学是指利用近场几何将光限制在纳 P.41
米尺度范围内。这些原理形成了近场扫描光学显微术(near-field scanning optical
microscopy,NSOM)的基础,提供了≤100 nm 的分辨率,明显优于受衍射极限限
制的远场显微术。近场扫描光学显微术是研究纳米尺度上的光学相互作用以及纳
观成像的强大技术。近场扫描光学显微术的应用范围可以从单分子检测到病毒和
细菌的生物成像,基于该技术的生物成像将在 13 章独立讨论。

在 3.1 节概括描述近场光学后,3.2 节会介绍近场纳观相互作用的理论模型。
不倾向于理论的读者可以略过这一节。3.3 节介绍了用于近场光学显微术的各种
方法。一些利用近场光学显微术获得的光学相互作用及动力学的样例在本节会有
所介绍。3.4 节讨论了量子点和单分子光谱学以及纳观域的非线性光学过程的研
究。3.5 节介绍了利用金属尖端增强局部场的无孔径近场扫描光学显微镜以及这
种方法的应用。3.6 节讨论了利用表面等离子体几何结构增强光学相互作用的近
场光学显微镜。3.7 节探讨了在纳米尺度动力学过程中的时空分辨研究。

3.8 节列出了一些近场光学显微镜的商业制造商。3.9 节提炼了本章的要点。
对想进一步了解的读者,推荐以下书籍和综述以供深入阅读:

Courjon (2003):*Near-Field Microscopy and Near-Field Optics*

Fillard (1997):*Near-Field Optics and Nanoscopy*

Kawata, Ohtsu, and Irie (2002):*Nano-Optics*

Moerner and Fromm (2003):*Methods of Single-Molecule Fluorescence Spectroscopy and Microscopy*

Paesler and Moyer (1996):*Near-Field Optics:Theory,Instrumentation, and Applications*

Saiki and Narita (2002):*Recent Advances in Near-Field Scanning Optical* P.42
Microscopy

Vanden Bout, Kerimo, Higgins, and Barbara (1997)：*Near-Field Optical Studies of Thin-Film Mesostructured Organic Materials*

3.1　近场光学

近场光学涉及用亚波长孔径的光，或由亚波长金属尖端或纳米微粒散射的光照射与孔径或散射源非常接近（或者远小于光波长）的物体，以及随后的光学相互作用。近场光包含一大部分非传播的倏逝场（evanescent field），它在远场（远离光圈或散射金属纳米结构）呈指数型衰减。光通过亚波长孔径的情况如图 3.1 所示，或者通过锥形光纤（另一种类型）的情况如图 3.2 所示，这两种情况被称作近场孔径光学或简单地称为近场光学。大多数近场光学研究或近场显微术通常利用包含锥形光纤的近场光学仪器。而无孔径近场光学的例子如图 3.2 所示，这里锋利的金属尖端被用来散射光。金属尖端周围增强的电磁场被强烈地限制。靠近金属纳米结构表面的场增强将在第 5 章详细讨论。

P.43　在可调孔径的近场光学中，光从孔径（如铝涂层的锥形光纤）挤过去，以限制光的外泄。然后光从尖端开口（通常直径为 50～100 nm）传出，并且照射距尖端数纳米的样品上。因而，样品感应到光场的近场分布。有趣的是，光可以被限制在远小于波长的尺度内。即使用 800 nm 波长的红外光，它也可以被限制在 50～100 nm 空间内。因此，近场的方法使我们可以打破衍射障碍，即远场聚焦下被入射光波长尺寸限制的问题。

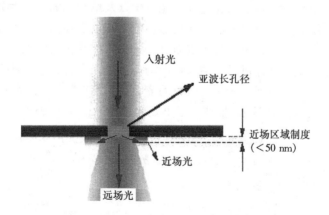

入射光

亚波长孔径

近场区域制度
（<50 nm）

近场光

远场光

图 3.1　孔径可调的近场光学的原理

由纳观孔径（光纤尖端）产生的场有一些很有趣和特别的性质。从光纤尖端发射的光场分布如图 3.3 所示。一部分传播区域中的光矢量 k 是实部。这些光正如一般的远场光一样，具有振动特性。朝极右边缘和极左边缘，光矢量 k 是虚部。这
P.44

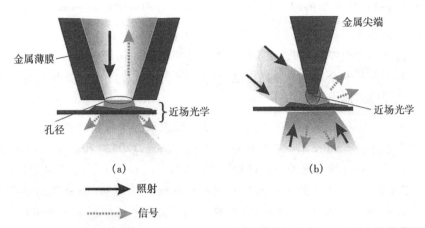

图 3.2 近场光学。(a)金属涂层锥形光纤的可调孔径的近场光学;(b)金属尖端散射的无孔
径近场光学

部分场分布的项 e^{ikr} 的模为 $e^{-|k|r}$,预示着其随距尖端距离的增长有指数衰减,类似在第 2 章中讨论的倏逝场。有些人称之为"禁戒光"(forbidden light),如图 3.3 所示。术语"禁戒带"简化地指出在平常(远场)情况下的光不能传播到这个区域,因此这里没有任何场分布。

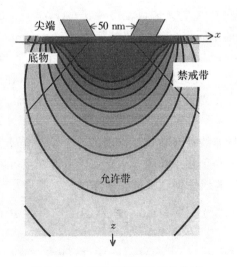

图 3.3 从光纤照射出光的场分布

3.2 近场纳观相互作用的理论模型

尽管麦克斯韦方程式提供了对电磁场现象的普遍描述,但是根据该方程式求解还局限于相对简单的情况,并且纳米尺度光学相互作用的精确处理也给我们带来了更多

的挑战。各种近场光学的理论方法可以根据以下考虑分类(Courjon,2003):

- 光束的物理模型;
- 选择的建模空间(即直接空间建模或傅里叶空间建模);
- 处理问题的全局或非全局方法(例如,分别计算样品中的光场和探针尖端处光场的能力)。

在用于电磁场计算的几种方法中,可以区别为来源于严格光栅理论的技术以及运行在直接空间的技术,前者有差分法(Courjon,2003)和倒易空间微扰法(RSPM),后者有时域有限差分法(FDTD)和直接空间积分方程法(DSIEM)。

一般来说,解析法可提供对简单问题的良好的理论理解,而单纯的数学方法(例如有限差分时域法)可以应用于复杂的结构。介于单纯解析法和单纯数学方法之间的折衷方法就是多倍多级模型(multiple multipole,MMP)(Girard and Dereux,1996)。利用 MMP 模型,模拟系统可被分成有明确介电性质的齐性域和由指数 i 列举的个别域,电磁场 $f^{(i)}(\boldsymbol{r},\omega_0)$ 可以展开为基函数的线性组合

$$f^{(i)}(\boldsymbol{r},\omega_0) \approx \sum_j A_j^{(i)} f_j(\boldsymbol{r},\omega_0) \tag{3.1}$$

这里基函数 $f_j(\boldsymbol{r},\omega_0)$ 是在齐性域的解析方法。这些基函数满足特征值 q_j 的特征波长等式(类似于表 2.1 中的等式):

$$-\nabla \times \nabla \times f_j(\boldsymbol{r},\omega_0) + q_j^2 f_j(\boldsymbol{r},\omega_0) = 0 \tag{3.2}$$

P. 45

MMP 可以运用基域的不同集合,但多极特征域(field of multipole character)被认为是最有用的。参数 $A_j^{(i)}$ 可以通过域界面边界条件的数值匹配获得。

作为利用这项技术研究近场非线性光学过程的例子,在这里我们展示了用来自近场扫描尖端的基波光照射非中心对称纳米晶体,而产生二次谐波的研究(Jiang et al.,2000)。

要说明的是,近场非线性光学相互作用的一个结果是不需要满足相位匹配条件的,因为近场区域远小于相干长度。从麦克斯韦方程组可以得知,基波电场和二次谐波(SH)电场满足非线性耦合矢量波动方程

$$\nabla \times \nabla \times \boldsymbol{E}(\boldsymbol{r},\omega_0) - \frac{\omega_0^2}{c^2}\varepsilon(\boldsymbol{r},\omega_0)\boldsymbol{E}(\boldsymbol{r},\omega_0) = 4\pi \frac{\omega_0^2}{c^2}\boldsymbol{P}^2(\boldsymbol{r},\omega_0) \tag{3.3}$$

$$\nabla \times \nabla \times \boldsymbol{E}(\boldsymbol{r},2\omega_0) - \frac{4\omega_0^2}{c^2}\varepsilon(\boldsymbol{r},2\omega_0)\boldsymbol{E}(\boldsymbol{r},2\omega_0) = 4\pi \frac{4\omega_0^2}{c^2}\boldsymbol{P}^2(\boldsymbol{r},2\omega_0) \tag{3.4}$$

这里 $\varepsilon(\boldsymbol{r},\omega_0)$ 和 $\varepsilon(\boldsymbol{r},2\omega_0)$ 分别是基波和二次谐波的线性介电函数。

沿 z 方向的传播常数 k_z 为

$$k_z = (\boldsymbol{k}^2 - \boldsymbol{k}_{\|}^2)^{1/2} = k_0(1 - n_1^2 \sin^2\theta)^{1/2} \tag{3.5}$$

这里 $k_0 = 2\pi/\lambda$,λ 是自由空间的照射波长;n_1 是尖端的折射率,而 θ 是入射角。如果 $1 - n_1^2 \sin^2\theta > 0$(即 k_z 是实数),在探针与样品间会有波以一定的振幅传播,这

相当于样品中的"容许光"(allowed light)。在 k_z 是假想的区域,在相当于波长的
距离中波会指数性衰减,因此这些波有倏逝性并在样品中产生"禁戒光"。类似利
用 MMP 方法计算基波的电场分布,我们也可以获得二次谐波的电场分布,以及
"容许光"和"禁戒光"的不同分布。

　　图 3.4 分别显示了基波和二次谐波近场强度的三维分布图。可见二次谐波
(SH)的场强数量级小于基波(FW),并且在探针尖端中心区域(即约 50 nm ×
50 nm)有高分布。相对于二次谐波而言,基波是更非定域化的。

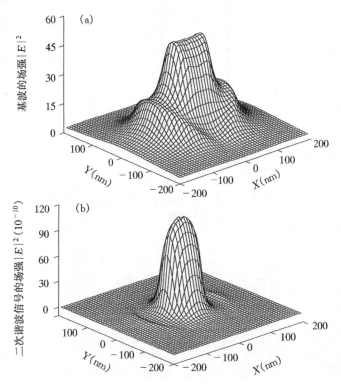

图 3.4　(a)基波;(b)二次谐波的近场光学强度三维分布图。在 p 极化和尖端-样品距离
　　　　为 10 nm 的条件下计算

　　图 3.5 显示了图 3.4 沿 x 轴方向的断面图,图 3.6 显示了二次谐波信号
(SHG)在全部立体角上 $|E|^2$ 的积分。很显然,接近探针中心的电场强度几乎完全 P.46
来自于容许光,而由于有来自禁戒光的场成分,尖端的边缘出现场增强。在尖端样
品距离内,场强下降得非常快,并且其经典的衰减长度大约等于尖端尺寸(即约
50 nm)。此外,指数衰减的禁戒光场强随探针-样品距离的变化,比容许光场强的
变化更大。图 3.6 还表明当探针距离样品表面非常接近(即 $d < 50$ nm)时,场强主
要来自于禁戒光。然而,当探针-样品距离大于 50 nm,来自于容许光的强度成为

场强的主要贡献者。由于容许光只包括样品表面的低空间频数,所以禁戒光检测对研究线性和非线性光学相互作用的细节是非常必要的。

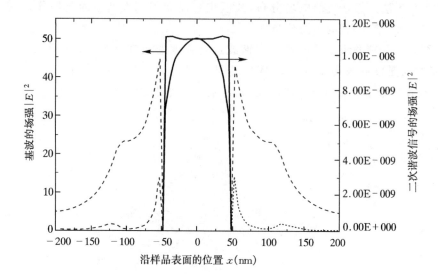

图 3.5　沿着尖端-样品 10 nm 距离的样品表面的基波和二次谐波电场强度。实曲线表示容许光的场强;虚曲线表示禁戒光的场强

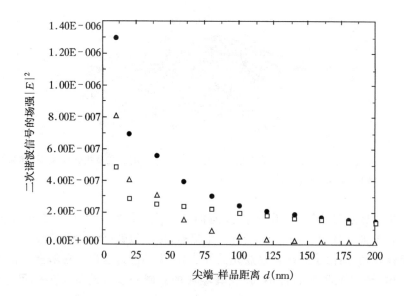

图 3.6　尖端-样品距离 d 对近场二次谐波强度的影响,(·)来自于总场,(□)来自于容许光,(△)来自于禁戒光

3.3 近场显微术

P.48

近场光学显微术利用近场相互作用，可以达到＜100 nm 的分辨率，远远优于受衍射障碍限制的远场显微术。传统光学成像（远场）技术的分辨率受到光衍射的限制。运用近场光学成像的想法第一次是由 Synge 在 1928 年讨论的，他指出通过亚波长孔径照射物体与非常接近样品（远小于一个波长，或在"近场"）的探测器的结合，通过非衍射限制过程可以获得高分辨率（图 3.1）（Synge，1928）。将原理变为现实的行动（Ash and Nicholls，1972；Pohl et al.，1984；Betzig and Trautman，1992；Heinzelmann and Pohl，1994）创造了近场显微术技术。现在有这种技术的各种改进型，可以在近场照射样品，但在远场收集信号，或者在远场照射样品而在近场收集信号，或者两者都在近场进行。在大多数方法中，重要的组成部分是通过运用尖端半径＜100 nm 的锥形光纤实现亚波长孔径。

最常用的近场光学探针是有反射铝膜涂在外层的锥形光纤，典型的尖端大小约为 50 nm。光线通过光纤传输，既可以作为激发光也可以用于收集发射光，其分辨率由光纤尖端大小和与样品距离共同决定。通过扫描光纤尖端或样品层，图像被逐点收集，因此这项技术被称为近场扫描光学显微术（NSOM）或扫描近场显微术（SNOM）。近场显微术的不同模式如图 3.7 所示。

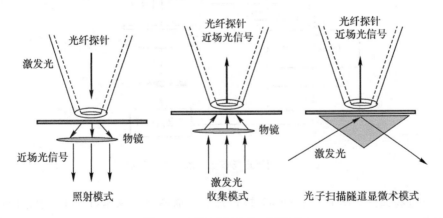

图 3.7　近场显微术的不同模式

在近场扫描光学显微术（NSOM）中的照射模式，激发光穿过探针传播并照射近场中的样品。一个典型的用于近场成像的系统如图 3.8 所示。在收集模式近场扫描光学显微术（NSOM）中，探针在近场收集光学响应（透射或发射光）。另一种用于近场成像的模式是光子扫描隧道显微术（PSTM），其中样品在全内反几何体P.49

中被倏逝波照射(参见第 2 章介绍的光子隧道);发射光由一个近场光学探针收集。对于形成光子扫描隧道几何体或简单的从远场底部激发,如果用超短飞秒(10^{-15})激光脉冲更方便。在激发光穿过光纤尖端的情况下,有一个棘手的问题就是短脉冲会在穿过一段光纤中后变宽。因此,在锥形光纤中通常用一对光栅校正脉冲变宽。选择光子扫描隧道显微几何体进行激发和近场收集的第二个原因是它还可以避免由于激光脉冲的高峰值功率造成的光纤尖端破坏。当短脉冲传递通过 50 nm 尖端,其强度可能足够高以破坏尖端。相反,由光子扫描隧道显微几何体或者从远场底部提供的激发光,会将这种光学伤害降至最低。

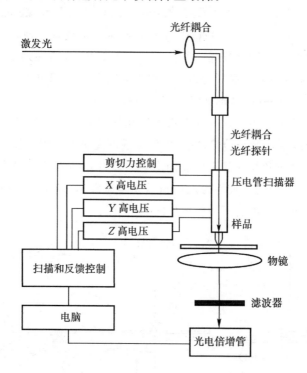

图 3.8　用于近场成像系统的经典仪器

　　在近场扫描光学显微术(NSOM)和光子扫描隧道显微术(PSTM)中,分辨率由两种因素决定:探针孔径尺寸(开口)和探针-样品距离。由于大多数样品表现出一些地形(topography),保持光学探针与样品表面参考点距离不变是非常重要的,这样任何光学信号的改变都会归咎于地形特征,而不是探针-样品距离的变化。用于保持探针-样品距离恒定不变的两种解决方案如图 3.9 所示。一种是剪切力反馈技术,可以被用于传导性和非传导性样品的距离控制。在剪切力反馈控制中,光学探针与音叉相联系,它会以其共振频率在几纳米的幅度内横向振动。当探针接

P.50

近样品表面时,探针-样品的相互作用会使共振幅度衰减和相位移动。幅度的变化通常在距样品表面约 0～10 nm 时发生并且单调依赖于距离,这种现象可以被用于距离控制的反馈环。剪切力反馈还可以同步获得样品的像(原子力显微术,AFM),从而为近场扫描光学显微术(NSOM)和光子扫描隧道显微术(PSTM)提供检测依据。在另一种方案中,光纤振动时的表面光反射被利用。

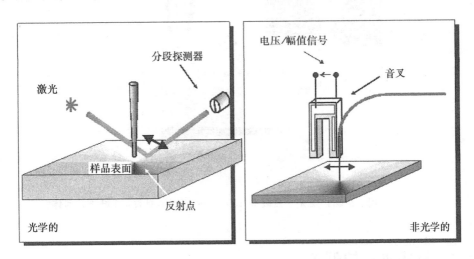

图 3.9 保持恒定的探针-样品距离的两种装置

关于锥形光纤几何,有些设计运用有狭窄尖端的直形光纤。这正如图 3.10 的上图所示。还有一些运用悬臂几何体(光纤尖端是弯曲的),正如图 3.10(下图)所示。这种悬臂的设计使我们可以将相同的探针用于原子力显微镜(AFM)。锥形光纤尖端探针的质量决定了空间分辨率和测量灵敏度,因此尖端的制造是非常重要的。两种尖端制造的方法如下:(i)加热-拉伸法。这里光纤用 CO_2 激光局部加热,然后在加热区域两侧均匀拉伸。(ii)化学蚀刻法。这种方法运用氟化氢(HF)溶液蚀刻玻璃光纤,通过调整 HF 缓冲液的成分完成预期的锥形角度。已经表明,P.51 大椎角的双锥面结构的光学传播效率比小椎角的单锥面探针大两个数量级(Saiki et al.,1998)。这种双锥面结构可通过运用多步式 HF 蚀刻过程获得(Saiki and Narita,2002)。

另一种方法是运用金属尖端或金属纳米微粒控制光场分布,被称为无孔径近场显微术,在 3.5 节中描述。

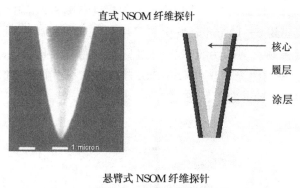

直式 NSOM 纤维探针

核心
履层
涂层

悬臂式 NSOM 纤维探针

图 3.10 用于近场扫描光学显微术(NSOM)的不同类型的光学纤维几何体

3.4 近场研究的例子

3.4.1 量子点的研究

本节提供一些用近场显微术进行研究的例子。一个例子涉及的量子点(通常简略为 Q-dots)我们随后将在第 4 章纳米材料部分讨论。这里我们只要简单知道量子点是 1~10 nm 尺寸范围的纳米粒子,并表现出依赖尺寸的极窄的光跃迁。因此,一定尺寸的微粒有一定频率的光跃迁(吸收和发射);并且随微粒尺寸的增加,光学共振向低频(高波长)移动。如果我们观察远场中由不同环境、不同尺寸的大量量子点组成的样品(一个整体),每个量子点有其自己的光学共振。这造成了不均匀的(静态的)光跃迁加宽。可以发现各种量子点尺寸分布的卷积,这与个体量子点是不同的。因此,如图 3.11 所示可以发现一个非常宽的光谱。近场显微术允许我们探测 50 nm 大小的区域,凭此在稀释浓度的介质(薄膜)中可以探测到均匀分散的单纯量子点。因此,可以获得单纯量子点光谱。图 3.11 展示用近场显微术获得的单纯量子点近场光谱(D. Awschalom 的网站)。我们可以想象对单态量子点区域成像,并用近场激发获得光谱。用两种不同尖端尺寸探针获得的结果如图所示。上部是约 100 nm 尖端尺寸,中部为约 200 nm 尖端尺寸,最下面的为约 300 nm 尖端尺寸探针获得的光谱。我们可以看到当尖端为 100 nm 时,光谱中有一些与量子点小团相关的结构。到 200～300 nm 时,由于更多的量子点被同时激发,这种分辨率消失了。

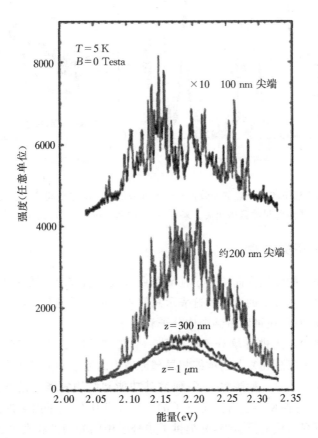

图 3.11 量子点的近场显微术/光谱学(从 D. Awschalom 复制:www. iquest. ucsb. edu/
sites/awsch/research/nonmag. html,经许可后复制)

Saiki 等人(1998)和 Matsuda 等人(2001)研究从量子点团 InGaAs 中的单类 P.53
型量子点 GaAs 在室温下的光致发光,他们的结果如图 3.12 所示。由于是对单量子点样品获得光谱分辨率(无不均匀的光谱跃迁变宽),他们发现在缓和的激发强度下,发射不仅从导带的最低层(次能带),也从高一些的层次发出。(参看第 4 章对这些能带的介绍)他们可以研究由激发的退相时间决定的均匀线宽(在第 6 章看对退相时间的描述),它是跃层空间(interlevel spacing)能量的函数。他们发现对小尺寸量子点(跃层空间更大)的线宽更大。(这点已经通过减小盒长度而在盒内单微粒模型中被预测到,参看第 2 章和第 4 章)

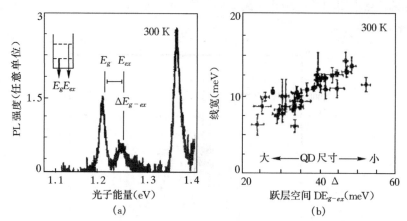

图 3.12　(a)室温下单量子点的光致发光光谱;(b)依赖于跃层空间的基态发射均匀线宽,
与量子点的尺寸紧密相关。来自 Saiki 和 Narita (2002),经许可后复制

3.4.2　单分子光谱学

将空间探测的限制推向单分子检测是令人激动的方向。纳观分辨率的最终目标是实现单原子或分子的重构。这表示我们不仅可以看见几百或几千原子装配成的单个量子点,而且还可以看到个体分子和原子。

利用光谱学方法进行单分子检测是一个高度活跃的领域(Moerner,2002)。单分子光谱学是探测在复杂的浓缩相局部环境中的原子和分子的个体纳米尺度行为的非常有利的工具。检测单分子、研究其功能和结构的能力提供了阐明单分子性质的机会,这些性质是包含大量分子的整体观测中体现不出来的。单分子研究使我们可以研究隐藏的异质性,并提供了单分子中的光物理和光化学动力学信息。此外,单分子可以作为纳米环境最终的局部观察对象。这对具有异质性的生物大分子尤其重要,这异质性来源于蛋白的各种拷贝个体,或者不同折叠状态、结构的寡核苷酸,或酶循环的不同步骤(Moerner,2002)。

P.54

单分子光谱学有两个要求:

* 在光源探测区域中仅有一个分子出现。利用适当的稀释和探测小容积的显微技术可以完成这一要求。近场显微术利用光学显微使最终方案变为可能,使我们可以光学检测更小的纳观域,并且更容易应付待测空间区域仅含有单个分子的情况。近场显微术因此被当做单分子光谱学的工具。
* 单分子信号的信噪比(SNR)必须足够大,以便在合理的平均时间提供足够的灵敏度。为了这个目的,大的吸收截面、高耐光性、吸收饱和下的操作,以及(就荧光检测来说)高荧光量子产率都是必须的。另外,运用小的聚焦体积也提供了更好的信噪比。在这方面,近场显微术也具有很大优势。

由于 Moerner 等人在 20 世纪 80 年代的最初的工作（Moerner and Kador，1989；Moerner，1994；Moerner et al.，1994），已经可以看见这一领域活动和报道呈爆炸性出现。为了进行单分子光谱学，各种各样的光谱学技术如吸收、荧光和拉曼光谱等已被应用。荧光光谱是应用最广的单分子检测光谱学方法。单分子荧光检测已经成功地应用到生物系统（Ha et al.，1996，1999；Dickson et al.，1997）。Ishii、Yanagida（2000）和 Ishijima、Yanagida（2001）发表了关于生物科学单分子检测的应用的优秀综述性文章。单分子检测已被用于研究分子马达功能、DNA 转录、酶反应、蛋白质动力学和细胞信号。单分子检测使我们可以了解个体生物分子的结构-功能联系，与用传统的涉及大量分子的测量方法测得的整体平均性质相对比。

近场激发可使荧光增强，以提高单分子光谱的信噪比。荧光探针用于单分子检测的可以检测荧光寿命、双光子激发、偏振异向性和荧光共振能量转移（FRET）。称为时间相关单光子检测的技术（Lee et al.，2001）对单分子荧光寿命测量有很大的帮助。

图 3.13 显示了单分子荧光的 NSOM 成像，来自于 Barbara 的团队（Higgins P.55 and Barbara，私人交流）。由分子发射器向另一个分子发射的荧光强度不同可能是由于在基质上有多种分子。

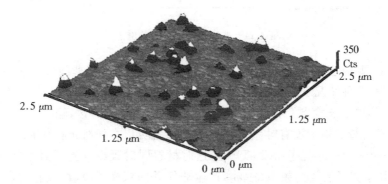

图 3.13 单分子荧光的 NSOM 成像。来自 D. Higgins 教授和 P. Barbara 教授未发表的结果

Ambrose 等人（1994）报道了在对相同分子重复激发后，Rhodamine-6G 染料会出现意外的不可逆光漂白。这个意外的漂白现象在分子整体中还不曾发现，分子整体是表现出荧光的逐步降低。Betzig 和 Chichester（1993）报告了在亲脂性羰花青中相似的不可逆光漂白。

单分子的斯塔克位移测量可以被用做纳观域电场分布的局部传感器。为达到这一目的，Moerner 等人（1994）使用了直径 60 nm 的铝涂层的光学纤维尖端近场光学探针。铝涂层尖端的静电位产生单分子吸收线的斯塔克位移。

3.4.3 非线性光学过程的研究

非线性光学过程提供了关于纳观水平上组织和相互作用的信息。非线性光学过程在第 2 章中讨论过,依赖于高场强力,包括在同一个介质同一时间不止一个光子的相互作用。为了明确起见,图 3.14 展示了以前在第 2 章提到的非线性光学过程的例子。在二次谐波信号(SHG)中,具有相同频率 ω 的双光子与介质的相互作用,产生了 2ω 的输出。这个过程的发生不包括光的吸收。因此,这是介质和光简单作用,然后转换为光的连贯过程,也就是由频率 ω 的基波(波长 λ)转换为频率 2ω 的二次谐波(波长 $\lambda/2$)的连贯过程。二次谐波产生过程受对称性要求限制,仅在非中心对称或界面自然不对称(对侧有不同媒介)的介质中出现。

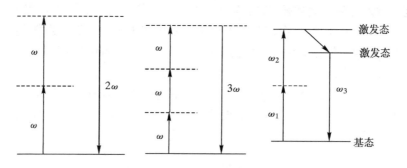

图 3.14 非线性光学过程的例子

P.56 第二个要描述的过程是三次谐波信号(THG),它来源于非线性光学相互作用三次项。在这种情况下,介质与频率 ω 的基频光相互作用,利用三个光子一起产生频率 3ω 的单光子输出。如果 ω 在波长 1.06 μm 的近红外区,输出在波长约 355 nm 的紫外区域。由于没有对称性限制,这个过程可以在任何介质发生。

另一个过程是双光子激发(TPE),这时材料同时吸收双光子而达到激发态。如图所示,双光子有不同频率 ω_1、ω_2,产生非简并的双光子吸收,或它们有相同的频率 ω 产生非简并的双光吸收 2ω。在所述的情况下,$\omega_1 + \omega_2$ 产生激发态,可以松弛到另一个低级激发态并发射频率 ω_3 的光子。ω_3 的频率比最初的 ω_1 或 ω_2 的光子都高。双光子激发(TPE)因此产生了上转换的发射过程。它与 SHG 不同,因为在 SHG 中,光学输出确定在 2ω 并在 2ω 处有一只与基波 ω 的线宽有关的尖峰。在双光子激发中,ω_3 比 ω_1 或 ω_2 都高,但也不是 $2\omega_1$,$2\omega_2$ 或 $\omega_1 + \omega_2$。在大多数情况下,$\omega_3 < (\omega_1 + \omega_2)$。双光子激发荧光是一个连贯的过程。这个过程也来源于非线性光学相互作用的三次项,并无对称限制。

有些非线性光学技术对表面分子定位是非常灵敏的。我们可以用这些非线性光学过程,特别是二次谐波的产生来探测表面结构和表面修饰,因为 SHG 对界面性质非常敏感。另一个应用是可以在表面装配结构。双光子激发荧光可以十分方便地被用于纳米尺度成像。双光子激发可以通过光蚀刻技术进行纳米结构装配，这将在 11 章讨论。TPE 激发强度二次正比于激发光强度，因此集中在接近焦点处，这是有重大意义的。由此可见，利用非线性光学激发，纳米系统可以达到很高的精确度。

已经报道了很多用近场光学进行的 SHG 研究（Bozhevolnyi and Geisler，1998；Kajikawa et al.，1998；Shen et al.，2000；Shen et al.，2001a）。为方便起见，P.57这里只介绍我们研究所做的工作（Shen et al.，2000；Shen et al.，2001a）。

图 3.15 提供了在有机晶体 NPP（结构见图 3.16）中运用近场光学显微术的例子。许多不同的 NPP 纳米晶体在培养基表面组合成形。NPP 微晶纵向长度大约100 nm 并且是良好朝向的（Shen et al.，2001a）。NPP 有产生二次谐波的合适的对称性和结构，所以我们可以用它进行局部二次谐波区域成像，进而发现结晶区域 P.58表面如何定位。光偏振从任意的零度角到纳米晶体定位的深层探测是不同的。在90°明亮的微晶在零偏振角并不是那样活跃的。3.15 图中的上图是剪切力地形图像。地形图像与二次谐波图像相符合，因此证实无伪迹干扰。

通过分析 SHG 获得的偏振依赖性（为偏振旋转角的函数），可以获得纳米晶体的定位信息。实验获得的曲线见图 3.17，通过旋转起偏器得到不同的光偏振角度，并在图上标出了这些角度对应的二次谐波产生（Shen et al.，2001a）。二次非线性光学极化率常通过张量系数 d 用于二次谐波产生描述。有效 d 系数 d_{eff} 是材料二次谐波产生品质因数的量度。d_{eff} 和它的角分布通过公式（3.6）描述：

$$d_{\text{eff}} = \{d_{21}^2 \sin^2 2(\theta+\alpha) + [d_{21}\sin^2(\theta+\alpha) + d_{22}\cos^2(\theta+\alpha)]^2\}^{1/2} \qquad (3.6)$$

符合等式的一个解为 $d_{\text{eff}} = 224$ pm/V，提供了系数 d 两个张量分量 d_{21} 和 d_{22}。另 P.59一个可以通过符合各向异性得到的信息是晶轴 b 和 CT 轴与培养基平面平行。因此，这项研究提供了一个明确的提示，即这些基底平面上的纳米晶体区域如何定位。

这项研究提供了晶体在纳观级上的结构信息细节，如表 3.1 中所列。结果显示，每一个晶体在其整个纳米晶体表面有均一的 SHG 强度分布，所以纳米晶体未表现出亮点和暗点。这表示，这些区域存在纳观量级（nanoscopic order）。第二，偏振依赖性证实了纳观量级，正如由公式（3.6）适用范围所展示的。d_{eff} 显示晶体表面的定位。在相同晶体的不同定位有相同的解 d_{eff}。这表明晶体是良好定位的均匀域。

表 3.1 由纳米晶体的二次谐波成像获得的纳观信息

- 均一的二次谐波强度分布→纳观量级
- 偏振依赖性→纳观量级
- d_{eff} 等式的适用范围→结晶轴 $b(\text{P}_{21})$ 和分子 CT 轴与基底平面平行
- 在相同的纳米晶体或不同的纳米晶体放置有相同的 d_{eff}→相似的对称性和量级

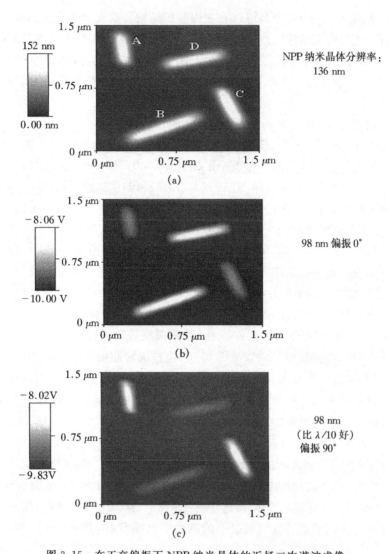

图 3.15　在正交偏振下 NPP 纳米晶体的近场二次谐波成像

图 3.16　NPP 结构

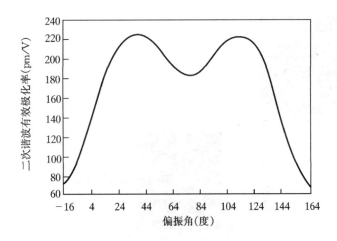

图 3.17 在 NPP 纳米晶体中二次谐波产生的偏振依赖性

另一个非线性过程的例子是三次谐波信号（THG）和双光子激发（TPE）（Shen et al.，2001b）。如上所示，THG 在 1064 nm 的基频入射光束基础上产生 355 nm(3ω)的光束。另一方面，TPE 可能涉及双光子的同时吸收，每个频率为 ω，产生高频 $ω_3 \gg ω$ 的上转换荧光（见第 2 章）。这样看似乎 THG 是三光子的过程而 TPE 是双光子过程。但是非线性光学作用理论显示这两种过程都来源于非线性光学作用的三次项。THG 依赖于三次非线性光学极化率 $χ^{(3)}$ 的绝对值的平方，$χ^{(3)}$ 是介质三次非线性共振长度的量度。这个极化率是高次张量（四次）（即与四个张量相关）。$χ^{(3)}$ 是接近双光子吸收的复数谐量。双光子吸收与三次非线性光学极化率的假想部分相关。THG 不包括介质的光吸收。介质只是简单地与光作用，并将基波转化成三次谐波。

图 3.18 显示了在有机晶体 DEANST（结构见图 3.19）中同时获得的 THG 和双光子荧光图像。上面的地形图由剪切力产生（即通过原子力显微术获得的）。P.60 中间图像通过对三次谐波信号检测获得。这里基波为 1.064 μm，因此三次谐波输出在 355 nm 紫外区。这幅图与上面的地势图十分吻合。最下面为 TPE 萤光图像。这里荧光发射在红光区，最大值约 600 nm。所有这三幅图都十分吻合。

图 3.20 显示了近场信号的光谱分布。由于三次谐波产生，在约 355 nm 有一尖峰，光谱形态线宽与 1.064 μm 基波峰线宽相关，之后，在约 600 nm 处有一宽峰，这宽峰是由于双光子激发荧光。因此，DEANST 晶体产生了三次谐波和 TPE P.61 荧光，三次非线性光学过程的绝对值（由于 THG）和虚部（由于 TPE）都是明显的。并且当用基波光 1.064 μm 时，两者也都是强的。强度依赖性研究表明 TPE 先出现，这与事实上 TPE 依赖于输入强度的平方、THG 依赖于三次方一致。细节光谱

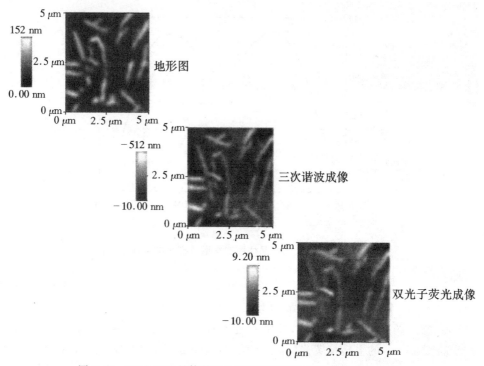

图 3.18   DEANST 晶体的近场三次谐波和双光子显微术和光谱

图 3.19   DEANST 的结构

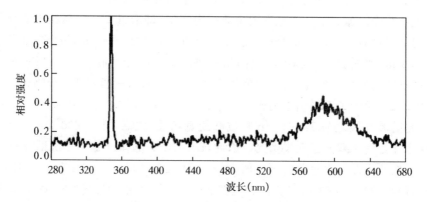

图 3.20   DEANST 纳米晶体的 THG 和 TPE 近场信号的光学分布

研究表明无 SHG 产生，正如由 DEANST 晶体是中心对称预期的一样（见第 2章）。它还表明，THG 直接由 $\chi^{(3)}$ 过程产生，而不是偶联的（串级）二次项过程（先产生 2ω，再加上 ω）。

为了获得晶体取向的信息，可以旋转晶体入射光的偏振角，并标定出各向异性。图 3.21 展示了 THG（上）和 TPE 荧光（下）的研究结果（Shen et al.，2001b）。这两条曲线有一一对应的联系。因为角度的变化与三次非线性光学极化率的各向异性相关，所以这种一一对应的联系并不奇怪。发现各向异性由 $\chi^{(3)}$各张量成分的相关分布决定。一个与事实相符的结果表明，平面对角张量 $\chi_{yyyy}^{(3)}$和 $\chi_{xxyy}^{(3)}$ 的比大约为 4 （Shen et al.，2001b）。这种角分布由如下等式给出的有效电极化率 $\chi_{\text{eff}}^{(3)}$ 表示：

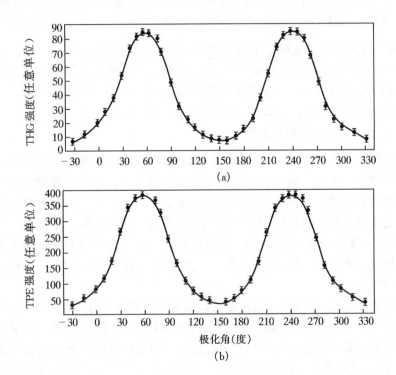

图 3.21　平面内 DEANST 纳米晶体的 THG 和 TPE 各向异性

$$\chi_{\text{eff}}^{(3)} = \chi_{yyyy}^{(3)} \cos^4(\theta + \alpha) + 6\chi_{xxyy}^{(3)} \cos^2(\theta + \alpha) \sin^2(\theta + \alpha) + \chi_{xxxx}^{(3)} \sin^4(\theta + \alpha)$$

$$(3.7)$$

这里 α 是参考角，$\chi_{xxyy}^{(3)}$ 是 $\chi^{(3)}$ 的平面非对角张量成分。此外，在双光子共振中，$\chi^{(3)}$ 的主要分布可能来自于虚部成分，因此 THG 也可能由 $\chi^{(3)}$ 的虚部决定。

P.62 **3.5　无孔径近场光谱技术与近场显微术**

正如 3.3 节所述,无孔径近场扫描光学显微镜技术是一种新兴技术(Novotny et al.,1998;Sanchez et al.,1999;Bouhelier et al.,2003)。与之相比,采用锥形光纤等孔径近场显微技术存在一些实验局限性。比如:

- 由于较小的纤维孔径及光对锥形光纤外的铝涂层有限的穿透深度(光穿透),使光转换率降低。
- 金属涂层对光的吸收导致其温度明显上升,引起成像问题,尤其是对生物样品。
- 当使用短脉冲进行非线性光学研究时,会出现脉冲展宽效应。此外,高峰值功率的激光脉冲会对光纤尖端造成损坏,这一点已在 3.3 节中讨论。

无孔近场光谱技术克服了上述局限性,同时提高了分辨能力。Novotny,Xie 及其同事已经证明了即使是小于等于 25 nm 的纳米尺度光学图像和光谱也可使用无孔近场光谱技术,包括金属尖端直径小于 10 nm 的情况(Sanchez et al.,1999;Hartschuh et al.,2003;Bouhelier et al.,2003)。

P.63　　实现无孔 NSOM 的两种途径:

1. 散射无孔 NSOM:包括纳观定位和金属纳米结构的光散射引起的电磁辐射场增强。图 3.2 举例说明了用金属尖端引发的光散射。散射和局部定位也可以由样品表面纳米尺度内的金属纳米粒子产生。通过等离子体耦合金属纳米粒子的定位和电磁场增强会在第 5 章"等离子体光子学"论述。第 11 章"纳米光刻技术"中,我们将讨论了基于金属纳米粒子的散射获得纳观分辨率的原理,它同时是 11 章"纳米光刻术"中讨论的"等离子体印刷"的基础。

2. 场增强无孔 NSOM:金属尖端可以用来提高近场中的入射光视区。在这种情况下,尖端处的光线将以一种正常的传播模式(远场)入射。金属尖端电场的显著增强引起光学激发纳观定位。通过高数值孔径镜头将光聚焦于金属尖端,使光得以合理的使用。因此,在这章我们将详细介绍并列举一些应用此法研究的例子。

图 3.22 是一个场增强无孔近场扫描光学显微镜示意图(Novotny et al.,1998;Sanchez et al.,1999)。如图所述,这种方法结合了远场和近场技术。如果入射光有沿尖端轴线的偏振成分(E 视区),将导致尖端产生强大的表面电荷密度进而产生显著的场增强效应(Novotny et al.,1997)。而普通高斯光束不能应用于此,因为它没有沿尖端轴线的偏振成分,图 3.22 所示为轴向上的光学强度分布。

因此,这就需要用到像 Hermite-Gaussian 等那样的高阶激光束,它能在聚焦区域提供了一个纵向电场(沿尖端轴线)。这一强限制场与尖端很近,并与临近纳米尺度相互作用。光学响应信号,无论是荧光、二次谐波或拉曼散射,都是用相同数值孔径的镜头收集。

Novotny 等人(1997)指出,用黄金制作的直径为 10 nm 尖端可以产生使入射光强度增高 3000 倍以上的增强因子。即使入射光波长与金属的表面等离子体共振相差很远,这种增强同样有效(表面等离子体共振,见第 1 章第 2 节和第 5 节)。如上所述,场增强效应是由于沿尖端的入射光偏振成分,诱导尖端产生强大的表面电荷密度,进而产生了显著的场增强。Sanchez 等人(1999)指出,对于不对称的金属尖端(弧形),聚焦的高斯光束(TEM_{00})甚至能在尖端产生场增强。他们将这种结构和钛宝石激光器产生的飞秒脉冲激光结合以产生高效率的双光子激发发射。 P.64
这种双光子近场显微镜被用于光合作用细胞膜片段以及空间分辨率约为 20 nm 的 J-聚合体(见第 2 章 J-聚合体)成像。图 3.23 显示了涂在玻璃基片上的聚乙烯硫酸(PVS)中的 PIC 染料的 J-聚合体的近场双光子激发荧光图像(图 3.23(b))及其地形图(图 3.23(a))(Sanchez et al.,1999)。图的下半部分同时显示了聚合物的截面图。发射图像横截面半幅全宽(FWHM)约为 30 nm,显示出通过此方法能获得很好的空间分辨率。

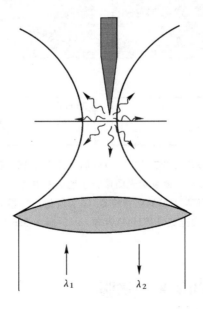

图 3.22　金属尖端与入射波长 λ_1 在聚焦处的相互作用产生局部场增强。产生的波
　　　　长为 λ_2 的光信号被同一物镜所收集

最近,Hartschuh 等人(2003)报告了一种具有高分辨率的近场拉曼显微镜,它的探针由银尖端(直径为 10～15 nm)的单壁碳纳米管制成。他们报道了 0～25 nm 的空间分辨率,并用 1596 cm⁻¹(称 G 带,即相应的切线延伸方向,较长)和 2615 cm⁻¹ 的拉曼谱带(称 G′带,即在 1310 cm⁻¹ 引起相应的异常谐波,较宽)获得波长为 633 nm 激发光束的拉曼成像。

Bouhelier 等人(2003)通过金尖端引起的局域电磁场增强来研究二次谐波振荡。他们指出,在无限尖端产生二次谐波可以由二次谐波频率的偶极振荡重现。二次谐波振荡主要受控于沿着尖端轴线的激发场偏振。因此,尖端可以作为纵向探针(沿尖端轴线)。

P.65

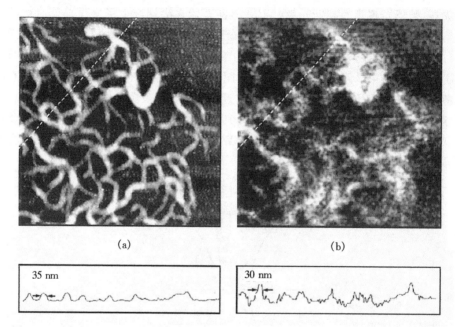

(a)   (b)

图 3.23 同时显示了(a)聚乙烯硫酸(PVS)玻璃基片上经 PIC 染色的 J-聚合体地形图及(b)其近场双光子激发荧光图像。在地形图中所做沿虚线的横截面具有 35 nm 半幅全宽(FWHM)的独特特点(箭头所指出),相应的双光子激发荧光图像横截面的半幅全宽(FWHM)为 30 nm。摘自 Sanchez 等人(1999),经许可后复制

3.6 光相互作用的纳米级增强

有许多方法可以提高光学相互作用,其中之一是表面等离子体增强。表面等离子体是一种在金属薄膜(见第 2 章)或金属纳米畴(见第 5 章)的电磁表面波,它可以由某一特定角度射入金属薄膜的耦合光所激发(Raether,1988)。表面等离子

体增强可以在金属-绝缘体的界面或该界面内的纳米尺度范围内产生。在近场几何构型中应用这种增强方式,可以增强弱光间的相互作用,如非线性光学相互作用。图 3.24 显示著名的应用棱镜的克雷奇曼几何构型(见第 2 章),棱镜恰好位于纤维尖端的下方(Shen et al.,2002)。棱镜涂有银膜,其上部有纳米结构材料。从右边照射的光表示激发光,它从一面镜子反射,然后进入棱镜并在其底部反射,它是以一定角度做全内反射的入射光线。反射光被光电探测器检测到。如果垂直扫描镜面,如箭头所示,将会改变入射光与棱镜基底的角度及其与金属薄膜间的相互作用。在某一特定角度,即所谓表面等离子体共振(SPR)耦合角度,光线耦合到银制镀膜并以表面等离子体波进行传播并逐渐衰减(见第 2 章)。在银制镀膜的另一侧,其表面处场强最大,并随着与金属表面距离的增加呈指数衰减。由于表面等离子体波的这一光学约束,使表面等离子体耦合角处的光耦合变得非常强。因此,表面等离子体增强效应使我们可以获得光照强度很低的近场纳观图像。借此可以用光学处理方法在金属表面光刻,还可以在一个更为有限的空间利用低强度场制造纳米结构的物质,这是因为表面等离子体相互作用的约束。

P.66

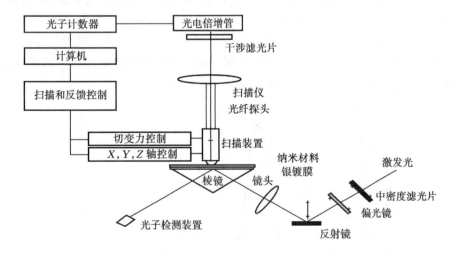

图 3.24 利用光子扫描隧道显微镜研究表面等离子体增强效应实验原理图

结果见图 3.25,它说明了在近场几何构型中表面等离子体的增强效应(Shen et al.,2002)。这里有两条曲线,左边是表面等离子体局域场增强图,当它以表面等离子体波与银膜耦合时,薄膜处发射光被近场探针所收集。随着入射角的变化,当其恰好等于表面等离子体耦合角度时(目前取 42.5°),通过峰值光强度可以看到显著的局域场增强。局域场增强可达到约 120 倍。右侧曲线显示了反射光的互补特征,即在表面等离子体耦合角处,反射光局域场强度降低(最低)。虚曲线表示将棱镜-金属薄膜-空气结构用 Fresnel 方程计算的结果。

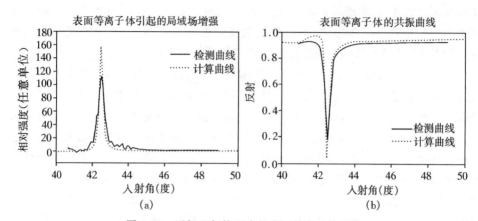

图 3.25 近场几何构型中的表面等离子体增强

P.67 图 3.26 说明了当含有双光子染料 PRL-701 纳米晶体的有机膜(结构如图 3.27)涂在银膜表面时会引起表面等离子体共振增强双光子激发发射(Shen et al.,2002)。存在的有机膜通过双光子激发能吸收光并表现出上转换发射,所以共振角会有轻微改变。当光线以表面等离子体波传播时,双光子激发显著增强。耦合光作为表面等离子体波是一种光学反应,在这种情况下,双光子激发发射被提高P.68两个数量级以上。表面等离子体增强可用于线性和非线性光学过程。因此,可以用表面等离子体增强技术提高成像及光加工的敏感性。

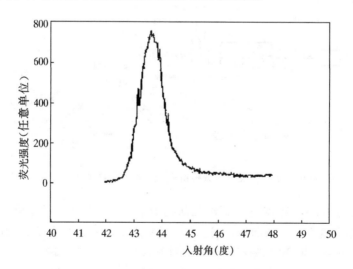

图 3.26 表面等离子体共振增强了双光子激发发射

图 3.28 是表面等离子体增强双光子荧光图像,它由图 3.24 所示的原理得到P.69(Shen et al.,2002)。左图显示了地形图像,右图显示双光子荧光图像,后者利用

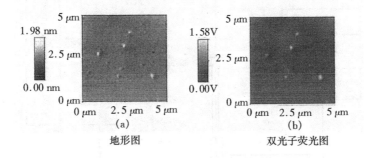

图 3.27 PRL-701 染料的结构示意图

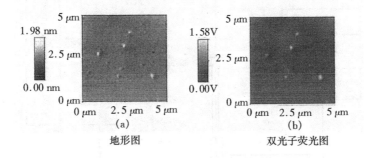

(a) 地形图　　(b) 双光子荧光图

图 3.28 表面等离子体共振条件下的地形图和双光子荧光图

表面等离子体耦合角提高成像。在这种情况下,双光子激发提供了一个能使光耦合成表面等离子体波的角度。用于成像的上转换荧光由聚集式 NSOM 获得。明亮区域为双光子荧光激发区。同样,地形图和棱镜表面的有机膜形成的纳米尺度双光子荧光图之间有很好的相关性。

3.7　纳米动力学时空分辨率研究

　　研究纳米结构超快动力学过程需要时间和空间上的高分辨率。为此,人们用近场几何构型进行时间分辨泵浦探测实验。由一个纳米畴激发另一个纳米畴,并从同一个纳米畴或别的纳米畴收集时间分辨光学响应。这样,两个纳米畴间的光通信就可以被监测。人们可以利用这种类型的研究,以探索纳米尺度激发的动力学或监测两个域之间光交叉干扰。例如,在利用近场几何构型对时间分辨的研究中(Shen et al. ,2003),双光子活性染料 PRL-701 纳米晶体(图 3.27)因溶剂快速蒸发而形成四氢呋喃(THF)晶体沉淀,这些纳米晶体如饱和吸收体。换言之,即高强度的吸收饱和(基态与激发态总体量几乎相等),此刻的激发光在穿过样品时没有任何吸收。这种情况下的介质也称为物理光漂白,这有别于化学漂白,化学漂白是由于吸收分子的化学变化从而增加了光穿透率。

　　这一类型的实验研究步骤见图 3.29。由半导体激光器泵浦的锁模钛宝石激光器提供 800 nm 波长约 100 fs 的脉冲,并分成两束光。其中 800 nm 部分用来在

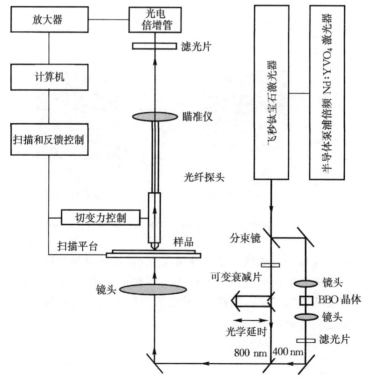

图 3.29　用于有机纳米结构局部瞬时吸收动力学研究的飞秒时间分辨收集模式近场显微镜示意图

样品中产生双光子激发,另一频率倍频为 400 nm 部分穿过一个非线性晶体-偏硼酸钡(BBO)。这两束光汇聚在一起后并以远场模式从样品下方进入近场光学显微镜,此时样品射出 400 nm 的光信号,并在样品上方用近场光纤探针收集到。

PRL-701 纳米晶体在约 400 nm 处具有很强的线性吸收,在 800 nm 处显示出强大的双光子吸收。通过 800 nm 光源的双光子吸收来饱和样品的光学跃迁。400 nm 的光以不同延时透射样品,以此来探测饱和度的恢复状况。如果漂白是由于饱和状态产生,400 nm 的光将会透过而不会因单光子激发被吸收。因此,通过改变 400 nm 与 800 nm 的脉冲的延时,人们可以得到饱和恢复的动态过程及保持激发态寿命,然后通过改变光照位点,来研究从一个纳米畴到另一个纳米畴的饱和 P.70恢复的动态过程。人们可以激发一个纳米畴并通过探测另一个纳米畴,观察光漂白是否发生。

通过图 3.30 近场透射图像可以阐释饱和特性。左上角是地形图,中间的是泵浦光束与探针之间为 360 fs 的延时透射图像,下图是 200 fs 延时透射图像,最后一个是没有延时的透射图像。通过 400 nm 探测光束的透射作用,光饱和的纳米畴图像与周围介质形成对比。零延时时,饱和状态导致最大光漂白发生。非饱和条件下,样品纳米畴和周围的透明介质几乎没有对比,因此纳米畴的图像非常模糊。当泵浦光束和探测光束间的延时增加时,这些纳米畴开始从饱和状态恢复,并吸收探测光束。因此,与周围介质相比它们显得更暗。延时 360 fs 时,由于 400 nm 探 P.71

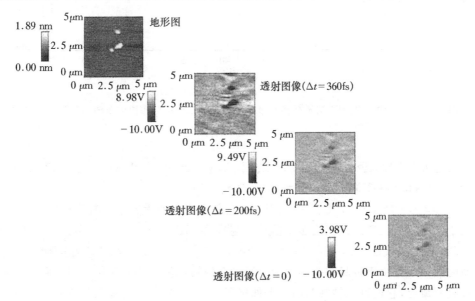

图 3.30 地形图及在泵浦(800 nm 的双光子激发)和探针(400 nm 的单光子激发)光束间不同延时的透射图像

测光束的强烈吸收,可以看到一些非常黑暗的区域。从有延时功能的瞬时透射图像,人们可以获得激发态寿命(由饱和恢复时间描述)。

图 3.31 是探针与样品三种距离(d)的探头脉冲瞬时透射信号图。透射信号由纳米结构附近的近场探头测量,然后将检测透射强度作为泵浦和探测脉冲之间的延时。总体损耗的恢复提供了激发态弛豫时间,它强烈依赖于探针与样品之间的距离。激发态弛豫时间对距离的依赖性见图 3.32。图中的实线非常适合于下面的经验公式:

$$\tau = \tau_o \frac{Ad^4}{B + Cd + Dd^4} \tag{3.8}$$

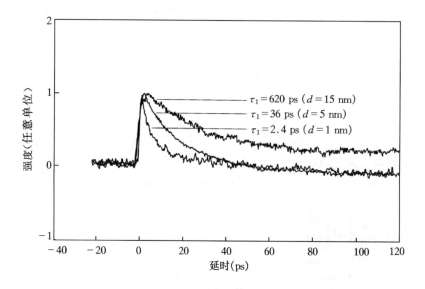

图 3.31   用单个 PRL-701 纳米结构瞬时透射图表示三种不同距离的泵浦和探测脉冲之间的功能延时

它可以推导偶极金属表面的相互作用(Drexahage,1974;Wokaun et al.,1983;Gersten and Nitzan,1981)和其中 $A = D = 3.88 \times 10^{-15}/$ nm^4,$B = 7.11 \times 10^{-10}$,$C = -2.35 \times 10^{-11}/$ nm,以及 $T = 1.75$ ns,它是金属表面无穷远的激发态延时,τ_0 取决于用(等离子)超高速扫描照相机独立测量的 PRL-701 样品的体积。图 3.31 和 3.32 表明,激发态总体的弛豫时间随着探针与样品的距离的减小而显著减小。弛豫时间减小是由于近场探头的受激分子和金属镀层间的相互作用。当受激分子靠近金属镀层,它们可以被视为阻尼谐偶极子,并通过光子的自发辐射或非辐射方式将能量转移到金属镀层而衰减。这两种方式的发生概率取决于受激分子和金属表面之间的距离(Gersten and Nitzan,1981)。方程(3.8)表明,当受激偶极子位于金属表面近场处时,衰减率更快。因此,更小的探针-样品距离能显著加速弛豫速率。方程(3.8)也说明,随着 d 的增至无穷大,τ 独立于 d 并等于 τ_0。

还有一个利用近场光学来研究纳观动力学过程的例子,在共轭聚合物 MEH-PPV 上对载流子的产生、再结合和移动进行研究(McNeill and Barbara,2002)。用金属涂层的光纤作直径约为 100 nm 电极,根据外加电压的正负,使近场光激发达到收集或排斥多数载流子的作用。载流子引起的光致发光淬灭用来确定局部载流子的浓度。通过带正电的极化子(一种复合粒子,包含一个电子空穴激励和晶格畸变的外周)的激子淬灭,观察到一个增加达 30% 的光致发光调制。这些带电极化子(空穴极化子 P$^+$ 和负电极化子 P$^-$)是由于载流子附件的电场辅助隧道引起单线态激子解离进而产生的(激子定义见第 2 章 2.1.5 部分;单线态指的是成对自旋)。可以观察到,瞬态响应呈现双指数规律(时间常数 26 ± 2 和 520 ± 40 μs),这暗示着至少存在两种截然不同类型的空穴极化子,它们的迁移率有明显差异。 P.73

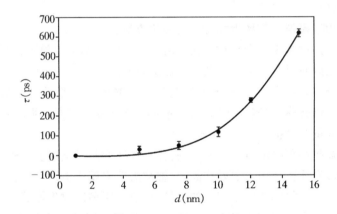

图 3.32　图中显示了观察到的激发态弛豫(•)对距离依赖,以及用偶极-金属的表面相互作用模型得到的拟合曲线

第 2 章讨论了一个用 NSOM(Shubeita et al.,1999)进行空间分辨电子力学研究的例子,即纳观荧光共振能量转移(FRET)。研究者报道,只有当尖端接触衬底,沉积于衬底的染料分子与沉积于 NSOM 尖端的染料分子受体间才能发生 FRET,其范围在几十平方纳米。

3.8　近场光学显微镜制造商

近场光学显微镜:

Thermomicroscopes: http://www.tmmicro.com/

Nanonics Imaging Ltd.：   http：// www. nanonics. co. il

WITec Wissenschaftliche：   http：// www. witec. de

Triple-O Microscopy GmbH：   http：// www. triple-o. de

3.9　本章重点

- 样品与探针之间的近场光学相互作用，光源或者孔径探针与样品间距离，以及探测光的波长，这些是近场扫描光学显微镜（NSOM）的基础。

- NSOM 提供小于 100 nm 的图像解析度，这明显优于受衍射限制的传统光学显微镜。

- 有两种方法用于实现 NSOM：(a)光通过亚波长孔径，也被称为孔径 NSOM；(b)在一个金属纳米粒子或金属尖端周围的定位和场增强，即无孔径 NSOM 。

- 一些用来模拟电磁场近场分布的理论方法。

- 本章提到过其中一个理论方法：多倍多级模型（MMP）模型。例如，光线穿过孔径以便对多级辐射源的单个域进行研究。

- 近场分布有两个组成部分：(ⅰ)中央核心，光的波矢量是一个实数，这一传播部分也被称为"容许光"；(ⅱ)外周，光波矢量是虚数，因此这一逐渐消失的场分量有时被称为"禁戒光"。

- 一种涂有金属铝膜开口<100 nm 孔径的锥形纤维，常被用于 NSOM 成像。

- 当锥形光纤孔径用来照射样品，它被称为照明模式 NSOM ；如果锥形光纤孔径是用来收集从样本产生的光信号，这是所谓的收集模式 NSOM 。

- NSOM 别的变化是利用样本透射光在几何棱镜的全内反射，及在棱镜基底的渐逝波。光信号由一个锥形纤维的径孔收集，在某种意义上利用的是从棱镜到光纤尖端的光子隧道。因此，这一几何构型也被称为光子扫描隧道显微镜（光子扫描隧道显微镜）。

- 已经证实，近场激发和显微镜对单个分子和纳米单量子点光谱特性的研究很有价值。

- NSOM 可以用来研究纳米晶体及纳观域的非线性光学过程（如二次谐波、三次谐波的产生，以及双光子激发发射）。

- 无孔 NSOM 利用直径为 5～15 nm 金属尖端使其能使用远场照明光。在这里，金属尖端外周纳米畴范围的场增强可以提供≤25 nm 分辨率，纳观域由尖端直径决定。

- 当样品贴在棱镜基底的金属镀膜上时，可以利用表面等离子体共振，获得近场几何构型的纳米增强光学相互作用。

P.74

- NSOM 亦提供了对一个纳米畴激发态进行时空分辨动力学研究的机会。例如，纳观域上的光漂白恢复，它产生于一个强烈的泵浦光束，并通过延时弱探针光束的吸收进行研究。 P.75

参考文献

Ambrose, W. P., Goodwin, P. M., Martin, J. C., and Keller, R. A., Single Molecule Detection and Photochemistry on a Surface Using Near-Field Optical Excitation, *Phys. Rev. Lett.* **72,** 160–163 (1994).

Ash, E. A., and Nicholls, G., Super-Resolution Aperture Scanning Microscope, *Nature* **237,** 510–513 (1972).

Betzig, E., and Chichester, R. J., Single Molecules Observed by Near-Field Optical Microscopy, *Science* **262,** 1422–1425 (1993).

Betzig, E., and Trautman, J. K., Near-Field Optics: Microscopy, Spectroscopy, and Surface Modification Beyond the Diffraction Limit, *Science* **257,** 189–195 (1992).

Bouhelier, A., Beversluis, M., Hartschuh, A., and Novotny, L., Near-Field Second Harmonic Generation Induced by Local Field Enhancement, *Phys. Rev. Lett.* **90,** 13903-1–13903-4 (2003).

Bozhevolnyi, S. I., and Geisler, T., Near-Field Nonlinear Optical Spectroscopy of Langmuir Blodgett Films, *J. Opt. Soc. Am. A* **15,** 2156–2162 (1998).

Courjon, D., *Near-Field Microscopy and Near-Field Optics,* Imperial College Press, London, 2003.

Dickson, R. M., Cubitt, A. B., Tsien, R. Y., and Moerner, W. E., On/Off Blinking and Switching Behavior of Single Molecules of Green Fluorescent Protein, *Nature* **388,** 355–358 (1997).

Drexahage, K. H., *Progress in Optics,* North-Holland, New York, 1974.

Fillard, J. P., *Near Field Optics and Nanoscopy,* World Scientific, Singapore, 1997.

Gersten, J., and Nitzan, A., Spectroscopic properties of molecules interacting with small dielectric particles, *J. Chem. Phys.* **75,** 1139–1152 (1981).

Girard, C., and Dereux, A., Near-Field Optics Theories, *Rep. Prog. Phys.* **59,** 657–699 (1996).

Ha, T. J., Enderle, T., Ogletree, D. F., Chemla, D. S., Selvin, P. R., and Weiss, S., Probing the Interaction Between Two Single Molecules: Fluorescence Resonance Energy Transfer Between a Single Donor and a Single Acceptor, *Proc. Natl. Acad. Sci. USA* **93,** 6264–6268 (1996).

Ha, T. J., Ting, A. Y., Liang, Y., Caldwell, W. B., Deniz, A. A., Chemla, D. S., Schultz, P. G., and Weiss S., Single-Molecule Fluorescence Spectroscopy of Enzyme Conformational Dynamics and Cleavage Mechanism, *Proc. Natl. Acad. Sci. USA* **96,** 893–898 (1999).

Hartschuh, A., Sanchez, E. J., Xie, X. S., and Novotny, L., High-Resolution Near-Field Raman Microscopy of Single-Walled Carbon Nanotubes, *Phys. Rev. Lett.* **90,** 95503-1–95503-4 (2003).

Heinzelmann, H., and Pohl, D. W., Scanning Near-Field Optical Microscopy, *Appl. Phys. A* **59,** 89–101 (1994).

Ishii, Y., and Yanagida, T., Single Molecule Detection in Life Science, *Single Mol.* **1,** 5–16 (2000).

P. 76 Ishijima, A., and Yanagida, T., Single Molecule Nanobioscience, *Trends Biomed. Sci.* **26**, 438–444 (2001).

Jiang, Y., Jakubczyk, D., Shen, Y., and Prasad, P. N., Nanoscale Nonlinear Optical Processes: Theoretical Modeling of Second-Harmonic Generation for Both Forbidden and Allowed Light, *Opt. Lett.* **25**, 640–642 (2000).

Kajikawa, K., Seki, K., and Ouchi, Y., *Tech. Dig. 5th Int. Conf. Near Field Opt. Rel. Tech.*, Shirahama, Japan, 2351–2352 (1998).

Kawata, S., Ohtsu, M., and Irie, M., eds., *Nano-Optics*, Springer, Berlin, 2002.

Lee, M., Tang, J., and Hoshstrasser, R. M., Fluorescence Lifetime Distribution of Single Molecules Undergoing Förster Energy Transfer, *Chem. Phys. Lett.* **344**, 501–508 (2001).

Matsuda, K., Ikeda, K., Saiki, T., Tsuchiya, H., Saito, H., and Nishi, K., Homogeneous Linewidth Broadening in a $In_{0.5}Ga_{0.5}As$/GaAs Single Quantum Dot at Room Temperature Investigated Using a Highly Sensitive Near-Field Scanning Optical Microscope, *Phys. Rev. B* **63**, 121304–121307 (2001).

McNeill, J. D., and Barbara, P. F., NSOM Investigation of Carrier Generation, Recombination, and Drift in a Conjugated Polymer, *J. Phys. Chem. B* **106**, 4632–4639, (2002).

Moerner, W. E., Examining Nanoenvironments in Solids on the Scale of a Single, Isolated Impurity Molecule, *Science* **265**, 46–53 (1994).

Moerner, W. E., A Dozen Years of Single-Molecule Spectroscopy in Physics, Chemistry, and Biophysics, *J. Phys. Chem. B* **106**, 910–927 (2002).

Moerner, W. E., and Fromm, D. P., Methods of Single-Molecule Fluorescence Spectroscopy and Microscopy, *Rev. Sci. Int.* **74**, 3597–3619 (2003).

Moerner, W. E., and Kador, L., Optical Detection and Spectroscopy of Single Molecules in a Solid, *Phys. Rev. Lett.* **62**, 2535–2538 (1989).

Moerner, W. E., Plakhotnik, T., Imgartinger, T., Wild, U. P., Pohl, D., and Heckt, B., Near-Field Optical Spectroscopy of Individual Molecules in Solids, *Phys. Rev. Lett.* **73**, 2764–2767 (1994).

Novotny, L., Brian, R. X., and Xie, X. S., Theory of Nanometric Optical Tweezers, *Phys. Rev. Lett.* **79**, 645–648 (1997).

Novotny, L., Sanchez, E. J., and Xie, X. S., Near-Field Optical Imaging Using Metal Tips Illuminated by Higher-Order Hermite-Gaussian Beams, *Ultramicroscopy* **71**, 21–29 (1998).

Paesler, M. A., and Moyer, P. J., *Near-Field Optics: Theory, Instrumentation, and Applications*, John Wiley & Sons, New York, 1996.

Pohl, D. W., Denk, W., and Lanz, M., Optical Stethoscopy: Image Recording with Resolution $\lambda/20$, *Appl. Phys. Lett.* **44**, 651–653 (1984).

Raether, H., *Surface Plasmons*, Springer, New York, 1988.

Saiki, T., and Narita, Y., Recent Advances in Near-Field Scanning Optical Microscopy, *JSAP Int.* **5**, 22–29 (2002).

Saiki, T., Nishi, K., and Ohtsu, M., Low Temperature Near-Field Photoluminescence Spectroscopy of InGaAs Single Quantum Dots, *Jpn. J. Appl. Phys.* **37**, 1638–1642 (1998).

Sanchez, E. J., Novotny, L., and Xie, X. S., Near-Field Fluorescence Microscopy Based on Two-Photon Excitation with Metal Tips, *Phys. Rev. Lett.* **82**, 4014–4017 (1999).

Shen, Y., Lin, T.-C., Dai, J., Markowicz, P., and Prasad, P. N., Near-Field Optical Imaging of Transient Absorption Dynamics in Organic Nanostructures, *J. Phys. Chem. B* **107**, 13551–13553 (2003).

Shen, Y., Swiatkiewicz, J., Winiarz, J., Markowicz, P., and Prasad, P. N., Second-Harmonic and Sum-Frequency Imaging of Organic Nanocrystals with Photon Scanning Tunneling Microscope, *Appl. Phys. Lett.* **77,** 2946–2948 (2000).

P.77

Shen, Y., Markowicz, P., Winiarz, J., Swiatkiewicz, J., and Prasad, P. N., Nanoscopic Study of Second Harmonic Generation in Organic Crystals with Collection-Mode Near-Field Scanning Optical Microscopy, *Opt. Lett.* **26,** 725–727 (2001a).

Shen, Y., Swiatkiewicz, J., Markowicz, P., and Prasad, P. N., Near-Field Microscopy and Spectroscopy of Third-Harmonic Generation and Two-Photon Excitation in Nonlinear Organic Crystals, *Appl. Phys. Lett.* **79,** 2681–2683 (2001b).

Shen, Y., Swiatkiewicz, J., Lin, T.-C., Markowicz, P., and Prasad, P. N., Near-Field Probing Surface Plasmon Enhancement Effect on Two-Photon Emission, *J. Phys. Chem. B* **106,** 4040–4042 (2002).

Shubeita, G. T., Sekafskii, S. K., Chergui, M., Dietler, G., and Letokhov, V. S., Investigation of Nanolocal Fluorescence Resonance Energy Transfer for Scanning Probe Microscopy, *Appl. Phys. Lett.* **74,** 3453–3455 (1999).

Synge, E. H., A Suggested Method for Extending Microscopic Resolution into the Ultra-microscopic Region, *Philos. Mag.* **6,** 356–362 (1928).

Vanden Bout, D. A., Kerimo, J., Higgins, D. A., and Barbara, P. F., Near-Field Optical Studies of Thin-Film Mesostructured Organic Materials, *Acc. Chem. Res.* **30,** 204–212 (1997).

Wokaun, A., Lutz, H. P., King, A. P., Wild, U. P., and Ernst, R. R., Energy transfer in surface enhanced luminescence, *J. Chem. Phys.* **79,** 509–514 (1983).

第4章

量子限制材料

纳米材料是纳米光子学的一个重要研究领域。从这一章和接下来的几个章节 P.79 中我们可以看到,对于纳米尺寸光学材料的研究包含各种纳米结构的设计及其光学应用。通过改变纳米材料的结构,我们可以控制其光学特性,从而提高它某种特定的光学性能,或者引入一种新的光学特征。另外,我们还可以将多个特性进行整合从而实现其多功能性。

本章主要是研究尺度约束对于材料光学特性的影响,这些材料在体相下通常具有相对自由的电子运动。对于这些材料的更准确的描述是通过波函数可以分布到很长范围内的离域电子进行的。例如(a)位于周期电场中的含离域电子和空穴的半导体以及(b)含有离域 π 电子的共轭有机分子。当这些材料被限制在一个更小的尺寸时,就会对其光学特性有很大的影响。4.1 到 4.6 节讨论了无机半导体纳米结构。虽然我们尽量减少理论细节的讨论并试图更多地从定性的角度引入概念,但这些部分仍然使用了较多的半导体物理知识。不太熟悉这一领域的读者可能会发现自己难以完全理解其中的内容。实际上,读者没必要将其中的每个细节都搞清楚,这也不会影响到对于后续章节的阅读。对于不熟悉无机半导体或对无机半导体没有兴趣的读者甚至可以跳过这些部分。

4.1 节涉及无机半导体,主要讨论在一维、二维或三维尺度内的约束,从而形成被称为量子阱、量子线和量子点的人造结构(非无然的)。另外还对由量子点排列构成的量子环作了简要介绍。

在第 2 章中我们利用盒中的电子这一模型对量子限制效应进行了概念上的描述,它产生的许多光学特征对于各种技术应用都非常有价值。4.2 节就主要讨论了这些光学特征在无机半导体中的应用。4.3 节讨论量子限制材料和周围媒介之间介电常数存在差异时的影响。

4.4 节描述了一种有序周期性(重复)排列,即量子限制的超晶格结构,例如量子限制阱堆栈,其中每个阱都被限制在一维内。这种被称为多量子阱的周期结构 P.80

代表了两个量子阱间的间隔小于电子平均自由程时的情况。电子平均自由程是指电子发生两次散射之间所经过的距离。超晶格中的量子阱间存在电子耦合；其电子态相互作用，从而产生新的光学跃迁和光学特征。(4.4 节涉及量子阱、量子线和量子点的超晶格结构，以及它们的电学和光学特性。)

　　4.5 节介绍核-壳型量子点，这种量子点是由较宽带隙的半导体壳环绕较窄带隙量子点核构成的纳米结构。这种包裹提高了量子点的发光效率。本节还对量子点-量子阱型结构进行了讨论。

　　量子限制半导体的一个主要商业应用就是生产高能效和高集成的激光器。这类激光器还能够通过控制半导体类型和组成、尺寸和限制维度及某些情况下的环境温度来产生一个宽的光谱范围。这些将在 4.6 节中进行阐述。

　　4.7 节讨论有机结构的限制效应，并对量子限制无机半导体和含 π 电子离域的有机共轭结构进行了类比。此外，还举例说明了限制效应及其应用。

　　关于这一专题的参考文献如下：

Weisbuch and Vinter(1991)：*Quantum Semiconductor Structures*

Singh(1993)：*Physics of Semiconductors and Their Heterostructures*

Gaponenko(1999)：*Optical Properties of Semiconductor Nanocrystals*

Borovitskaya and Shur，eds.（2002）：*Quantum Dots*

4.1　无机半导体

　　在对已投入市场的量子限制结构的研究中，关于无机半导体的研究是最广泛的。"带隙工程"是对半导体带隙进行控制的工程。而量子限制半导体为"带隙工程"的高度活跃的领域增加了新的内容，关于半导体能带特性已在第 2 章 2.1.4 节中做了简要描述。

　　迄今为止，已经有很多不同种类的半导体量子限制结构被制造出来。半导体通常由其所属的元素周期表族进行分类。表 4.1 列出了一些半导体材料，以及它们体相下的带隙能量、相应的波长、激子结合能以及激子玻尔半径。

表 4.1 半导体材料参数

材料	元素周期表族分类	带隙能量 (eV)	带隙波长 (μm)	激子玻尔半径 (nm)	激子结合能 (meV)
CuCl	I—VII	3.395	0.36	0.7	190
CdS	II—VI	2.583	0.48	2.8	29
CdSe	II—VI	1.89	0.67	4.9	16
GaN	III—V	3.42	0.36	2.8	
GaP	III—V	2.26	0.55	10—6.5	13—20
InP	III—V	1.35	0.92	11.3	5.1
GaAs	III—V	1.42	0.87	12.5	5
AlAs	III—V	2.16	0.57	4.2	17
Si	IV	1.11	1.15	4.3	15
Ge	IV	0.66	1.88	25	3.6
$Si_{1-x}Ge_x$	IV	$1.15-0.874x$ $+0.376x^2$	$1.08-1.42x$ $+3.3x^2$	$0.85-0.54x$ $+0.6x^2$	$14.5-22x$ $+20x^2$
PbS	IV—VI	0.41	3	18	4.7
AlN	III—V	6.026	0.2	1.96	80

数据来源：

GaN：H. Morkoç, *Nitride semiconductors and Devices*, Springer-Verlag, New York，1999.

PbS：I. Kang and F. W. Wise, Electronic Structure and Optical Properties of PbS and PbSe Quantum Dots, *J. Opt. Soc. Am. B* 14(7)，1632-1646，(1997).

PbS：H. Kanazawa and S. Adachi, Optical Properties of PbS, *J. Appl. Phys.* 83(11)，5997-6001 (1998).

SiGe：D. J. Robbins, L. T. Canham, S. J. Barnett, and A. D. Pitt, Near-Band-Gap Photoluminescence from Pseudomorphic $Si_{1-x}Ge_x$ Layers on Silicon, *J. Appl. Phys.* 71(3)，1407-1414 (1992).

InP：P. Y. Yu and M. Cardona, *Fundamentals of Semiconductors*, Springer-Verlag, New York，1996.

Ge：D. L. Smith, D. S. Pan, and T. C. McGill, Impact Ionization of Excitons in Ge and Si, *Phys. Rev.* B12(10)，4360-4366，(1975).

AlN：K. B. Nam, J. Li, M. L. Nakarmi, J. Y. Lin, and H. X. Jiang, Deep Utraviolet Picosecond Time-Re-solved Photoluminescence Studies of AlN Epilayers, *Appl. Phys. Lett.* 82 (11)，1694-1696 (2003).

AlAs：S. Adachi, GaAs, AlAs, and $Al_xGa_{1-x}As$: Material Parameters for Use in Research and Device Applications, *J. Appl. Phys.* 58(3)，R1-R29 (1985).

GaP：D. Auvergne, P. Merle, and H. Mathieu, Phonon-Assisted Transitions in Gallium Phosphide Mod-ulation Spectra, *Phys. Rev.* B12(4)，1371-1376 (1975).

这些特性在描述量子限制结构时是相关的。带隙也可以通过改变三元半导体的组成来调节，如 $Al_xGa_{1-x}As$，当 $x=0.3$ 时，带隙为 1.89 eV，而纯 GaAs 带隙为 1.52 eV。我们下面分若干小节对无机半导体的不同限制类型进行介绍。

4.1.1　量子阱

量子阱是指一层薄的窄带隙半导体夹在两层较大带隙半导体之间的结构。不同带隙半导体间的异质结形成一个势阱,把电子和空穴约束在带隙较小的半导体层内,这种情况属于 I 型量子阱。在 II 型量子阱中,电子和空穴被约束在不同带隙半导体层中。这样电子和空穴的运动就被限制在一个维度上(沿厚度方向)。第 2 章中所讨论的位于一维盒子中的单个电子的模型就可以归于这种情况,只是其势垒是有限的而不是无限的,这是由两个半导体间带隙的差异所决定的。当电子出现在导带时,这个系统代表一个二维电子气(2DEG)。

P.82

图 4.1 给出了具有代表性的量子阱结构图示,主要讨论被广泛研究的 Al-GaAs/GaAs 量子阱的情况。其窄带隙半导体 GaAs 的厚度为 l,它被夹在两层较宽带隙三元化合物半导体 $Al_x Ga_{1-x} As$ 之间,$Al_x Ga_{1-x} As$ 中 x 是可变的,用于控制势垒高度。这类 III-V 半导体的量子阱系统更受欢迎,因为它们的带隙差别较大,能产生更强的限制效应。此外,当 x 在一个较大范围内变动时,两层半导体都几乎是晶格匹配的,这就减小了层间的晶格应变。

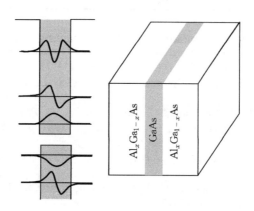

图 4.1　右侧:I 型量子阱举例。左侧:电子(上)和空穴(下)波函数

如图 4.1 左侧所示,相对于无限势垒,有限势垒改变了能量特征值和能量函数的表现。量子阱主要有以下特征需要注意:

- 当能量 $E < V$ 时,电子能级在 z 限制方向量子化,可以由处于一维盒中的粒子模型来描述。电子能量在其他两个方向(x 和 y)没有离散化,可以由第 2 章中的近似有效质量来描述。因此,当 $E < V$,导带电子的能量可以表示为

$$E_{n, k_x, k_y} = E_C + \frac{n^2 h^2}{8 m_e^* l^2} + \frac{\hbar^2 (k_x^2 + k_y^2)}{2 m_e^*} \tag{4.1}$$

其中,$n=1,2,3$ 是量子数。等式右边的第二项代表量子化能量;第三项为
电子在 $x-y$ 平面相对自由运动的动能。式中所用符号含义如下:m_e^* 是 P.83
电子的有效质量,E_c 是对应导带底部的能量。

方程(4.1)表明,对于每个量子数 n,波矢量组分 k_x 和 k_y 形成一个二
维能带结构。而波矢量 k_z 沿 z 约束方向只有离散值,$k_z=n\pi/l$。对于每个
特定 n 值所对应的能带我们称为子带。这样 n 就成为了一个子带指数。
图 4.2 展示了这些子带的一个二维示意图。

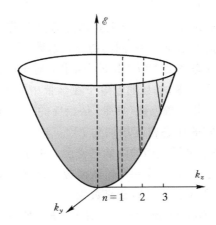

图 4.2 量子阱导带中电子能量子带示意图

- 当 $E>V$ 时,电子能级在 z 方向没有量子化。在图 4.1 中,对于 AlGaAs /
  GaAs 量子阱,$n=1\sim3$ 时存在量化能级,n 大于 3 时电子能级就变得连续
  了。总的离散级数由阱的宽度 l 和势垒高度 V 决定。
- 空穴情况与电子类似,只不过其量子化能量是反向的,有效质量也不相同。
  图 4.1 还表明,对于空穴,AlGaAs / GaAs 量子阱中当量子数 n 为 1 和 2
  时存在量子化状态(取决于 AlGaAs 的组成和阱的宽度),并且在 AlGaAs
  体系中有两类空穴,其由导带结构的曲率(二阶导数)所决定。有效质量较
  小的被称为轻穴(lh),较大的被称为重穴(hh)。这样,量子数 n 为 1 和 2
  时的量子状态实际上就各自分为了两类,一类对应 lh,另一类对应 hh。
- 从 $n=1,2,3$ 时电子波函数以及 $n=1,2$ 时空穴波函数我们可以看到,由于
  势垒是有限的,边界处的波函数并不趋于零,而是以指数衰减形式延伸到 P.84
  宽带隙的半导体区域中。这种电子泄漏现象已在第 2 章的 2.1.3 节中讨
  论过。
- 带与带之间的光学跃迁(称为带间跃迁)的最低能量不再是较小带隙半导
  体(这里为 GaAs)的带隙能量 E_g,而应是一个更高的值,对应于导带电子
  最低能量状态($n=1$)与相应价带空穴能态之间的能量差。量子阱的有效

带隙被定义为

$$E_g^{\text{eff}} = (E_C - E_V) + \frac{h^2}{8l^2}\left(\frac{1}{m_e^*} + \frac{1}{m_h^*}\right) \tag{4.2}$$

此外,还有一个能量低于带间跃迁的激子跃迁。这种跃迁是块状半导体相应跃迁的修正。除了带间跃迁,导带的不同子带(对应不同的 n 值)间也会发生新的跃迁。这些新的跃迁被称为带内或子带间跃迁,它们在量子级联激光器等技术中有着重要的应用。量子限制结构的光学跃迁将在下面的小节中作更深入的讨论。

- 由量子限制效应引入的另一个主要修正就是对态密度的修正。态密度 $D(E)$ 定义为能量 E 和 $E+dE$ 间的能量状态数,由 $dn(E)/dE$ 决定。对于块状半导体,它的态密度 $D(E)$ 由 $E^{1/2}$ 给出。对于块状半导体中的电子,在导带底部时 $D(E)$ 为零,并且随着电子在导带中能量增加而增加。空穴情况与之类似,只是其能量色散(导带)是相反的。因此,当能量减小到最高价带能级时,空穴的能态密度增加到 $E^{1/2}$。这种现象如图 4.3 所示,图中还比较了量子阱中电子(空穴)的能态密度。由于其能级沿 z 方向(限制方向)是离散的,因此态密度是一个阶跃函数。以某个电子为例,其每个子带单位体积态密度在上升沿处阶跃函数为

$$D(E) = m_e^* / \pi^2, \quad \text{对于} \quad E > E_1 \tag{4.3}$$

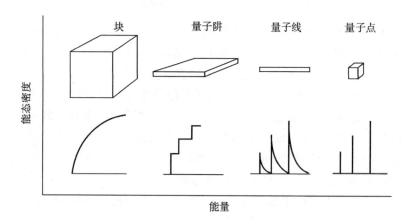

图 4.3 块状半导体及其他各种限制形状半导体的导带电子态密度

当 k_x 和 $k_y = 0$ 时,$D(E)$ 在 (4.1) 公式 E_n 取每一个允许值时发生阶跃,然后在每一个 n(或 k_z)所对应的子带能级上保持恒定。对于第一子带即 $E_n = E_1$ 时,$D(E)$ 由公式 (4.3) 给出。$D(E)$ 的这种阶跃现象表明,量子阱带隙附近的能态密度相比块状半导体更大,后者带隙附近的态密度为零。正如接下来要讨论的那样,对于态密度的修正主要是体现在光学跃迁的强度上。光学跃迁强度(通常定义为振

子强度)表达式中的一个主要因子就是能态密度。因此,相比于块状半导体,量子阱能隙附近的振子强度会显著提高。这种增强的振子强度在量子阱产生激光时特别重要,具体内容将在 4.4 节进行讨论。

4.1.2 量子线

量子线代表了电子和空穴的二维限制。这种限制使得自由电子只能沿着线长这一个方向(称之为 y 方向)运动。由于这个原因,量子线在电子处于导带时是一个一维电子气(IDEG)系统。III-V(如 InP)和 II – VI(如 CdSe)量子线已被研制成功。柱状量子线的 $x – z$ 横截面可以是圆形,也可以是长方形或正方形,我们这里介绍具有代表性的长方形截面量子线模型,其截面边长分别为 l_x 和 l_z。

这样,一个一维电子气的能量就由两部分的和组成:(i)近似有效质量决定的连续带值所对应的能量;(ii)位于 l_x 和 l_z 二维盒(详见第 2 章)中的电子所对应的量子化能量。因此,能量可以由 x 和 z 限制方向所对应的量子数 n_1 和 n_2 以及沿 y 方向的波向量 k_y 来标记。因此有,

$$E_{n1,n2,k_y} = E_C + \frac{n_1^2 h^2}{8 m_e^* l_x^2} + \frac{n_2^2 h^2}{8 m_e^* l_z^2} + \frac{\hbar^2 k_y^2}{2 m_e^*} \tag{4.4}$$

式中,n_1 和 n_2 都可取为 $1,2,3\cdots$。这样最低子带就对应于 $n_1 = n_2 = 1$。每一子带 P.86 底部($k_y = 0$)的能量为

$$E_{n1,n2} = E_C + \frac{h^2}{8 m_e^*} \left(\frac{n_1^2}{l_x^2} + \frac{n_2^2}{l_z^2} \right) \tag{4.5}$$

可见,当 l_x 显著大于 l_z 时,在对应各 n_2 值的显著分离的子带内,n_1 能级形成一个小步阶梯上升模式,这就是 z 方向的量子化。当 $l_x = l_z$,即对应正方形截面的情况时,n_1、n_2 取相同值所对应的能级步长无显著差异。这种情况下,不同 n_1,n_2 组合(如:$n_1 = 1,n_2 = 2$,和 $n_1 = 2,n_2 = 1$)所对应各种能级具有相同的能量值,这就是所谓的退化现象。

量子棒是具有半导体二维限制的另一个代表(Li et al.,2001;Htoon et al.,2003)。量子棒可被描述为相比于 l_y,l_x 和 l_z 长度并不是很小的量子线,但自我支撑的杆状结构其 l_x 和 l_z 仍可能小于 l_y 的十分之一。

二维限制及产生的一维电子气,同样对能态密度产生主要的修正。其能态密度不同于二维电子气(量子阱)的情况。与三维电子气(块状半导体)能态密度对于能量的 $E^{1/2}$ 依赖相比,量子线的能态密度 $D(E)$ 则是以 $E^{-1/2}$,即其倒数的形式依赖于能量,即

$$D(E) \propto (E - E_{n_1,n_2})^{-1/2} \tag{4.6}$$

对于由特定组合 n_1、n_2 确定的每个子带,能态密度在 $k_y = 0$ 附近都存在一个奇点;也就是说,该子带的能态密度在 $k_y = 0$ 处达到峰值,然后随 k_y 取非零值而逐渐以

$E^{-1/2}$ 衰减。图 4.3 对量子线、量子阱和块状半导体的 $D(E)$ 进行了比较,图中还说明了量子点的 $D(E)$ 情况,这将在后面部分进行讨论。

在每一个子带底部,高能态密度 $D(E)$ 的一个主要表征就是光学跃迁强度的增加(振子强度的增加)。能态密度的奇点(尖峰)对应产生的光谱峰值,因此相比于其二维(量子阱)和三维(块状半导体)类似物具有增强的光学效率(例如,发射)。与量子阱相比,量子线增加的限制除了振子强度增加外还导致激子结合能的增加。

4.1.3　量子点

P.87 量子点代表了三维限制的情况,也就是电子被限制在一个三维量子盒中的情况,其典型尺度为几个纳米到几十个纳米之间。这些尺寸小于热电子的德布罗意波长。一个 10 nm 的砷化镓立方体大约包含 40000 个原子。量子点经常被描述为人造原子,因为其电子的尺寸限制与原子中的情况非常类似(电子被限制在原子核周围),而且同样只有离散能级。量子点中的电子表征了零维电子气(0DEG)的情况。量子点是限制结构中一类被广泛研究的对象,其能够进行各种结构变化。半导体纳米晶体较低激发电子态的尺寸效应已经得到很长时间的广泛研究(Brus,1984)。表 4.1 所列半导体量子点都已经被实现。我们将在第 7 章针对制备量子点的不同方法予以详述。侧重于生产不同几何形状的量子点也已出现,从而控制对电子(及空穴)产生限制的势垒形状(Williamson,2002)。

量子点的一个简单模型是有 l_x、l_y、l_z 三维尺度的盒子。相应电子的能级只有如下离散值:

$$E_n = \frac{h^2}{8m_e}\left[\left(\frac{n_x}{l_x}\right)^2 + \left(\frac{n_y}{l_y}\right)^2 + \left(\frac{n_z}{l_z}\right)^2\right] \tag{4.7}$$

式中,量子数 l_x、l_y、l_z 均取整数值 1,2,3,从而表现 x,y,z 方向的量子化特性。这样,在每个可能的限制状态能量下,零维电子气(对量子点)的能态密度是一系列的 δ 函数(尖峰)。

$$D(E) \propto \sum_{E_n} \delta(E - E_n) \tag{4.8}$$

换言之,$D(E)$ 只能在(4.8)式给出的离散能量处取得离散(非 0)值。$D(E)$ 的这种特性在图 4.3 中也可看出。离散的 $D(E)$ 值使量子点即使在室温下也能产生尖锐的吸收和发射谱。不过应当指出的是,这是理想化的情况,实际上奇点往往被均匀或不均匀的光谱迁移展宽所掩盖。

量子点的另一个重要特性是其原子有较大的表面积体积比,最多可变化 20%。这一特性使得它有很强的表面相关现象。

量子点经常用限制的程度来描述。当量子点尺寸(如球形量子点的半径)小于激子玻尔半径时,定义为强限制。在这种情况下,子带(电子和空穴的各量子能级)

间的能量间隔远远大于激子结合能。因此,电子和空穴很大程度上由各自子带能
量状态来表征。随着量子点尺寸的增加,各子带间能量间隔变得慢慢接近并最终 P.88
小于激子结合能。后者即为弱限制的情况,其量子点尺寸远远大于激子玻尔半径,
此时的电子-空穴结合能与块状半导体情况几乎一致。

4.1.4 量子环

量子环是具有圆环形状的量子点(Warburton et al.,2000)。它也可以看作量
子线弯曲成一个环。量子环和常规量子点(即中部有一个洞)在拓扑学上的区别产
生的重要结果是,在外部磁场的作用下,穿过环内部的磁通量能对电子态性能产生
很大影响。

对于窄带隙半导体(例如,InAs)外包裹宽带隙半导体(GaAs)的量子环,它能够产
生一个使电子和空穴局限于环形区域内的势垒。近年来有相当多的研究致力于调整量
子环的电子态及其光学性质(Warburton et al.,2000;Pettersson et al.,2000)。

4.2 量子限制的表征

量子限制使半导体产生许多重要的电学及光学特性表征。这些表征已存在于
各种技术应用中。由于本书侧重光子学,所以这一节只强调与光学性能相关的重
要表征。接下来的各小节将针对光学性质、非线性光学现象、光谱的量子限制斯塔
克效应(电场引起的变化)分别进行讨论。

4.2.1 光学性质

本小节所讨论的各种光学性质如表 4.2 所示。首先介绍量子限制在光学特性
上的重要表征。

表 4.2 量子限制半导体光学

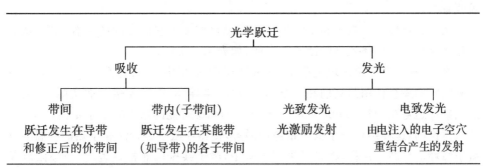

P. 89　　**光学特性的尺寸效应**　如上所述,量子限制产生带隙蓝移并且在限制方向上因量子化产生离散子带。随着限制维度的增加,带隙减小,带间跃迁从而向较长波长迁移,并最终趋于较大宽度块状半导体的值。

　　振子强度的增加　如 4.1 节所解释的那样,量子限制对价带及导带的能态密度产生较大修正。能态不再是一个连续平稳分布,而是被压缩到一个狭窄的能量范围内。从量子阱、量子线到量子点,随着限制维度的增加,带隙附近的能态压缩越来越显著。最后,能态密度只在离散(量子化)能量处取非零值。当价带和导带间发生带间跃迁,跃迁的振子强度取决于该价带和导带能级的联合能态密度。此外,它还取决于电子和空穴包络波函数的重叠情况。这两个因素都很大程度地提高了量子限制作用时的振子强度。量子线和量子点由于限制维度较多(二维和三维)而使得这一效应更加明显。

　　新的带内跃迁　这类跃迁对应的是导带电子或价带空穴从一个能级到另一个能级的跃迁,在块状半导体中也被认为是自由载流子吸收。这些跃迁依赖于自由载流子(导带电子或价带空穴)的存在,而自由载流子的产生可以通过掺杂杂质(过量电子或空穴)或偏压场引起电荷发射(光致发射)。在块状半导体中,从导带(或价带)的一个 k 能级跃迁到另一个 k 能级需要改变准动量 k,这样就只能通过与能P. 90提供或接受这一动量变化的晶格声子耦合。因此,这些过程与同一块状半导体的带间跃迁相比一般显得较弱,因为带间跃迁不需要 k 的改变。

　　在量子限制结构如量子阱中,由于沿限制方向的量子化,就产生对应于不同量子数($n=1,2,\cdots$)的子带。这样在导带,电子就可以从一个子带能级跃迁到另一个子带能级而不改变现有的二维准动量 k。这些新的跃迁发生在红外范围内并且已被用于生产子带间跃迁的探测器和激光器,其中最为引人注意的就是 4.6 节将要提到的量子级联激光器。这些带内(或子带间)跃迁仍然需要导带(对应电子)或价带(对应空穴)存在载流子。带内跃迁的吸收系数随着量子阱宽度的减小而快速增大。然而,当阱的尺寸变小时,电子态不再被约束在阱内,这样就产生一个稳定的吸收系数。

　　激子结合增加　电子和空穴的量子限制也增加了它们之间的结合概率,从而产生相比块状半导体更高的激子结合能,如表 4.1 所示。

　　例如,从一个简单的理论模型(变分计算)可以得出,二维体系(量子阱)自由电子和空穴的库仑作用是它们在三维体系(块状半导体)中的 4 倍。而实际上,由于波函数穿透势垒(McCombe and Petrou,1994),结合能的增大略小于 4 倍。如第 2 章所讨论的,这种结合产生低于带隙的激态,使得在激子结合能高于热能的温度下激子峰峰值增高。这样,在量子限制结构中,激子共振就非常显著,在较强限制条件下甚至能发生在室温情况下。

　　增加间接能隙半导体跃迁概率　在第 2 章曾讨论过,间接带隙半导体的光学跃迁需要改变准动量,也就是需要声子的参与。硅就是间接能隙半导体的一个例子。因此,在块状间隙半导体中,电子从导带跃迁到价带所发射的能量非常微弱甚至不存在。而在量子限制结构中,电子被限制使得其位置不确定性变小 Δx,相应就使其准动量不确定性增大 Δk。因此,限制放宽了准动量 Δk 的选择范围,也就使得多孔硅和硅纳米粒子可以产生更强的发射。发光纳米硅目前已被应用在很多领域。

4.2.2 举例

P.91

　　图 4.4 举例给出了量子限制效应对 GaAs / AlGaAs 量子阱光吸收的影响。图 4.4(a)是块状 GaAs 的光吸收示意图,其中带边缘的尖峰迁移是由激子产生的。虚线代表能态密度的分布。图 4.4(b)是量子阱吸收带示意图。图 4.5(a)-(c)是在 2K 温度下,不同宽度 GaAs/Al$_{0.2}$Ga$_{0.8}$As 量子阱的吸收光谱(Dingle et al., 1974)。其中,图 4.5(a)是一个厚量子阱($l_z = 400$ nm)的谱带,它基本上与块状 GaAs(图 4.4(a))的情况相似。图 4.5(b)是一个较薄的量子阱(宽度 21 nm)的谱带,可以从光谱中很明显地看出量子化效应,而且最高子带指数为 4 的子带间跃迁也可以看到。因此直到 $n=4$,电子能态都是固定态(量子化的)。对于每个子带,尖峰对应激子跃迁,而且发生在带的边缘。图 4.5(c)是一个更薄的宽度为 14 nm 的量子阱的谱带,其特性向更高能量迁移(蓝移),而且不同子带间(不同的 n 值)跃迁的分离程度变大,就如 l_z^{-2} 依赖所预测的那样。此外,对于较薄的阱,$n=1$ 时的吸收特性展现出了一些在更窄的宽度下($l_z < 14$ nm)得到进一步分析的结构特性。这一分裂对应重穴和轻穴能带的吸收。这两种有效质量不同的空穴已在第 2.1.1 节中讨论过。

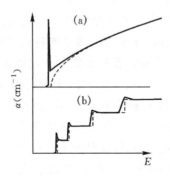

图 4.4　(a)块状 GaAs 带边吸收包含激子效应的带边吸收;(b)量子阱带边吸收示意图。图中虚线代表态密度

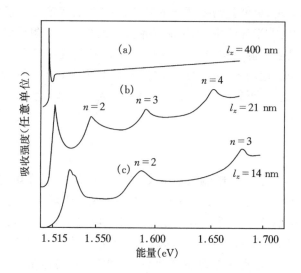

图 4.5   2K 温度下,不同宽度 GaAs/Al$_{0.2}$Ga$_{0.8}$As 量子阱的吸收光谱。(a)400 nm;(b)21 nm;
(c)14 nm。来自 Dingle 等人(1974),经许可后复制

对于量子线,既可以制备单独自由存在的形态,也能制备嵌入到更高能带隙电
介质中的情况。它们能产生一个强的柱状约束电势作用于电子和空穴,并为纳米
电子学和纳米光子学装置提供了可用的组装模块(Lieber,2001;Hu et al.,1999)。
Lieber 小组对 InP 的报告指出,由圆柱对称产生的高纵横比在光致发光中引发了
一个很强的极化各向异性(Wang et al.,2001)。

P.92   Lieber 及其同事(Wang et al.,2001)通过激光辅助催化增长方法合成了单晶
InP 纳米线,获得了直径为 10,15,20,30 和 50 nm 的单分散纳米线。图 4.6 给出
了他们对直径为 15 nm 的 InP 纳米线的激发以及光致发光的研究结果。这些谱
在两个正交极化方向进行记录,并表现出明显的各向异性。Lieber 及其同事使用
了一个电介质衬比模型来解释极化各向异性。在此模型中,纳米线被视为真空中
P.93   的一个无限长的柱状电介质。由电介质中的光决定的场强 $|E^2|$ 的垂直极化部分
$E_\perp$ 在纳米线内急剧衰减,而平行极化部分 $E_\parallel$ 不受影响。

Lieber 小组的工作(Wang et al.,2001)也体现了量子限制效应,即对于直径
小于 20 nm 的 InP,其光致发光能量(发射峰波长)由块状带隙值 1.35 V 开始发生
依赖于直径的迁移。直径 10~50 nm 的纳米线表现出了很强的极化各向异性。
Lieber 及其同事(Zhong et al.,2003)已经研制出了用于电学及光学纳米设备的 p-
掺杂(产生空穴)和 n-掺杂(增加电子)GaN 纳米线。

量子点可以由多种方法来制备,这将在第 7 章进行讨论。它们可以被制备成
胶囊型分散在液体媒介中(用于成像),或产生超晶格的自聚体(在第 4.3 节中讨

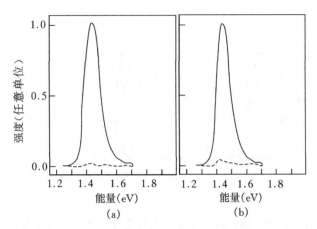

图 4.6　直径为 15 nm 的 InP 纳米线在两个正交极化方向的激发(a)和光致发光(b)光谱，
两个极化方向分别以实线和虚线表示。来自 Wang 等人(2001)，经许可后复制

论)，或以各种几何形状(方形、球形、锥体)附着于基层上，或内含于更宽带隙的半导体，或与聚合物和玻璃进行合成。量子点提供了大量通过改变纳米晶体大小和组成来调节其光学特性的例子(Brus，1984)。Brus 及其同事发表了量子点发光光物理的卓越报道(Nirmal and Brus，1999)。图 4.7 给出了由 Alivisatos 和他的同事报道的不同大小 CdSe、InP 和 InAs 纳米晶体的发光特性(Bruchez et al.，1998)。这些纳米晶体如第 7 章讨论的那样被表面活性剂封装(表面涂层的)。最小尺寸 CdSe 纳米粒子中可以看到发射蓝光的现象。随着 CdSe 纳米晶体大小的增加，带隙(量子能级间隙)减小，导致发射峰的红移(移向更长波长)。当改变材料由 CdSe 换为 InP，再换为 InAs 时，发射峰可进一步红移到超过 700 nm 的更长波长。因此，通过改变量子点的大小及组成可以使发射波长由紫外调整到红外范围内。P.94

　　硅纳米颗粒是另一类(IV 族)被广泛研究的半导体纳米结构，其持续受到世界范围的关注。对硅纳米结构的研究开始于多孔硅(由纳米域的硅组成)发光的报道(Canham，1990；Lockwood，1998)。Brus 及其同事发表了一系列论文，阐述了用高温分解硅烷制备硅纳米颗粒的方法并研究了其光致发光机制(Wilson et al.，1993；Littau et al.，1993；Brus，1994)。许多不同的方法已被用来制备硅纳米金以及研究其特征(Heath，1992；Bley and Kauzlarich，1996；Carlisle et al.，2000；Dinget et al.，2002；English et al.，2002；Baldwin et al.，2002)。

　　为了实现高效可见光致发光，一般认为硅纳米颗粒必须小于 5 nm，其表面必须被"适当钝化"，以避免非辐射复合位点的存在。硅纳米晶体的光致发光机制以及表面钝化对光发射的影响目前仍是值得激烈讨论和深入研究的课题。

　　我们实验室目前正采用一种新的气相和液相相结合的方法来制备能发出明亮

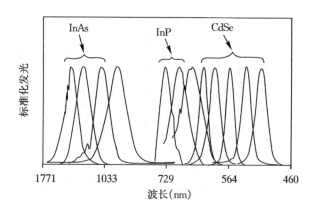

图 4.7   InAs,InP 和 CdSe 纳米晶体的发光特性,从左到右尺寸逐渐减小,来自
Bruchez 等人(1998),经许可后复制

可见光的硅纳米颗粒,这一方法只需使用廉价的化学商品即可实现(Li et al.,
2003;Swihart et al.,2003)。硅纳米粒子通过二氧化碳激光器引起的硅烷热分解
来快速产生(20~200 毫克/小时)。这种方法可以直接制备出平均直径小至 5 nm
的颗粒。用氢氟酸(HF)和硝酸(HNO₃)混合液来蚀刻这些粒子,从而减小颗粒尺
寸并钝化其表面,这样在室温下它们就能发出明亮的可见光。最大光致发光光强
的波长可以通过控制蚀刻时间和蚀刻条件来调节,使之在高于 800 nm 到低于 500
nm 的范围内变动。发射蓝光和绿光的颗粒通过对发射橙光颗粒进行快速热氧化
来制备。这些硅纳米颗粒已被成功地均匀分散在若干应用于光子学的基质中。此
外,这些颗粒还能稳定分布于许多不同的溶剂从而应用到生物光子学(生物成像)
中。

    GaN 等宽带隙半导体也得到相当多的关注,此类半导体能提供紫外到蓝光区
域的激光发射。这种较短波长对高密度光记录来说是很有用的,因为较短波长可
以被聚集成一个较小光斑(从而获得较小尺寸的像素)。

    量子棒是处于零维量子点(0DEG)和一维量子线(1DEG)之间的一种过渡形
式,在某种程度上,它综合了量子点和量子线所表现出来的各自特性。因此,它们
的带隙可以通过精确控制量子棒的长度及直径来调整。Alivisatos 及同事已经制
备出了各种直径(3.5~6.5 nm)和长度(7.5~40 nm)的 CdSe 量子棒(Li et al.,
2001)。他们的报告指出,光致发光的最大发射波长随着宽度或者长度的增加而向
低能量(较长波长)转移。室温下,这些量子棒的量子效率通常在 5%~10%。另
外,在量子线情况下,发射是高度线性极化的。

4.2.3 非线性光学性质

量子限制结构中具有增强的非线性光学效应主要有以下两类:

- 电光效应。在这种情况下光学性能的改变是通过施加电场产生的。这一效应源自斯塔克效应——即通过施加电场来改变能量状态。4.2.4 节将做详细讨论。

- 光致折射率变化。这是一个有效三阶非线性光学效应(第 2 章所讨论的克尔效应)。

这两种效应在量子限制结构中可以被描述为动态非线性过程,该过程是由外加电场或光场导致光吸收改变(Δα)引起的(Abram,1990;Chemla et al.,1988)。克拉玛-克朗尼希(Kramer-Kronig)关系式将光吸收的变化 Δα,与折射率实部变化 Δn 通过如下公式联系到一起:

$$\Delta n(\omega) = \frac{c}{\pi} p.\,v. \int_0^\infty \frac{\mathrm{d}\omega' \Delta\alpha(\omega')}{\omega'^2 - \omega^2} \tag{4.9}$$

$p.\,v.$ 表示积分主值,ω 表示光的角频率。

变化量 $\Delta\alpha$ 及由它引起的 Δn 可用于所有的光学开关、门控及信号处理。而所谓的自我动作效应,即一束光根据强度变化(由于折射率的变化)来改变其传播特性,可用于光学信号处理或存储应用。或者,一个强的光学脉冲可以控制较弱的光信号。非线性响应时间,即 $\Delta\alpha$ 和 Δn 返回到零值的时间,是由激发态粒子数的衰变决定的。由于没有包含激发态的相位相干性,这种由激发数密度(粒子数密度)决定的非线性,也被称为无相干非线性(Prasad and Williams,1991)。

接下来讨论产生 $\Delta\alpha$ 的一些主要机制。

相空间填充 这种效应产生于高浓度电子(或空穴)或激子的情况下(Chemla et al.,1988;Schmitt-Rink et al.,1989)。半导体中激子是中性束缚较弱的电子空穴对(见第 2 章)。激子的 k 能级值(也称相空间)是由 k 能级自由电子和空穴的线性组合来描述的。在高激子密度下,如果这些能态(自由电子和空穴的 k 能级)已经被占用,它们便不能用来描述另一个激子状态,因为电子(空穴)是费米子,必须遵循泡利不相容原理。换句话说,自旋相同的两个电子(或空穴)不能占据相同 k 能级。所以在高激子密度下,形成额外激子的可能性随激光强度的增加而减小。因此,激子吸收饱和导致一个大的 $\Delta\alpha$,并最终使激子能量吸收不再发生。这种无吸收状态也称为漂白状态,而这一过程也称为由饱和引起的光物理漂白,它可使激发光完全被传输。这样的介质称为饱和吸收体。

带隙重正化 在高激发密度下,能够产生密集的电子空穴等离子体。由于群体间相互作用导致有效带隙缩小,这一主要效应是由所谓的屏蔽电子空穴相互作

P.96

用及相互交换综合引起的。如果没有群体间相互作用,重组载流子的平均能量只是能带隙 E_g 加上电子和空穴的平均动能。当存在涉及交换的群体间相互作用时,电子-空穴的相互作用产生的负能量与电子-电子和空穴-空穴相互排斥产生的正能量间产生竞争。这种竞争导致单位粒子产生净负能量(意味着缺少交换时电子之间或空穴之间的平均间隔较小),这一能量随载流子密度增加速度快于单电子(空穴)动能的情况。这样,在高载流子密度情况下可以观察到有效带隙变窄。因此,这些能量形式的结合便组成一个随载流子密度(激发密度)而变小的有效带隙。这种效应称为"带隙重正化"(Abram,1990)。

　　双激子形成　　这是由激子间结合形成的高阶复合体,在第 2 章中已经讨论过。双激子对应的新光学跃迁为产生 $\Delta\alpha$ 及 Δn 提供了另一种机制(Levy et al.,1988)。

　　在大多数的光学实验中,所有非线性源是同时作用的。对于饱和吸收,通过使用掺杂有 CdS_xSe_{1-x} 纳米晶体的商业玻璃已经进行了广泛的研究。图 4.8 显示了室温条件下,在含有 11 nm $CdS_{0.9}Se_{0.1}$ 微晶的玻璃样品中,用 3 MW/cm² 和 200 kW/cm² 两种脉冲强度时 $\Delta\alpha$ 的变化(Olbright and Peyghambarian,1986)。图中还给出了由公式(4.9)即克拉玛-克朗尼希(Kramer-Kronig)变换计算得到的(实线)以及由干涉测量技术(点线)得到的 Δn(或非线性折射率 n_2)。

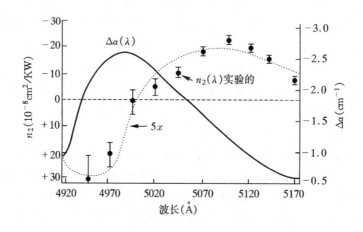

图 4.8　含有 11 nmCdS$_{0.9}$Se$_{0.1}$晶体的样品的吸收系数 $\Delta\alpha$ 及非线性折射率 n_2 的变化。来自 Olbright 和 Peyghambarian 等人(1986),经许可后复制

4.2.4　量子限制斯塔克效应

　　外加电场对能级及相应光谱的影响称为斯塔克效应。量子限制结构在沿限制方向外加电场的作用下表现出明显的光谱变化(Weisbuch and Vinter,1991)。本小节以量子阱为例介绍这一效应。对于块状半导体,在外加电场作用下,它的吸收

边缘呈现出在能隙之下的低能尾迹。这种效应就是弗朗兹-凯尔迪什(Franz-Keldysh)效应。它是由外电场作用下价带和导带的迁移引起的。在一个简化模型中，电场可被用作外加作用势，量子力学中著名的摄动理论的近似方法可以用来确定能量迁移以及能级的混合。外加电场还可以通过分离电子-空穴对来使激子发生电离，从而扩展激子峰。激子完全电离时，激子峰甚至能够消失。

在量子阱中，外加电场可以在阱平面(纵向)中，此时阱表现出非局域二维电子气的特性，也可以在限制方向(横向)上。纵向场效应类似于块状半导体的情况，激子分裂(引起激子吸收消失)发生在一个相对低强度的场，并且吸收边缘向较低能量迁移。

外加横向电场的影响有着非常重要的意义。由于限制效应，激子在强于100 kV/cm的外加电场作用下也不会被电离。施加外电场后，沿限制方向的量子限制斯塔克效应的主要表现如下：

- 当电场力推动电子和空穴波函数分别向量子限制域的两个相反侧运动时，带间分离发生改变。以量子阱为例如图 4.9(a)所示。
- 由于电子和空穴波函数的分离，激子的结合能下降。对于 AlGaAs/GaAs P.98 量子阱，这一效应还体现在了不同场强作用下的光谱变化。这导致激子峰的展宽，而激子峰的迁移比展宽还要大，如图 4.9(b)所示(Miller et al.，1985)。
- 电场还可以混合不同的量子状态，导致光学允许和光学禁止激发态之间振子强度的再分配。例如，没有外加电场时，对称量子阱(两侧势垒相同)各导带和价带的量子化能级中，只有 $\Delta n = 0$(如 $n = 1 \to n = 1$)的跃迁可能发生。而施加电场后，$\Delta n = \pm 1$ 的跃迁也是可能的。 P.99
- 所有这些表现的一个主要结果是，光吸收由于激子跃迁发生了很大改变，并且是限制方向上外加电场的函数。这种效应称为电吸收，它会引起折射率实部参数 Δn 发生改变，并可以通过施加外电场来调节光的传播。量子阱装置的一个主要应用是电光调制器，其中就应用了这一原理。

量子点的电吸收也得到了很广泛的研究(Gaponenko，1999)。Cotter 等人(1991)检测了纳米晶体的电吸收 CdS_xSe_{1-x}，指出诱导吸收的二次依赖性，这种依赖在有很高的外加电场时趋于线性。

用来增强电场表征的另一结构是非对称量子阱，它两侧的势垒是不同的。这一特性可以通过对宽带隙半导体域 $Al_xGa_{1-x}As$ 中系数 x 取不同的值来实现，即在量子阱 GaAs 的一侧取某一 x 值而在另一侧取另一不同的 x 值。在非对称量子阱中，可以实现能级的线性斯塔克效应。

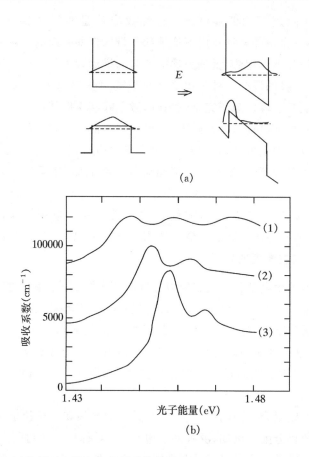

图 4.9   (a)电场对电子和空穴波函数的影响;(b)AlGaAs/GaAs 量子阱的吸收
光谱。来自 Miller 等人(1985),经许可后复制

4.3   介电限域效应

量子限制结构也表现出介电限域效应,它是由受限的半导体区域及周围限制
势垒的介电常数不同而产生的。这种效应在量子阱中可能较小,因为量子阱的势
垒是通过组成成分不同(如 $Al_xGa_{1-x}As$ 分布在 GaAs 周围)来产生的,并不存在很
大的介电常数变化,因此经常被忽略。而量子线、量子棒或量子点,则是依靠制造
和加工方法产生介电常数的变化,即它们有可能被嵌入另一种半导体或电介质如
玻璃或聚合物中。这些量子结构可能包裹于有机配体,分散于某种溶剂甚至是放
置在空气中。这些媒介的介电常数可以在较大范围内变化,当周围媒介的介电常
数远低于受限半导体区域的介电常数时,就会表现出由介电限域作用引起的一些

重要特性(Wang and Herron,1991;Takagahara,1993)。

介电限域效应的两个主要表现形式如下:

- 界面介电常数不匹配产生的极化电荷增强了量子限制态之间的库仑力作用(Keldysh,1979)。当周围介质的直流(或低频)介电常数低于量子限制区域时就会出现这种情况。其中一个例子是量子点被有机配体环绕。利用相对介电常数的变化能够提供另外的自由度来调整这些量子结构(量子点、量子线等)的光学性质。 P.100

- 在光照情况下,量子结构内部出现局部场的增强。局部场通常用洛仑兹近似来估计(Prasad and Williams,1991),它取决于媒介的折射率。周围媒介较低的折射率使光波限制在量子结构附近从而增强了局部场,这对光学特性有非常重要的影响。更为显著的影响将会体现在涉及与局部场高阶相互作用的非线性光学性质上(Prasad and Williams,1991)。

4.4 超晶格

超晶格是由周期排列的量子结构(量子阱、量子线和量子点)构成的。典型的例子是多量子阱结构,它通过在生长(限制)方向交替添加宽带隙(如 Al GaAs)和窄带隙(GaAs)的半导体层来实现。这种类型的多量子阱如图 4.10 所示,(a)和(b)分别为其空间排列以及导带和价带边缘的周期变化。

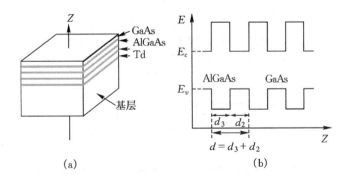

(a) (b)

图 4.10 多量子阱排列(a)和能带(b)示意图

当这些量子阱间隔很大以致电子和空穴波函数都被限制在各自阱中时,它们可以被看作是一组相互独立的量子阱。在这种情况下,电子(或空穴)不能从一个阱进入到另一个阱中。这样,即使是在多量子阱中,每个阱的电子(和空穴)能量和波函数都保持不变。但是,这种互不作用的多量子阱(或简单标记为多量子阱)经常被用来增强由单一阱获得的光信号(吸收或发射)。例如即将在下一节中讨论的 P.101

激光发射,它的受激发射就是经过多量子阱被放大,其中每个阱都作为一个独立的媒介。

为了理解量子阱间的相互作用,可以使用摄动理论的方法,就类似于处理具有衰减能量态的相互作用的相同粒子。我们以两间距足够大的量子阱为例,在大间距下,每个阱沿着限制方向(生长方向)都有一组由量子数 $n=1,2,\cdots$ 标记的量子能级 E_n。当两个阱相互靠近时,它们之间开始产生相互作用,两个阱的相同能级 E_n 不再是衰减的。阱波函数的对称(正)重叠和反对称(负)重叠产生了两个新的能态 E_n^+ 和 E_n^-。对于能级 $n,E_n^+=E_n+\Delta_n$ 和 $E_n^-=E_n-\Delta_n$ 由两倍的相互作用参数 Δ_n 分开。

分裂幅度 $2\Delta_n$ 的大小依赖于能级 E_n。较高能级时,其值较大,因为 n 值较大(E_n 能值也越大),且波函数扩展到能垒区域越多,阱间的相互作用也越多。

两个阱的情况可以推广到 N 个阱。阱之间的相互作用提高了能量简并度并产生 N 个分裂能级,这些能级的间距很小从而形成一个带,即所谓的微带。在无限多量子阱的极限情况下,微带的宽度为 $4\Delta_n$,Δ_n 为两相邻阱 n 能级间的相互作用。这一结果如图 4.11,图中所示为由 GaAs(阱)层和 $Al_{0.11}Ga_{0.89}As$(垒)层交替叠加形成的超晶格中 E_1 和 E_2 能级的情况,其中每层的宽度为 9 nm。对于这个体系,微带能量为 $E_1=26.6$ meV 和 $E_2=87$ meV,各自的带宽为 $\Delta E_1=2.3$ meV 和 $\Delta E_2=20.2$ meV(Barnham and Vvedensky,2001)。正如上文所说,具有较高能量的微带(E_2)有着比较低能量微带更大的带宽($\Delta E_2>\Delta E_1$)。

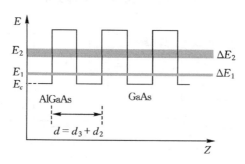

图 4.11　GaAs(阱)层和 AlGaAs(垒)层交替叠加形成的超晶格结构中微带构成示意图

P.102

量子阱间相互作用形成的微带也导致了态密度的修正。修正后的态密度如图 4.12 所示。对于单一阱修正是沿着阶梯进行,即态密度从一个值阶跃到另一个值。微带使得态密度在阶跃附近展开,如图 4.12 所示。对 E_1 和 E_2 能级,微带分别在(E_a-E_b)和(E_c-E_d)能量域内,对这一能量域内态密度的修正如图 4.12 所示。

我们将在 4.6 节中看到阱超晶格的相互作用导致电子从一个阱隧穿到另一个

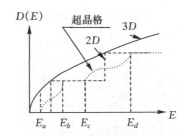

图 4.12 多量子阱超晶格中由于形成微带而导致的态密度修正

阱。设计恰当的多量子阱的电子隧穿已经使量子级联激光器得到改进,这也将在4.6 节中进行讨论。

另外一个研究热点是量子点超晶格,也被称为纳米晶体超晶格或量子点固体(Gaponenko,1999)。许多方法都可用来制备量子点固体。其中一种方法是利用原位生长来产生有序排列,还有利用球纳米晶体的相互聚集来产生密堆积排列的方法(Murray et al. ,2000),以及使用一个有具有特定位置标记的模板,量子点通过化学键结合等相互作用方式嵌入标记位点的方法(Mirkin et al. ,1996;Alivisa-tos et al. ,1996)。表面被有机配位体覆盖的球形纳米晶体的聚集为操纵量子点间相互作用提供了灵活性(Murray et al. ,2000)。纳米粒子可以通过第 7 章所介绍的胶体化学法来制备。这些晶体的密堆积被称为胶体晶体的自聚集。这样制备的纳米粒子表面覆盖有有机配位体,能够通过各种电子配位基因与表面结合。通过操纵配体的尺寸(长度),可以控制粒子间的距离,从而引起性质和相互作用的强度的变化。此外,通过使用挥发性有机配体(如吡啶,在块状形状下为液态),我们可以密堆积纳米晶体并使配体热挥发(及/或通过动态真空)从而使量子点直接接触(最密堆积)。

Bawendi 及其同事广泛研究了胶体量子点的密堆积(Murray et al. ,2000)。图 4.13 显示了高分辨率透射电子显微镜下直径为 4.8 nm 的 CdSe 量子点三维超 P.103 晶格的图像。高放大倍率和小角电子衍射模式如小图所示。量子点聚集在一个面心立方晶格中。图像对应于超晶格的(101)检晶仪平面。Bawendi 及同事表明,粒子间距较大时(如量子点间存在有机配体的情况),其偶极-偶极相互作用产生福斯特(Forster)能量转移,这在第 2 章中讨论过。此时,如果分布有不同大小的量子点,这种基于光激发的能量转移会引起具有较小激发能的较大粒子产生光发射(带隙的减少与直径二次方成反比),因此出现了发射峰的红移现象。这种类型的相互作用在粒子间距离为 0.5~10 nm 范围内时占主导地位。当粒子间距<0.5 nm时,相邻量子点的电子波函数重叠,使得交换相互作用发生。这导致多个量子点间电子激发的离域现象,类似于块状半导体中多个单位晶格间电子波函数的离域。

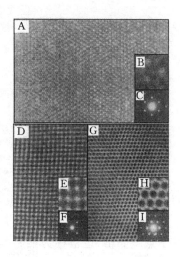

图 4.13　(A)直径为 4.8 nm 的 CdSe 纳米晶体(NC)三维超晶格的透射电子显微镜图像；(B)
高放大倍数时，NC 组成模块内部晶格结构能够被分辨；(C)小角电子衍射模式展示
了超晶格域的横向完整性；(D)直径为 4.8 nm 的 CdSe 纳米晶体超晶格的 101 投影
的透射电镜图像；(E)高倍显示的单个纳米晶体晶格图像；(F)小角电子衍射展示了
另一个特征 fcc 方向的完整性；(G)64 个 CdSe 纳米晶体的 fcc 超晶格沿 $\{111\}_{SL}$ 轴的
TEM 图像；(I)小角电子衍射。来自 Murray 等人(2000)，经许可后复制

因此，当粒子间距由 0.7 nm 开始减小时，紧密填装的 CdSe 量子点的光吸收光谱
出现红移(移向较长波长)，并最终接近体 CdSe 的吸收光谱(Murray et al.,2000)。

P.104　4.5　核壳量子点与量子点-量子阱

　　本节描述的半导体纳米结构是由量子点核外包被一层或多层更宽带隙的半导
体组成。核壳量子点是一个量子点外面包被一更宽带隙半导体(壳)(Wilson et
al.,1993；Hines and GuyotSionnest,1996)。量子点-量子阱结构(QDQW)是一个
类似洋葱状的纳米结构，是由一个量子点核被两层或更多较低与较高带隙材料轮
流包裹而成(Schooss et al.,1994)。这些类型的分级纳米结构为带隙工程引入一
个新的层面(对带隙、电荷载体特性、发光特征进行修正)。对于核壳结构，可以通
过改变其壳来调控核中载流子约束特性，从而改变其光学特性。此外，更宽的带隙
半导体的包被可以使表面非辐射复合位点发生钝化，从而提高量子点的发光效率。
对于量子点-量子阱结构，通过改变量子点周围量子阱的特性和宽度可以进一步调
节其能级和载流子波函数。

　　大量关于核壳量子点的报道已经发表。例如，以 ZnS 为壳 CdSe 量子点为核

(Dabbousi et al.，1997；Ebenstein et al.，2002)，以 CdS 为壳 CdSe 量子点为核(Tian et al.，1996；Peng et al. 1997)，以 ZnS 为壳 InP 量子点为核(Haubold et al.，2001)，还有以 ZnCdSe₂ 为壳 InP 量子点为核(Micic et al.，2000)。使用较宽带隙半导体壳可以使量子点核发出的光在通过它时没有任何吸收。这些核壳结构展现出许多关于其发光特性的有趣修正。例如，Dabbousi 等人关于 CdSe-ZnS 核壳量子点的研究结论总结如下：

- 核壳量子点相比无表面覆盖的量子点在吸收光谱上会有一个小的红移。这个红移被解释为是由电子波函数部分泄漏到半导体壳而引起的。当 ZnS 壳环绕 CdSe 量子点时，电子波函数将传播到壳中而空穴波函数局限在量子点核内。这一效应使得带隙变小从而产生红移。当半导体核与壳的带隙差别增大时这个红移将变小，因此一个 CdSe-CdS 核壳结构相比同等大小的纯 CdSe 量子点有很大的红移。并且这种红移对于尺寸较小的量子点来说更为显著，因为它们的电子波函数更多地传播到壳内。

- 对于同等大小的 CdSe 量子点核(约 4 nm)，随着表面覆盖 ZnS 的增加，光致发光光谱相比吸收光谱具有更强的吸收峰红移并伴有峰宽的增加。这可能是由于尺寸的不均匀分布以及较大的量子点的优先吸收造成的。光致发光的量子产率首先随着 ZnS 覆盖量的增多而增大，在单层覆盖比约为 1.3 时其可增加 50%，更多的覆盖时量子产率开始下降。量子产率的增大被认为是由于表面空缺及非辐射复合位点的钝化，更多覆盖导致的减小被认为是由于 ZnS 壳缺陷产生新的非辐射复合位点。

P.105

所报道的核-壳结构制造方法是先进行核(量子点)的制作，即制造多分散的纳米核样本。这些核粒子在包被之前必须经过尺寸选择性沉淀，这使得制作过程变得低效且耗时。

最近，我们发展了一种运用新颖化学前体的快速湿化学方法来生产核-壳结构，这种方法使得我们能够快速(少于两小时)生产 Ⅲ - Ⅴ 量子点(比 Ⅱ - Ⅵ 量子点更难制造)(Lucey and Prasad，2003)。之后在不使用表面活性剂或配位基的情况下，量子点用低廉、市场可得且对空气不敏感的 Ⅱ - Ⅵ 前体进行快速包被。这种方法可用于制备 CdS 为壳 InP 为核、CdSe 为壳 InP 为核、ZnS 为壳 InP 为核、ZnSe 为壳 InP 为核的量子点。这些核壳结构的光学性能很大程度上取决于环绕 InP 的壳的特性。在所有这些核壳结构中，以 ZnS 为壳 InP 为核的发射最有效且更狭窄，如图 4.14 所示(Furis et al.，2003)。这种合成方法还可以为较短时间内大批量生产核-壳材料提供方便。

P.106

一种被广泛研究的量子点-量子阱体系是 CdS/HgS/CdS。大量的实验和理论报道都是关于它们的光学性能以及光学特性随壳层厚度的可调性。这里的引用分

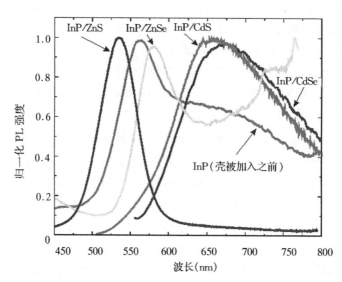

图 4.14 InP 量子点及各种核壳结构(核相同均为直径约 3 nm 的 InP)的发光光谱

别来自 Schooss 等人(1994)、Mews 等人(1996)、Braun 等人(2001)、Borchert 等人(2003)以及 Byant 和 Jaskolski(2003)的研究。他们的报道都指出,与加壳前的纯核结构相比,核壳结构的发射和/或吸收光谱特征出现红移。这表明了发射波长的可调性。第二种量子点-量子阱结构是 ZnS/CdS/ZnS(Little et al.,2001;Bryant and Jaskolski,2003),对它的研究相对较少。这些研究还发现在添加第一层较小带隙材料的壳后,波长就会出现的红移。

4.6 量子限制结构作为激光媒介

量子限制结构最为广泛的应用就是作为高效集成固态激光器的活性媒介。量子阱激光器在市场上已经比较常见,它的应用范围从 CD 播放器到激光打印机。它还可以作为无线电通讯的激光源或激光泵浦源。量子阱激光器具有从 0.8 到 1.5 μm 宽的光谱范围。最近,运用一种宽带隙半导体 GaN,蓝光光谱区域(约为 400 nm)的激光输出也已经能够实现,这为高密度光学数据存储应用提供了可能性。表 4.3 列出了量子阱半导体,以及其势垒区材料和相应的激光发射波长范围。近来引入的量子级联激光器运用了多个量子阱,其光谱涵盖了中红外区域,在环境监测和传感中有许多应用。

本节对激光器原理以及量子结构作为激光媒介的应用进行了简要的概述。另外还对量子阱、量子线和量子点分别用于激光器时的各自优点进行了比较。本节还列举了垂直腔激光器、垂直腔面发射激光器(VCSELS)和量子级联激光器的具体实例。

表 4.3　量子限制半导体及激光波长范围

量子限制 活性层	势垒层	基层	激光发射波长（nm）
InGaN	GaN	GaN	400~450
InGaP	InAlGaP	GaAs	630~650
GaAs	AlGaAs	GaAs	800~900
InGaAs	GaAs	GaAs	900~1000
InAsP	InGaAsP	InP	1060~1400
InGaAsP	InGaAsP	InP	1300~1550
InGaAs	InGaAsP	InP	1550
InGaAs	InP	InP	1550

激光原理与激光技术已经在很多书籍中讨论过（Siegman,1986），这里只针对那些不熟悉这一专题的人做一个简单介绍。激光,即受激辐射的光放大的简称,是利用与激光发射相同能量的入射光子产生受激发射,它要求被激励媒介中处于激发量子能级的电子数多于基态电子。这种人工产生的媒介状态称为粒子数反转,它是由电刺激（电致发光）或光刺激引起的,而自发辐射的电子即使没有任何光子刺激也能够自然地返回基态（在一个激发态周期内）。这两个过程如图 4.15 所示。

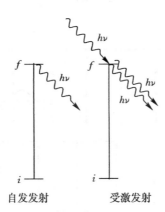

图 4.15　自发发射和受激发射从激发能级 f 到较低能级 i 的示意图。在受激发射中,入射光子激励产生发射,受激发射的光子相位相同

在激光的产生过程中,最初的受激辐射发射的光子在其他部分再次产生激励,从而使受激辐射得到放大。一个简化的激光设计图如 4.16 所示（Prasad, 2003）。激光器的各组成部分如下:

- 工作媒质,也称为增益媒质(当前情况是一个量子阱),经过一个合适的泵浦机制产生粒子数反转。工作媒质中特定位置产生的自发辐射光子在穿过媒质时会在其他不同位点产生激发发射。
- 能量泵浦源,在量子结构激光器中是电能供应。
- 两个反射镜,也称为后镜和输出耦合器,通过反射产生同相位的光(由腔的长度确定),从而使光能够通过在工作媒质中的来回振荡得到进一步放大(多路径放大)。一部分输出通过部分透射输出耦合器从而得到一激光束(例如,图 4.16 中 $R=80\%$)。

受激发射和腔反馈都是用于增强激光束的相干性。只有当光波被反射为与入射波同相位且同方向时,才会对多程放大有所贡献从而增大激光发射强度。以特定角度(例如由侧向)发射的光不会被反射放大。这使得激光光束具有良好的方向性且光强聚集在很窄的光束内,即发散很小(与荧光相比),且其相干性也很高。要使得入射光束和反射光束在腔内相位相同,腔必须满足如公式(4.10)所示的共振条件(Svelto,1998):

$$m \frac{\lambda}{2} = l \tag{4.10}$$

这里 λ 表示发射波长,l 表示腔的长度,m 是一个整数。把能够达到足够的受激发射和激光作用的波长范围定义为增益曲线。

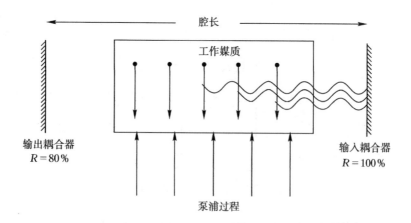

图 4.16　激光腔示意图,R 代表反射百分比

在某一工作媒质的增益曲线内,公式(4.10)可以通过对多个波长取不同的整数来满足,这些被称为纵向空腔共振模。可以通过将图 4.16 中后反射镜替换为只允许特定窄带波长(单色光)通过并得到多程放大的光谱反射镜(光栅或棱镜)来实现波长的选择。但是,这些光学元件还不足以提供能够实现单一纵向腔模式(可

能的最窄带宽)选择的分辨率。有人引入了其他光学元件如腔内法布里-珀罗 P.109
(Fabry-Perot)校准器或利奥特滤光片来隔离单一纵向模式。在半导体激光器中，
通常用布拉格光栅获得分布式反馈来实现波长选择，同时还使用波导进行光限。

对于半导体量子阱激光器，工作媒质是窄带隙半导体(如 GaAs)，它被夹在一
个 p-掺杂(空穴过剩)的 AlGaAs 和一个 n-掺杂(电子过剩)的 AlGaAs 势垒层之
间。然而，在大多数半导体激光器中，掺杂的 AlGaAs 层与 GaAs 层被一层未掺杂
的 AlGaAs 薄层隔开。腔是由作为反射镜的分裂的晶体表面构成。半导体激光器
的基本原理可以由图 4.17 的双异质结构半导体激光器示意说明。顶部和底部的
欧姆接触向活性区注入电子和空穴，在这一设计中，活性区相比量子阱结构明显要
厚(＞100 nm)。电子和空穴在活性区(当前情况为 GaAs)结合而发出光子。阈值
电流密度(单位横截面积的电流)被定义为产生受激辐射即激光发射时所需的电流
密度。在这一电流密度水平，媒介中由受激辐射产生的光学增益恰好与各种因素造
成的光学损失(如散射、吸收损失等)持平。双异质结构中的厚作用层还可作为波导来
限制光波。由于边缘处能够产生输出，因此这种配置也被用来产生边缘激光发射。

量子阱激光器中，用尺寸小于 10 nm(取决于材料)的单量子阱作为活性层的
情况被称为单量子阱激光器。但这一厚度太小，不能限制光波，使得光波泄漏到限
制势垒区。为同时限制量子阱内载流子及其周围光波，有人采用了将量子阱植入
光学限制层的方法。

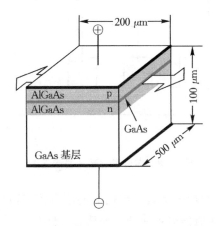

图 4.17　双异质结构半导体(DHS)激光器示意图

由于活性层厚度的减小，量子阱激光器具备激光阈值电流密度很低的优点。 P.110
例如，单量子阱激光器的电流阈值约为 0.5 mA，而对于活性层厚度为 100 nm 的
双异质结构激光器来说，其电流阈值大约是 20 mA。此外，量子阱激光器具有更
窄的增益谱和更小的激光模式线宽(＜10 MHz)。量子阱激光器还提供了更高的
调制频率，可以电调制激光输出，这一特性对于高速无线通信非常重要。调制速度

由微分增益(增益作为电流的函数)决定。由于量子阱存在阶梯式能态密度,其微分增益要比 3D 块状半导体更大。然而,量子阱的输出功率在较低的值时就达到饱和。一个单量子阱激光器的典型输出功率约为 100 mW。对于量子阱激光器阵列,已存在功率超过 50 W 的商业激光器。

另一种产生高激光输出功率的方法是使用多个量子阱(MQW)作为放大媒质,多量子阱激光器如图 4.18 所示。在低电流密度情况下,单量子阱激光器表现更优越,而多量子阱则在高电流密度情况下更有用。

对于量子阱激光器来说,一种降低阈值电流密度的方法是引入晶格应变。相应的激光器被称为应变层激光器。在这种情况下,量子阱活性层,如 InGaAs,覆盖在具有不同晶格常数的限制层 AlGaAs 上。这一晶格不匹配造成的应变可以通过薄的活性层来调整,不会造成任何移位。InGaAs 量子阱层在层平面上出现双轴压缩。这一应变的净效应就是通过改变能带情况来减小阈值电流密度。通过调整能带结构,应变还能改变激光波长。

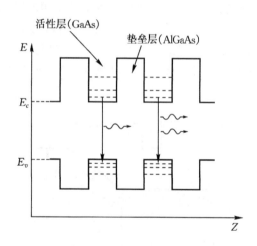

图 4.18　多量子阱激光器能量图

P.111　　　　低维系统如量子线和量子点具备更低的阈值电流,这些激光器因而还可以在更高的频率调制,使无线通信能更快地传递信息。此外,1DEG 量子线和 0DEG 量子点增加的激子结合能还为利用激子光子产生激光提供了可能,激子是由自由电子和空穴结合生成。量子线激光器通过使用不同形状的量子线得到,例如在 V 形槽基层上的情况。然而,真正的挑战是发展一个横截面积几乎相等的线阵列,从而减小由于横截面积变化过大导致的发射不均匀加宽。

由于能态密度的非连续性,与量子阱相比,量子点激光器具有非常窄的增益曲线,因而可以在更低的驱动电流和阈值电流下运转(Arakawa,2002)。图 4.19

通过比较量子阱激光器与量子点激光器阐明了这些特征,表明对于任何输出功率,量子点激光器的驱动电流都要低于量子阱激光器。另一个重要因素是温度依赖性。量子点激光器与量子阱激光器相比,由于其很宽的离散量子能态间隔,因而对于温度变化表现出更大的耐受性。自从第一次报道自组装 InAs/InGaAs 量子点激光器阈值电流温度依赖性变小以来,许多其他的量子点激光器也已被证明具有同样的特性。更新的进展是关于 InGaN 量子点附生在 GaN 上从而在室温下产生激光的报道(Krestnikov et al.,2000a,b)。

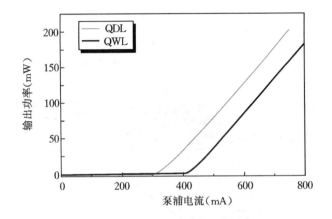

图 4.19 量子点激光器与量子阱激光器效率比较

为使量子点激光器能够与量子阱激光器竞争,有两个主要问题必须解决。由于单一量子点提供的工作体积非常小,所以必须采用大型量子点阵列。这一问题的主要挑战在于制作的量子点阵列中量子点的尺寸分布需要很窄,以减小非均匀展宽;另外阵列还要没有缺陷,以免因为非辐射缺陷通路的产生使光辐射退化。另P.112一个问题是限制所造成的声子瓶颈会限制声子有效耦合的能态数目(由于能量守恒),因此也会限制激发态载流子到激光发射态的驰豫。瓶颈导致受激发射的衰退(Benisty et al.,1991)。然而,其他机制,如被称为 Auger 作用的过程可以抑制这一瓶颈效应。

目前为止,对于激光腔设计的讨论是针对一个边缘发射激光器的情况,此激光器也称为非平面激光器,激光是从边缘输出的。然而,在许多应用中是利用光学级联系统,要求具有很高程度的平行信息输出,因而就需要表面发射激光(SEL)。在表面发射激光器中激光垂直于表面发射,许多原理图已经被用来生产表面发射激光器。其中特别常用的是垂直腔表面发射激光器,缩写为 VCSEL,其布局如图4.20所示。它所采用的一种工作媒质是位于两个分布布拉格反射器(DBR)之间的多量子阱,其中每个反射器是由一系列高折射率或低折射率的材料交替叠加而成。对于 InGaAs 激光器,DBR 通常是由折射率为 3.5 的 GaAs 层和折射率为 2.9 的 AlAs 层交替构成,每一层都是四分之一波长的厚度。这些 DBRs 可以作为垂直腔的两个反射镜。这样,活性层(InGaAs)和 DBR 结构(GaAs,AlAs)就都能够通过连续添加过程来产生。

垂直腔表面发射激光器(VCSEL)的一个优点是激光的横向尺寸可以被控制,这样就可以对激光尺寸进行剪裁,从而匹配光纤达到光纤耦合。VCSEL 存在的一个问题是,由于电流被注入到一系列高阻抗的 DBRs,会在多层复杂结构中产生热效应。

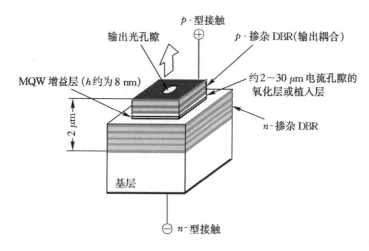

图 4.20   垂直腔表面发射激光器(VCSEL)示意图

P.113   量子结构激光器的另一个主要发展是"量子级联激光器",有时简称为 QC 激光器(Faist et al.,1994;Capasso et al.,2002)。量子级联激光器与之前讨论过的量子限制激光器相比,采用的基本原理并不相同,其中一些重要的不同如下:

- 与之前讨论的激光器涉及导带电子和价带空穴的重组不同,量子级联激光器只用到导带电子。因此,它们也被称为单极激光器。
- 与之前讨论的量子限制激光器涉及导带与价带之间跃迁不同,量子级联激光器是电子在对应不同导带量子能级的各子带间跃迁,即带内(子带间)跃迁。这些子带已在 4.1 节讨论过。
- 在传统激光器设计中,一个电子最多只能够发射一个光子(量子产率为 1)。量子级联激光器的运作机制像一个瀑布,电子以一系列能量步长瀑布式下降,每一步均发射一个光子。因此,一个电子可以生产 25~75 个光子。

图 4.21 给出了较早版本的输出光为 4.65 μm 的量子级联激光器的基本设计

原理。这些激光器基于 AlInAs/GaInAs。它的电子发射结由量子阱超晶格组成，超晶格中沿限制方向的每个量子能级都通过阱间相互作用扩展为微带，这些微带具有超薄(1～3 nm)势垒层。活性区域是指电子能从较高子带跃迁到较低子带从而产生激光发射的区域。如坡形图所示，电子在外加 70 kV/cm 电场作用下被从左至右注入。在这一电场作用下，电子从发射结最低能带的基态被注入到活性区上部能级 3。与发射结相邻活性区中的最薄阱推动了电子由发射结向活性区上部能级的穿越。波状箭头所代表的激光跃迁发生在第 3 能级和第 2 能级之间，因为第 3 能级的电子数多于第 2 能级。巧妙操纵活性区阱的组成和厚度可以使第 2 能级的电子能够快速弛豫到第 1 能级。

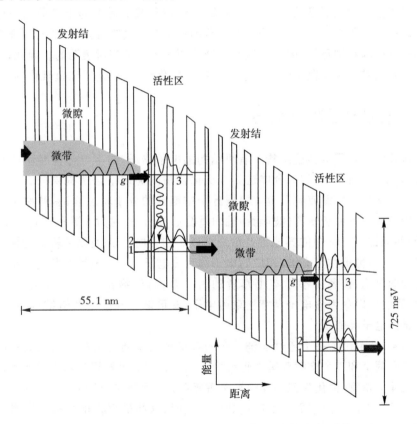

图 4.21 量子级联激光器示意图。来自 Capasso(2002)，经许可后复制

雪崩过程能够沿添加方向继续进行从而产生更多光子。为了防止电子在第 1 能级聚集，活性区出口势垒做得很薄，这使得电子能够经通道快速到达相邻发射结的最小能带。在弛豫到发射结到基态 g 后，电子又被重新注入到下一个活性区。每个活性区的能量都低于前一个活性区，这样活性区就像楼梯的阶梯。因此，活性

区和发射结就被设计成允许电子能够连续有效地由楼梯顶部运动到底部,并在这一过程中产生多个光子。这种激光器设计应用 25 个发射结和活性区从而室温下在 4.5 μm 处产生超过 100 mW 的峰值功率。

截至目前,关于室温下波长范围覆盖 4 μm 到 24 μm 宽范围的中红外脉冲控制量子级联激光器的报道已经出现很多。这一宽光谱范围由带隙工程产生。带隙工程包括半导体的选择、阱的厚度以及活性区量子阱超晶格的应用。室温下超过 1 W 的峰值功率已经能够产生,甚至 70 μm 远红外级联激光器也已经有所报道。另外,同步多波长激光发射也已经展示(Tredicucci et al.,1998;Capasso et al.,2002)。室温下连续波长激光器也有所报道(Beck et al.,2002)。

量子级联激光器已被成功用于示踪气体分析,其灵敏度为十亿分之一体积单位。3~5 μm 和 8~13 μm 这两个波长范围对于有毒气体、污染物质和工业燃烧产物的化学检验特别重要,因为在这些区域范围内大气是相对透明的。因此,量子级联激光器已被用于检测甲烷、一氧化二氮、一氧化碳、一氧化氮和硫氧化物。

4.7 有机量子限制结构

含离域 π 电子的共轭结构 有机结构的电子离域,与半导体能带中的自由电子类似,是由共轭分子和聚合体这类有机化合物的 π 键结合所提供的。这些共轭分子含有交替的单键或者复键。根据分子中键合的分子轨道理论,两原子间的一个共价键是由其原子轨道(波函数)轴向重叠形成的,被称为 σ 键合。而原子(如碳原子)间双键或三键中的其他键是由成键原子的方向性 p-型原子轨道的横向重叠形成的,这些键被称作 π 键,相应的电子称为 π 电子。对于成键及共轭结构的更详细基础的讨论,读者可参考本书作者的另一著作《生物光子学》(Prasad,2003)。在此,我们可以认为 π 电子是宽松束缚电子,其可散布在整个共轭结构中,因此行为与自由电子类似。

图 4.22 给出了一个通过 π 键结合的有机结构系列的构造。丁二烯和己三烯就是具有两个和三个交替双键共轭结构的例子。它们可被视为基本单元单体乙烯的大尺寸低聚物(由化学键相连的许多重复单元),如图 4.22 所示。更长尺寸的低聚物也是存在的。当它们的长度达到纳米级时,这些低聚物也被称为纳米子。因此,纳米子是量子线的有机类似物。

碳链长度给出了结合长度,并为 π 电子的散布(离域)提供了一个框架结构。一维盒中单个粒子的模型可以用来说明共轭(离域)效应。一维结合的长度,即通过单键或多键结合的碳原子链的长度,决定了盒的长度。当结合增多时,一维盒长度增加,会产生如下特性:

- 结合的增加导致 π 电子能量(离域能)的降低。

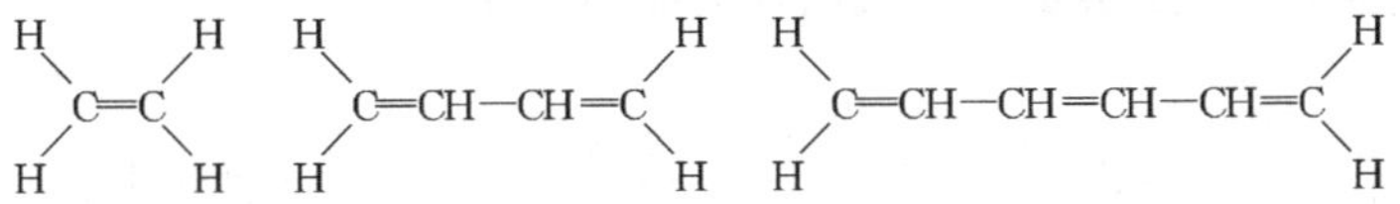

乙烯　　　　　　丁二烯　　　　　　　　　己三烯

图 4.22　线性共轭结构

- 随着结合的增加，两个连续 π 轨道间的能差减小。这种效应使得颜色（波长）随着结合长度的增加而产生红移（即电子在两能带间跃迁产生的吸收带的迁移，由紫外到更长波长的可见光区）。

共轭结构中的 π 键合通常由休克尔理论(Prasad，2003)进行描述。乙烯中，两个碳原子的 p 型原子轨道(简称 AO)重叠形成一个 π 键和一个反键 $π^*$ 的分子轨道。形成键合的这对电子处于较低的分子能级轨道 π。丁二烯和己三烯中的情况与此类似。

一般而言，共轭结构中 N 个碳原子的 N 个 2p 轨道混合能够产生 N 个 π 轨道。π 轨道间的能差随着 N 的增大（即随着离域长度或一维盒长度的增加）而减小。在 N 取非常大的极限时，连续 π 能级间的间隔变得非常小，π 能级形成一个密集能带。由休克尔理论计算得到的另外一个特征是，丁二烯中 π 电子的能量低于由两个分离乙烯 π 型结合键预测所得的能量。这种额外的能量被称为离域能，是由 π 电子在所有四个碳原子中散布所造成的。

由密集 π 能级结合形成的能带被最低能量电子占据。因此，这一 π 能带就是半导体价带的有机类似物。由密集反 $π^*$ 键能级结合形成的能带在基态是空的（不喜能量的），成为导带的有机类似物。有机结构中的带间跃迁（价带至导带）被称为 $π→π^*$ 跃迁。这种跃迁类似半导体中的带隙，是 π 电子从 π 能带最高占有分子轨道（简称 HOMO）跃迁到 $π^*$ 能带最低占有分子轨道（简称 LUMO）。

有机纳米子作为量子线　一个低聚物（纳米子）允许电子在其整个长度内产生离域，表现得像有机的纳米线。因此，随着线（低聚物）长增加，带隙将会减小，这样不同长度的纳米子就会吸收和发射不同颜色的光。这种现象可由聚苯乙烯来说明。在没有任何几何限制的情况下，可以制造出称为聚对苯乙炔(PPV)的聚合物。这是一个允许 π 电子离域的共轭聚合物。在第 7 章所述的反胶束腔纳米反应器中，利用图 4.23 中的反应(Lal et al.，1998)，可以从一系列不同长度的反胶束腔生产出不同的纳米子。数值 W_0(定义为水与形成反胶束的表面活性剂的量的比率)可以反映出这些腔的相对大小。吸收在紫外区域的纳米子所对应的最小尺寸腔($W_0=6$)，因此表现出没有颜色。$W_0=19$ 的腔产出的纳米子由于尺寸要大很多，因而产生黄绿色的吸收谱。图 4.24 给出了由光散射决定的腔尺寸（左侧垂直轴）以及发射峰（右侧垂直轴）关于 W_0 大小的函数关系图。随着腔尺寸（相应形成的

P.117

纳米子的尺寸)的增加,发射峰波长出现明显的红移。

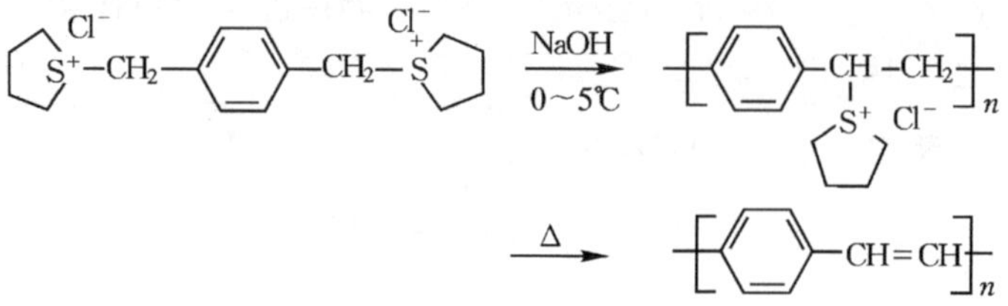

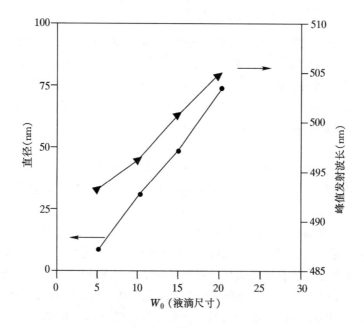

图 4.23 锍前体单体形成 PPV

图 4.24 具有不同液滴尺寸的反胶束体系的聚合体纳米粒子的尺寸测量及其相应发射
峰波长。来自 Lal 等人(1998),经许可后复制

当前一个非常活跃的研究领域是有机和聚合体发光二极管用于高亮度和柔性显示器(Akcelrud,2003)。市场中已经存在一些这样的设备。使用这些选择性设计的纳米子作为工作介质可以使我们方便地获得不同的颜色。Karasz 及其同事使用块状共聚物的方法来实现颜色可调(见第 8 章)。一个块状共聚物由多块不同类型的重复单元(如由-A-A-A-和-B-B-B-组成的两块共聚物)组成。通过调整发光块共轭部分(如-A-A-A-)的块长度(低聚物长度),可以改变发光的颜色,具体见第 8 章。

有机纳米管和纳米棒 其他形式的共轭结构的纳米物体也已被制备出来,例如纳米管和纳米棒。碳纳米管及其各种功能形式已经得到广泛的研究(Harris,

2000）。然而,关于碳纳米管的主要研究还是集中在其电子和机械性能上。

　　共轭结构的碳纳米管可以被看作是折叠起来的量子阱,其 π 电子离域沿着管壁分布。Jin 及其同事已经生产出了共轭聚合物 PPV 的纳米管和纳米棒,该聚合物在本节前面的"有机纳米子作为量子线"部分已经描述过(Kim and Jin,2001)。他们采用了一种不同的合成方法,其中聚合物是由另外不同的前体聚合物经化学气相沉积(CVD)聚合而得到。聚合发生在内表面或多孔氧化铝纳米孔内部或聚碳酸酯过滤膜上。他们采用相同的聚合过程方法在硅片表面生产 PPV 纳米薄膜。通过将过滤膜分解掉从而得到分离的 PPV 纳米管和纳米棒。PPV 纳米管的厚度可以通过反应条件如单体的蒸发温度、运载气体的流动速度以及反应时间等进行控制。用孔径为 200 nm 的铝得到的一个典型管壁厚为 28 nm。这些纳米管的发光特性与块状 PPV 膜不同,纳米管和纳米棒的短波长(520 nm)发射更为显著。

　　有机量子点　　Nakanish 及其同事已制备出一类共轭聚合物的纳米粒子,称为聚丁二炔,并描述了其特性,这类纳米粒子可以被看作是量子点的有机类似物(Katagi et al.,1997)。聚丁二炔是由一系列单、双、三键组成的共轭结构。它们的固态形式是由紫外诱导、γ 射线诱导或热聚合相应单体形成的,如图 4.25 所示。Nakanishi 及其同事用再沉淀法得到单体的纳米晶体,即通过在单体溶液中加入不使其溶解的溶剂来沉淀得到纳米晶体。通过控制浓度和温度可以得到大小不同的纳米晶体。单体纳米晶体经辐射聚合产生相应的聚合物纳米晶体,后者可被重新溶解到通常的有机溶剂中。

　　一个聚丁二炔的结构特点通常是以缩写为聚-DCHD 的物质来表现的,如图 P.119
4.25 所示。不同粒子尺寸的聚合物纳米粒子的吸收光谱如图 4.26 所示。他们发现,对于粒径小于 200 nm 的粒子,其最大吸收峰随尺寸的减小向较短波长(更宽带隙)迁移。这种现象与无机半导体量子点的情况非常类似。然而,光学特性具有尺寸依赖性的聚丁二炔纳米晶体(<200 nm)的长度范围要比无机半导体量子点大得多。

　　有机量子阱　　半导体量子阱的有机类似物也已经在文献中讨论过(Donovan et al.,1993)。这里,二维拓扑学共轭结构形成阱的活性层,并被脂肪族(σ 键的)构成的势垒区所分隔。共轭结构可以真空沉积,就像平面多核大环结构(如卟啉)的情况。另一种替代方法是第 8 章所讨论的(Langmuir-Blodgett)技术。这种技术是将水面形成的单层膜进行压缩和转移。活性层通过连续地每次转移一个单层进行积累,从而得到足够阱厚的多层堆叠。之后,多层势垒薄膜可以通过交替的方 P.120
式进行堆积。

　　Langmuir-Blodgett 膜法已被广泛用于单层和多层聚丁二炔沉积(来源于 BC-MU,图 4.25 也有说明)。研究表明,从单层到双层再到多层(阱深变化)时,这些聚合物层的颜色(带隙)会发生改变(Prasad,1988),然而,关于这些 Langmuir-

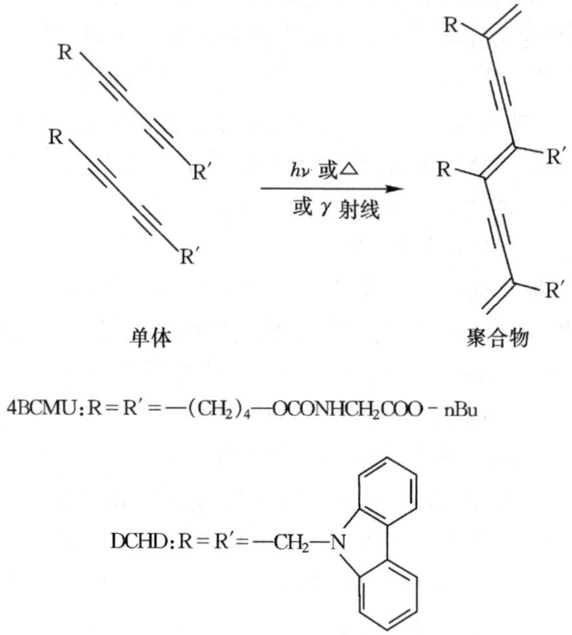

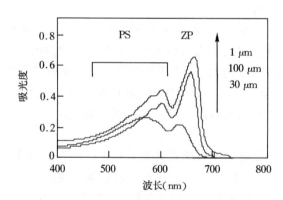

单体　　　　　　　　　　　　　聚合物

4BCMU:R = R′ = —(CH₂)₄—OCONHCH₂COO - nBu

DCHD:R = R′ = —CH₂—N(咔唑基)

图 4.25　光、热或辐射诱导丁二炔聚合

图 4.26　分散在水中的不同尺寸(30 nm,100 nm,1 mm)聚二乙炔纳米晶体的吸收光谱。
　　　　 ZP,零声子带;PS,声子边带。由 Tohoku 大学 H. Nakanishi 教授提供

Blodgett 膜量子阱的一个主要研究热点是电子在势垒中传输或经通道穿过势垒的
过程(Donovan et al.,1993)。

4.8 本章重点

- 对无机半导体的量子限制为操纵其带隙及光学性质提供了一种方法。
- 纳米尺寸的量子限制可以在一维、二维或三维尺寸上实现,分别对应产生量子阱、量子线和量子点。
- 量子阱是一层薄的窄带隙半导体夹在两层宽带隙半导体之间的结构。
- 量子阱在限制方向具有量子化(离散)电子能级,而在阱平面上,电子能级是空间紧密连续的,并形成一个二维能带结构。它们的综合结果是在特定量子能量级处形成许多子带。
- 有效带隙,即导带底部与价带顶部之间的能量差,在量子阱中有所增加。这一有效带隙随着阱宽的增加而减小,最终达到块状半导体的极限值。 P.121
- 激子跃迁发生在带间跃迁之下。
- 能态密度 $D(E)$,定义为 E 和 $E+dE$ 间的能态数目,在量子化方向各量子能量处是一系列的阶梯。相反,块状半导体的 $D(E)$ 是 $E^{1/2}$ 的形式。
- 量子线代表电子和空穴的二维限制,只允许自由电子沿线长方向运动。沿线横截面的量子化通过使用二维盒中电子限制模型得到。
- 量子线的态密度 $D(E)$ 具有 $E^{-1/2}$ 依赖性。
- 量子点是半导体纳米粒子,代表电子被俘获在一个三维盒中的情形。它们只具有离散能级,且能态密度为非零值。
- 量子环是圆环形的量子点,也可看作是量子线弯曲成一个环。它的电子态对磁场有很强的响应。
- 量子限制结构的光学性质取决于约束的长度。随着限制维度的增加,能隙减小。
- 由振子强度测得的光学跃迁强度随量子限制增强而增强。这一效应对于量子线和量子点尤为显著。
- 新的跃迁发生在同一能带(如导带)的子带间。这些是由沿限制方向的量子化所对应的不同量子数来描述的。
- 量子阱的子带跃迁已被用于生产探测器和激光器,其中最令人感兴趣的是量子级联激光器。
- 对于电子和空穴的量子限制同样使它们之间结合形成激子的概率增加。
- 对于间接半导体,导带底部和价带顶部的波向量 k 不同,因此体相不太可能产生发射,但是量子限制可以使发射概率大大提高。
- 与相应块状材料相比,量子限制材料还具有增强非线性光学的效应。一个主要表现就是吸收强度依赖的变化,这取决于许多的过程,如相空间填充和带隙重正化。这些过程出现在高激发密度的情况下（高浓度的电子和空穴）。

- 新的光学跃迁出现在激子结合产生双激子时。

P.122
- 在限制方向施加电场会出现光学光谱的明显变化。这被称为量子限制斯塔克效应，这种效应已被应用到光电调制器中。

- 量子限制结构的电子和光学特性对周围媒介介电常数具有依赖性。

- 超晶格是量子结构（如量子阱、量子线和量子点）的周期阵列。这些阵列间的相互作用将量子能级进一步分裂成最小带。

- 核壳量子点是由一个量子点外面环绕更宽带隙半导体形成的结构。壳增加了量子点核的发光效率。

- 量子限制结构是高效激光媒介。量子阱激光器占据固体激光器市场的大部分。量子线和量子点激光器则可能对性能提供显著改善。

- 量子级联激光器是利用量子限制结构同一能带（如导带）内各子带间的跃迁。它的工作原理就像是一个瀑布，电子经过一系列步长瀑布式下降，并在每一步发射一个光子。量子级联激光器可以被设计成带宽覆盖 $4 \sim 24$ μm 的宽范围。

- 量子限制存在于由单 σ 键和复 π 键交替连接而成的共轭有机结构中。通过限定少量重复单元组成的纳米低聚体中的不稳定 π 键的离域长度（范围），可以影响这种限制。

- 有机共轭结构可以被制造成各种形状的纳米物体，如纳米线、纳米晶体、纳米棒、纳米管和纳米尺寸厚度的阱。

参考文献

Abram, I. I., The Nonlinear Optics of Semiconductor Quantum Wells: Physics and Devices, in *Nonlinear Optics in Solids,* O. Keller, ed., Springer-Verlag, Berlin, 1990, pp. 190–212.

Akcelrud, L., Electroluminescent Polymers, *Prog. Polym. Sci.* **28,** 875–962 (2003).

Alivisatos, A. P., Johnsson, K. P., Peng, X. G., Wilson, T. E., Loweth, C. J., Bruchez, M. P., and Schultz, P. G., Organization of "Nanocrystal Molecules" Using DNA, *Nature* **382,** 609–611 (1996).

Arakawa, Y., Connecting the Dots, *SPIE's OE Mag.* **January,** 18–20 (2002).

Baldwin, R. K., Pettigrew, K. A., Ratai, E., Augustine, M. P., and Kauzlarich, S. M., Solution Reduction Synthesis of Surface Stabilized Silicon Nanoparticles, *Chem. Commun.* **17,** 1822–1823 (2002).

Barnham, K., and Vvedensky, D., eds., *Low-Dimensional Semiconductor Structures,* Cambridge University Press, Cambridge, 2001, pp. 79–122.

Beck, M., Hofstetter, D., Aellen T., Faist J., Oesterle, U., Ilegems, M., Gini, E., and Melchior, H., Continuous Wave Operation of a Mid-infrared Semiconductor Laser at Room Temperature, *Science* **295**, 301–305 (2002).   P.123

Benisty H., Sotomayor-Torres, C. M., and Weisbuch, C., Intrinsic Mechanism for the poor Luminescence Properties of Quantum-Box System, *Phys. Rev. B* **44**, 10945–10948 (1991).

Bimberg, D., Kirstaedter, N., Ledentsov, N. N., Alferov, Z. I., Kopev, P. S., and Ustinov, V. M., InGaAs-GaAs Quantum-Dot Lasers, *IEEE Select Topics in Quantum Electronics* **3**, 196–205 (1997).

Bley, R. A., and Kauzlarich, S. M., A Low-Temperature Solution Phase Route for the Synthesis of Silicon Nanoclusters, *J. Am. Chem. Soc.* **118**, 12461–12462 (1996).

Borchert, H., Dorfs, D., McGinley, C., Adam, S., Moeller, J., Weller, H., and Eychmuller, A., Photoemission of Onion-Like Quantum Dot, Quantum Well and Double Quantum Well Nanocrystals of CdS and HgS, *J. Phys. Chem. B* **107**, 7486–7491 (2003).

Borovitskaya, E., and Shur, M. S., eds., *Quantum Dots,* World Scientific, Singapore, 2002.

Braun, M., Burda, C., and El-Sayed, M. A., Variation of the Thickness and Number of Wells in the CdS/HgS/CdS Quantum Dot Quantum Well System, *J. Phys. Chem. A* **105**, 5548–5551 (2001).

Bruchez, M. Jr., Morronne, M., Gin, P., Weiss, S., and Alivisatos, A. P., Semiconductor Nanocrystals as Fluorescent Biological Labels, *Science* **281**, 2013–2016 (1998).

Brus, L., Luminescence of Silicon Materials: Chains, Sheets, Nanowires, Microcrystals and Porous Silicon, *J. Phys. Chem.* **98**, 3575–3581 (1994).

Brus, L. E., Electron–Electron and Electron–Hole Interactions in Small Semiconductor Crystallites: The Size Dependence of the Lowest Excited Electronic State, *J. Chem. Phys.* **80**, 4403–4409 (1984).

Bryant, G. W., and Jaskolski, W., Tight-Binding Theory of Quantum-Dot Quantum Wells: Single-Particle Effects and Near-Band-Edge Structure, *Phys. Rev. B* **67**, 205320-1–205320-17 (2003).

Canham, L. T., Silicon Quantum Wire Array Fabrication by Electrochemical and Chemical Dissolution of Wafers, *Appl. Phys. Lett.* **57**, 1046–1048 (1990).

Capasso, F., Gmachi, C., Sivco, D. L., and Cho, A. Y., Quantum Cascade Lasers, *Physics Today* **May,** 34–40 (2002).

Carlisle, J. A., Dongol, M., Germanenko, I. N., Pithawalla, Y. B., and El-Shall, M. S., Evidence for Changes in the Electronic and Photoluminescence Properties of Surface-Oxidized Silicon Nanocrystals Induced by Shrinking the Size of the Silicon Core, *Chem. Phys. Lett.* **326**, 335–340 (2000).

Chemla, D. S., Miller, D. A. B., and Schmitt-Rink, S., Nonlinear Optical Properties of Semiconductor Quantum Wells, in *Optical Nonlinearities and Instabilities in Semiconductors,* H. Haug, ed., Academic Press, San Diego, 1988, pp. 83–120.

Cotter, D., Girdlestone, H. P., and Moulding, K., Size-Dependent Electroabsorptive Properties of Semiconductor Microcrystallites in Glass, *Appl. Phys. Lett.* **58**, 1455–1457 (1991).

Dabbousi, B. O., Rodriguez, V. J., Mikulec, F. V., Heine, J. R., Mattoussi H., Ober, R., Jensen, K. F., and Bawendi, M. G., (CdSe)ZnS Core-Shell Quantum Dots: Synthesis and Characterization of a Size Series of Highly Luminescent Nanocrystallites, *J. Phys. Chem. B* **101**, 9463–9475 (1997).

Ding, Z. F., Quinn, B. M., Haram, S. K., Pell, L. E., Korgel, B. A., and Bard, A. J., Electrochemistry and Electrogenerated Chemiluminescence from Silicon Nanocrystal Quantum

Dots, *Science* **296,** 1293–1297 (2002).

P.124   Dingle, R., Wiegmann, W., and Henry, C. H., Quantum States of Confined Carriers in Very Thin Al$_x$Ga$_{1-x}$As–GaAs–Al$_x$Ga$_{1-x}$As Heterostructures, *Phys. Rev. Lett.* **33,** 827–830 (1974).

Donovan, K. J., Scott, K., Sudiwala, R. V., Wilson, E. G., Bonnett, R., Wilkins, R. F., Paradiso, R., Clark, T. R., Batzel, D. A., and Kenney, M. E., Determination of Anisotropic Electron Transport Properties of Two Langmuir–Blodgett Organic Quantum Wells, *Thin Solid Films* **232,** 110–114 (1993).

Ebenstein, Y., Makari, T., and Banin, U., Fluorescence Quantum Yield of CdSe/ZnS Nanocrystals Investigated by Correlated Atomic-Force and Single-Particle Fluorescence Microscopy, *Appl. Phys. Lett.* **80,** 4033–4035 (2002).

English, D. S., Pell, L. E., Yu, Z. H., Barbara, P. F., and Korgel, B. A., Size Tunable Visible Luminescence from Individual Organic Monolayer Stabilized Silicon Nanocrystal Quantum Dots, *Nano Lett.* **2,** 681–685 (2002).

Faist, J., Capasso, F., Sivco, D. L., Sirtori, C., Hutchinson, A. L., and Cho, A. Y., Quantum Cascade Laser, *Science* **264,** 553–555 (1994).

Furis, M., Sahoo, Y., Lucey, D., Cartwright, A. N., and Prasad, P. N., unpublished results, 2003.

Gaponenko, S. V., *Optical Properties of Semiconductor Nanocrystals,* Cambridge University Press, Cambridge, 1999.

Harris, P. J. F., *Carbon Nanotubes and Related Structures; New Materials for the Twenty-First Century,* Cambridge University Press, Cambridge, 2000.

Haubold, S., Haase, M., Kornowski, A., and Weller, H., Strongly Luminescent InP/ZnS Core-Shell Nanoparticles, *Chem. Phys. Chem.* **2,** 331–334 (2001).

Heath, J. R., A Liquid-Solution Phase Synthesis of Crystalline Silicon, *Science* **258,** 1131–1133 (1992).

Hines, M. A., and GuyotSionnest, P., Synthesis and Characterization of Strongly Luminescing ZnS-Capped CdSe Nanocrystals, *J. Phys. Chem.* **100,** 468–471 (1996).

Htoon, H., Hollingworth, J. A., Malko, A. V., Dickerson, R., and Klimov, V. I., Light Amplification in Semiconductor Nanocrystals: Quantum Rods Versus Quantum Dots, *Appl. Phys. Lett.* **82,** 4776–4778 (2003).

Hu, J. T., Odom, T. W., and Lieber, C. M., Chemistry and Physics in One Dimension: Synthesis and Properties of Nanowires and Nanotubes, *Acc. Chem. Res.* **32,** 435–445 (1999).

Katagi, H., Kasai, H., Okada, S., Oikawa, H., Matsuda, H., and Nakanishi, H., Preparation and Characterization of Poly-diacetylene Microcrystals, *J. Macromol. Sci. Pure Appl. Chem.* **A34,** 2013–2024 (1997).

Keldysh, L. V., Coulomb Interaction in Thin Semiconductor and Semimetal Films, *JETP Lett.* **29,** 658–661 (1979).

Kim, K., and Jin, J. I., Preparation of PPV Nanotubes and Nanorods and Carbonized Products Derived Therefrom, *Nano Lett.* **1,** 631–636 (2001).

Krestnikov, I. L., Sakharov, A. V., Lundin W. V., Musikhin, Y. G., Kartashova, A. P., Usikov, A. S., Tsatsulnikov, A. F., Ledentsov, N. N., Alferov, Z. I., Soshnikov, I. P., Hahn, E., Neubauer, B., Rosenauer, A., Litvinov, D., Gerthsen, D., Plaut, A. C., Hoff-
P.125   mann, A. A., and Bimberg, D., Lasing in the Vertical Direction in InGaN/GaN/AlGaN Structures with InGaN Quantum Dots, *Semiconductors* **34,** 481–487 (2000a).

Krestnikov, I. L., Sakharov, A. V., Lundin W. V., Usikov, A. S., Tsatsulnikov, A. F., Ledentsov, N. N., Alferov Z. I., Soshnikov, I. P., Gerthsen, D., Plaut, A. C., Holst, J.,

Hoffmann, A., and Bimberg, D., Lasing in Vertical Direction in Structures with InGaN Quantum Dots, *Phys. Stat. Sol. A Appl. Res.* **180,** 91–96 (2000b).

Lal, M., Kumar, N. D., Joshi, M. P., and Prasad, P. N., Polymerization in Reverse Micelle Nanoreactor: Preparation pf Processable Poly(*p*-phenylenevinylene) with Controlled Conjugation Length, *Chem. Matter* **10,** 1065–1068 (1998).

Levy, R., Honerlage, B., and Grun, J. B., Optical Nonlinearities Due to Biexcitons, in *Optical Nonlinearities and Instabilities in Semiconductors,* H. Haug, ed., Academic Press, San Diego, 1988, pp. 181–216.

Li, L.-S., Hu, J. T., Yang, W. D., and Alivisatos, A. P., Band Gap Variation of Size- and Shape-Controlled Colloidal CdSe Quantum Rods, *Nano Lett.* **1,** 349–351 (2001).

Li, X., He, Y., Talukdar, S. S., and Swihart, M. T., A Process for Preparing Macroscopic Quantities of Brightly Photoluminescent Silicon Nanoparticles with Emission Spanning the Visible Spectrum, *Langmuir* **19,** 8490–8496 (2003).

Lieber, C. M., The Incredible Shrinking Circuit, *Sci. Am.* **9,** 59–64 (2001).

Littau, K. A., Szajowski, P. J., Muller, A. J., Kortan, A. R., and Brus, L., A Luminescent Silicon Nanocrystal Colloid via a High-Temperature Aerosol Reaction, *J. Phys. Chem.* **97,** 1224–1230 (1993).

Little, R. B., El-Sayed, M. A., Bryant, G. W., and Burke, S., Formation of Quantum-Dot Quantum-Well Heterostructures with Large Lattice Mismatch: ZnS/CdS/ZnS, *J. Chem. Phys.* **114,** 1813–1822 (2001).

Lockwood, D. J., ed., *Light Emission in Silicon from Physics to Devices,* Academic Press, New York, 1998.

Lucey, D., and Prasad, P. N., unpublished results, 2003.

McCombe, B. D., and Petrou, A., Optical Properties of Semiconductor Quantum Wells and Superlattices, in *Handbook of Semiconductors,* Vol. 2, *Optical Properties,* M. Balkanski, ed., Elsevier Science Publishers, Amsterdam, 1994, Chapter 6, pp. 285–384.

Mews, A., Kadavanich, A. V., Banin, U., and Alivisatos, A. P., Structural and Spectroscopic Investigation of CdS/HgS/CdS Quantum-Dot Quantum Wells, *Phys. Rev. B* **53,** 13242–13245 (1996).

Micic, O. I., Smith, B. B., and Nozik, A. J., Core-Shell Quantum Dots of Lattice-Matched $ZnCdSe_2$ Shells on InP Cores: Experiment and Theory, *J. Phys. Chem. B* **140,** 12149–12156 (2000).

Miller, D. A. B., Chemla, D. S., Damen, T. C., Gossard, A. C., Wiegmann, W., Wood, T. H., and Burrus, C. A., Electric Field Dependence of Optical Absorption Near the Band-Gap of Quantum-Well Structures, *Phys Rev. B* **32,** 1043–1060 (1985).

Mirkin, C. A, Letsinger, R. L., Mucic, R. C., and Storhoff, J. J., A DNA-Based Method for Rationally Assembling Nanoparticles into Macroscopic Materials, *Nature* **382,** 607–609 (1996).

Murray, C. B., Kagan, C. R., and Bawendi, M. G., Synthesis and Characterization of Monodisperse Nanocrystals and Close-Packed Nanocrystal Assemblies, *Annu. Rev. Mater. Sci.* **30,** 545–610 (2000).

Nirmal, M., and Brus, L., Luminescence Photophysics in Semiconductor Nanocrystals, *Acc. Chem. Res.* **32,** 407–414 (1999).

Olbright, G. R., and Peyghambarian, N., Interferometric Measurement of the Nonlinear Index of Refraction of CdS_xSe_{1-x} Doped Glasses, *Appl. Phys. Lett.* **48,** 1184–1186 (1986).

Peng, X. G., Schlamp, M. C., Kadavanish, A. V., and Alivisatos, A. P., Epitaxial Growth of Highly Luminescent CdSe/CdS Core/Shell Nanocrystals with Photostability and Elec-

P.126

tronic Accessibility, *J. Am. Chem. Soc.* **119,** 7019–7029 (1997).

Pettersson, H., Warburton, R. J., Lorke, A., Karrai, K., Kotthaus, J. P., Garcia, J. M., and Petroff, P. M., Excitons in Self-Assembled Quantum Ring-Like Structures, *Physica* **E6,** 510–513 (2000).

Prasad, P. N., Design, Ultrastructure, and Dynamics of Nonlinear Optical Effect in Polymeric Thin Films, in *Nonlinear Optical and Electroactive Polymers,* P. N. Prasad and D. R. Ulrich, eds., Plenum Press, New York, 1988, pp. 41–67.

Prasad, P. N., *Introduction to Biophotonics,* John Wiley & Sons, Hoboken, NJ, 2003.

Prasad, P. N., and Williams, D. J., *Introduction to Nonlinear Optical Effects in Molecules and Polymers,* John Wiley & Sons, New York, 1991.

Schmitt-Rink, S., Chemla, D. S., and Miller, D. A. B., Linear And Nonlinear Optical-Properties of Semiconductor Quantum Wells, *Adv. Phys.* **38,** 89–188 (1989).

Schooss, D., Mews, A., Eychmuller, A., and Weller, H., Quantum-Dot Quantum-Well CdS/HgS/CdS—Theory and Experiment, *Phys. Rev. B* **49,** 17072–17078 (1994).

Siegman, A. E., *Lasers,* University Science Books, Mill Valley, CA, 1986.

Singh, J., *Physics of Semiconductors and Their Heterostructures,* McGraw-Hill, New York, 1993.

Svelto, O., *Principles of Lasers,* 4th edition, Plenum Press, New York, 1998.

Swihart, M. T., Li, X., He, Y., Kirkey, W., Cartwright, A., Sahoo, Y., and Prasad, P. N., "High-Rate Synthesis and Characterization of Brightly Luminescent Silicon Nanoparticles with Applications in Hybrid Materials for Photonics and Biophotonics," *SPIE Proceedings on Organic and Hybrid Materials for Nanophotonics,* A. N. Cartwright ed., SPIE, Wellingham 2003, in press.

Takagahara, T., Effects of Dielectric Confinement and Electron–Hole Exchange Interaction on Excitonic States in Semiconductor Quantum Dots, *Phys. Rev. B* **47,** 4569–4584 (1993).

Tian, Y. C., Newton T, Kotov, N. A., Guldi, D. M., and Fendler, J. H., Coupled Composite CdS-CdSe and Core-Shell Types of (CdS)CdSe and (CdSe)CdS Nanoparticles, *J. Phys. Chem.* **100,** 8927–8939 (1996).

Tredicucci, A., Gmachl, C., Capasso, F., Sivco, D. L., Hutchinson, A. L., and Cho, A. Y., A Multiwavelength Semiconductor Laser, *Nature* **396,** 350–353 (1998).

Wang, J., Gudiksen, M. S., Duan, X.; Cui, Y., and Lieber, C. M., Highly Polarized Photoluminescence and Photodetection from Single Indium Phosphide Nanowires, *Science* **293,** 1455–1457 (2001).

Wang, Y., and Herron, N., Nanometer-Sized Semiconductor Clusters: Materials Synthesis, Quantum Size Effects, and Photophysical Properties, *J. Phys. Chem.* **95,** 525–532 (1991).

Warburton, R. J., Scholein, C., Haft, D., Bickel, F., Lorke, A., Karrai, K., Garcia, J. M., Schoenfeld, W., and Petroff, P. M., Optical Emission from a Charge-Tunable Quantum Ring, *Nature* **45,** 926–929 (2000).

Weisbuch, C., and Vinter, B., *Quantum Semiconductor Structures,* Academic Press, San Diego, 1991, pp. 87–100.

Williamson, A. J., Energy States in Quantum Dots, in *Quantum Dots,* Borovitskaya, E., and Shur, M. S., eds., World Scientific, Singapore, 2002, pp. 15–43.

Wilson, W. L., Szajowski, P. J., and Brus, L., Quantum Confinement in Size-Selected Surface-Oxidized Silicon Nanocrystals, *Science* **262,** 1242–1244 (1993).

Zhong, Z. H., Qian, F., Wang, D. L., and Lieber, C. M., Synthesis of *p*-Type Gallium Nitride Nanowires for Electronic and Photonic Nanodevices, *Nano Lett.* **3,** 343–346 (2003).

第 5 章

等离子体光子学

本章论述金属纳米结构及其应用,这个领域的迅速发展促成了一个新的学 P.129
科——等离子体光子学的出现。以金属纳米结构为例,和体状类型相比,其光学性
能的变化并非来自电子和空穴的量子限制,这已在第 4 章中讨论过。相反,金属纳
米结构的光学效应来自电动力学效应和电介质环境的改变。

本章讨论的金属纳米结构的内容包括:金属纳米粒子、纳米棒和金属纳米壳。
纳米尺寸的金属-电介质边界能引起相当大的光学性能的变化。其性质与纳米金
属的大小和形状相关。一种新型的等离子体共振或所谓的表面等离子体共振,产
生于金属纳米结构和周围介质边界之间,同时也在界面上产生电磁场增强区域。
这个增强区域可用于金属-电介质界面敏感的光学相互作用,是光学传感及纳米局
部光学成像强大的基础。后者的应用也提供了一个无孔近场成像方法,这已在第
3 章讨论过。等离子体光子学的一种新的应用是,使用密堆积的金属纳米粒子排
阵来约束和引导一束电磁波作为等离子体通过截面比光波长小得多的波导。这章
也论述了这一课题。

5.1 节介绍了金属纳米粒子和纳米棒的光学性质。对光学性能依赖于其大小
和形状的原因做了阐述。5.2 节介绍了金属纳米壳,它们一般由电介质核,如硅粒
子以及金属壳组成。5.3 节说明了由等离子体振荡产生的金属表面附近的局域场
增强效应。5.4 节描述了直径小于光波波长的孔径产生的光的性质。5.5 节介绍
了等离子体波导的概念:光通过横断面明显小于光波导尺寸的通道时,通过等离子
体振荡被耦合到通道中。5.6 节列出了一些和其应用相关的金属纳米结构的重要
特征。5.7 节介绍了辐射衰变工程学的概念,其中金属界面的紧密邻近区域用来
操纵荧光分子的辐射衰变性质。5.8 节列出了本章的主要结论。

如需进一步研究请参阅:

P.130

Kreibig and Vollmer(1995):*Optical Properties of Metal Clusters*

Link and El-Sayed(2003):*Optical Properties and Ultrafast Dynamics of*

Metallic Nanocrystals

5.1 金属纳米粒子和纳米棒

近几年来,金属纳米这一课题引发了人们极大的兴趣(Link and El-Sayed, 1999;Kelly et al., 2003; Jackson and Halas, 2001)。金属纳米结构现在流行的一种叫法是等离子体光子学,因为光激发的主要现象是在局部交界面处电子的总体振荡。因此,这种波又被称为表面等离子体波。在第 2 章我们讲金属薄膜和周围电介质局部交界面处的激发模型时已介绍过此概念。目前人们的研究重心集中在金属纳米粒子和纳米壳的应用上。

对于半导体纳米粒子来说,量子限制效应产生的电子和空穴能级的量子化是改变其光谱性质的原因。与之不同的是,金属纳米粒子表现出的光谱的改变可以用经典的电介质理论来解释。金属纳米粒子对光的吸收可以用电子的谐振动来解释,谐振动产生于与电磁场的相互作用。这种振荡产生了表面等离子体波。值得注意的是,术语"表面等离子体"用来描述平面情况下金属-电介质界面的激发。在这种情况下,等离子体只能被特殊的几何形状所激发(例如第 2 章描述的克雷奇曼几何结构)来获得符合条件的波矢 k_{sp},这个条件就是表面等离子体的波数等于产生它的光的波数。就金属纳米结构来说(如纳米粒子),等离子体的振荡被定域化,因而不能用波矢 k_{sp} 表征。为了区别,金属纳米粒子的等离子体模式有时也被称为定域化表面等离子体。在纳米粒子中的定域化等离子体通过吸收光被激发。这些特殊的吸收带被称为等离子体带。对于激发这些金属纳米结构内的定域化等离子体,无需特定的几何形状,例如之前要求的沿着平面金属电介质界面的等离子激励。产生等离子体振荡的特定的光波吸收带被称为表面等离子体带或简称等离子体带。

金属纳米粒子的主要光子学应用源于等离子体共振条件下产生的局域场增强效应,从而在纳米尺寸上提升了纳米粒子周围纳观体积的介质中的各种光诱导产生的线性和非线性过程。这种场增强效应已用于无孔径近场显微镜中。金属纳米粒子的另一个应用是利用一系列相互作用的金属纳米粒子,光能被耦合并以电磁波的形式传播穿过尺寸远小于光波长的纳米截面。

P.131

对金属纳米粒子光学特性的系统研究得出了以下特征(Link and El-Sayed, 1999):

- 对金属纳米粒子明显小于光波长的,光吸收局限在一个狭窄的波长范围内。表面等离子体吸收最大峰对应的波长依赖于纳米晶体的大小和形状及周围的电介质环境。

- 对于非常小的粒子(对于金粒子,<25 nm),表面等离子体带的峰值位置移

动非常小,但可观察到峰的展宽。

- 对于较大的纳米粒子(对于金粒子,>25 nm),表面等离子体峰值表现出红移现象。图 5.1 阐明了一组大小不同的金纳米粒子的这种特征。
- 对于纳米棒形状的纳米粒子,等离子体带根据横纵模式分裂为两个带:自由电子沿棒长轴振荡(纵向)和垂直棒长轴振荡(横向)。图 5.2 显示了金属纳米棒的带分裂。
- 横模共振类似于观察到的球形粒子的振荡,但纵模却出现相当大的红移,该红移强烈地依赖于长宽比,即棒的长度除以宽度。

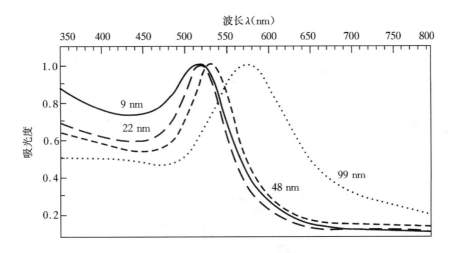

图 5.1　不同大小的金属纳米的光吸收谱。来自 Link 和 El-Sayed(1999),经许可后复制

　　红移的根源不是由量子限制效应所引起的。量子限制效应确实会影响导带中各能级的能量间隔,然而由限制效应引起的量子化能影响金属的传导性能,并且通常被用来描述当粒子的微观尺寸由微观减小到纳观时金属向绝缘体的转变过程。当金属纳米粒子的尺寸较大时,导带能级的分布间距远小于热能 kT(k 为玻耳兹曼常数,T 为开氏温度),纳米粒子表现出金属性能。当纳米粒子小到一定尺寸时,即由量子限制效应引起的能级分布间距大于热能时,这些不连续的能级分布导致了纳米粒子的绝缘性能。然而,这些能量间距仍然很小,不足以影响金属在紫外到红外线光谱的光学性能。

　　尽管已经有很多人提出了不同的理论模型,但通常还是采用最初的经典 Mie 模型(Born and Wolf,1998)来描述金属纳米粒子的光学性能。人们采用偶极子近似的办法来解释这个模型:在光波的电场力的激发下,导带电子的振荡(等离子体振荡)产生了沿着电场力方向的振荡电偶极子。电子被驱动到纳米粒子的表面,如图 5.3 所示。一个更严格的理论(Kelly et al.,2003)表明,这种偶极型位移适用于

P.132

P.133

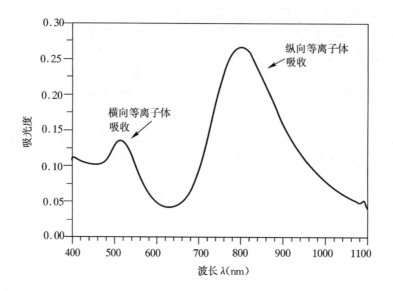

图 5.2　金纳米棒的吸光度。来自 Link 和 El-Sayed (1999)，经许可后复制

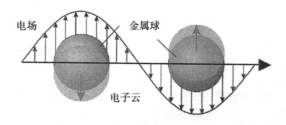

图 5.3　金属纳米球等离子体振荡示意图。来自 Kelly 等人(2003)，经许可后复制

尺寸较小的纳米粒子，且由下列方程(Kreibig and Vollmer，1995)给出了其消光系数 k_{ex}（吸收和散射能力的综合衡量）：

$$k_{ex} = \frac{18\pi NV\varepsilon_h^{3/2}}{\lambda} \frac{\varepsilon_2}{[\varepsilon_1 + 2\varepsilon_h]^2 + \varepsilon_2^2} \tag{5.1}$$

λ 是光波长，ε_h 为周围介质的介电常数。ε_1 和 ε_2 代表金属介电常数 ε_m 的实部和虚部，$\varepsilon_m = \varepsilon_1 + \varepsilon_2$，依赖于光的频率 ω。若 ε_2 与 ω 关系不大，当 $\varepsilon_1 = -2\varepsilon_h$ 时，对应于共振吸收最大值，导致快速消失的分母。因此，表面等离子体共振吸收发生在光频率 ω 满足共振条件 $\varepsilon_1 = -2\varepsilon_h$ 的时候。表面等离子体共振与粒子大小相关起因于金属介电常数 ε 与粒子的大小相关，这通常被称为本征尺寸效应(Link and El-Sayed，2003)。贵金属如金，其金属介电常数受两个因素影响：一个是内部 d 轨道电子，用来描述带间跃迁(从内部 d 轨道到传导带);另一个是自由导带电子。用 Drude 模型来描述后者的影响(Born and Wolf,1998;Kreibig and Vollmer,1995)得出:

$$\varepsilon_{D(\omega)} = 1 - \frac{\omega_p^2}{\omega^2 + i\gamma\omega} \tag{5.2}$$

这里,ω_p 为金属的等离子体共振频率,γ 是和等离子体共振带宽有关的阻尼常数。它和不同过程中的电子的散射周期有关。对于金属来说,γ 主要取决于电子-电子散射和电子-声子散射,但对微小的纳米粒子,来自粒子边界(表面)的电子散射变得很重要。这种散射产生了和粒子半径成反比的阻尼项 γ。γ 的这种与粒子大小相关的特征造成了 $\varepsilon_D(\omega)$ 与粒子大小相关,最终导致表面等离子体共振条件与粒子大小相关。

对于较大尺寸的纳米粒子(对于金粒子,>25 nm),高阶(如四阶)电子云对导带电子的影响变得很重要,如图 5.4 所示。当粒子尺寸增加时,诱发了更加明显的等离子体共振条件的转变。较大尺寸粒子的这种效应归结为外部尺寸效应(Link and El-Sayed,2003)。等离子体吸收能带的位置和形状也取决于周围介质的介电常数 ε_h,因为共振条件描述为 $\varepsilon_1 = -2\varepsilon_h$。因此,$\varepsilon_h$ 的增加将导致等离子体带宽的强度和宽度的增加,同时导致等离子体能带峰值的红移(Kreibig and Vollmer,1995)。这种利用周围介质的高介电常数来增加等离子体的吸收性能的效应形成了浸入光谱学的基础。

P.134

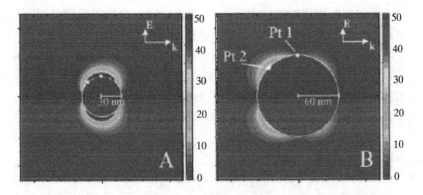

图 5.4 计算得到的尺寸大于 25 nm 的金纳米粒子周围的高阶电子云影响。来自 Kelly 等人 (2003),经许可后复制

对于不同形状的非球形金属纳米粒子,人们已研究了一段时间。近年来,Mirkin 与其合作者(Jin et al.,2001)对锥形粒子进行了研究。对于小椭球形粒子来说,其介电常数有着简单明了的表达。让我们来考虑金属粒子的介电常数为 ε_m 和周围媒质介电常数为 ε_h 的情况。粒子体积比(定义为 f)很小时,椭球形粒子沿主轴方向介电张量有三个值,其结果是(Bohren and Huffman,1983):

$$\varepsilon_i = \varepsilon_h + f\,\frac{\varepsilon_h(\varepsilon_h - \varepsilon_m)}{\Gamma_i\varepsilon_m + (1 - \Gamma_i)\varepsilon_h} \tag{5.3}$$

Γ_i 是沿粒子主轴方向的描述主轴形状特征的一系列参数。Γ_i 在 $(0,1)$ 内变动,它们的和被限制为 $\Gamma_1 + \Gamma_2 + \Gamma_3 = 1$。对于简化球形来说,$\Gamma_i = 1/3$ 且双折射消失。分母在表面等离子体共振条件下振动,如前所述。新的共振位置是 $\varepsilon_m = -(1 - \Gamma_i)$ * ε_h / Γ_i。通过改变形状,共振频率可以移动数百纳米。有数篇关于波导几何下扁椭球形或扁球形粒子的论文已经证明了这一事实(Bloemer et al. ,1988;Bloemer and Haus,1996)。

P.135   Schatz 与其合作者已经提出了离散偶极近似(DDA)数值模型,可用于粒子很大而上述简化表达式不再有效的情形。他们的方法包括电磁响应的多磁极(Hao and Schatz,2003)。

5.2 金属纳米壳

最近另一种受到关注的金属纳米粒子是金属纳米壳粒子,它由核与壳两种组分组成(Haus et al. ,1993;Zhou et al. ,1994; Halas ,2002;Jackson and Halas, 2001)。核与壳的材料不同,有时也被称为异质结构纳米粒子。当壳材料为金属,表面等离子体共振的变化将非常大。Zhou 等人(1994)合成了核为 AuS 壳为金的纳米粒子。粒子直径大小为 30 nm,表面等离子体共振吸收峰移动超过 500 nm。在 Halas 的论文中,金属纳米壳大一些且核由电介质构成,如硅,半径为 40~250 nm,被厚度为 10~30 nm 的薄金属壳包围。就像前边章节所讨论的金属纳米粒子和纳米棒,这些纳米壳的光学性能由等离子体的共振决定。然而,等离子体共振的变化通常远远大于相应于固体金属纳米粒子的变动。

核-壳粒子的核介电常数为 ε_c,壳介电常数为 ε_s,周围媒质的介电常数为 ε_h。球形涂层粒子的介电方程的形式为

$$\varepsilon = \varepsilon_h + f\,\frac{\varepsilon_h[(\varepsilon_s - \varepsilon_h)(\varepsilon_c + 2\varepsilon_s) + \delta(\varepsilon_c - \varepsilon_s)(\varepsilon_h + 2\varepsilon_s)]}{[(\varepsilon_s - 2\varepsilon_h)(\varepsilon_c + 2\varepsilon_s) + 2\delta(\varepsilon_c - \varepsilon_s)(\varepsilon_s - \varepsilon_h)]} \tag{5.4}$$

这里 δ 为核和粒子的体积比。

从方程(5.4)的第二项提取的近场增强因子为

$$\gamma = \frac{[(\varepsilon_s - \varepsilon_h)(\varepsilon_c + 2\varepsilon_s) + \delta(\varepsilon_c - \varepsilon_s)(\varepsilon_h + 2\varepsilon_s)]}{[(\varepsilon_s + 2\varepsilon_h)(\varepsilon_c + 2\varepsilon_s) + 2\delta(\varepsilon_c - \varepsilon_s)(\varepsilon_s - \varepsilon_h)]} \tag{5.5}$$

等离子体共振频率和光谱可以用 Mie 散射来描述:将由超薄金属层结构引起的增强电子散射带入介电质方程。

我们得到金属壳的以下特征:

• 减小金属壳的厚度而保持介电核的大小不变,光学谐振转移到较长的波

长。图 5.5 显示了核半径为 60 nm 的二氧化硅,计算出不同的壳厚度的等
离子体共振光谱。由金属壳厚度的变化产生的光谱变化,涵盖了从可见光
到红外的光谱范围。理论上讲,甚至有可能将等离子体共振移至超过红外 P.136
10 μm。

- 如果核壳大小比保持不变,粒子的绝对大小变化,小粒子遵循的偶极限制
  (类似于金属纳米粒子)产生显著的光吸收。随着粒子大小的增加,和吸收
  有关的散射也增加。
- 若粒子大小的增加超过偶极子的限制,多极等离子体共振出现在粒子的消
  光光谱区。

最近已有人报道制造核-壳结构精度的方法。一个制造金属纳米壳的方法如
图 5.6 所示(Hirschetal.,2003)。在这一方案中,用化学方法使胺团体附在硅纳

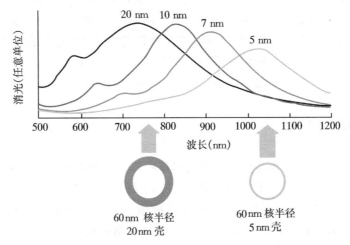

图 5.5 计算得到的核半径为 60 nm 的硅的不同壳厚度的等离子体共振光谱。来自
　　　　Halas(2002),经许可后复制

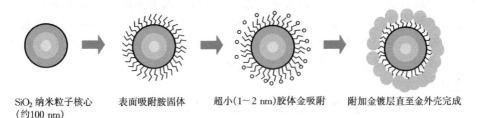

SiO₂ 纳米粒子核心　　　表面吸附胺固体　　　超小(1~2 nm)胶体金吸附　　　附加金镀层直至金外壳完成
(约100 nm)

图 5.6 制造硅纳米粒子金壳的示意图。来自 Halas(2002),经许可后复制

P.137　米粒子的表面上。在表面处，由悬浮的黄金胶体吸附到胺团体上形成小的金粒子。表面吸附金纳米粒子的二氧化硅纳米粒子在甲醛的作用下与 HAuCl₄ 发生反应，靠这个还原反应生成的更多的金，最终导致金属纳米粒子的聚合。这就形成了一个完整的金属外壳(Hirsch et al. ,2003)。这种方法取得的金属厚度最少为 5 nm。Jackson 和 Halas(2001)对生成银纳米壳的方法作了描述。

这些精准制造的纳米壳，有着精确的等离子体共振，已经寻找到若干应用。这些应用涵盖了从应用纳米壳防止半导体聚合物设备的光氧化到全血免疫测定。聚合物的光氧化通常发生于寿命很长的三重态。Halas 和同事表明，通过调整纳米等离子体共振，以配合三重态基本粒子团的激发能级，此时光氧化过程大大减少。对于金属纳米壳被用于全血免疫测定(Hirsh et al. ,2003)，在此方法中，使用标准的表面化学耦合的手段将适当的抗体结合到金属壳的表面。一个多阶的抗原与一个以上的这类纳米壳抗体结合，形成粒子二聚物和高阶聚合物。因此，抗原就像纳米壳与纳米壳之间的连接者。和单个纳米壳相比，二聚物纳米壳以及高阶物聚合体的等离子体共振发生了红移。因此，二聚物和高阶聚合物能导致波长为对应的单个纳米壳等离子体共振时消光系数的减小。这个消光系数的减少表明，可以使用一个简单的免疫功能来检测抗原每毫升的亚毫微克量。

5.3　局域场增强

金属薄膜已用在表面等离子体几何形体中以在表面附近产生增强电磁场，如在第 2 章所述。在金属纳米粒子和纳米壳的表面附近也产生明显的增强电场。人们很早以前就知道这种场增强效应，并已应用于表面增强拉曼光谱术(SERS)(Lasema,1996;Chang and Fartak,1982)。这种场增强足够大，甚至从单个分子就可以观察到拉曼光谱。最近，利用金属纳米结构的增强场已应用于无孔径近场显微镜中。电磁增强效应缘于粒子内部的等离子体激发。如在 5.1 节中所述，金属纳米粒子具有独特的偶极子、四极甚至更高的多极等离子体共振现象，这取决于其大小和形状。这些共振的激发使得粒子外部电场大大加强，这个外部增强电场决定标准和单分子的拉曼光谱强度。Schatz 和同事(Hao and Schatz,2003)利用离散偶极近似对金属纳米粒子内部的局域场增强作了详细分析，这在 5.1 节中简要介绍过。

Hao 和 Schatz 利用离散偶极近似计算表明，对半径小于 20 nm 球形银粒子，
P.138　在等离子体共振波长 410 nm 处，最高场增强小于 200。电场增强与波长有关。随着粒子尺寸的增加，场增强减小，等离子体共振波长红移。例如，对半径为 90 nm 的球形银粒子，在 700 nm 处的等离子体共振，场增强只有 25。

一个有趣的观察是，拉曼光谱增强到一定程度时竟然能在两个球颗粒之间的

热源处检测到单个分子(Nie and Emory,1997;Michaels et al.,1999)。Hao 和 Schatz(2003)利用离散偶极近似的计算表明,大小为 36 nm、间距为 2 nm 的银粒子二聚物,在 520 nm 处有一个等离子体共振,存在偶极占主导的极化性质;另一个等离子体共振在 430 nm 处,具有四极化性质。对于偶极子和多极子,最大电场增强都发生在两个球体的中点,比在 430 nm(四极共振)处场增强大 3500 倍,比在 520 nm(偶极共振)处大 11000 倍。因此,这远远大于此前发现的孤立球形银纳米粒子的增强。

Schatz 与其合作者(Hao and Schatz,2003)也表明,在非球形纳米粒子情况下,如三棱柱,场增强远远大于相近尺寸的球形粒子。

5.4 亚波长孔径等离子体光子学

来自孔径小于光波波长(亚波长孔径)的光线会向所有方向衍射。此外,光透射过亚波长孔非常少。据报道,在金属薄膜内采用周期排列的亚波长孔的等离子体结构,产生了非常高的光传输(Ebbesen et al.,1998;Ghaemi et al.,1998;Lezec et al.,2002)。

Ebbesen 等人(1998)报告说,光通过规则排列的亚波长金属孔时,通过与金属膜表面等离子体共振的耦合,光透射率提高了数个数量级。如在第 2 章论述以及在 5.1 节重申过的,在金属平面上,光并不能与表面等离子体直接耦合。这是因为表面等离子体波的波矢 k_{sp} 远大于光在真空或空气中的波矢。出于这个原因,人们使用了各种几何形状来匹配表面等离子体与光的波矢,以便同时保证能量 E 与波矢 k 守恒。一种类似的几何形是在第 2 章中讨论的克雷奇曼几何结构使用的棱锥,另一种几何形是采用在金属膜上周期排列的波纹(光栅)结构。光栅波矢提供了以匹配光和表面等离子体波矢的额外波矢,从而使它们之间耦合。

在 Ebbesen 等人(1998)的研究中,在厚度为 200 nm 的银膜上,通过聚焦离子束系统(FIB)产生了呈正方形排列的空心圆柱。此排列的周期约为 900 nm,孔的直径为 150 nm。他们发现,表面等离子体模式与入射光的相互作用导致了与波长相关的透射传输,效率是亚波长孔期望值的 1000 倍以上。传输得以增强的机理 P.139
是:穿过金属膜孔洞两侧的金属-电介质交界面与表面等离子体的耦合。

Lezec 等人(2002)表明,一个金属表面被周期波纹围绕的单一孔径,如图 5.7 所示,也显示出表面等离子体的增强透射性能。根据他们的观点,当孔洞呈周期排列时,从单一孔径射出的光也许会遵循与上述相反的过程。这里,在射出面出现的周期结构将在某些波长某些角度产生光线。Lezec 等人观测到透射光有一小角度发散,其方向是可以控制的。由于其高透射效率,连同亚波长散射性能,亚波长孔径等离子体光子学在纳米加工中有着重要应用。

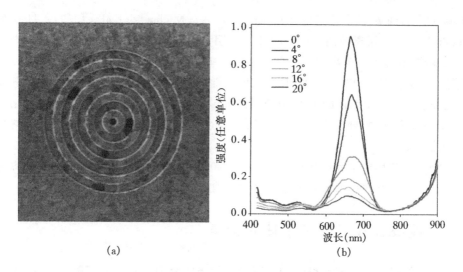

(a)   (b)

图 5.7　(a)银膜内圆柱孔周围的"靶心结构"的聚集离子束显微图像(槽周期,500 nm;槽深,
　　　　60 nm;孔直径,250 nm;膜厚度,300 nm);(b)在银膜两侧,从不同角度记录的"靶心"
　　　　结构传输光谱(槽周期,600nm;槽深,60 nm;孔直径,300 nm;膜厚度,300 nm)。大于
　　　　800 nm 的部分并不符合测量值。结构用正常的非极化的平行光照射。来自 Lezec
　　　　(2002),经许可后复制

5.5　等离子体波导

　　　　我们在第 2 章中已经介绍了传统的光波导,光在波导边界传播。这种波导是
一种电介质,它的尺寸受到达到单模波导的相对折射率限制,但同时也受到光衍射
极限的限制。因此,最小尺寸的光限制(横向波导)是在 $\lambda/2n$ 数量级,这里 λ 是被
导光线的波长;n 是此波长下电介质的有效折射率。在可见光范围内,这个大小是
几百纳米数量级。此外,在弯曲度较大处,由于会发生光的大量泄露,致使传统的
通道波导不能在急剧弯曲处导光。出于这个原因,其他的光限制和光导机制正在
研究之中,以便开发完整且高度集成的光子电路。

　　　　我们将在第 9 章中讨论克服弯曲问题的光子晶体结构,并提供通过 90 度急剧
转角的光导。然而,涉及电介质的光子晶体有着同样的衍射限制,且波导尺寸的厚
度必须较大(数百纳米),因为光波波长要比电子波长要长。为了克服这种限制,
Atwater 与其合作者已提供出了等离子体波导(Atwater, 2002; Maier et al.,
2003),在电介质中嵌入周期排列的金属纳米结构,以引导和调节由近场耦合起主
导作用的光传输。这种等离子体波导由一系列的金属纳米粒子、纳米棒或纳米线
组成,其等离子体共振落在光波导区域。

P.140

　　等离子体波导的示意图如图 5.8 所示。纳米粒子的等离子体激发是耦合的， P.141
因此对于金或银粒子小于 50 nm 的情况，由单一金属纳米粒子的等离子体振荡产
生的主导偶极场（和多极磁场相比），可以引起周围临近粒子的等离子体振荡。这
种等离子体振荡可以以波矢为 k 的相干模式沿纳米粒子阵列传播。图 5.8 中，来
自近场显微镜下（见第 3 章）锥形光纤的光局部激发等离子体振荡（Maier et al.
2003）。光能转化为电磁能，现在是以等离子体振荡的形式存在，并通过金属纳米
颗粒矩阵传输。这种被引导的电磁能量能在传输途径中激发染料，如这里所示的
荧光纳米球。由此产生的荧光可以在远场接收，如图所示。Atwater(2002) 表明，
在这些横截面为 $\lambda/20$ 数量级的亚波长波导结构中，能量可以连续传输，并有可能
通过弯道和 T 形结构。他们计算了大小为 50 nm、中心距离 75 nm 的银纳米球，
结果表明，能量传输速度可达到光速的 10%。由电阻加热产生的内在表面等离子
体模式阻尼，造成的输送损耗约为 6 dB/m。因此损耗很大，但是和电介质光波导
相比，等离子体波导的突出特点是它的尺寸较小。Maier 等人(2003)已报道，使用
紧密排列的银棒的传输距离为 $0.5~\mu\mathrm{m}$。

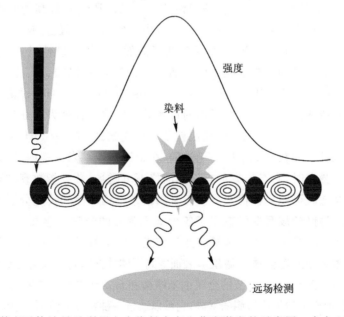

图 5.8　等离子体波导及利用它在染料中产生荧光激发的示意图。来自 Maier 等人
(2003)，经许可后复制

5.6　金属纳米结构的应用

　　金属纳米结构的应用已有悠久的历史，一个较好的应用是 5.3 节（Zhang and

Furtak,1982)中提到的表面增强拉曼光谱术(SERS)。最近,又出现了许多金属纳米结构的应用。这些应用利用金属纳米结构的以下三个特征:

- 金属纳米结构表面的局域场增强效应。
- 表面等离子体共振被激发时,发射于表面的倏逝波。
- 表面等离子体共振对金属纳米结构周围电介质的灵敏度。

这里我们概述此三种类型的应用。其中有些在本书的其他章节有详细论述。

局域场增强   局域场增强已有较多应用。应用金属纳米粒子在纳观邻近范围

P.142   内增强场强,形成了第 3 章论述的无孔径近场显微镜和光谱的基础。局域场增强——或者说电磁辐射在金属纳米结构周围的限制——已经被用来作为一种新的纳米结构的光加工方法,称为等离子体印刷。等离子体印刷将在 11 章中讨论,用来处理纳米光刻技术。

局域场增强也有助于提高在距金属纳米结构纳观距离内的分子的线性和非线性跃迁。利用金属纳米粒子提高荧光等离子体强度,是用来增强荧光检测灵敏度的一个例子,特别是在生物应用和纳米传感器领域。还有一些其他的等离子体相互作用影响荧光性质,这些影响将在 5.7 节中详细讨论。最近,Marder、Perry 及其同事(Wenseleers et al.,2002)声称双光子激发获得了突破性进展。现在,这一效应在双光子显微镜和三维双光子微细加工(见 11 章)中已得到广泛应用。

许多论文(Kalyaniwalla et al.,1990;Haus,et al.,1993)已讨论和计算了纳米壳粒子的非线性光学性质。粒子内的近场效应导致一种称为本征光学双稳态的异常特征,这种效应在 Cds 核的银涂层粒子内被观察到(Neuendorf et al.,1996)。

倏逝波激发   如在第 2 章中讨论过的,在金属膜或纳米结构内,当光线耦合为表面等离子体激发时,它产生发射自表面的倏逝电磁场,并且指数衰减至周围电介质场。这种倏逝波可用来择优激发临近金属纳米结构表面的荧光分子或荧光纳米球的跃迁。这种倏逝波激发已被用于各种基于荧光的光学传感器,它也被用来在等离子体波导内将等离子体波传播转变为荧光光学信号,如 5.5 节中所论述的。

等离子体共振的电介质灵敏度   表面等离子体共振的频率和宽度都对周围电介质很敏感。这种特征已在 5.1 节的金属纳米结构和 5.2 节的金属纳米壳中已作论述。这种灵敏度已形成生物抗原检测的基础,它可以通过一种特殊的抗原-抗体型耦合化学物质连接到金属纳米结构的表面。其生物应用方面的例子我们将在第 13 章中进行讨论。

5.7   辐射衰变工程学

等离子体光子学可用来控制荧光分子的辐射衰变性能,这种方法有时被称为

辐射衰变工程(Lakowicz,2001)。使用不同大小和形状的粒子及荧光团到表面的不同的相对距离,可以实现增强荧光量子产率或荧光淬灭。此外,适当的荧光-金属结构形状可以产生定向发射而不是荧光分子各方向都可观察到的各向同性的发射。　　　　　　　　　　　　　　　　　　　　　　　　　　　　　　　　　　　　P.143

　　Barnes 将金属纳米结构与荧光团的相互作用分为三种类型(Barnes,1998;Worthing and Barnes,1999):

　　局域场增强效应　这种效应已在 5.3 节中详细论述。这个增强场使荧光分子周围的局部激发密度增强,从而产生荧光增强。

　　金属-偶极相互作用　这种相互作用在第 3 章的 3.6 节中已作论述,介绍了更多依赖于荧光分子和金属表面相对距离的非辐射衰变通道。因此,距金属表面5 nm 以内的荧光团发射经常淬灭。

　　辐射率的增强　荧光和金属纳米结构的相互作用可以提高荧光的内在辐射衰变率。要理解它,需要了解辐射跃迁的微观理论。辐射率定义为单位时间内量子物理跃迁的可能性,W_{ij},根据费米的"黄金准则"可定义为

$$W_{ij} = \frac{2\pi}{h} \mid \mu_{ij} \mid^2 \rho(v_{ij}) \tag{5.6}$$

μ_{ij} 是和初始状态 i 和终止状态 f 有关的偶极跃迁动量,$\rho(v_{ij})$ 项是跃迁频率为 v_{ij} 时的光子模密度,和初始状态与终止状态的能量差有关。这个密度项 ρ 可以通过在距金属表面纳观距离内放置一个荧光团而得到很大的提高(Drexhage,1974;Barnes,1998;Worthing and Barnes,1999)。这种相互作用表明,荧光分子不必和金属表面直接接触。这是微空腔振荡(第 2 和 9 章中有介绍)效应(量子电动力学),凭借纳米域内光子相互作用的定域化,能提高光子态的密度。

　　现在,靠近金属表面的荧光团的三个效应的联合作用,可以通过量子产率 Y、量子净产量 Q_m 和荧光寿命 τ_m 来描述:

$$Y = \mid L(\omega_{\mathrm{em}}) \mid^2 Q_m \tag{5.7}$$

　　其中

$$Q_m = \frac{(\Gamma + \Gamma_m)}{(\Gamma + \Gamma_m + k_{\mathrm{nr}})} \tag{5.8}$$

$$\tau_m = (\Gamma + \Gamma_m + k_{\mathrm{nr}})^{-1} \tag{5.9}$$

在方程(5.7)中,$L(\omega_{\mathrm{em}})$ 是发射频率为 ω_{em} 的局域场增强,Γ_m 表征与金属表面相互作用产生的辐射跃迁增强,Γ 是没有金属时的辐射率。Γ_m 与 Γ 的和是方程(5.6)描述的量子物理跃迁可能性直接给出的总辐射率。增强 Γ_m 由方程(5.6)的增强量子模密度 $\rho(v_{ij})$ 决定。k_{nr} 项在方程(5.7)中表示非辐射衰变率,包括金属-偶极子相互淬灭作用。表观量子产额 Y 表征近场增强效应(金属粒子附近场强度的大　　　　　　　　　　　　　　　P.144

小),它甚至可以远大于 1。与此相反,净量子产率一般不能大于 1。

如果近场 $L(\omega_{em})$ 明显增强或者 Γ_m 明显大于 k_{nr},可以观察到量子产率的净增加,但会出现有效期 τ_m 同时减小。相反,当 k_{nr} 起主要作用时,由于诱导金属淬灭值的显著增加,在金属纳米粒子(或金属表面)出现的情况下,无论是量子产率还是有效期都减小。

人们对不同长宽比的延伸球体的金属粒子的辐射衰减率进行了计算。对于延伸银球体,增强是预测的 2000 倍(Gresten and Nitzan,1981)。我们以自由空间量子产率为 0.001 的荧光团为例,这意味着 k_{nr} 是衰减率的 1000 倍以上(方程(5.8))。现在如果由于临近金属粒子时的衰减率增加 1000 倍,量子产率变为0.5,这增加了 500 倍。当然,当量子产率极低或临近无荧光的分子,衰变率增强将更加显著,在这种情况下,可以使发射光子的数量增加 100 万倍。这种量子产率的增加对以生物学、生物技术、生物成像及基于荧光的生物传感都有重要意义。

通常,人们利用在岛状银膜上间隔放置荧光团的方法研究金属诱导荧光增强效应。这些岛状银膜包含直径为 2 nm 的金属银的圆形区域。这一技术已被表面增强拉曼光谱术(SERS)广泛使用(Lasema,1996)。这里介绍的一个例子是有机金属 $Eu(ETA)_3$,三个配位基团 ETA(ethanol trifluoroacetonate)螯合在金属铕(Eu)上(Weitz et al.,1982)。当这种荧光团放置在岛状银膜上时,荧光螯合强度增加 35 倍,而荧光寿命却减小了 100 倍,由 280 μs 降至 2 μs,如图 5.9 所示。

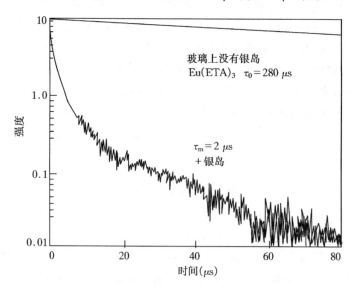

图 5.9 在岛状银膜上 $Eu(ETA)_3$ 的荧光衰变。Eu^{3+} 与 thenolyfluoroacetonate(ETA)复合。来自 Weitz 等人(1982),经许可后复制

上述三个效应的强度依赖于粒子周围荧光团的位置和相对与金属表面的偶极子的方向。当荧光团距金属表面的距离小于 5 nm 时,金属诱导荧光淬灭(k_{nr}增加)起主要作用。然而对于距离为 5 nm～20 nm,荧光增强可通过场增强或增加辐射率来实现。

在 5.3 节中提到,对非常低的分子浓度,甚至是单个分子(Lasema, 1996),表面增强拉曼散射(SERS)技术已被证明是获得拉曼光谱的一个极具价值的技术。 P.145
当分子和金属纳米结构直接接触时,表面增强拉曼散射最显著。它实质上是金属纳米粒子表面或金属结构阵列(如纳米粒子或银岛状膜阵列)上的分子产生的表面增强效应。相比之下,当距离大于 5 nm 时可观察到荧光增强,此时金属淬灭效应明显减少。

Cotton 及其合作者(Sokolov et al., 1998)的著作对 SERS 和等离子体增强荧光作了很好的比较。他们使用硬脂酸(ODA)L - B 膜(见第 8 章)在胶体银纳米粒子膜的顶部从单层分子(2.5 nm 厚)迁移至数量增加的多分子层放置玻璃表面,以衍生氢硫基的基团。这样,他们制造出了介于金属表面和沉积在 L - B 膜顶部的染料标记脂质(F1-DPPE)的不同厚度的分离层。为了系统地研究,他们还在金属表面直接放置染料标记脂质膜。图 5.10 显示了来自氩离子激光器的 488 nm 激光激发的荧光发射的结果。它也包括在基础载玻片上放置 F1 - DPPE 膜时的结果。没有金属时,观察不到荧光或拉曼光谱。当 F1 - DPPE 在金属的临近区域时,荧光(总发射)和拉曼峰(急剧转变)都得到了明显增强。当通过增加 ODA 单分子层数量使 F1 - DPPE 与金属表面分离时,拉曼峰消失,单荧光增强仍很显著,甚至距 P.146
金属层 10 nm 时也是这样。

等离子体诱导荧光寿命缩短的一个应用是提高荧光染料的光稳定性。染料的光漂白是荧光传感和影像的一个主要问题。如果荧光分子由于荧光寿命缩短的缘故而引起其处于激发态的时间缩短,那么它受到光化学破坏的可能性明显降低。因此,通过等离子体光子学得到的荧光寿命的缩短及量子产率的提高,可大大减少光漂白的可能性,同时也大大提高了检测极限。

等离子体光子学荧光检测的另一个特征是强定向发射。通常,荧光是向各个方向发射的,其中只有一小部分可被特殊的光学手段捕获到。在克里奇曼几何形或金属光栅中应用连续金属膜——在第 2 章中已讨论,使光在一个特殊的等离子体耦合角度耦合到表面等离子体模式(此时,表面等离子体的波矢为 k_{sp},见第 2 P.147
章)。如图 5.11 所示的几何形状(与第 2 章中描述的相似),产生的荧光可耦合回金属表面,并且在等离子体耦合角度以发射波波长出现(Lakowicz et al., 2003; Weber et al., 1979; Benner et al., 1979)。

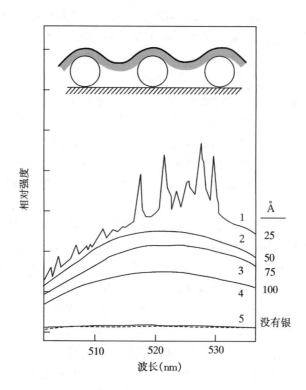

图 5.10　摩尔比为 1:3 的荧光素标记磷脂（FIPPE）/磷脂（DPPE）的不同数目的十八烷酸间
隔层(2.5 nm 米厚)混合单分子膜的发射光谱 (1)直接转入混合单层胶体上的膜，
(2)1 个间隔层，(3)3 个间隔层，(4) 5 个间隔层，(5)混合单层和 3 个间隔层的裸载玻
片。虚线显示出仪器背景。该光谱采取 488.0 nm 激光激发,该插图显示了样本配置。
来自 Sokolov 等人(1998),经许可后复制

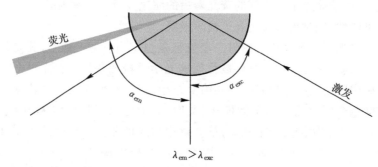

图 5.11　基于表面等离子体倏逝波激发和定向排放的生物实验。来自 Lakowicz 等人(2003),
经许可后复制

5.8 本章重点

- 等离子体光子学涉及到的光学和纳米结构,如:纳米粒子、纳米棒、纳米壳、纳米薄膜和纳米级金属岛。

- 光与金属纳米结构的相互作用产生共振,称作等离子体或表面等离子体,引起特定波长带的等离子体吸收带。等离子体吸收带与纳米结构的大小和形状相关。

- 形状相关的光学特性不是量子限制的结果,而是由于电介质和电子动力学的影响。

- 光吸收在金属纳米结构表面附近产生连续的、共同的电子振荡。

- 光共振耦合到金属纳米结构中产生表面等离子体波,在邻近金属表面的近域电场有很大增强。

- 对于纳米棒形状的金属纳米粒子,等离子体吸收带分裂为两个带,分别相应于自由电子沿棒轴长度方向(纵向)和垂直方向(横向)的振动。

- 金属纳米壳由介电质核如硅及周围的金属壳构成。纳米壳的等离子体共振,和相应的固体金属纳米粒子相比,通常"红移"至较长波长。 P.148

- 核大小相同时,随着金属壳厚度的减小,光学谐振转移到较长波长。

- 纳米壳有很多应用,如全血免疫检测中降低光氧化。

- 金属表面的局域场增强已有较多应用,如表面增强拉曼光谱术(SERS)、电子线性和非线性光谱学。

- 离散偶极近似(DDA)提供了一种方便的计算局域场增强的数值方法。

- 当两个金属纳米粒子相互作用时,场增强的最大值出现在两球体的中点处。

- 非球体纳米粒子的场增强远大于类似大小的球形粒子。

- 包含亚波长孔径的周期阵列的金属膜,有非常高的光透射率。这种增强的透射率缘于金属膜两侧的光线与表面等离子体的耦合。

- 等离子体波导指的是电磁波通过与紧密分布的金属纳米结构发生表面等离子体激励耦合进行传导的过程。在此阵列中,一个金属纳米粒子的等离子体振荡将引起邻近粒子的等离子体振荡。

- 等离子体光子学主要利用的三个特征是:(a)金属表面附近的局域场增强,(b)在表面等离子体共振情况下由表面发射的倏逝波和(c)表面等离子体共振对金属周围电介质的灵敏度。

- 辐射衰变工程指的是通过利用金属纳米结构的不同形状和大小及荧光团距金属表面的不同距离来控制荧光分子的辐射性能。

- 影响荧光团的辐射和非辐射性能的三个不同的等离子体效应是:(a)局域

场增强导致近场激发密度和荧光的增强，(b)金属-偶极相互作用导致非辐射过程及随后的荧光淬灭增强和(c)由于光子模密度(在荧光团能隙的光子密度)的增加而引起的辐射率的增强。

- 通过辐射衰变工程可提高荧光量子产率，即使荧光寿命因金属-诱导非辐射过程而缩短。

P.149

- 表面等离子体在金属膜内的耦合可产生方向性的散射，从而使发射光子的收集显著提高。

参考文献

Atwater, H., Guiding Light, *SPIE's OE Mag.* **July,** 42–44 (2002).

Averitt, R. D., Sarkar, D., and Halas, N. J., Plasmon Resonance Shifts of Au-Coated Au_2S Nanoshells: Insight into Multicomponent Nanoparticle Growth, *Phys. Rev. Lett.* **78,** 4217–4220 (1997).

Barnes, W. L., Fluorescence Near Interfaces: The Role of Photonic Mode Density, *J. Mod. Opt.* **45,** 661–699 (1998).

Benner, R. E., Dornhaus, R., and Chang, R. K., Angular Emission Profiles of Dye Molecules Excited by Surface Plasmon Waves at a Metal Surface, *Opt. Commun.* **30,** 145–149 (1979).

Bloemer, M. J. and Haus, J. W., Broadband Waveguide Polarizers Based on the Anisotropic Optical Constants of Nanocomposite Films, *J. Lightwave Tech.* **14,** 1534–1540 (1996).

Bloemer, M .J., Budnick, M. C., Warmack, R. J., and Farrell, T. L., Surface Electromagnetic Modes in Prolate Spheroids of Gold, Aluminum and Copper, *J. Opt. Soc. Am. B* **5,** 2552–2559 (1988).

Bloemer, M. J., Haus, J. W., and Ashley, P. R., Degenerate Four-Wave Mixing in Colloidal Gold as a Function of Particle Size, *J. Opt. Soc. Am. B,* **7,** 790–795 (1990).

Bohren, C. F., and Huffman, D. R., *Absorption and Scattering of Light by Small Particles,* John Wiley & Sons, New York, 1983.

Born, M., and Wolf, E., *Principles of Optics,* 7th edition, Pergamon Press, Oxford, 1998.

Chang, R. K. and Furtak, T. A., eds., *Surface-Enhanced Raman-Scattering,* Plenum, New York, 1982.

Drexhage, K. H., Interaction of Light with Monomolecular Dye Layers, *Prog. Opt.* **12,** 163–232 (1974).

Ebbesen, T. W., Lezec, H. J., Ghaemi, H. F., Thio, T., and Wolff, P. A., Extraordinary Optical Transmission Through Sub-wavelength Hole Arrays, *Nature* **391,** 667–669 (1998).

El-Sayed, M. A., Some Interesteresting Properties of Metal Confined in Time and Nanometer Space of Different Shapes, *Acc. Chem. Res.* **34,** 257–264 (2001).

Ghaemi, H. F., Thio, T., Grupp, D. E., Ebbesen, T. W., and Lezec, H. J., Surface Plasmons Enhance Optical Transmission Through Subwavelength Holes, *Phys. Rev. B* **58,** 6779–6782 (1998).

Gresten, T., and Nitzan, A., Spectroscopic Properties of Molecules Interacting with Small Dielectric Particles, **75,** 1139–1152 (1981).

Halas, N., The Optical Properties of Nanoshells, *Opt. Photon. News* **August,** 26–31 (2002).

Hao, E., and Schatz, G. C., Electromagnetic Fields Around Silver Nanoparticles and Dimers, *J. Chem. Phys.* (2003).

Haus, J. W., Inguva R., and Bowden, C. M., Effective Medium Theory of Nonlinear Ellipsoidal Composites, *Phys. Rev. A,* **40,** 5729–5734 (1989).

Haus, J. W., Kalyaniwalla, N., Inguva, R., Bloemer, M. J., and Bowden, C. M., Nonlinear optical properties of conductive spheroidal composites, *J. Opt. Soc. Am. B* **6,** 797–807 (1989). P.150

Haus, J. W., Zhou, H. S., Takami, S., Hirasawa, M., Honma, I., and Komiyama, H., Enhanced Optical Properties of Metal-Coated Nanoparticles, *J. Appl. Phys.* **73,** 1043–1048 (1993).

Hirsch, L. R., Jackson, J. B., Lee, A., and Halas, N. J., A Whole Blood Immunoassay Using Gold Nanoshells, *Anal. Chem.* **75,** 2377–2381 (2003).

Jackson, J. B., and Halas, N. J., Silver Nanoshells: Variation in Morphologies and Optical Properties, *J. Phys. Chem. B* **105,** 2743–2746 (2001).

Jin, R., Cao, Y. W., Mirkin, C. A., Kelly, K. L., Schatz, G. C., and Zheng, J. G., Photoinduced Conversion of Silver Nanospheres to Nanoprisms, *Science* **294,** 1901–1903 (2001).

Kalyaniwalla, N., Haus, J. W., Inguva, R., and Birnboim, M. H., Intrinsic optical bistability for coated particles, *Phys. Rev. A* **42,** 5613–5621 (1990).

Kelly, K. L., Coronado, E., Zhao, L. L., and Schatz, G. C., The Optical Properties of Metal Nanoparticles: The Influence of Size, Shape, and Dielectric Environment, *J. Phys. Chem. B* **107,** 668–677, 2003.

Kitson, S. C., Barnes, W. L., and Sambles, J. R., Photoluminescence from Dye Molecules on Silver Gratings, *Opt. Commun.* **122,** 147–154 (1996).

Kreibig, U., and Vollmer, M., *Optical Properties of Metal Clusters,* Springer Series in Materials Science 25, Springer, Berlin, 1995.

Lakowicz, J. R., Radiative Decay Engineering: Biophysical and Biomedical Applications, *Anal. Biochem.* **298,** 1–24 (2001).

Lakowicz, J. R., Malicka, J., Gryczynski, I., Gryczynski, Z., and Geddes, C. D., Radiative Decay Engineering: The Role of Photonic Mode Density in Biotechnology, *J. Phys. D: Appl. Phys.* **36,** R240–R249 (2003).

Lasema, J. J., ed., *Modern Techiniques in Raman Spectroscopy,* John Wiley & Sons, New York, 1996.

Lezec, H. J., Degiron, A., Devaux, E., Linke, R. A., Martin-Moreno, L., Garcia-Vidal, F. J., and Ebbesen, T. W., Beaming Light from a Subwavelength Aperture, *Science* **297,** 820–822 (2002).

Link, S., and El-Sayed, M., Spectral Properties and Relaxation Dynamics of Surface Plasmon Electronic Oscillations in Gold and Silver Nanodots and Nanorods, *J. Phys. Chem. B* **103,** 8410–8426 (1999).

Link, S., and El-Sayed, M. A., Optical Properties and Ultrafast Dynamics of Metallic Nanocrystals, *Annu. Rev. Phys. Chem.* **54,** 331–366 (2003).

Maier, S. A., Kik, P. G., Atwater, H. A., Meltzer, S., Harel, E., Koel, B. E., and Requicha, A. A. G., Local Detection of Electromagnetic Energy Transport Below the Diffraction Limit in Metallic Nanoparticle Plasmon Waveguides, *Nature Materials/Advanced Online Publication,* 2 March 2003, p. 1–4.

Michaels, A. M., Nirmal, M., and Brus, L. E., J., Surface Enhanced Raman Spectroscopy of Individual Rhodamine 6G Molecules on Large Ag Nanocrystals, *J. Am. Chem. Soc.* **121,** 9932–9939 (1999).

Neuendorf, R., Quinten, M., and Kreibig, U., Optical Bistablility of Small Heterogeneous Cluster, *J. Chem. Phy.* **104,** 6348–6354 (1996).

Nie, S., and Emory, S. R., Probing Single Molecules and Single Nanoparticles by Surface-Enhanced Raman Scattering, *Science,* **275,** 1102–1106 (1997).

P.151 Perenboom, J. A. A. J., Wyder, P., and Meier, F., Electronic Properties of Small Metallic Particles, *Phys. Rep.* **78,** 173–292 (1981).

Shalaev, V. M., *Nonlinear Optics of Random Media: Fractal Composites and Metal Dielectric Films, Springer Tracts in Modern Physics,* Vol. 158, Springer, Berlin, 2000.

Sokolov, K., Chumanov, G., and Cotton, T. M., Enhancement of Molecular Fluorescence Near the Surface of Colloidal Metal Films, *Anal. Chem.* **70,** 3898–3905 (1998).

van Beek, L. K. H., Dielectric Behavior of Heterogeneous Sytems, in *Progress in Dielectrics,* J. B. Birks, ed., CRD, Cleveland, OH, 1967.

Weber, W. H., and Eagen, C. F., Energy Transfer From an Excited Dye Molecule to the Surface Plasmons of an Adjacent Metal, *Opt. Lett.* **4,** 236–238 (1979).

Weitz, D. A., Garoff, S., Hanson, C. D., and Gramila, T. J., Fluorescent Lifetimes of Molecules on Silver-Island Films, *Opt. Lett.* **7,** 89–91 (1982).

Wenseleers, W., Stellacci, F., Meyer-Friedrichsen, T., Mangel, T., Bauer, C. A., Pond, S. J. K., Marder, S. R., and Perry, J. W., Five Orders-of-Magnitude Enhancement of Two-Photon Absorption for Dyes on Silver Nanoparticle Fractal Clusters, *J. Phys. Chem. B* **106,** 6853–6863 (2002).

Worthing, P. T., and Barnes, W. L., Spontaneous Emission within Metal-Clad Microcavities, *J. Opt. A: Pure Appl. Opt.* **1,** 501–506 (1999).

Zhou, H. S., Honma, I., Haus, J. W., and Komiyama, H., The Controlled Synthesis and Quantum Size Effect in Gold Coated Nanoparticles, *Phys. Rev. B* **50,** 12052–12056 (1994).

第 6 章

激发动力学过程的纳米控制

P.153

第 6 章论述了通过操控纳米尺度的电介质环境来控制激发动力学过程。这种方法可能不会对诸如绝缘体中的电子能级状态产生量子限制效应，但是由于纳米结构的控制，电子激发的动力学过程仍然会出现一些重要的现象。激发动力学过程对纳米结构的依赖源于电子激发与周围环境及其声子模之间的相互作用。

6.1 节中将讨论影响激发动力学过程的诸多因素。我们用两个例子说明利用电介质修饰来控制激发态动力学过程从而达到增强某些特殊光学现象的效果（比如在某个特定波长的发射）：

1. 在含有稀土离子的纳米结构中，声子与其周围的晶格相互作用，控制激发态驰豫可以产生特定波长发射的增强。Er^{3+} 离子的一个重要的发射峰在 1550 nm，这是形成光学放大的基础。6.2 节讲述了通过纳米结构控制使发射寿命显著增加，从而提供更好的光学放大能力。6.3 节将讨论另一种重要发射——上转换（up-converson），在 974 nm 的连续红外激光激发下会发生红光、绿光或蓝光波段的上转换发射，发射波长取决于含有稀土离子的纳米微粒的纳米结构组分和它们之间的相互作用。这种上转换发射过程在上转换激光领域有重要的应用（Scheps，1996），它还被应用于显示技术中（Downing et al.，1996），另外在红外量子计数器和温度传感器上也有应用（Joubert，1999）。上转换过程在生物成像和光活化疗法等生物医学领域也得到了应用，这些内容在 13 章中论述。6.4 节将讨论上转换过程的另一个重要类型——光子雪崩，当超过一定的泵浦功率阈值时光子雪崩就会发生。6.5节将论述下转换过程，也叫做量子切割。

2. 我们在 6.6 节中将给出有机-无机杂化核壳纳米颗粒的例子：无机外壳（目前多为硅胶壳）中包裹有机荧光分子。无机分子构成的外壳可以防止有机分子与外界环境（比如水环境）相互作用，环境中的分子通常会使荧光发射淬灭。硅胶外壳不仅可以提高发射的效率，而且还可以进行功能化修饰用于定位某种特定的生物位点，使其成为生物成像中一个强有力的工具。本章要点将在 6.7 节列出。

P.154

进一步阅读请参考以下文献：

Dieke（1968）：*Spectra and Energy Levels of Rare Earth Ions in Crystals*

Gamelin and Güdel（2001）：*Upconversion Processes in Transition Metal and Rare Earth Metal Systems*

Jüstel et al.（1998）：*New Developments in the Field of Luminescent Materials for Lighting and Displays*

6.1　纳米结构和激发态

在绝缘材料中，电子的波函数被局限在单个的原子、离子或分子中，但是纳观区域的临近环境依然对决定电子激发态的命运起着重要的作用。因此通过正确选择不同形式的激发纳米环境，或者利用纳米级结构（如纳米粒子）进行纳米结构控制都可以用于操控激发动力学过程。这部分中，将论述由纳米控制产生的几个重要因素。以稀土元素离子和分子为例，它们的电子波函数完全局限在离子（或分子）之内。就分子来说，电子跃迁可以按有关的分子轨道性质来分类（Prasad，2003）。例如：$\pi \rightarrow \pi^*$ 跃迁涉及了一个电子从满带的 π 分子轨道（例如能级最高的已占 π 分子轨道，简写为 HOMO）跃迁到一个空的反 π^* 键分子轨道（例如能级最低的未占分子轨道，缩写为 LUMO）。另一些例子有 $n \rightarrow \pi^*$，$\sigma \rightarrow \pi^*$，$\sigma \rightarrow \sigma^*$ 跃迁和有机金属的金属配位体电荷迁移带（Prasad，2003）。这些跃迁还具有分子对称性的特点。

就稀土离子来说，重要的跃迁有涉及稀土元素离子的 f、d 轨道的 $f \rightarrow f$ 和 $f \rightarrow d$。这些离子的能级是按多电子和自旋轨道间的相互作用来划分的。这些能级以能项符号表示，例如 $^{2S+1}L_J$，其中 S 是用数值表示的总自旋，L 是用大写字母表示的总轨道角动量（S 对应 $L=0$，P 对应 $L=1$，等等），字母 J 是以数值表示总角动量（Dieke，1968）。

为简单起见，我们考虑一种稀释的客-主体系统，在这个系统中，离子或分子作为客体分散在基质中（或者纳米粒子）。激发子的相互作用（借助最邻近的分子交互作用将一系列激发电子态转化为一个激子能带）在这里不予考虑。

对于上面讨论的局域电子态，接下来介绍的纳观相互作用对控制激发动力学过程起到关键作用。

P.155 **局域场的相互作用**　虽然电子波函数可能局限于杂质中（分子的或离子的），但是当杂质处于基态或者激发态时，电子的相互作用可能不同。因此，杂质基态与其激发态间的激发能 ΔE_{gf} 取决于纳观环境，而且分子间相互作用的电位变化 ΔV 可由下式得到：

$$\Delta V = V_{ff} - V_{gg} \tag{6.1}$$

因此,能隙可以通过改变纳观环境来操控。一个典型的例子就是过渡金属和稀土元素离子的晶体场效应(或配体场效应),杂质中心周围的对称性(最邻近的基质中心的数目和几何排列)导致 d 轨道的分裂,进而导致各能级偏移。这个特性对激发动力学过程有巨大的影响。例如,就 Pr^{3+} 而言,晶体场相互作用的强度决定了剧烈吸收的 $4f \rightarrow 4f5d$ 能级跃迁是高于还是低于 S_0 的能级(源自 $4f \rightarrow 4f$ 跃迁)。这对于激发态动力学过程的确定有着重要影响,这一点我们将在 6.5 节描述量子切割过程时讨论。

电子-声子耦合 声子是晶格的振动,大体上它分为两种类型:

1. 低频声学声子:声子色散形成一个频带,色散频率 ω 是波矢量的函数。声子色散(ω_k 与 k 相对)和各个状态的密度可以用 Debye 模型描述,低频色散是线性的,其斜率为声速。这个色散频带在 $k=0$ 时,$\omega_k=0$。

2. 光学声子:它们是高频声子,且在 $k=0$ 时 ω 为非零值。

要了解更多关于晶格的声子模,读者可以参阅 Kittel(2003)的书,关于分子固体中的声子及其相互作用,读者也可以参阅 Hochstrasser 和 Prasad(1974)的综述。电子-声子相互作用是在一定的声子模(位移模式)的晶格振动过程中,电子之间的相互作用发生变化而产生的(公式(6.1))。根据线性响应理论,电子-声子相互作用可以用以下公式表示(Hochstrasser and Prasad,1974):

$$(\partial V_{ff} / \partial R_n^S)_0 \bullet \tilde{\Phi}_s^{(n)} \tag{6.2}$$

其中,R_n^S 是声子模 S 的线性晶格位移,Φ 表示杂质位点 n 的模振幅。换句话说,在杂质位点上不是所有的声子模都具有相同的振幅。例如,某些光学声子模在杂质位点有很大的振幅,但在基质点振幅却很小。这些模式的声子叫做定域声子。

P.156

电子-声子相互作用对决定电子激发的两类过程有重要作用:

1. 电子跃迁退相:这里,电子-声子相互作用引起电子激发能(ΔE_{gf})的波动,从而导致谱线展宽,并且这种谱线展宽随温度变化而变化,称为均匀谱线展宽。通常情况下,由于不同位置的电子间相互作用电位 ΔV(由公式(6.1)得到)的变化,导致电子跃迁是非均匀谱线展宽。由电子-声子相互作用引起的均匀展宽可以通过烧孔实验来确定,实验中用带宽非常窄的激发源(例如激光)来激发选定的位点,造成饱和或光漂白,使这个位点不再产生吸收。因此,在形成跃迁过程时,不均匀展宽的跃迁谱线中会出现空洞。该空洞的线宽受到均匀展宽的限制。退相过程的退相时间 T_2 由下式计算:

$$T_2 = \frac{1}{2\pi \Delta \nu}$$

这里的 $\Delta\nu$ 是均匀谱线宽度。

2. **激发态驰豫**：激发态分布通过辐射或非辐射跃迁从激发态下降到较低的电子态。由于声子-电子的相互作用，电子态之间的能级差通过产生声子的方式转化为声子能量。这个分布驰豫的过程用分布驰豫时间 T_1 描述。由于海森堡测不准原理（$\Delta\nu \times T_1 \approx \hbar$），$T_1$ 对谱线展宽也有影响，这种展宽被称为寿命谱线展宽。因此，总的退相时间 T_2 中也包含着 T_1 的贡献。

当电子能级 2 到电子能级 1 的非辐射驰豫所产生的过剩能量通过产生声子而耗散时，这个过程就称为直接过程。如果仅仅产生一个声子，就叫做单声子过程；如果产生了多个声子来满足能级 2 和能级 1 之间的能级差，那么这个驰豫就定义为多声子驰豫过程。另一种类型是拉曼过程，当一个特定声子模与电子激发相互作用时接受过剩能量并产生另一个高频率的声子模（反斯托克斯拉曼过程）。这种类型的过程需要声子的存在，因此在温度为 0 K 时不可能发生。反斯托克斯过程表现出很大的温度依赖性。

纳米结构的操纵可以用来改变电子-声子相互作用从而影响 T_1 和 T_2 的进程。首先，声子谱和声子态密度可以通过简单地选择基质晶格来改变，这对多声子驰豫过程有重要影响。其次，电子-声子耦合也受到振幅 Φ_i^s 的影响，这里所指的振幅是基质晶格中杂质位点的高频声子或杂质中的定域声子与基质中声子的耦合。

多声子驰豫过程通常是用由 huang 和 Rys(1950) 发展的理论来描述，根据他们的理论，多声子驰豫是由单声子驰豫诱导的。为了详细说明多声子驰豫和非辐射驰豫率的公式，请参考 Yeh 等人(1987) 的文章。huang 和 Rys 所提出的模型表明：最高频率声子提供了更有效的多声子驰豫通道。为此，对于多声子驰豫过程来说，有效的单声子驰豫频率一般被作为基质的最高频率（也称为截止频率）（Englman，1979）。就此来说，具有低截止声子频率的基质是减少非辐射衰减的选择。然而 Auzel 及其同事们（Auzel and chen，1996；Auzel and Pell，1997）的研究表明，对于稀土离子中的声子辅助过程，实际的声子耦合机制可能更为复杂。他们提出了一个有效声子模的观点，综合考虑电子-声子耦合的强度和声子态密度。de Araujo 和他的同事们（Menezes et al.，2001，2003）关于氟铟酸盐玻璃中声子辅助过程的阐述似乎支持这个观点。

最后，当基质体积减小到纳米晶体尺寸时，主晶格的声子谱会受到很大的影响。重要的变化是在声频声子范围内会出现低频率带隙并形成离散振动态。这种低频率带隙可以这样理解：声学声子不可能存在于直径为 α 的纳米颗粒中，如果

$$\lambda/2 > \alpha \tag{6.3}$$

这里 λ 表示声子的波长，α 表示直径。因此，就直径为 α 的球形粒子来说，声子的低频截止频率 ω（角频率）可用下式表示：

$$\omega = \pi/\alpha v$$

其中 v 是声速。对一个直径 $\alpha = 2.5$ nm 的纳米晶体来说,声子截止频率是 30.0 cm^{-1}。正如我们将在 6.2 节中举的例子,对于直径 $\alpha=2.5$ nm 的纳米颗粒,如果两能级间的间距小于 30.0 cm^{-1},那么这两个能级间的驰豫过程不会直接发生单声子过程。最近,Liu 等人(2003a,b)提出消逝的声学声子甚至存在于更大的直径从 10 nm 到 20 nm 的纳米粒子中的假设,来解释光激发稀土纳米发光基团时产生的不正常的热效应。这些效应表明了热发射频带的存在,例如最近报道的铒离子掺杂的 Y_2SiO_5 纳米簇(Malyukin et al. ,2003)和钕离子、镱离子共同掺杂的纳米晶状 YAG 陶瓷(Bednarkiewicz et al. ,2003)。

声子谱的另一种修正是采用表面声子模,这种模式局限于纳米粒子与周围介 P.158
质的界面。表面声子模式受到周边介质的介质常数的影响非常大,并且能产生表面诱导的无辐射驰豫的新通道(T_1 过程)。

杂质对的相互作用(例如,离子-离子相互作用) 这些相互作用引入了激发动力学过程新方法。下面举例说明:(1)能量上转换,即吸收两个光子发射一个更高能量的光子;(2)能量下转换,也称为量子切割,即吸收一个高能量的光子发射两个低频光子。这两个过程中都含有一类重要的驰豫过程叫做交叉弛豫,即一个离子将其部分激发能传递给另一个离子。这些离子对间的相互作用表现出对离子间距离的强烈依赖性。Andrews 和 Jenkins(2001)针对稀土掺杂材料中的上转换和下转换过程提出了三中心能量传递的量子力学理论。这些能量转移过程将取决于离子与离子的相互作用和纳米结构。

6.2 稀土掺杂的纳米结构

一种典型的通过控制激发态动力学过程来增强特定辐射的纳米结构就是稀土纳米粒子。含有稀土离子的纳米粒子也不会体现出量子限制效应,但它们有很多不同的应用。

稀土离子掺杂的玻璃已被应用到很多领域,如光放大(Digonnet, 1993)、激励激光(Weber, 1990)、光学数据存储(Nogami et al. ,1995;Mao et al. ,1996)和化学传感器(Samuel et al. ,1994)。几乎所用的稀土离子都处于三价氧化态(一种有效的正三价电荷)。在这种情况下,最低能量的电子跃迁是 $4f \rightarrow 4f$,它涉及到内部的 f-原子轨道(Dieke ,1968)。这些跃迁都非常窄,并由于电子的相互作用和自旋轨道耦合而呈现出多重结构。这些离子中的能级可用 6.1 节中介绍的能项符号来表示。事实上,许多离子可在很多激发能级上进行发射,所以会出现多重辐射通道。在受控条件下,二价氧化态可由一些稀土离子(如 Eu 和 Sm)产生,这些离子的额外电子占据 $5d$ 轨道,并可以提供 $5d \rightarrow 4f$ 的跃迁。这种跃迁是偶极子允许的,强度是相应的三价离子 $f \rightarrow f$ 跃迁的 10^6 倍以上。此外,$d \rightarrow f$ 跃迁发生很大的蓝移(波长更短)而且比较宽,这与在有机分子中观察到的现象相似。$f \rightarrow f$ 和 $d \rightarrow$ f 跃迁都涉及到了离子中原子轨道的局域电子。因此,与第 4 章中提到的半导体的导带和原子价中存在非局域电子的限制效应相比,这些跃迁中不存在与尺寸相关的量子效应。但是,对稀土离子周围环境进行纳米结构的控制会对其光学特性产生很大影响,下面是它的一些例子:

P.159

- 局部相互作用动力学过程的控制:由于与周围电介质基质的声子模(晶格振动)偶联(6.1 节中讨论的),一个特定激发能级的发射效率是由与其竞争的非辐射衰减程度决定的。非辐射衰减的概率往往由激发能转化为周围电介质基质多声子(多声子过程)的比率决定的。定性地说,激发能转化为声子能所需的声子数量越多,非辐射过程的效率就越低。因此,想通过减小非辐射比率来提高发射效率,就需要将稀土离子嵌入到具有低频声子的电介质基质中。根据 Patra 等人的研究,铈和铒掺杂的氧化铝纳米粒子的发光效率高于氧化铝微球 (Patra et al. , 1999)。氧化锆(ZrO_2)和氧化钇(Y_2O_3)作为基质时,其最高声子频率为分别 470 cm^{-1} 和 300～380 cm^{-1},相对于氧化铝(870 cm^{-1})和二氧化硅(1100 cm^{-1})低得多(Patra et al. , 2002),因此它们有更高的发射效率。由于这些介质具有晶体结构,可以利用含有稀土离子的氧化钇和氧化锆纳米晶体作为提供低频声子的介质,然后将这些纳米晶体分散在二氧化硅或其他玻璃基质中,这些玻璃基质可以很容易地做成薄膜、光纤或波导管。

- 氧化态的控制:局部环境的操控可以使稀土离子生成具有稳定性的正二价氧化态。比如铈离子一般以正三价氧化态存在。我们的结果 (Biswas et al. ,1999)表明,当掺杂铝元素并且在 1000 ℃ 以上烧结时,Eu^{3+} 离子发生自还原作用生成 Eu^{2+}。即 Eu^{3+} 离子在约 600 nm(红)范围的尖锐狭窄的发射带,由 Eu^{2+} 在约 440 nm(蓝)范围较宽的发射带所替代。

- 新的上转换过程的产生:稀土离子也有许多上转换过程,例如通过红外线激发产生更高能级的上转换发射(Scheps, 1996; Gamelin and Güdel, 2001; de Araujo et al. , 2002)。在纳观域内,许多新的上转换通道涉及了与另一离子的相互作用(例如,离子对相互作用)。因此,纳米结构设计可以用来增强这些过程。上转换将在 6.3 节中详细论述 。在 6.4 节中将论述上转换过程的另一种类型——光子雪崩。

- 量子切割过程的产生:量子切割指的是一种光学下转换过程。在这个过程中,吸收光子的能级分裂并发射两个能量较低的光子(Wegh et al. , 1999a)。就稀土离子而言,吸收真空紫外光子可以发射两个可见光光子,这对生产无汞荧光显像管和等离子显示面板来说非常重要。通过吸收可

P.160

见光子,红外线中也可以观察到量子切割过程(Strek et al.,2000)。通过两种不同离子间的能量转移,纳米结构的控制可用于产生量子切割(Wegh et al.,2000)。据报道,这些量子切割形成的双光子下转换过程的效率可高达 200%。这个主题将在 6.5 节中论述。

- 声子谱的修正:尽管稀土离子的电子光谱没有量子限制效应,但是正如 6.1 节中讨论的从本体到纳米晶体环境,晶格声子谱在其中都有重要表现。声学声子谱中会出现带隙,同时伴随离散振动态的形成 (Meltzer and Hong, 2000)。这种声子谱的修正在电子-声子相互作用中会产生重要的表现,在多声子驰豫动力学和电子跃迁中声子诱导的谱线展宽方面也有重要作用。就 Eu_2O_3 中 Eu^{3+} 离子的 $^7F_0 \rightarrow {}^5D_0$ 跃迁而言,与其体状形式的 $\sim T^7$ 的温度依赖相比,纳米粒子的谱线宽度存在着一种不同的温度依赖关系($\sim T^3$)。对谱线展宽的定量研究可以由与稀土元素 $f \rightarrow f$ 跃迁相关的狭窄线宽得到。同样,杨等人(1999)观察到在 $Y_2O_3:Eu^{3+}$ 纳米晶体的特定位点中,通过单声子过程由 $^5D_1$ 高能级产生的衰减需要 3 cm^{-1} 和 7 cm^{-1} 频率的声子,所以与在微米尺寸的材料中所观察到的现象相比,$Y_2O_3:Eu^{3+}$ 纳米晶体中这种衰减率急剧减少了两个数量级。他们认为,这种现象是由于纳米晶体没有低频声子模造成的。

- 发射带的尺寸依赖性:电子-声子耦合的尺寸依赖性源于声子谱的改变和晶体场强度的改变。这种尺寸依赖性可以促使发射峰转移,这不是由电子的量子限制造成的。对于含有 Eu^{2+} 的硫化锌纳米粒子而言,Eu^{2+} 离子 $4d \rightarrow 4f$ 跃迁对应的发射峰具有尺寸依赖性(Chen et al.,2001)。4.2 nm、3.2 nm 和 2.6 nm 的 $ZnS:Eu^{2+}$ 纳米粒子的发射带峰值分别为 670 nm、580 nm 和 520 nm。Chen 等人(2001)解释:这是随着粒子尺寸的减小,电子-声子偶联和晶体场强度共同减小而导致的。在 Eu^{3+} 离子掺杂 Lu_2O_3 纳米晶体中,电荷转移带的强度变化也表现出对纳米粒子尺寸的依赖(Strek et al.,2002)。

利用对 Er^{3+} 离子纳米结构的控制来增强特定的光学跃迁就是一个例子。铒掺杂光纤放大器(EDFA)可以用于高效的光学放大器,这种光学放大器广泛地用于 1.55 μm 的通信波段中。纳米结构控制可以操纵激发态动力学过程从而在特定能级上产生发射(也就是特定颜色的发射),于是人们可以从相同的离子上得到不同类型的发射。在 980 nm 上泵浦铒(用于光学放大)可以产生 1.5 μm 的发射,同时在 1400 nm 上协同泵浦以起到增强效率的作用。商业销售的光放大器的典型跃迁寿命在 8 ms 这个数量级上。我们的激光、光子学和生物光子学研究所已经通过纳米结构加工制成了这种材料。通过采用多元环境控制铒离子周围的局域相互作用来进行纳米结构控制，可以产生跃迁寿命更长（高达 17 ms）的纳米粒子（Biswas et al.，2003）。跃迁寿命增加能更有效地进行光学放大。随着非辐射过程减少，跃迁寿命的增加可使辐射寿命达到理论极限。这将确保所有吸收的光子都被用于发射（用于辐射过程）。

　　这种材料第二个可增强它放大增益介质特性的因素就是发射体的数密度。在不导致"浓度淬灭"的前提下，铒离子的数密度应尽可能的高。"浓度淬灭"发生于两个离子互相作用并产生激发态能量的非辐射耗散过程中。因此，确保没有高浓度的离子簇非常重要。通过纳米结构的控制，可以在没有离子簇引起"浓度淬灭"的情况下增加数密度。Biswas 等人（2003）实现了这一目标。因此，结构受控的纳米粒子技术能产生高效的光学放大。

6.3　上转换纳米基团

　　纳米控制的另一领域是产生高效的上转换。一些上转换过程可以高效地发生在稀土元素或过渡金属离子掺杂的介质中（Scheps，1996；Gamelin and Güdel，2001），这些上转换过程如图 6.1 所示。

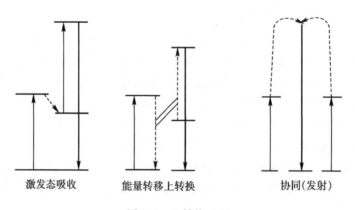

激发态吸收　　　　能量转移上转换　　　　协同（发射）

图 6.1　上转换过程

　　这些离子中比较重要的上变频过程涉及到吸收两个光子跃迁到两个不同的能级。因此，这些过程与第 2 章中讲到的直接或同时吸收的双光子过程不同，双光子过程是两个光子的吸收同时发生，而不涉及任何实际的中间单光子能级。稀土离子中的上转换过程可分为两大类，如表 6.1 所示。就 ESA 而言，纳米结构控制可以使由第一个光子吸收产生的中间能级的非辐射弛豫减少到最小（损失粒子数）。针对协同发射的机理，纳米结构的设计涉及控制离子对之间的距离使其处于纳观区域内，因为作为两个相互作用离子间的占主导地位的电子，其相互作用是多电极辐射或交换型，两者都对离子-离子的间隙有很强的依赖性。

　　这类上转换过程的优点是它们可以通过小功率的连续激光进行诱导。相比之 P.162
下,同时激发的双光子过程需要高强度的脉冲激光光源,如产生约 100 fs 脉冲的锁
模钛:蓝宝石激光(见第 2 章)。

表 6.1　稀土离子中的上转换过程

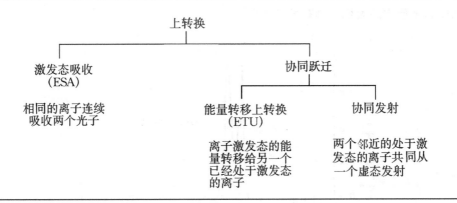

　　含有上转换稀土离子的纳米粒子可称为上转换纳米基团。在用于显示时,它
们可以分散在玻璃或塑料介质中。在用于生物成像时,它们可以进行表面功能修
饰而且能够分散在水溶液中。当用于这些用途时,一个主要的难题就是在提供高
效的上转换的同时,把纳米基团控制在理想的尺寸范围(小于 50 nm)内。我们采
用 ZrO_2 和 Y_2O_3 等低频声子材料作为基质纳米晶体成功地实现这一目标,这些已
在 6.1 节中进行了说明(Patra et al. ,2002)。我们发现上转换发光强度取决于晶
体结构和粒子大小(Patra et al. ,2003a)。稀土离子具有低对称位点的非对称结构,它允
许 f 态与较高的电子态混合,从而引起光跃迁概率的增加。在 $BaTiO_3$ 基质中,相同浓 P.163
度的 Er^{3+} 离子的上转换亮度值比 TiO_2 基质中高得多(Patra et al. ,2003b)。因为钙
钛矿氧化物底物拥有低频的软横向光学(TO)模式,低声子减小了多声子非辐射过程
的概率。同时发射端和末端能级间巨大的能量带隙也减少了非辐射衰减,这种减少导
致了发射效率的增加。这些材料的发射效率依赖于稀土离子的激发态动力学过程及
其与基质间的相互作用。这种相互作用同时受主相和掺杂物浓度等因素的影响。
激发态动力学过程也依赖于基质中活性离子间的能量转移、活性离子的统计分布
和活性离子的位点对称性。

　　图 6.2 表示含有稀土离子对的三种不同系列的氧化钇(Y_2O_3)纳米粒子的发
射谱。这些纳米粒子尺寸大约为 25～35 nm。它们涵盖了从蓝光到红光的可见光
谱。红光发射是双光子过程的结果,绿光发射也是由双光子过程产生的,而蓝光发
射则是一个三光子过程。如果将这些纳米粒子分散在均匀介质中,如玻璃或适合
生物成像的溶液,它们将会是透明的。这些介质不会使光发生散射,因为纳米粒子

都不大于 35 nm,而且它们都具有非常高的上转换效率。图 6.3 的照片是这种上转换透明玻璃的一个例子。当这些纳米粒子嵌入到聚合物板时,会有很多应用——从成像到温度监测,再到大屏幕显示器等等。

P.164

人们也可以将纳米粒子分散到电荷传输的介质中从而产生电致发光,这意味着在塑料基质中的纳米粒子上实现了电子-空穴对的复合。这种复合可以使柔性的塑料基质内的无机物具有发光特性。

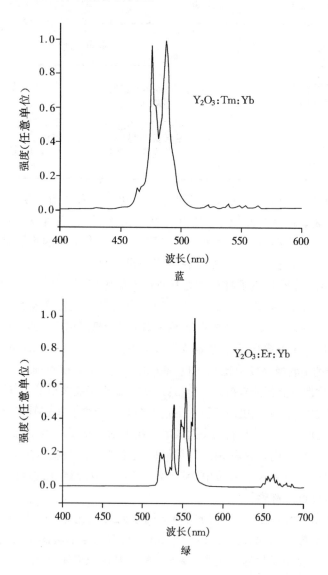

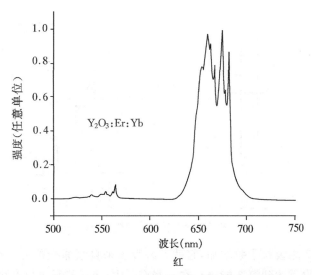

图 6.2   含两种稀土离子的氧化钇纳米微粒的上转换发射谱

图 6.3   上转换透明玻璃覆盖在文字上显示其透明度的照片

6.4   光子雪崩   P.165

　　光子雪崩是激发能超过一定阈值时产生的上转换过程（Joubert，1999；Game-lin and Güdel，2001）。低于这个阈值时产生的上转换荧光非常少，并且介质对于泵浦光（对于稀土离子，它处在红外线波段）来说是透明的。超过泵浦阈值时，泵浦光被强烈地吸收并且荧光强度增加了几个数量级。

　　光子雪崩的机制可以通过图 6.4 的能级图来解释，它涉及到交叉驰豫。这个过程中，泵浦光没有足够的能量使处于第 2 能级的粒子数直接通过基态吸收（GSA）增加。然而通过对泵浦光强烈的激发态吸收（ESA），粒子可以从第 2 能级跃迁到第 3 能级。因此，如果由于某种原因亚稳态（中间体）的第 2 能级的粒子数增加，它就容易吸收泵浦光子到第 3 能级，这就会产生上转换发射。

　　第 2 能级粒子数由两个机制产生。起初，第 2 能级的粒子数来自于涉及声子   P.166
协助的第 1 能级的弱激发。在图中表现为其来源于声子态（虚线），或者来自声子

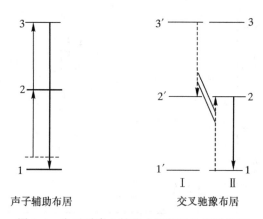

声子辅助布居 交叉驰豫布居

图 6.4 光子雪崩上转换中间能级的布居机制

边带。一旦第 2 能级粒子数增加,它就容易吸收来自泵浦光的另一个光子导致强烈的激发态吸收而达到第 3 能级。在一些离子中,第 3 能级可以产生上转换发射。一些激发态离子通过非辐射能量转移机制从第 3 能级转移部分能量给另一个离子,这就是交叉驰豫,从而导致两个离子都处于第 2 能级。交叉驰豫过程缩写为 CR,在图中用虚线表示。现在两个离子都处于第 2 能级,它们更容易促使进一步的交叉驰豫和更多的激发态吸收来增加第 3 能级的粒子数,结果如同雪崩过程一样引起显著的荧光增加。由于交叉驰豫过程对第 3 能级具有粒子数强烈的依赖性,所以最终反映出光子雪崩过程具有对泵浦功率的强烈依赖性。

光子雪崩的必要条件可以归纳如下:

- 激发能量不与任何基态吸收产生共振。
- 激发态的吸收非常强。
- 稀土离子浓度足够高以使离子-离子相互作用产生高效的交叉驰豫从而增加中间态粒子数。

通过前面讨论的阈值条件,光子雪崩过程可以很容易地与 6.2 节中讲的其他上转换过程区别开来。例如,光子雪崩是由 $LaCl_3$ 或 $LaBr_3$ 基质中的 Pr^{3+} 离子产生的。与 ESA $^3H_5 \rightarrow ^3P_1$ 匹配的连续(CW)染料激光已被用作泵浦光(Chivian et al.,1979;Kueny et al.,1989)。当泵浦功率水平超过某一临界强度,来自 Pr^{3+} 离子的 $^3P_1$ 和 $^3P_0$ 可以产生强烈的上转换荧光。Nd^{3+}、ER^{3+}、Tm^{3+}(joubert et al.,1994;Bell et al.,2002;Jouart et al.,2002)和 Os^{4+}(Wermuth and Gudel,1999)的光子雪崩也有报道。

纳米级的操纵有两个优势:首先,可以对声子态密度和电子-声子耦合进行优化,通过声子的相互作用,这种优化能够审慎地控制第 1 能级的初始粒子数;其次,产生高效交叉驰豫的离子-离子相互作用也可以通过纳米结构控制来得到优化。

6.5　量子切割

　　根据前面的描述,量子切割是 1 个高能光子(如在真空紫外光中)被介质吸收导致激发 2 个低能光子(如在可见光中)的过程(Jüstel et al. , 1998)。这就是下转换的过程,与 6.3 和 6.4 节中讨论的上转换过程相对应。对这个过程研究的大量兴趣都集中在制造无汞荧光灯和等离子显示屏领域,因为它们都需要有效地将真空紫外辐射转换为可见光(Wegh et al. , 199a, 2000; Jüstel et al. , 1998; Kück et al. , 2003; Vink et al. , 2003)。 P.167

　　荧光汞灯灯管内壁覆盖着荧光粉涂层,它可以吸收汞放电产生的主波长为 254 nm 的紫外线辐射。随后这些荧光粉以蓝光、绿光和红光波段发射以产生白光。镧系稀土荧光粉的量子效率能高达 90%,因此非常高效。但由于环境原因,用其他类型的放电来替代汞放电大有发展空间。一种很有吸引力的替代方式就是氙放电,它产生的真空紫外辐射波长在 147 nm(Xe 基线)和 172 nm(Xe 激发带),两者的比率取决于放电电池内的气压。氙放电另外的优点就是无延迟发射,相较之下,汞灯首先需要汞的蒸发。荧光灯的效率可表示为(Jüstel et al. , 1998)

$$\phi_{lamp} = \phi_{discharge}[\lambda_{uv}/\lambda_{vis}]QE$$

其中,ϕ_{lamp} 为灯的总效率,QE 为所用荧光粉的量子效率,λ_{uv} 和 λ_{vis} 为紫外激发和可见光发射波长,$\phi_{discharge}$ 为汞等离子体的效率。从等式可知在氙放电时产生的波长较短,灯的效率会明显降低。而量子切割提供了令人兴奋的解决办法的可能,即吸收 1 个 UV 光子能产生 2 个可见光光子。因此其在理论上可达到的最大量子效率为 200%,这种能够产生量子切割效应的材料被称作量子切割载体。

　　一些可能的产生量子切割的下转换机理(Wegh et al. , 1999b)如图 6.5 所示。

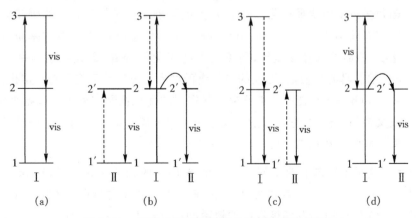

图 6.5　一些稀土离子可能的量子切割过程能级图

这些机理包括了单个类型的离子 I,或两种离子 I 和 II。图 6.5(a)表示单个离子 I 吸收高能级的激发态能量产生的量子切割。在能级图中已标出能级线,其中粗直线表示辐射跃迁(吸收或发射光子)。离子 I 吸收高能(VUV,真空紫外)光子从能级 1 被激发到高能激发态能级 3。激发能量的量子切割效应产生可见光光子,它们可以相继从 3 能级(到 2 能级)和 2 能级(到 1 能级)发射而得到。

图 6.5(b)和 6.5(c)描述的机理包含交叉驰豫过程,由虚线表示。如前所述,这里交叉驰豫表示部分激发能量从离子 I 转化到离子 II 的非辐射过程。图 6.5(b)中表示的机理是,交叉驰豫导致的量子切割使离子 I 和 II 分别留在各自的激发态能级 2 和 2′。激发态离子 II 回到基态并发射可见光光子,处在激发态 2 的离子 I 能将剩余的激发能量传递给邻近的离子 II,并由它释放可见光光子。

图 6.5(c)和 6.5(d)描述的机理都只包含从离子 I 到离子 II 的单次能量传递。因此在这两种情况中,一个可见光光子由离子 I 发出,另一个由离子 II 发出。图 6.5(c)所述情况中,量子切割由离子 I 到离子 II 交叉驰豫产生,此过程中离子 I 回到激发态 2,将离子 II 激发到激发态 2′。然后离子 I 由 2 能级(到 1 能级),离子 II 由 2′能级(到 1′能级)分别发出可见光光子。图 6.5(d)中离子 I 从能级 3 回到能级 2 并发出一个可见光光子;能级 2 的能量传递到离子 II 的 2′能级,使得离子 II 在离开能级 2′时产生另一个可见光光子。

纳米结构控制提供了如下可能:

- 通过操纵离子周围的晶体场以控制能级结构(相对顺序和能级空间),这在图 6.5(a)中所表示的单离子两步发射的情况中是特别重要的。有时也将单离子两步发射称为光子级联发射。我们将在下面详细讨论 Pr^{3+},它是被广泛研究证明表现出这类发射过程的稀土离子。

- 选择具有低声子频率和声子态密度(先前讨论的)的晶格使得竞争性的非辐射多声子驰豫最小化。由于这个原因,有关量子切割载体的研究集中在对拥有较小的最大声子频率(约 500 cm^{-1})的基质利用上,这种基质包括氟化物、铝酸盐和硼酸盐等,而不是某些氧化物如硅(最大声子频率 >1000 cm^{-1})。具有离散的、可控的声子谱的纳米晶体环境可能具有一定优势。

- 图 6.5(b)~(d)表示了离子对相互作用的优化机制。离子对包括多极和/或交换相互作用,它们强烈依赖于离子对分离。纳米结构控制提供了优化离子对相互作用的可能。

这里讨论量子切割的两个例子。一个是 Pr^{3+} 的光子级联发射(Vink et al.,2003;Kück et al.,2003)。在这种情况下,真空紫外光子的吸收(约 185 nm)是通过强烈的 $4f5d$ 跃迁(涉及偶极容许的轨道间的 $f \rightarrow d$ 跃迁)实现的。光子级联发射始于 $^1S_0$ 轨道,两步发射中两种主要的发射包括 Pr^{3+} 离子的 $^1S_0 \rightarrow {}^1I_6$ (约

400 nm)和$^3P_0 \rightarrow {}^3H_4$(约 490 nm)。这些能级名称用相应的术语符号表示。$^3P_0$ 能级通过来自 $^1I_6$ 的非辐射弛豫实现粒子数增加,而 $^1I_6$ 的粒子数增加是通过 $^1S_0$ 发射实现的。就 Pr^{3+} 的量子切割而言,$4f5d$ 态应该具有比 $^1S_0$ 能级更高的能量。这是处于弱晶体场基质中的情况,比如基质为 YF_3、$SrAl_{12}O_{19}$、LaB_3O_6 等等。在基质为强晶体场时,$4f5d$ 态能级接近 $^1S_0$ 或低于 $^1S_0$,则不能观察到量子切割,这是在 $LiYF_4$ 和 YPO_4 基质中的情况。另一种观察晶体场效应的方法是根据离子的配位数。Pr^{3+} 离子的高配位数引起 $4f5d$ 态的小范围的晶体场分裂从而导致 $4f5d$ 态能级高于 $^1S_0$ 能级。

另一个是涉及两类离子的量子切割。例如 Eu^{3+} 掺杂的 $LiGdF_3$ 基质中的 Eu^{3+}、Gd^{3+} 离子对(Wegh et al.,1990a),以及同时含有 Gd 和 Eu 的 BaF_2(Liu et al.,2003a),都能产生这一类型的量子切割。在这种情况下,真空紫外光光子由 Gd^{3+} 感光剂的吸收带吸收($^8S_{7/2} \rightarrow 6G_J$),第一步通过交叉弛豫将其部分能量转移给一个 Eu^{3+} 离子,然后按照 $^5D_J \rightarrow 7F_J$(不同 J 值对应一系列的能级)以约 612 nm 波长发射。第二步,由此产生的具有更低激发态能级的 Gd^{3+} 离子进一步将其能量转移到另一个 Eu^{3+} 离子,这个 Eu^{3+} 离子以同样的波长发射。因此,这一过程的优点是可见光光子具有相同波长(约 612 nm);用于荧光灯时,这个波长也在有用范围内。已有报道说这个过程的量子效率接近 200%(Wegh et al.,1999a,b;Liu et al.,2003a)。

以 Pr^{3+} 为基础的系统产生来自 $^1S_0 \rightarrow {}^1I_6$ 跃迁的 407 nm 发射;这一发射接近紫外线,它抑制了良好的显色性。相比之下,以 Eu^{3+} 为基础的量子切割产生的约 612 nm 的双光子就处于更为合适的可见光区中。但是 Eu^{3+} 量子切割的缺陷是通过吸收真空紫外光子而产生的 Gd^{3+} 激发是一个 $f \rightarrow f$ 的跃迁,相对于 Pr^{3+} 离子的 $f \rightarrow d$ 跃迁,它更加狭窄而且吸收截面更小。

这一领域的最新研究是为量子切割寻找其他基质和离子(Liu et al.,2003;Wegh et al.,2000)。从体状的角度来看,存在的问题是广泛应用的量子切割材料氟化物基质通常都是易碎的。现在,纳米技术再次显现出优势。纳米粒子可提供理想的晶格(晶场,离子对相互作用)和声子浴(低频声子以减少多声子非辐射衰减率)的局域相互作用,同时它们可分散在更为理想的机械和加工特性的介质中。

6.6 位点分离的纳米粒子

P.171

纳米粒子可用于封装发射体(如有机荧光基团)并将其与作为荧光淬灭剂的环境相隔离。以核壳型的多层结构为例,硫化锌(ZnS)是最先被用来做核的,然后将有机染料包裹在核上。后来,溶胶-凝胶化学法被用于制备非常薄的硅壳来封装核心。这种方法可以用有机离子荧光染料 ASPI-SH 来说明,如图 6.6 所示。硫化锌

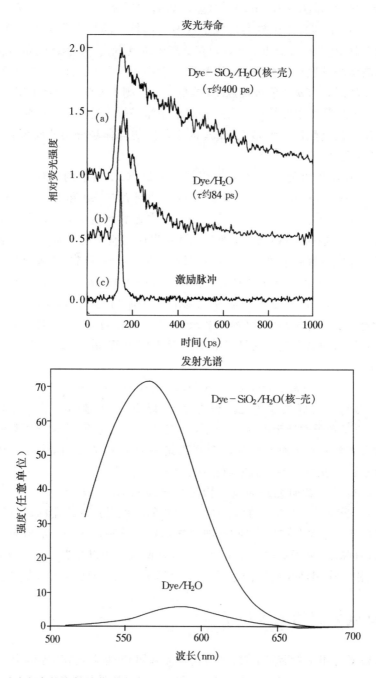

图 6.6   硅泡包裹的染料的荧光寿命和发射光谱（Dye-SiO$_2$/H$_2$O（核-壳））与染料水溶液
（Dye/ H$_2$O)的荧光寿命和发射光谱相比较

纳米晶体及周围的染料被硅壳封装起来。制作这种多层次分级结构的优势是通过使用多级纳米化学,硅壳封装可以作为防护层避免溶剂(水)导致的非辐射淬灭。图 6.6 显示了这种有机染料的两种发射光谱,一种是染料吸附在硫化锌核上,另一种是染料用硅壳包裹。如果染料直接置于水中,它将与水分子的高频振动的羟基团体接触。这些基团作为淬灭剂大大降低了发射效率。比较图 6.6(下图)中的两条曲线可以看出,水中染料荧光强度明显低于硅壳包裹的染料(两个数量级)。

图 6.6(上图)中位于上方的曲线表示:当我们使用以上所述的硅壳包裹染料和硫化锌的结构时,其荧光寿命为 400 皮秒。当染料直接与水接触时,其荧光寿命只有 84 皮秒。这个例子说明了尽管染料的发射没有量子限制效应,但是纳米结构控制使人们可以通过减少非辐射作用来控制染料的激发态动力学过程,从而提高其发光效率并增加其荧光寿命。

6.7 本章重点

- 即使是没有量子限制效应的纳米材料,激发态动力学过程仍然可以通过操控纳米结构来得到控制。
- 通过正确选择离子间(分子间)相互作用及其与声子模(周围晶格的振动)的相互作用,可以控制纳米粒子的激发态动力学过程。
- 对于含有稀土离子的纳米粒子,控制其离子间耦合和声子模耦合可以增强特定波长的发射,也能产生新的发射类型。
- 稀土离子具有一定的光学跃迁,这些光学跃迁是由于电子从 f 轨道转移到另一个 f 轨道或从 f 轨道转移到 d 轨道。
- 对于电信业来说 Er^{3+} 的 1.55 μm 发射是一种重要的光学发射,这种发射可用于光学放大。纳米结构控制可显著增强这种放大作用。
- 声子相互作用决定了从激发态电子能到较低能级的非辐射衰减,这通常涉及了多声子过程,在这个过程中多余能量转移到多个声子。 P.172
- 基质晶格的声子态分布、离子位点声子振动的振幅和电子声子耦合强度决定了多声子驰豫,它们都依赖于离子的纳米级环境。
- 电子声子相互作用的两个重要表现是:(i)由于声子耦合产生电子激发能波动导致电子跃迁展宽,这就是所谓的电子激发退相;(ii)激发态的非辐射驰豫,导致其自身的损耗。
- 当基质体积减小为纳米晶体时,基质晶格的声子谱(声子能级的分布)受到很大的影响。
- 低频声学声子范围内有一个重要的声子谱改变,如果声子的波长比纳米粒子的直径长两倍,那么它将不能传播。因此,声子谱中存在低频带隙。

- 在 Huang 和 Rys 模式中,高频单声子模导致多声子驰豫,其最高的频率也被称为基质晶格的截止频率。

- 与具有高截止声子频率的基质相比,低截止声子频率的基质产生明显较低的非辐射驰豫,从而产生更高效的发射。

- 交叉驰豫过程中,通过离子-离子相互作用,离子转移其部分能量到另一种离子,它表现出对距离的强烈依赖性,从而对纳米结构也有依赖性。

- 操纵局部环境可以产生稳定的正二价氧化态(有效电荷为正二价)的稀土离子,与正常的正三价氧化态比较,其光谱性质有很大不同。

- 稀土离子有很多上转换过程,通过红外激发可以产生可见光谱范围的较高能级上的上转换发射。

- 上转换过程主要来自三个不同的机制:(i)激发态吸收导致同一离子连续吸收两个或两个以上的光子;(ii)由于激发从一个离子转移到另一个已处于激发态的离子,从而产生能量转移上转换;(iii)协同发射,即两个邻近的激发态离子从高能激发虚态共同发射。

P.173
- 光子雪崩是当超过某一激发能阈值时产生的上转换过程。基本原则有:通过声子辅助等机制使中间能级的初始粒子数增加;另一光子很容易被中间能级吸收,然后通过交叉驰豫使得其他离子中间能级的粒子数增加从而开启光子雪崩过程。

- 量子切割是指吸收高能光子(如处于真空紫外)发射两个较低能量光子(如可见光)的过程。因此,它是一个下转换过程。

- 量子切割机制可能涉及相同离子的两步发射或高能激发态离子到另一离子的交叉驰豫,即双离子发射。

- 纳米控制可用于增强上转换和量子切割过程。

- 另一种激发动力学过程的纳米级控制是将发光材料封装在纳米粒子(或纳米包裹)中,这样可以将发光物与淬灭剂相隔离,淬灭剂通常是含高频声子的溶剂或基质底物。

- 位点封装的典型例子是利用硅壳封装有机荧光物使其与水隔离,水含有高频声子,是一种已知的可以使染料发射淬灭的溶剂。

参考文献

Andrews, D. L., and Jenkins, R. D., A Quantum Electrodynamical Theory of Three-Center Energy Transfer for Upconversion and Downconversion in Are Earth Doped Materials, *J. Chem. Phys.* **114**, 1089–1110 (2001).

Auzel, F. and Chen, Y. H., The Effective Frequency in Multiphonon Processes: Differences for Energy Transfers or Side-Bands and Non-radiative Decay, *J. Lumin.* **66–67**, 224–227 (1996).

Auzel, F., and Pelle, F., Bottleneck in Multiphonon Nonradiative Transitions, *Phys. Rev. B* **55**, 11006–11009 (1997).

Bednarkiewicz, A., Hreniak, D., Deren, P., and Strek, W., Hot Emission in Nd^{3+}/Yb^{3+}:YAG Nanicrystalline Ceramics, *J. Lumin.* **102–103**, 438–444 (2003).

Bell, M. J. V., de Sousa, D. F., de Oliveira, S. L., Lebullenger, R., Hernandes, A. C., and Nunes, L. A. O., Photon Avalanche Upconversion in Tm^{3+}-Doped Fluoroindogallate glasses, *J. Phys. Condens. Mater.* **14**, 5651- 5663 (2002).

Biswas, A., Friend, C. S., and Prasad, P. N., Spontaneous Reduction of Eu^{3+} Ion in Al Co-Doped Sol–Gel Silica Matrix During Densification, *Mater. Lett.* **39**, 227–231 (1999).

Biswas, A., Maciel, G. S., Kapoor, R., Friend, C. S., and Prasad, P. N., Er^{3+}-Doped Multicomponent Sol–Gel Processed Silica Glass for Optical Signal Amplification at 1.5 μm, *Appl. Phys. Lett.* **82**, 2389–2391 (2003).

Chen, W., Malm, J.-O., Zwiller, V., Wallenberg, R., and Bovin, J.-O., Size Dependence of Eu^{2+} Fluorescence in ZnS:Eu^{2+} Nanoparticles, *J. Appl. Phys.* **89**, 2671–2675 (2001).

Chivian, J. S., Case, W. E., and Eden, D. D., The Photon Avalanche: A New Phenomenon in Pr^3-Based Infrared Quantum Counters, *Appl. Phys. Lett.* **35**, 124–125 (1979).

de Araüjo, C. B., Maciel, G. S., Menezes, L., Rakov, N., Falcao-Fieho, E. L., Jerez, V. A.,[P.174] and Messaddeq, Y., Frequency Upconversion in Rare-Earth Doped Fluorinated Glasses, *C. R. Chim.* **5**, 885–898 (2002).

Dieke, G.-H., *Spectra and Energy Levels of Rare Earth Ions in Crystals,* Interscience, New York, 1968.

Digonnet, M. J. F., ed., *Rare Earth Doped Fiber Lasers and Amplifiers,* Marcel Dekker, New York, 1993.

Downing, E., Hesselink, L., Ralston, J., and Macfarlane, R., A Three-Color, Solid-State, Three-Dimensional Display, *Science* **273**, 1185–1189 (1996).

Englman, R., *Non-Radiative Decay of Ions and Molecules in Solids,* North-Holland, Amsterdam, 1979.

Gamelin, D. R., and Güdel, H. V., Upconversion Processes in Transition Metal and Rare Earth Metal Systems, *Top. Cur. Chem.* **214**, 1–56 (2001).

Hochstrasser, R. M., and Prasad, P. N., Optical Spectra and Relaxation in Molecular Solids, in *Excited States,* Vol. 1, E. C.-Lin, ed., Academic Press, New York, 1974, pp. 79–128.

Huang and Rhys (1950).

Jouart, J. P., Bouffard, M., Duvaut, T., and Khaidukov, N. M., Photon Avalanche Upconversion in LiKYF$_5$ Crystal Doubly Doped with Tm^{3+} and Er^{3+}, *Chem. Phys. Lett.* **366**, 62–66 (2002).

Joubert, M. F., Photon Avalanche Upconversion in Rare-Earth Laser Materials, *Opt. Mater.* **11,** 181–203 (1999).

Joubert, M. F., Guy, S., Jacquier, B., and Linares, L. J., The Photon-Avalanche Effect: Review, Model and Application, *Opt. Mater.* **4,** 43–49 (1994).

Jüstel, T., Nikel, H., and Ronda, C., New Developments in the Field of Luminescent Materials for Lighting and Displays, *Angew. Chem. Int. Ed.* **37,** 3084–3103 (1998).

Kittel, C., *Introduction to Solid State Physics,* 7th edition, John Wiley & Sons, New York, 2003.

Kück, S., Sokolska, I., Henke, M., Doring, M., and Scheffler, T., Photon Cascade Emission in Pr^{3+}-Doped Fluorides, *J. Lumin.* **102–103,** 176–181 (2003).

Kueny, A. W., Case, W. E., and Koch, M. E., Nonlinear-Optical Absorption Through Photon Avalanche, *J. Opt. Soc. Am. B* **6,** 639–642 (1989).

Liu, B., Chen, Y., Shi, C., Tang, H., and Tao, Y., Visible Quantum Cutting in BaF$_2$:Gd, Eu via Downconversion, *J. Lumin.* **101,** 155–159 (2003a).

Liu, B., Chen, X.Y., Zhuang, H. Z., Li, S., and Niedbala, R. S., Confinement of Electron–Phonon Interaction on Luminescence Dynamics in Nanophosphors of Er^{3+}:Y$_2$O$_2$S, *J. Solid State Chem.* **171,** 123–132 (2003b).

Malyukin, Y. V., Maslov, A. A., and Zhmurin, P. N., Single-Ion Fluorescence of a Y$_2$SiO$_5$:Pr^{3+} Nanocluster, *Phys. Lett. A* **316,** 147–152 (2003).

Mao, Y., Gavrilovic, P., Singh, S., Bruce, A., and Grodkiewicz, W. H., Persistent Spectral Hole Burning at Liquid Nitrogen Temperature in Eu3+-Doped Aluminosilicate Glass, *Appl. Phys. Lett.* **68,** 3677–3679 (1996).

Meltzer, R. S., and Hong, K. S., Electron–Phonon Interactions in Insulating Nanoparticles: Eu$_2$O$_3$, *Phys. Rev. B* **61,** 3396–3403 (2000).

Menezes, L. de S., Maciel, G. S., and de Araüjo, C. B., Thermally Enhanced Frequency Upconversion in Nd^{3+} Doped Fluoroindate Glass, *J. Appl. Phys.* **90,** 4498–4501 (2001).

Menezes, L. de S., Maciel, G. S., and de Araüjo, C. B., Phonon-Assisted Cooperative Energy Transfer and Frequency Upconversion in a Yb^{3+}/Tb^{3+} Codoped Fluoroindate Glass, *J. Appl. Phys.* **94,** 863–866 (2003).

Nogami, M., Abe, Y., Hirao, K., and Cho, D. H., Room Temperature Persistent Spectra Hole Burning in Sm^{2+}-Doped Silicate Glasses Prepared by the Sol–Gel Process, *Appl. Phys. Lett.* **66,** 2952–2954 (1995).

Patra, A., Sominska, E., Ramesh, S., Koltypin, Y., Zhong, Z., Minti, H., Reisfeld, R., and Gedanken, A., Sonochemical Preparation and Characterization of Eu$_2$O$_3$ and Tb$_2$O$_3$ Doped in and Coated on Silica and Alumina Nanoparticles, *J. Phys. Chem. B* **103,** 3361–3365 (1999).

Patra, A., Friend, C. S., Kapoor, R., and Prasad, P. N., Upconversion in Er^{3+}:ZrO$_2$ Nanocrystals, *J. Phys. Chem. B* **106,** 1909–1912 (2002).

Patra, A., Friend, C. S., Kapoor, R., and Prasad, P. N., Effect of Crystal Nature on Upconversion Luminescence in Er^{3+}:ZrO$_2$ nanocrystals, *Appl. Phys. Lett.* **83,** 284–286 (2003a).

Patra, A., Friend, C. S., Kapoor, R., and Prasad, P. N., Fluorescence Upconversion Properties of Er^{3+}-Doped TiO$_2$ and BaTiO$_3$ Nanocrystallites, *Chem. Mater.* **15,** 3650–3655 (2003b).

Prasad, P. N., *Introduction to Biophotonics,* John Wiley & Sons, New York, 2003.

Samuel, J., Strinkowski, A., Shalom, S., Lieberman, K., Ottolenghi, M., Avnir, D., and Lewis, A., Miniaturization of Organically Doped Sol–Gel Materials: A Micron-Size Fluorescent pH Sensor, *Mater. Lett.* **21,** 431–434 (1994).

Scheps, R., Upconversion Laser Processes, *Prog. Quantum Electron.* **20,** 271–358 (1996).

Strek, W., Deren, P., and Bednarkiewicz, A., Cooperative Processes in $KYb(WO_4)_2$ Crystal Doped with Eu^{3+} and Tb^{3+} Ions, *J. Lumin.* **87–89,** 999–1001 (2000).

Strek, W., Zych, E., and Hreniak, D., Size Effects on Optical Properties of Lu_2O_3:Eu^{3+} Nanocrystallites, *J. Alloys Comp.* **344,** 332–336 (2002).

Vink, A. P., Dorenbos, P., and Von Eijk, C. W. E., Observation of the Photon Cascade Emission Process Under $4f^15d^1$ and Host Excitation in Several Pr^{3+}-Doped Materials, *J. Solid State Chem.* **171,** 308–312 (2003).

Weber, M. J., Science and Technology of Laser Glass, *J. Non-Cryst. Solid,* **123,** 208–222 (1990).

Wegh, R. T., Donker, H., Oskam, K. D., and Meijerink, A., Visible Quantum Cutting in Eu^{3+}-Doped Gadolinium Fluorides via Downconversion, *J. Lumin.* **82,** 93–104 (1999a).

Wegh, R. T., Donker, H., Oskam, K. D., and Meijerink, A., Visible Quantum Cutting in $LiGdF_4$:Eu^{3+} Through Down Conversion, *Science* **283,** 663–666 (1999b).

Wegh, R. T., Van Loef, E. V. D., and Meijerink, A., Visible Quantum Cutting via Down Conversion in $LiGdF_4$:Er^{3+}, Tb^{3+} Upon Er^{3+} $4f^{11} \rightarrow 4f^{10}5d$ Excitation, *J. Lumin.* **90,** 111–122 (2000).

Wermuth, M., and Güdel, H. U., Photon Avalanche in Cs_2ZrBr_6:Os^{4+}, *J. Am. Chem. Soc.* **121,** 10102–10111 (1999).

Yang, H.-S., Hong, K. S., Feofilov, S. P., Tissue, B. M., Meltzer, R. S., and Dennis, W. M., Electron–Phonon Interaction in Rare Earth Doped Nanocrystals, *J. Lumin.* **83–84,** 139–145 (1999).

Yeh, D. C., Sibley W. A., Suscavage, M., and Drexhage, M. G., Multiphonon Relaxation and Infrared-to-Visible Conversion of Er^{3+} and Yb^{3+} Ions in Barium–Thorium Fluoride Glass, *J. Appl. Phys.* **62,** 266–275 (1987).

第7章

纳米材料的生长和表征

　　这一章涵盖纳米材料的生长和表征。本章主要分为两大部分。7.1节描述了 P.177
纳米材料生长的主要方法。7.2节讨论了纳米材料性能表征普遍采用的技术。由
于纳米材料新的应用的出现，对于可再生且经济实用的特殊定制材料的新制造方
法的需求也随之增长。

　　本书内容有限，不能够对所有目前应用的方法进行介绍。无机半导体气相生
长的主要方法包括分子束外延（Molecular Beam Epitaxy，MBE）、金属有机物化学
气相沉积（Metal-Organic Chemical Vapor Deposition，MOCVD），以及激光辅助
气相沉积（Laser-Assisted Vapor Deposition），都将在本章中进行讨论。另一应用
于半导体成型的技术是液相外延（Liquid-Phase Epitaxy，LPE）。

　　目前应用的化学方法为湿化学，我们也称之为纳米化学，它的出现为金属、无
机半导体、有机材料以及有机无机杂化体系的纳米结构生长提供了强有力的方法。
纳米化学的优点是，表面官能化的纳米颗粒以及金属或无机半导体纳米棒可在很
多不同的媒介（例如，水、聚合物、生物液体）中扩散，便于制备，并且纳米化学本身
也可应用于对单分散纳米（纳米颗粒、粒径分布集中）的生长条件的精确控制上。
所有这些生长技术将在7.1节中的各个小节里进行介绍。同时，还将对这些方法
的优缺点进行讨论。

　　纳米技术发展的一个重要方面是它的组成、结构以及形态的表征。一些生长
方法，例如MBE，实际上纳入了很多这些表征技术用于生长的原位监测。在半导
体成型分析中常用的并且已纳入MBE设备中的一项技术是反射式高能电子衍射
（Reflection High-Energy Electron Diffraction，RHEED）技术，应用于监测每层的
生长情况。

　　已应用的技术着眼于合成以及表面分析，同时还包括晶体结构和尺寸确定。
本章讨论的方法是显微镜法、衍射和光谱法。透射电子显微镜法（Transmission
Electron Microscopy，TEM）、扫描电子显微镜法（Scanning Electron Microscopy， P.178

SEM)以及扫描探针显微镜法(例如,扫描隧道显微镜法(Scanning Tunneling Microscopy,STM)和原子力显微镜法(Atomic Force Microscopy,AFM))都应用于纳米结构的直接成像。X 射线衍射技术提供了材料晶体学方面的信息。X 射线光电子能谱(X-ray Photoelectron Spectroscopy,XPS)以及能量色散谱(Energy-Dispersive Spectroscopy,EDS)提供了关于材料组成成分的信息。这些技术的原理以及应用将在本章 7.2 节中的各个小节进行描述。本章重点于 7.3 节给出。

以下书目可供参考以获得进一步细节信息:

Barnham and Vvedensky, eds. (2001): *Low-Dimensional Semiconductor Structures*

Kelly (1995): *Low-Dimonsional Semiconductors*

Jones and O'Brien (1997): *CVD of Compound Semiconductors*

Hermann and Sitter (1996): *Molecular Beam Epitaxy*

Wang, ed. (2000): *Characterization of Nanophase Materials*

Bonnell, ed. (2001): *Scanning Probe Microscopy and Spectroscopy*

7.1　纳米材料的生长方法

这一部分讨论一些制备纳米材料的主要生长方法。这些方法使用的起始原料包含有以各种不同物理形态,如固体、液体或气体呈现的最终纳米材料中的化学成分。基于这种划分,生长方法可以被分为气相、液相和固相生长。基板上的有序纳米结构(结晶体)的生长是另一个考虑的因素,其中基板的晶体点阵为生长层自身定位提供了一个模板。这里,基板和生长中的纳米结构的晶格匹配扮演了重要的角色。这一生长方式称为外延生长(或外延附生),并且被认为是假晶性生长。对于半导体量子级结构的生长,外延方法应用较为普遍。另一个分类,就无机半导体而言,是基于前体的化学特性为基础。分子束外延应用的来源材料一般是元素形式(同种元素材料)。如果前体是以复杂分子,例如金属-有机物化合物形式存在的,则该方法被称为是金属有机物化学气相沉积(MOCVD)。

一个重要且很大程度上不同的方法可能并不为很多工作于无机半导体领域的研究者所熟悉,即纳米化学法。这一方法利用了溶液相的一个传统的化学合成方法。为达到纳米结构的成型,纳米化学在如纳米级几何(胶团和反胶团)或者生长时精确的反应终止点(化学封盖)等方面都有应用。

7.1 节中的各小节对这些主要的生长方法进行了详细说明。

7.1.1　外延生长

分子束外延　分子束外延(MBE)是一种广泛应用于量子级纳米结构Ⅱ-Ⅵ和

Ⅲ-Ⅴ型半导体以及 Si 和 Ge 的外延生长方法。生长是在超高真空(UHV$\approx 10^{-11}$ 托)的不锈钢容器环境中进行,其示意图如图 7.1 所示。生成半导体的要素包括原子(Ga)或同元素分子(例如某元素的分子形式(As_2))。这些要素包含在加热单元中,这些单元被称为泻流室或努森池(knudsen cells)。加热单元产生的蒸汽穿过小的孔板并且被孔板两边的压力差所加速,这样所形成的分子束中微粒之间既不起化学反应又不相互碰撞。然后分子束撞击到一个由容器对侧控制的支架上架设好的基板上(如 GaAs)。通过使用活动快门控制以及监测不同单元的泻流量,同时调整基板温度、基板上的合成以及外延生长率,可以在单层分辨率的精度上实现精确控制。旋转基板以保证通过其的沉积率一致。

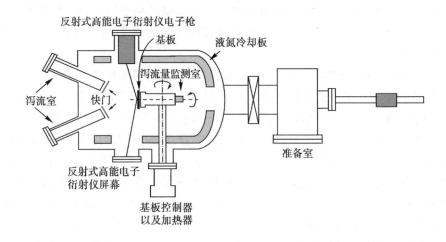

图 7.1 MBE 生长室示意图。由布法罗大学的 Hong Luo 提供

孔板前的快门在小于 0.1 s 的时间内打开和关闭,以产生成分元素合适的化合物来对应不同的半导体合金(如 $Al_x Ga_{1-x} As$)。由于外延生长的质量对基板温度非常敏感(如 580℃是 GaAs 的最佳温度,630℃是 AlAs 的最佳温度),所以可控制的基板加热是非常必要的。容器周围是低温液氮冷却,以保证分子束中所有第一次没有通过基板的物质都将会附着于低温的环境中而不会二次反射。 P.180

为了监测生长过程而在 MBE 中加入了一些原位表征技术。例如掠射角反射式高能电子衍射(RHEED),它提供了一个监测生长表面以及层与层间的结晶完整性的方法。质谱技术为控制生长率、合金成分以及掺杂水平而减少了原子和分子种类的通量信息量。其他有效表征技术是 X 射线衍射和扫描探针显微镜法。这些方法将在 7.2 节中详细讨论。

图 7.1 所示的在生长室之前的是准备室。成分中的晶片(固态形式)被导入到准备室中,并且受到在引入到生长室的超高真空系统之前被加热、电子束辐射和其他形式的清洁。准备室可能包含生长过程所不需要的多余的诊断设备。尽管这个

方法采用了可以最好地适应基底与晶格匹配生长的外延生长方式,但也有可能发生生长出材料的薄层与晶格没有良好匹配的情况。

MBE 法的主要优势是生长室内的超高真空环境允许许多原位分析技术的应用,用于材料生长表征以及在不同空间分辨率条件下的合成情况。MBE 法适用于量子阱、量子线以及量子点的制造。量子阱的制造是通过对层与层之间生长的控制而实现的。一个方便的量子线以及量子点的制造方法利用了一个具有模式表面的基板。另一个制造量子点阵列的方法是利用在合适的沉积层(外延层)与基板晶格不匹配的基板上,形成一致的三维岛(three dimensional islands)。这一生长方法也被称为是 Stranski-Krastanov(SK)生长法(Vvedensky,2001)。生长以岛的形式出现是由晶格不匹配的张力所造成的。一个典型的例子是 GaAs(001 面)上的 InAs 的生长(Guha et al.,1990)。然而,生长模式依赖于晶格失配并且并不总是遵循 SK 模式。

MBE 技术革新了半导体(还包括金属及其氧化物)科学和技术,例如半导体激光二极管和量子点激光二极管就通常包括 MBE 法生长量子阱和量子点结构。

图 7.2 是一个高分辨率的 ZnSe/ZnCdSe 超晶格 TEM 图像(显微照片)。这种方法的一个极端应用例子是制造所谓的数字合金,即不同的化合物并非随机组合而是结合成超薄层结构,小到一部分为原子层。近期的一个例子是它使得Ⅲ-Ⅴ/Mn 铁磁性数字合金的制造成为可能,它具有一系列有趣的特性,包括高晶格质量以及改善某些材料的铁磁特性。图 7.3 所示的是 GaSb/Mn 数字合金的横断面透射电子显微图像,深色线条是半单层的 Mn 插入于 GaSb 的主基板上。这种结构显示了其居里温度(定义为铁磁顺磁性转变的温度)高于 400 K,和与其相应的传统合金相比是个很大的增长。近期开展了大量的系统实验以研究这些改进的性质。

P.181

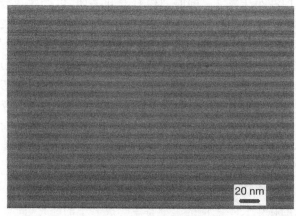

图 7.2   MBE 法生长的 ZnSe/ZnCdSe 超晶格薄膜的 TEM 图像。较亮的层是 ZnSe 层,较暗的层是 ZnCdSe 层。由布法罗大学的 Hong Luo 提供

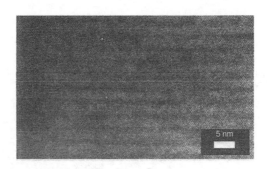

图 7.3 高分辨率的 GaMnSb 数字层合金 TEM 图像。来自 Chen 等人(2002),经许可后复制

金属有机化学气相沉积(MOCVD) MOCVD 为化学气相沉积法,其半导体结构的元素成分前体的生长形式为金属有机化合物形式(Jones and O'Brien, 1997)。因此这里使用的前体不同于 MBE 里使用的前体,后者为元素形式。当 MOCVD 法用于基板上的外延生长时,它也被称为金属有机气相外延(MOVPE), P.182 并且是气相外延法的一个很好的实例。这种方法基本上由以下几个步骤组成:

- 蒸发和转运适合制造半导体材料的半导体前体。
- 基板上半导体的沉积和生长。
- 反应室残余沉积产物的移除。

图 7.4 所示为 MOCVD 生长室的示意图(Kelly,1995)。它由一个玻璃反应器构成,其中包含一个加热基板,与气体层流成某一角度。前体被输送气体(通常是氢气)送往基板之上。例如,制备Ⅲ-Ⅴ半导体 GaAs 时,三甲基镓($Ga(CH_3)_3$)是 Ga 的前体,胂(AsH_3)是 As 的前体。本例中的化学反应方程式为

$$Ga(CH_3)_3 + AsH_3 \rightarrow 3CH_4 + GaAs$$

采用同样的结构,AlAs 的前体是 $Al(CH_3)_3$ 和 AsH_3。类似地,在Ⅱ-Ⅵ半导体 CdS 的例子中,前体是 $Cd(CH_3)_2$ 和 H_2S。生长层的化学合成是由输入混合气体中金属有机前体的相对率所决定的。在多层制造中,前体一致的预混合是在一个预混合室中进行。

MOCVD 法的一个优点是生长方法简单但其生长率为 MBE 法的 10 倍。然而,前体,特别是Ⅲ-Ⅴ半导体,是有较大毒性的,因而要求过程中要有严格的安全防御措施。另外,气流的流体力学条件并不允许 MBE 法广泛的原位表征。 P.183

化学束外延(CBE) 这种方法实质上为 MOCVD 法和 MBE 法的结合。它利用一个类似于 MBE 的超高真空室,但组成元素是衍生于类似 MOCVD 的金属有机前体,因此该法集中了 MOCVD 和 MBE 两种方法的优点。半导体的生长是在超高真空条件下进行的,但金属有机前体是由外部输入系统的,这有利于补充原

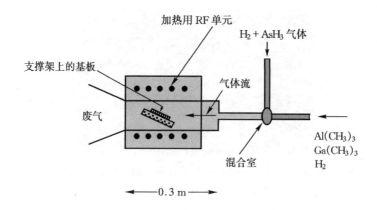

图 7.4　MOCVD 反应室示意图。来自 Kelly(1995),经许可后复制

料,也就减少了反应堆"停工期"。因此在 CBE 方法中可以运用原位诊断技术,这已在之前 MBE 法中做过介绍。

　　液相外延(LPE)　　液相外延是一种从液相(既可以是溶解,也可是熔解)中得到的薄膜沉积法。基板在合适的温度下与薄膜材料的饱和溶液相接触。通常,外延层的生长发生在两个不同类型的 LPE 设置上:一个是浸渍过程,另一个是倾倒过程。浸渍指的是基板垂直浸入熔体。倾倒指的是在一水平放置的内盛熔体和基板的石墨坩埚中实现的过程。通过倾斜坩埚,熔体流到基板表面上。基板随后以合适的速度被冷却以实现薄膜的生长。

　　LPE 法是可以达到薄膜的高沉积率和结晶完整性要求的方法。作为一种有效并且经济的方法,它是半导体工业中广泛采用的生产方法。通常,Ⅲ-Ⅴ型半导体化合物以及合金(与 MBE 法相似)使用这种方法制造。

　　与 MBE 法相比,LPE 法的优点是高沉积率和低成本。LPE 同时可对化学计量和低浓度缺陷进行控制。LPE 法的缺点是可溶性在很大程度上限制了这种方法适用的材料的种类,并且形态控制(晶体取向)很困难且表面质量通常较差。

7.1.2　激光辅助气相沉积

　　激光辅助过程已经被应用于薄膜以及纳米颗粒的沉积。一种类型的激光辅助沉积包括固体目标的激光消融,该固体目标是可以自动沉积在基板表面上的。然而,消融的材料可以与反应气体混合来制造合适的材料,由惰性气体通过一个喷嘴送至真空室中来产生分子束,然后沉积在一个具有温度控制功能的基板上。这种方法也被称为激光辅助分子束沉积法(laser-assisted molecular beam deposition,LAMBD)。TiO₂ 纳米颗粒是该制造法的一个例子。这种方法已经被用于制造纳米有机无机复合材料。

另一个激光辅助气相沉积(laser-assisted vapor deposition，LAVD)的例子是用气体分子前体的激光分解来制造期望的材料。这一方法已经在我们的激光、光子以及生物光子学研究室中，由 Swihart 团队应用到了硅纳米颗粒的制造中。硅纳米颗粒的合成是通过对硅烷进行激光诱导加热至使其分解的温度，图 7.5 是该反应器的示意图。一个连续 CO_2 激光束被集中在中央反应口上方直径约 2 mm的范围内。硅烷少量地吸收 10.6 μm 波长的激光能量，从而被加热。六氟化硫(SF_6)可以作为光敏剂被添加至前体流中。SF_6 在激光波长范围有大的吸收截面，因此在给定激光功率情况下可以很大程度上使温度升高。氩气和氢气流量限制反应物和光敏剂(SF_6)至反应堆轴的附近，并且防止其在构成反应堆的六路交叉臂上累积。氢气也起到升高温度的作用，使得在某一温度下微粒发生成核现象，降低微粒的生长率，因为它是硅烷裂解和微粒形成过程的副产物。所有的气体流向反应物的速率是由质量流量控制器控制的。反应后生成的微粒被收集在纤维素硝酸盐半透膜中。滤出物直接送至加热炉中加热至 850 ℃以分解所有剩余的硅烷。这种方法可以在所述配置下使用 60 W 激光以 20～200 mg/h 的速率制造硅纳米颗粒。采用商用的千瓦级的激光聚焦于一个薄片上，我们可以很容易地把这个速率提高 1 到 2 个数量级。

P.184
P.185

7.1.3　纳米化学

纳米化学是一个活跃的新兴领域，处理纳米级长度范围的化学反应约束以制造纳米直径的化学产品(一般在 1～100 nm 范围内)(Murray et al. ,2000)。能运用可重复提供精确控制的化学方法，对纳米材料制品的组成、尺寸以及形状的形成是一个很大的挑战。纳米化学已经被运用于制造不同组成、尺寸以及形状的纳米结构。纳米级化学同时提供了一种设计以及制造分层建立多层纳米结构的可能，可看作是纳米观的多功能性。

纳米化学具有以下几种应用：

- 多种金属、半导体、玻璃材料、聚合物的纳米颗粒的制备。
- 多层、核壳型纳米材料的制备。
- 表面功能化的纳米模型，以及在这种模型下的结构的自我合成。
- 纳米颗粒周期或非周期功能结构的组织。
- 纳米级探测器传感器以及仪器的原位制造。

一系列的方法提供了化学反应的纳米级控制，其中一些将在这里讨论。

反胶团合成　一个限定几何范围的反应的实例是诸如 CdS(量子点)纳米颗粒在反胶团(也被称为纳米反应物)腔内的合成。图 7.6 显示了反胶团纳米反应物水核在大量油介质中的分布。

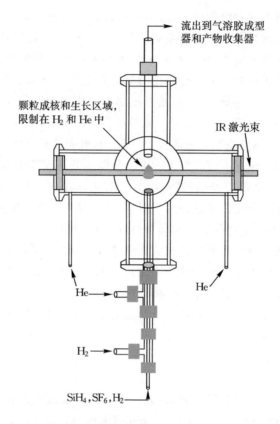

流出到气溶胶成型
器和产物收集器

颗粒成核和生长区域，
限制在 H_2 和 He 中

IR 激光束

He

He

H_2

SiH_4, SF_6, H_2

图 7.5   激光驱动化学气相沉积示意图。来自 Li 等人(2003)，经许可后复制

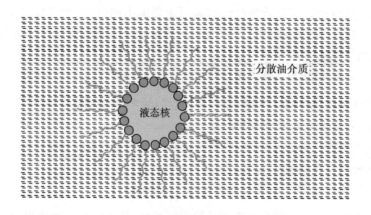

分散油介质

液态核

图 7.6   反胶团纳米反应物水核示意图

反胶团系统通常由两种不相容的液体——油和水构成，在一种连续的非极化
有机溶液例如碳氢化合物油中，水相分布是纳米尺寸的水滴被一个单层膜表面活

性剂分子封于内部。连续油相通常由异辛烷或己烷组成。钠二(2-乙基)磺酸钠（气溶胶 OT 或 AOT）作为表面活性剂。除了水，包含多种溶解的盐的水溶液，包括镉醋酸以及硫化钠，也可以在反胶团中被溶解(Petit et al.,1993)。反胶团的尺寸，以及在反胶团中包含的水的体积，被水-表面活性剂比例所控制，同时被 W_0 所 P.186决定，这里 $W_0=[H_2O]/[表面活性剂]$(Petit et al.,1993)。反胶团通过动态碰撞的连续交换使得反应的进行成为可能。然而，由于反应是限制在反应物腔内的，不可能生长出大于腔体直径的晶体。在这个合成过程的最终阶段，诸如 p-thiocresol 的钝化剂会被加入到连续油相。这一制剂可以作为 RS 阴离子进入水相，并且粘着于内含的纳米晶体的表面，最终呈现纳米晶体疏水表面，并且诱发 CdS 纳米颗粒的沉淀。

金属纳米颗粒已经使用上述方法获得。通过对表面活性剂或者表面活性剂混合物的合适选择，可以制造圆柱形的腔以制造纳米棒。反胶团化学同时也提供了壳核结构多层纳米颗粒多步合成的方法(Lal et al.,2000)。

胶体合成 这种方法包含对无机材料(元素以及化合物)通过它们前体的化学反应过程中溶剂的谨慎选择而制造纳米颗粒或纳米棒。这种方法已经或即将成为一种制备尺寸均一的纳米材料的有效方法。

通常，当固体通过化学反应从其前体而形成时就开始快速形成多种核。越来越多的固体产物随之被添加入多种核，形成微晶的尺寸随之缓慢增长。一种思想是在微晶尺寸未达到过大时截断微晶的生长过程，由此制造纳米颗粒或纳米晶体(Nanocystals,有时缩写作 NC)。这可以通过运用合适的表面活性剂在微晶表面形成一个具有官能团的长链从而实现对微晶表面的覆盖。表面活性剂是否应该在反应过程中加入，或者应该原位产生，或者合成后加入，应该取决于所研究的材料。同时，表面活性剂的选择取决于 NC 组成材料的特性。在我们实验室中，我们已经 P.187使用这种方法制造金纳米颗粒，通过长链硫醇或胺稳定化，诸如 Fe_3O_4 的氧化纳米颗粒通过羧酸或胺稳定化。图 7.7 显示了金微粒通过硫醇链与巯基十一烷酸(mercaptoundecanoic,MUDA)、羟基苯硫酚(mercaptophenol,MP)、巯基己醇(mercaptohexanol,MH)以及氨基苯硫酚(aminothiophenol,ATP)等分子连接的透射电子显微镜(TEM)图像。图 7.8 所示为铁酸盐与油酸连接的磁纳米颗粒。

在几乎所有的胶体合成过程中，诸如时间、温度、前体的浓度等，以及试剂和表面活性剂的化学特性等反应条件的系统调整，都可以被用来控制 NC 的尺寸以及 NC 样品的形状(Fendler and Meldrum,1995;Murray et al.,2000)。双官能团有机物分子可以用来连接两种纳米颗粒。图 7.9 显示了在我们实验室合成的利用氨 P.188基苯硫酚将 Au 纳米颗粒与聚苯乙烯表面相连的 TEM 图像。

一种应用于 Ⅲ-Ⅴ 半导体纳米晶体(例如 InP、InAs、GaP 和 GaAs)合成的方

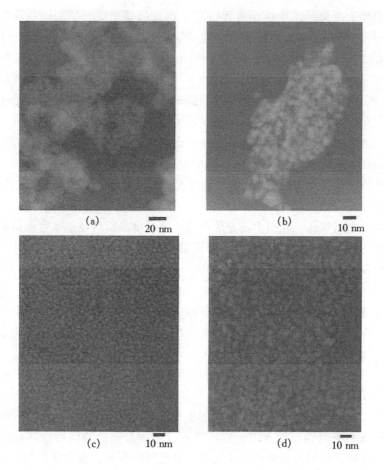

图 7.7   金的透射式电子显微镜法图像。(a)金-MUDA;(b)金-MP;(c)金-MH;(d)金-ATP

法涉及到协调溶剂中Ⅲ族卤化物(例如 $InCl_3$ 或 $GaCl_3$)的分解,通过添加合适的配合基或表面活性剂(Alivisatos et al.,2001)。然后,Ⅴ族前体($P(SiMe_3)_3$ 或 $As(SiMe_3)_3$)在一个更高的温度下被加入。这一反应过程在一个较高的温度下(300~500 ℃)持续反应较长的时间(3~6 天),然后纳米晶体被分离并且按照尺寸沉淀分离。尺寸选择沉淀的过程是,在具有多种尺寸分布的样品中相对分散的颗粒尺寸在多步骤下选择性沉淀。

　　Ⅲ-Ⅴ纳米晶体的合成新方法包括在含有稳定表面活性剂的不稳定溶剂中Ⅲ族盐(例如 $In(acetate)_3$ 或 In_2O_3)的分解(Battaglia and Peng,2002)。之后反应混合物被加热到一定温度,在这个温度下Ⅴ族前体($P(SiMe_3)_3$ 或 $As(SiMe_3)_3$)的快速注入会迅速产生Ⅲ-Ⅴ核,之后删除等分试样。通过改变反应浓度和反应温度并连续地注入前体,相对分散的纳米晶体产物被分离出来。

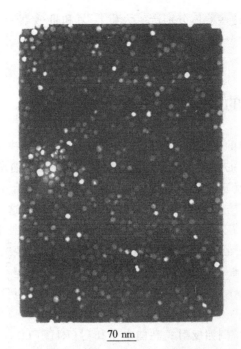

图 7.8　直径在 10～12 mm 范围内的铁的 TEM 图像

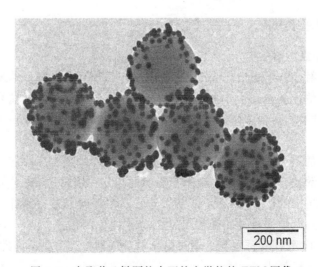

图 7.9　在聚苯乙烯颗粒表面的金微粒的 TEM 图像

　　最近我们的实验室中使用一种半导体晶体合成的方法,这种方法不需要使用溶剂、添加剂或表面活性剂(Lucey et al. ,2004)。特别是使用了合成Ⅱ族和Ⅲ族这些在不稳定溶剂(例如十八烷烯、苯、甲苯、正乙烷)中可溶的前体。在快速注入 P.189

Ⅵ族和Ⅴ族前体后,这些前体分别产生大量Ⅱ-Ⅵ和Ⅲ-Ⅴ种子,同时产生一种表面活性剂可以控制尺寸分布。通过改变前体浓度以及反应温度,就可以获得高分散的纳米晶体。

7.2　纳米材料的表征

纳米材料表现出的属性以及改进的性能很大程度上取决于它们的组成、大小、表面结构以及颗粒间的相互作用,因此这些属性的表征在纳米材料的发展和理解结构-功能关系方面就显得极为重要。这要求一系列的适合于纳米结构研究的显微镜方法以及分光镜方法的使用(Wang,2000)。第 7 章的这一部分讨论了一些广泛应用于纳米材料表征上的重要的显微成像技术以及衍射技术。这里涵盖的三个主要部分是 X 射线表征法、电子显微镜法以及扫描探针显微镜法。X 射线表征法包括 X 射线衍射(X-ray diffraction, XRD)以及 X 射线光电子谱分析(X-ray photoelectron spectroscopy, XPS),这些将在 7.2.1 节中进行阐述。电子显微镜技术、透射电子显微镜法(TEM)以及扫描电子显微镜法(SEM)在 7.2.2 节中进行介绍。其他电子束技术,例如反射式高能电子衍射(RHEED)以及能量散谱(EDS),包含在 7.2.3 节中。7.2.4 节介绍了扫描探针显微镜法的例子,即扫描隧道显微镜法(STM)以及原子力显微镜法(AFM)。

7.2.1　X 射线表征法

7.2.1.1　X 射线衍射

X 射线衍射(X-ray diffraction),通常简写作 XRD,普遍用于纳米材料晶体结构的表征以及估计晶体尺寸方面(图 7.10)。通常令 X 射线通过纳米颗粒粉末进行衍射,所以常被称为粉末衍射。Lang 和 Louer(1996)提供了对粉末衍射的全面介绍。

晶体材料的 X 射线衍射基于 X 射线通过宽范围排列次序决定的周期性晶格而产生弹性分散的原理。这是一种基于空间的相互作用方式(即,它给出了关于材料周期性表现出来的信息,而不是单个原子的真实空间分布),并且它提供了关于晶体结构以及纳米结构材料的微粒尺寸的总体均值的信息。当一束单色 X 射线射在一个样品上,射线穿透样品并通过纳米材料周期排列的晶格而发生衍射,根据众所周知的布拉格等式:

$$n\lambda = 2d\sin\theta \tag{7.1}$$

这里,n 是一个整数,λ 是 X 射线波长,d 是晶体衍射平面所导致的特定衍射束之间的距离,θ 是入射角度。

P.190

　　由散射的 X 射线的结构间相互作用而决定的衍射模式提供了材料的晶体图 P.191
谱信息。在纳米材料中,样品可以制作成为粉末或者薄膜的形式暴露于 X 射线
中,使得射线的入射角度发生变化。对于包含多晶体的材料(粉末),X 射线衍射图
谱是一系列的 2θ 角度上的峰,满足布拉格衍射定律。图 7.10 显示了可以看作面
心立方体晶格的 Fe_3O_4 纳米颗粒粉末 X 射线衍射图谱。

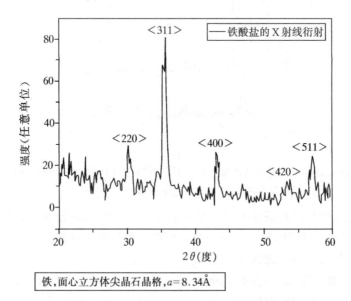

图 7.10　Fe_3O_4 纳米颗粒的 X 射线衍射图

　　纳米颗粒的尺寸小于 100 nm,具有对 X 射线衍射线大幅展宽的能力。可观察
到的射线展宽可以被来估计纳米晶体的平均尺寸(或晶体维度)。以最简单的无
压力的颗粒为例,其尺寸可以从一个单衍射峰来估计。颗粒/颗粒尺寸 D,与 X 射
线被 Sherrer 公式(Cullity,1978)所决定的展宽有关:

$$D = 0.9\lambda/\beta\cos\theta \qquad (7.2)$$

这里,λ 是波长,θ 是衍射角度,β 是半峰宽(以弧度表示)。在这些可能有压力存在
的情况中,一种更严密的运用多个衍射峰值的方法被引入。然而,Sherrer 公式只
能粗略地估算微粒尺寸。微粒尺寸分布(如果这里是多分散性)以及/或者压力的
存在通常导致晶体尺寸(平均值)与通过 TEM 观察到的尺寸不尽相同。

　　图 7.11 显示了 XRD 模式中在不同温度下获得的 Er^{3+}-doped TiO_2 晶体
(Patra et al.,2003)。Er^{3+} 浓度是 0.25mol%。对于在 500℃下获得的纳米微粒,
衍射模式为 antase 型 TiO_2 晶体结构。对于在 1000℃下获得的纳米结构,衍射模
式主要是那些 rutile 型 TiO_2 晶体结构。800℃下获得的样品包含以上两种晶体结
构。另一个显而易见的特性是随着反应温度的上升衍射峰的锐化,表明了微粒尺 P.192
寸的增加。在 500℃下得到的纳米颗粒表现出的广泛特性表明了其相对小的尺

寸。纳米晶格的平均尺寸由 Sherrer 公式得出，在 500℃、800℃以及 1000℃，获得的样品直径分别约为 14、31 以及＞100 nm。相应由 TEM 观察到的值为 15、40 以及＞100 nm。

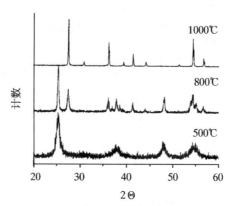

图 7.11　在三种不同温度下加热后获得的 0.25mol％掺 Er 的 TiO₂
纳米微粒粉末的 X 射线衍射模式

　　XRD 纳米结构材料研究上的一个显著进步是使用同步加速器源极提供非常明亮且连续的 X 射线谱，使得研究小数量的纳米颗粒成为可能。

7.2.1.2　X 射线光电子能谱法

　　X 射线光电子能谱法（X-ray photoelectron spectroscopy，XPS），同样被认为是一种化学分析电子能谱法（electron spectroscopy for chemical analysis，ESCA），用于研究样品表面区域的组成以及电子状态。它利用光电效应产生光子（这里是 X 射线）撞击材料的表面，以使得电子以不同的能级离开材料表面。这项技术能够提供氧化态、即时化学环境，以及组成原子的浓度的信息。一个有价值的 XPS 参考资源是 Crist(2000)编写的三卷本手册。

　　样品——用于研究的薄膜形式的纳米材料，被能量在 200～2000 eV 范围内的单色 X 射线照射。这种 X 射线光子的穿透深度有限（取决于照射的角度、光子能量以及材料性质）。

　　光电子离开时具有的动能是一种结合能，并且因此，是特定原子的化学环境。这种方法仅讨论那些从样品表面的前几个纳米发射的电子。电子分光计可以根据电子的动能探测到那些离开样品的电子。

　　样品的 XPS 通过光谱显示发射的电子的流量而呈现出来，$N(E)$ 是结合能（决定于发射电子的动能）的函数。图 7.12(a)～(c)显示了我们实验室使用一种新方法制备的 InP 纳米微粒的光谱（详见 7.1.3 节）。图 7.12(a)显示了测量光谱，它给出了样品表面不同元素的信息。O 和 C 之间的峰值源于污染物。高分辨率的扫描显示在图 7.12(b)和 7.12(c)中，被用来计算原子浓度。峰值区（具有合适的灵敏度因子)用来确定成分元素的浓度。每个峰的形状以及结合能可以由于发射原子的化学特性而有轻微的变动。图 7.12(b)显示了铟 $3d_{5/2}$ 和 $3d_{3/2}$ 电子的特征峰,图 7.12(c)显示了从 InP(130 eV)以及氧化磷(约 133 eV)得到的磷 3p 核水平电子的特征峰。因此,XPS 提供了纳米材料混合物的元素间的化学结合信息。同时,也可以注意到 XPS 不适合质量较轻的原子,例如氢和氦。

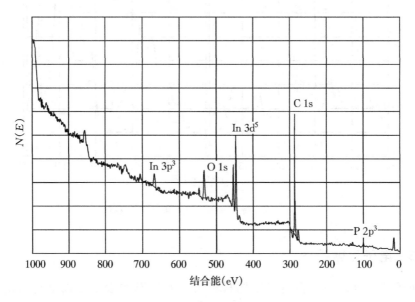

图 7.12(a)　InP 纳米微粒的 XPS 测量光谱

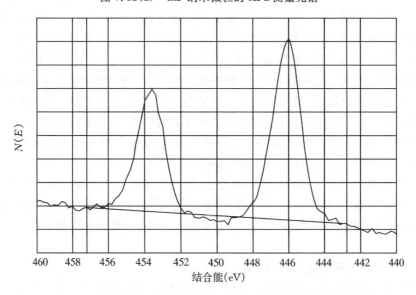

图 7.12(b)　铟 $3d^5$ 电子的结合能

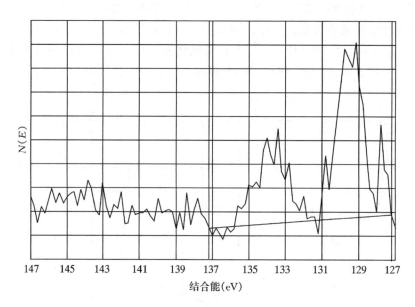

图 7.12(c)　磷化铟中磷 2p^3 电子的结合能

P.194 ### 7.2.2　电子显微镜法

　　电子显微镜是一种在纳米结构材料尺寸及形态的表征方面强有力的工具
(Heimendahl,1980)。如同光学显微镜一样,它提供了材料在直接空间的图像。
然而,电子显微镜提供的纳米级分辨率非常适合于观察纳米材料,而普通光学显微
镜提供的分辨率是在几百纳米级的。由于显微镜的分辨率是受限于其成像所使用
的射线的波长的(空间分辨率通常为 0.61λ/NA,这里 NA 是光学系统的数值孔
径),即便是紫外光,光学显微镜的分辨率也仅限于约 200 nm。电子显微镜运用能
量在几千电子伏的电子,是能量在 2～3 eV 的可见光子的几千倍。使用第 2 章中
德布罗意等式 $λ=h/p$ 描述波长 $λ$ 以及动量 p 之间的关系,能量在约 3600 eV 通过
计算为 0.02 nm。但是由于电子镜头的偏差,实际达到的分辨率明显较小。然而
0.1 nm 的分辨率可以通过电子显微镜获得。

　　这里描述了两种主要的电子显微方法,分别是透射电子显微镜法(TEM)以及
P.195 扫描电子显微镜法(SEM)。TEM 是用集中的电子束而非可见光去照射(电子透
射)样品的透射式光学显微镜法的电子显微镜。SEM 主要是使用集中的电子束扫
描样品。

7.2.2.1　透射电子显微镜法(TEM)

　　透射电子显微镜是一种用来分析非常薄的样品结构的工具,电子作为一种探
针穿过样品。透射电子显微镜的结构与光学显微镜在原理上很相似,一束电子束,

如同透射式显微镜中的光,通过样品同时被样品中的结构所改变。然而,TEM 中的样品是处在高真空状态中的。透过的电子束被投射到一个磷屏上以呈现或为计算机数字化所用。TEM 中的电磁透镜含有由铁包围的载流线圈,因此电子束被这些电磁透镜所聚焦从而通过检验样品。透射电子束被物镜所拦截并最终显示在荧光屏上。

TEM 由以下部分组成:

- 一个可以制造单色电子束的电子枪。
- 能够将电子聚光为细束的电磁透镜。
- 通过去除大角度电子来限制电子束的聚光器孔径。
- 放置样品的样品台。
- 聚焦透射电子束的物镜。
- 通过阻挡大角度衍射以提高对比度,同时也获得电子衍射的可选择目标以及区域的金属孔径。
- 后续媒介以及投影透镜以扩大图像,允许由透射电子束所呈图像的光学记录。

对于 TEM 来讲,样品应该很薄因此能够使得高能量电子通过。当电子穿过样品时,由于库仑作用在原子上会发生散射。散射(可以是弹性的也可以是非弹性的)的程度取决于样品的原子组成。较重的原子(原子数较大)发生强烈的散射。与透过原子数较小的区域相比,透过这部分区域的射线强度较低。到达荧光屏的电子的强度分布取决于透射的电子数目。这导致了含有重原子较丰富的样品,图像区域相对较黑。

TEM 图像提供了纳米颗粒的尺寸以及形态方面的可靠信息,如图 7.13(a)以及 7.13(b)所示。

7.2.2.2 扫描电子显微镜法(SEM)

扫描电子显微镜是一项以通过特别准备好的样品表面的电子束扫描来获得样品图像的技术。SEM 大幅度提高并且很好地解决了样品无遮挡的三维结构图像。为达到这一目的,从一个电子枪中射出的电子束通过聚焦透镜被聚焦到样品表面上。将电子束聚焦到一个很小的范围内,一般直径在 $10 \sim 20$ nm 范围是可实现的。这一聚焦点的直径决定了最终扫描得到的图像的分辨率。在聚集透镜下方的扫描线圈组(由可控制电流通过的导线构成)使得电子束发生偏转。电子束偏转使得可在表面上的扫描呈网格形式(类似电视机),在每一个点停留一段时间,停留时间取决于扫描速度(通常在微秒范围内)。

当聚焦电子束撞击样品表面时,通常有几种类型的信号可以被用做 SEM 成像。它们包括背向散射电子、激发电子、阴极射线发光,以及由撞击电子产生的低能 X 射线。信号是通过样品特定的发射量获得的,并且用于测量样品的许多特性(位置、表面形状、晶体形状、电磁特性等)。

P.196

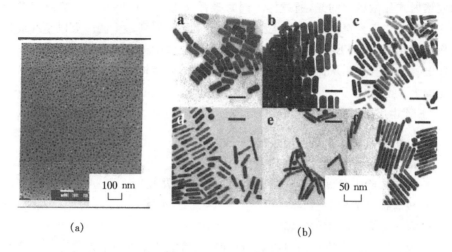

图 7.13　TEM 图像 (a)GaP 纳米微粒；(b)金纳米棒。图 7.13(b)是来自 Nikoobakht
和 El Sayed(2003)，经许可后复制

激发电子以及背向散射电子被一个检测器俘获，并且主要用来呈表面形状的
图像。检测器将每一个电子转变形成一个闪光，之后得到电子脉冲。这些脉冲被
一个信号放大器放大并且用来调节二维图像中的亮点的强度，二维图像可以通过
阴极射线管(CRT)显像或者进行数字化处理。因此，理论上来讲，样品上的每一
点都被转移成像到相应的 CRT 点上。SEM 图像中点的亮度是测量到的激发电子
的强度，这个亮度很大程度上取决于样品的表面形状。检测器被不对称地放置，所
以直对检测器的表面区域显示亮度很强而孔洞和缝隙显示为较暗。图 7.14 显示
了 SEM 成像的一个例子，即多层、顺序排列的、密封的光子晶体结构的聚苯乙烯
球(在第 9 章中讨论)。

应该注意到我们希望样品具有导电性，因为在绝缘样品的使用中，表面电荷聚
集阻碍激发电子的产生。因此，对于不导电的样品如非金属表面，通常沉积一层薄
的石墨或金属以使其导电并且防止表面电荷的产生。

SEM 较 TEM 具有的优点是它提供了极大的聚焦深度。因此，可以获得样品
曝光表面的三维图像，如图 7.14 所示。相比较而言，TEM 仅仅提供薄样品的透射
对比度，但是 TEM 的分辨率远比 SEM 高。在后续例子中，典型的分辨率约为
约 10 nm。因此，为获得直径小于 10 nm 的纳米颗粒尺寸和形状方面的信息，使用
TEM 技术比较合适。

图 7.14　密集结构的 200 nm 聚苯乙烯 SEM 断层图像

7.2.3　其他电子束技术

反射式高能电子衍射（RHEED）　这一技术通常在 MBE 生长室中配合使用，因为它是监控逐层生长的标准方法。这一方法采用从电子枪中射出的高能（10～20 keV）电子束以一个掠射角（约 0.5°～3°）撞击在生长表面。电子穿透表面的若干层，出射电子被记录在磷光屏上（Vvedensky，2001）。记录到的图像是衍射图（倒晶格空间）。 P.198

RHEED 是通过监测衍射形式作为基板上薄膜生长的函数，提供了薄膜晶体对称、长程序列宽度（模式锐度），以及生长模式（不管是三维或二维）方面的信息。然而，RHEED 最实用的应用是监控生长的厚度，逐层地运用入射角和反射角相同的镜像电子束的强度。图 7.15 显示的是一个观察到的 ZnSe 表面沉积时间的震荡和衰退函数的典型例子。由 ZnSe 表层的重复形式而产生的振荡，提供了对逐层生长的原位监控。其最大值与完整的 SeZn 双分子层的增加相一致。波形的衰减是由于生长过程的不完善所造成的，这说明随着层的生长，后续的层在前一层还未完成之前就已开始形成。震荡的周期以秒为单位，与形成一个完整的双分子层所需要的时间一致。这种强度模式可以被用来精确控制某一层的部分材料沉积，通过采用在分子束中使用快门，如在 7.1.1 节 MBE 中叙述的。在 RHEED 监测中联合使用不同的快门也可以沉积指定层数的一种材料（例如 GaAs），接着沉积指定层数的另一种材料成分。

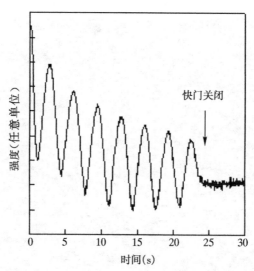

图 7.15 MBE 法 ZnSe 生长过程中的 RHEED 振荡。由布法罗大学的 Hong Luo 提供

能量色散谱(energy-dispersive spectroscopy，EDS) 在使用扫描电子显微镜之后,能量色散谱(EDS)使得确定固体样品的微观域的化学成分成为可能。其原理是:SEM 的电子束,如 7.2.2 节中描述的,激发能够发出可见光范围内的 X 射线的原子,射线能量是发射射线的元素的一种特有属性。运用这种方法,可以分析某种特定表面上的点。这种技术可以使我们获得样品很大范围内的化学成分信息,例如抛光的表面、折断的表面、粉末以及表面薄膜。图 7.16 显示了我们在实验室中使用这种方法获得的 InP 纳米颗粒的 EDS。

7.2.4 扫描探针显微镜法

扫描探针显微镜法(scanning probe microscopy,SPM)在获得纳米结构的三维空间图像上,以及纳米结构显微的物理特性局部测量例如局部电子密度(Bonnell and Huey,2001;Chi and Rothig,2000)方面已经成为一种强有力的工具。SPM 的图像是通过运用小的局部探针(纳米半径)以及样品表面的相互作用而获得的。取决于局部相互作用的特性(同时也是小区域的特性),我们可以获得图像以提供表面形状的空间分布、电子结构、磁性结构或是其他局部特性。SPM 技术的一个主要优点在于它提供了丰富的信息(如局部物理特性或连接),在不破坏样品的前提下分辨率达到了单个原子水平,不需要特殊的样品制备。相对而言,之前讨论的电子显微镜法要求特殊的样品制备以及相对高的真空条件。

所有的 SPM 技术,无论小区域以及待成像表面间相互作用的物理特性,都必须令小区域足够近地贴近表面。小区域随后在表面上用光栅扫描,控制位移在一个与区域尺寸相接近的长度单位(纳米)。例如,样品的表面图像可以通过在不同连续高度上扫描或测量不同区域而获得。

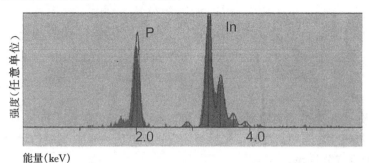

图 7.16 InP 纳米微粒的 EDS

最普遍的扫描探测技术是扫描隧道显微镜法（scanning tunneling microscopy，STM）以及原子力显微镜法（atomic force microscopy，AFM）。这两种显微方法将在这里讨论。STM 中的探针（金属的）和表面之间的相互作用是电性的，产生电子隧穿，我们已经在第 2 章中讨论过这一现象。这是最古老的扫描探测显微技术，测量探针以及样品之间的隧穿电流，因为它们之间有一定的距离所以会出现一个电场。AFM 是基于探针和表面之间的原子力。取决于探针和样品的分离，各种力都有可能占主导地位。例如，当探针非常接近样品表面时，会出现范德瓦尔斥力。当探针提升离开表面时，吸引力起主导作用。其他各种 AFM 是：(i)磁力显微镜法（magnetic force microscopy，MFM），使用磁探针探测局部磁相互作用；(ii)电子力显微镜法（electric force microscopy，EFM），使用金属探针探测局部静电相互作用（力和非穿透电流）；(iii)化学力显微镜法，运用涂有化学结构的探针去探测特定的化学相互作用。近场光学显微镜法（near-field scanning optical microscopy，NSOM）是另一种通常使用光学纤维探针的扫描探针显微镜法的实例已经在第 3 章中讨论过。然而，NSOM 中的相互作用是光学的，因此，NSOM 达到的分辨率并不像能够提供原子级分辨率的 AFM 以及 STM 那么高。STM 和 AFM 的一些细节将在下面讨论。

扫描隧道显微镜法（STM） STM 最早（Binnig et al.，1982）用于在超高真空条件下的导电表面分析［参见 Bai(2000)的早期工作以及后续发展］。从那时起，这项技术就已经做了改进以适用于更广泛的范围，因为它可以在很多不同的环境条件下使用，例如空气中（Park and Quata,1986）、水中（Sonnenfield and Hansma，1986）、油以及电解质中（Manne et al.，1991）。

STM 中好的直径为埃米级的金属探针被放置在与表面距离 5~50Å 处[①]。在这个距离之内，探针和样品的电波动函数的叠加使得隧穿产生。随之而来的是，电子的流动，取决于使用的电压（称为偏压）产生一个隧穿电流，可表示如下（Bonnell

---

① 注：1Å＝0.1 nm。

and Huey,2001)：

$$I = CU\rho_t\rho_s e^{-2kz} \tag{7.3}$$

在这个等式中，C 是常数，U 是使用的偏转电压，ρ_t ρ_s 分别是探针和样品表面电子分布密度。z 是探针样品的距离，以埃米为单位。k 与势垒高度有关，已经给出（详见第 2 章）。

P.201

$$k = \frac{\sqrt{2m_e(V-E)}}{\hbar} \tag{7.4}$$

m_e 是电子质量，$\hbar$ 是普朗克常量，E 是电子能量，V 是势垒。由于电流与 z 呈指数关系，样品与探针之间距离缩短 1Å 就会导致隧穿电流一个数量级的增长，提供了一个极高的垂直分辨率。

STM 图像通常有两种不同的获得形式，如图 7.17 所示。蚀刻尖端内的金属探针，在样品表面上以压电管扫描器进行光栅扫描。压电管前后的扫描电压会造成一个水平位移，而压电管内外扫描电压会造成垂直位移。在连续电流模型中，尖端垂直移动以获得一个恒定的电流，尖端在表面水平扫描以保持基本电压的恒定。来自比较电路的电压信号提供一个反馈电信号以控制在 z 轴方向上的扫描，由以水平位置 (x,y) 为函数的反馈信号产生的图像提供了样品表面的形态图像。

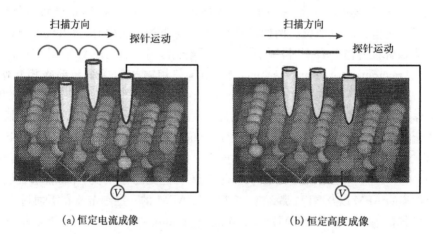

(a) 恒定电流成像   (b) 恒定高度成像

图 7.17 STM 在样品和探针表面具有一定偏离。探针从左到右进行扫描，或是 (a) 探针垂直移动以保证恒定电流，或是 (b) 垂直位置保持恒定而电流改变。来自 Bonnell 和 Huey(2001)，经许可后复制

在恒定高度模式中，探针和表面的距离维持恒定，而在固定偏压下的隧穿电流的改变被作为探针水平位置的函数而记录。在这种情况下，电流的改变提供了图像并且可以和电荷密度相联系。通常，STM 图像与样品的电子结构和探针的卷积有关[参见式(7.3)]。然而，经常做如下的假设：图像对比度的改变是与样品的电子特性有关。

隧道光谱也可在 STM 中起作用，以获得作为能量的函数的样品分布密度信息（运用偏压）。

P.202

尽管所有的 STM 技术通常被用于表面形态信息的获取，然而 STM 技术也可以提供三维图像的信息：尺寸、形状、周期特性、表面粗糙度、电子结构以及可能的元素构成。在 STM 技术中，图像对于系统电子特性的依赖可以被用来提取待成像材料的电子结构信息(Feenstra,1994)。

原子力显微镜法(AFM) 原子力显微镜法检测探针和样品表面之间的全部的力(Meyer,2003)。在这种情况下，探针附着在一个悬臂弹簧上。与 STM 不同，这一成像技术不依赖于样品的电导率。由样品表面施加到探针上的力使悬臂产生弯曲。通过使用已知弹性系数 C 的悬臂，净力 F 可以由悬臂弹簧的偏转度(弯曲)Δz，由等式 $F=C\Delta z$ 而直接获得。两种最常用的产生 AFM 图像的模式是接触模式和轻敲模式。

从本质上来说，AFM 是通过测量样品和探针之间的吸引力或排斥力而获得的。在接触模式中，探针工作在斥力状态(扫描时，探针与样品相接触)；然而在非接触模式中，为引力状态(探针和样品距离很近但不接触)。接触模式可以用在空气和液体中的样品上，而非接触模式不能用于液体。

一般的接触模式 AFM 使用恒定力(如同 STM 中的恒定电流)或恒定高度模式。在恒定力模式中，反馈环用来保持悬臂的偏转度恒定。在恒定高度模式中，悬臂的偏转度通过测量得到。扫描需要一个压电管。图 7.18 显示了通常用于测量悬臂偏转度的一个光学方法的略图。这里，光电二极管测量从悬臂顶端反射的激光束的位置。反馈电压用来控制探针的位置。样品安装在压电管扫描器上可进行 xyz 方向移动，与之前在 STM 中讨论的情况一样。

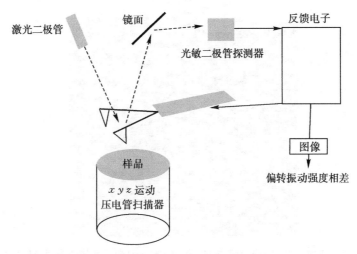

图 7.18 通过悬臂的 AFM 表面扫描。来自 Bonnell 和 Huey(2001)，经许可后复制

另一种使用 AFM 的模式称为"轻敲模式"，在这个模式中，"悬臂"在其固有频率附近震动并且由振荡阻尼决定了与表面的接近程度。在这种情况下，悬臂的震荡振幅和共振频率随着探针-样品间距离的减少而下降(同时有力的增大)。反馈

环如图 7.18 所示,用来控制振幅或频率常数。这样便消除了探针上的水平切向力
以及减少探针和样品之间的力,这种力会损坏柔软的样品。因此轻敲模式通常用

P.203 在柔软样品的测量上,尽管分辨率会比接触模式差些。这种方法,有时也称作 ac-
AFM 或动态 AFM,相较于力的大小,对力的改变更灵敏。

　　AFM 技术还有许多其他模式,例如中间媒介(intermedium)接触模式显微镜法、侧
向力显微镜法(LFM)、磁力显微镜法(MFM)、电子力显微镜法(EFM),以及热能扫描显
微镜法(SThM)。例如,MFM 用来获得磁特性的尺寸、形状,同时也包括不同位置磁场
强度以及极性。根据掺杂浓度,EFM 可用于获得样品表面的电场梯度。

　　AFM 中使用的探针通常是由硅或硅氮化物制成并且裸露(用于普通 AFM)
或者涂有一层特殊材料(如 EFM 中使用金属,MFM 使用的稀土硼化物)以适用于
不同的场合。目前,商业提供的 AFM 探针通过微制造制作成三个几何形状,即
(1)圆锥,(2)四面体,(3)角锥。圆锥探针可以制作得很尖锐,有很高的纵横比(探
针长度和探针直径的比值),使得很适合于成较深较窄的像。尽管已经可以制造直
径为 5 nm 的探针,但是它们极易损坏,因此通常使用的是直径范围在 10~50 nm
的探针。但是随着碳纳米管如 AFM 和 STM 探针的引入,探针直径已经被减小至
1~2 nm 范围内了(Wong et al. ,1998a,b)。

　　作为 AFM 成像的一个例子,图 7.19 提供了由我们实验室获得的密集结构的
聚苯乙烯的显微图像。它显示了完整的光子晶体所需的很高的排列秩序,是第 9
章要讨论的一个主题。

图 7.19   密堆积结构的聚苯乙烯球(直径 200 nm)光子晶体的表面 AFM 图像

P.204 # 7.3   本章重点

- 纳米材料生长有很多可行方法,同时包括气相和液相两个途径。

- 气相方法的例子为分子束外延（MBE）、金属有机物化学气相沉积（MOCVD）以及激光辅助气相沉积。

- 液相方法的例子是液相外延（LPE）以及纳米化学，后者的出现已成为制造很多纳米微粒以及表面特征强有力的技术。

- 外延生长涉及到在基板上进行的纳米结构的定向生长，基板的晶格结构与生长中的纳米材料相一致。

- 分子束外延（MBE）包括在超高真空室中进行的原子（例如 Ga 或 Al）或同素分子（如 As_2）蒸发，它们均为生长纳米结构的组分。它们的组合形成了分子束，随后沉积在晶格匹配的基板上（例如 GaAs）。

- BME 室同时也与很多原位表征技术相结合以监测生长过程。

- MBE 方法也广泛应用于量子阱、量子线和量子点的制造。

- 金属有机物化学气相沉积（MOCVD）是一种化学气相沉积方法，它的待生长半导体的元素组分的前体是金属有机化合物。

- 当 MOCVD 方法用于在晶格匹配的基板上的外延生长时，这一方法也被称为金属有机气相外延（MOVPE）。 P.205

- MOCVD 是一种较 MBE 成型速度快约 10 倍的较简单的生长技术。然而，MOCVD 中使用的化学前体通常是有毒性的，这就要求有很高的安全保证措施及小心地操作。

- 化学束外延（CBE）结合了 MOCVD 和 MBE。它利用 MBE 的超高真空室，但组成元素是来自于 MOCVD 中的金属有机前体。

- 液相外延（LPE）利用在适当温度下薄膜型材料的饱和溶液或熔液相接触的晶格匹配基板。它提供高沉积率以及在沉积膜上的较高的晶体完整性。

- 激光辅助气相沉积（LAVD）利用激光束以产生气相材料，随后沉积在基板上。

- LAVD 的一种形式是固体材料的激光消融，该固体材料可直接沉积或与反应气体相混合以制造需要的材料，之后被惰性气体运载以控制沉积。

- 另一种 LAVD 形式是采用激光诱导分裂的前体材料，如硅（SiH_4）的分解，以制造硅纳米晶体。

- 纳米化学涉及到限制在纳米长度的化学溶液相，它被用来制造金属、半导体、有机无机杂化纳米微粒以及不同尺寸和形状的核壳结构。

- 纳米化学的两个例子：(i)反胶团合成，也被称为微乳剂化学。它的化学反应在精确控制的纳米腔中进行，纳米腔由胶团型分子构成；(ii)胶体合成，纳米颗粒通过前体化学反应生长，该过程在精确选择的溶剂中进行，并且随后通过表面封盖而截断生长。

- 很多不同的技术可用于纳米材料的表征。一些主要方法在 7.2 节中进行了介绍。

- X 射线表征在确定结构方面扮演了很重要的角色。粉末 X 射线衍射提供了纳米微粒晶体组成方面的信息,衍射峰的扩展可通过 Scherrer 公式与纳米颗粒的尺寸相联系,因此可用来估计尺寸。

- X 射线光电子能谱法(XPS)利用光电效应,由 X 射线光子产生,电子离开时的动能可提供它的结合能方面信息,因此也能获得特定组分原子的化学环境。
- 电子显微镜法在纳米结构成像以及提供它们的尺寸及形状的直接信息方面是一个非常有效的方法。

P.206

- 电子显微镜法的两种主要形式:(i)透射电子显微镜法(TEM),主要是电子通过薄的样品成像;(ii)扫描电子显微镜法(SEM),它主要是利用电子束在样品表面扫描时发生的电子散射而成像。
- 反射式高能电子衍射(RHEED)是另一种利用电子束的技术。这种技术通常应用于 MBE 生长室,通过高能电子束的衍射来监测逐层生长。
- 能量色散谱(EDS)利用的是 X 射线性质的分析,同时也应用于 SEM 中的电子束发射到样品上,其组成原子发射出 X 射线。
- 扫描探针显微镜法(SPM)利用样品与在样品表面扫描的探针间的局部相互作用而产生纳米级分辨率的图像。最普遍的 SPM 是扫描隧道显微镜法(STM)以及原子力显微镜法(AFM)。
- 在 STM 中,通过样品表面和金属探针间的偏压而产生的隧穿电流来成像。这种方法可用来获取样品表面结构信息以及电子结构(状态密度分布)信息。
- 在 AFM 中,通过检测探针及样品间的力来成像。在这种方式中,探针附着在悬臂上,悬臂的偏转度是力的度量。

参考文献

Alivisatos, A. P., Peng, X., Manna, L., Process for Forming Shaped Group III–V Semiconductor Nanocrystals, and Product Formed Using Process, U.S. Patent 6,306,736, Oct. 23, 2001.

Bai, C., *Scanning Tunneling Microscopy and Its Applications, Springer-Verlag Series in Surface Sciences,* Vol. 32, Springer-Verlag, Berlin, 2000.

Barnham, K., and Vvedensky, D., eds., *Low-Dimentional Semiconductor Structures,* Cambridge University Press, Cambridge, U.K., 2001.

Battaglia, D., and Peng, X., Formation of High Quality InP and InAs Nanocrystals in a Noncoordinating Solvent, *Nano. Lett.* **2,** 1027–1030 (2002).

Binnig, G., Rohrer, H., Gerber, C., and Weibel, E., Surface Studies by Scanning Tunnelling Microscopy, *Phys. Rev. Lett.* **49,** 57–61 (1982).

Bonnell, D., and Huey, B. D., Basic Principles of Scanning Probe Microscopy, in *Scanning Probe Microscopy and Spectroscopy—Theory, Techniques, and Applications,* 2nd edition, D. Bonnell, ed., John Wiley & Sons, New York, 2001, pp. 7–42.

Bonnell, D., ed., *Scanning Probe Microscopy and Spectroscopy—Theory, Techniques, and Applications,* 2nd edition, John Wiley & Sons, New York, 2001.

Chen, X., Na, M., Cheon, M., Wang, S., Luo, H., McCombe, B., Sasaki, Y., Wojtowicz, T.,

Furdyna, J. K., Potashnik, S. J., and Schiffer, P., Above-Room-Temperature Ferromagnetism in GaSb/Mn Digital Alloys, *Appl. Phys. Lett.* **81,** 511–513 (2002).

Chi, L., and Röthig, C., Scanning Probe Microscopy of Nanoclusters, *Characterization of Nanophase Materials,* in Z. L. Wang, ed., John Wiley & Sons, New York, 2000, pp. 133–163.

Crist, B. V., *Handbook of Monochromatic XPS Spectra, 3-Volume Set,* John Wiley & Sons, New York, 2000.

Cullity, B. D., *Elements of X-Ray Diffraction,* Addison-Wesley, Menlo Park, CA, 1978.

Feenstra, R. M., Scanning Tunneling Spectroscopy, *Surf. Sci.,* **299–300,** 965–979 (1994).

Fendler, J. H., and Meldrum F. C., Colloid Chemical Approach to Nanostructured Materials, *Adv. Mater.* **7,** 607–632 (1995).

Guha, S., Madhukar, A., and Rajkumar, K. C., Onset of Incoherency and Defect Introduction in the Initial Stages of Molecular Beam Epitaxical Growth of Highly Strained $In_xGa_{1-x}As$ on GaAs(100), *Appl. Phys. Lett.* **57,** 2110–2112 (1990).

Heimendahl, M. V., *Electron Microscopy of Materials: An Introduction,* Academic Press, New York, 1980.

Herrman, M. A., and Sitter, H., *Molecular Beam Epitaxy,* Springer-Verlag, Berlin, 1996.

Jones, A. C., and O'Brien, P., *CVD of Compound Semiconductors,* VCH, Weinheim, Germany, 1997.

Kelly, M. J., *Low-Dimensional Semiconductors,* Clarendon Press, Oxford, U.K., 1995.

Lal, M., Levy, L., Kim, K. S., He, G. S., Wang, X., Min, Y. H., Pakatchi, S., and Prasad, P. N., Silica Nanobubbles Containing an Organic Dye in a Multilayered Organic/Inorganic Heterostructure with Enhanced Luminescence, *Chem. Mater.* **12,** 2632–2639 (2000).

Langford, J. I., and Louër, D. Powder Diffraction, *Rep. Prog. Phys.* **59,** 131–234 (1996).

Li, X., He, Y., Talukdar, S. S., and Swihart, M. T., Process for Preparing Macroscopic Quantities of Brightly Photoluminescent Silicon Nanoparticles with Emission Spanning the Visible Spectrum, *Langmuir* **19,** 8490–8496 (2003).

Lucey, D. W., MacRae, D. J., Furis, M., Sahoo, Y., Manciu, F., and Prasad, P. N., Synthesis of InP and GaP in a Noncoordinating Solvent Utilizing *in-situ* Surfactant Generation, in preparation (2004).

Manne, S., Massie, T., Elings, B., Hansma, P. K., and Gewirth, A. A., Electrochemistry on a Gold Surface Observed with the Atomic Force Microscope, *J. Vac. Sci. Technol.* **B9,** 950–954 (1991).

Meyer, E., *Atomic Force Microscopy: Fundamentals to Most Advanced Applications,* Springer-Verlag, New York, 2003.

Murray, C. B., Kagan, C. R., and Bawendi, M. G., Synthesis and Characterization of Monodisperse Nanocrystals and Close-Packed Nanocrystal Assembles, *Annu. Rev. Mater. Sci.,* **30,** 545–610 (2000).

Nikoobakht, B., and El-Sayed, M. A., Preparation and Growth Mechanism of Gold Nanorods (NRs) Using Seed-Mediated Growth Method, *Chem. Mater.* **15,** 1957–1962 (2003).

Park, S.-I., and Quate, C. F., Tunneling Microscopy of Graphite in Air, *Appl. Phys. Lett.* **48,** 112–114 (1986).

Patra, A., Friend, C. S., Kapoor, R., and Prasad, P. N., Fluorescence Upconversion Properties of Er^{3+}-Doped TiO_2 and $BaTiO_3$ Nanocrystallites, *Chem. Mater.* **15,** 3650–3655 (2003).

P. 207

P.208   Petit, C., Lixon, P, and Pileni, M. P., *In-Situ* Synthesis of Silver Nanocluster in AOT Reverse
         Micelles, *J. Phys. Chem.* **97,** 12974–12983 (1993).

         Sonnenfeld, R., and Hansma, P., Atomic-Resolution Microscopy in Water *Science,* **32,**
         211–213 (1986).

         Vvedensky, D., Epitaxial Growth of Semiconductors, in *Low-Dimentional Semiconductor
         Structures,* K, Barnham and C. Vvedensky, eds., Cambridge University Press, Cam-
         bridge, U.K., 2001.

         Wang, Z. L., ed. *Characterization of Nanophase Materials,* Wiley-VCH, Weinheim, Ger-
         many, 2000.

         Wijekoon, W. M. K. P., Liktey, M. Y. M., Prasad, P. N., and Garvey, J. F., Fabrication of
         Thin Film of an Inorganic–Organic Composite via Laser Assisted Molecular Beam Depo-
         sition, *Appl. Phys. Lett.* **67,** 1698–1699 (1995).

         Wong, S. S., Joselevich, E., Woolley, A. T., Cheung, C. L., and Lieber, C. M., Covalently
         Functionalized Nanotubes as Nanometer-Sized Probes in Chemistry and Biology, *Nature*
         394, 52–55 (1998a).

         Wong, S. S., Harper, J. D., Lansbury, P. T., and Lieber, C. M., Carbon Nanotube Tips: High-
         Resolution Probes for Imaging Biological Systems, *J. Am. Chem. Soc.* **120,** 603–604
         (1998b).

第 8 章

纳米结构的分子架构

本章介绍分子工程中具有丰硕成果的领域之一，即通过纳米结构的架构控制P.209来制造新颖的多功能光学材料。纳米结构的控制源自于操纵共价（化学键）和非共价键，使之产生特殊的光电互动拓扑和分子纳米构型。为了方便不太了解化学的读者，本书省略了所使用的化学合成方法的细节，但给出了适当的参考文献以提供给对这些细节感兴趣的读者参阅。不同类型的共价键（σ 和 π）已经在第 4 章第 6 节中讨论过。在这一章，8.1 节介绍了一些决定分子三维结构的非共价相互作用。

8.2 节介绍了光子学的聚合体介质。在纳米尺寸上聚合体结构具有的结构弹性非常适于运用分子工程对其性能进行调控。本节在举例说明光子应用的同时，讨论了一些纳米结构的控制途径。

8.3 节讨论了以机械互锁的双分子单元为代表的分子机械。机械互锁表明该双分子之间没有化学键的连接。在外部激励如本书所讲的光作用下，两个分子单元可以产生关于另一方的相对位移（旋转或平动）。由此，通过光的作用产生的在纳米尺度上的位移（机械运动）以及显示出这类行为的系统，也被称为光-机纳米机械或分子马达。这里描述了两个分子机械装置的分子结构：轮烷和索烃。在提供基础的分子结构设计的同时，也进行其光子学功能的说明。

8.4 节介绍了具有超分支型结构的树状高分子，这种分支型结构常被用于仿生学中。这些仿生材料，除了涉及到树状高分子的，都在 12 章中进行了详细讨论。这里对树状高分子的基本结构概念和构造方法以及它们的优点进行了讨论。

8.5 节介绍超分子结构。这些分子单元通过非共价相互作用聚合在一起。本文论述了多种用来产生不同类型的超分子结构的非共价键，概述了超分子结构提P.210供的灵活的多功能性。具体的例子包括一个超分子的树状高分子，它结合了超分子化学和树状高分子化学。提供的另一例是关于可调节内腔的螺旋折叠架构。

8.6节描述单层和多层分子的组装。介绍的两个具体方法是 Langmuir-Blodgett 技术和自组装单层沉积法。实例中还对显示出增强的非线性光学响应的多层膜也进行了讨论。

由于本章各主题的讨论涉及极其多样化的分子结构类型,没有单一的书籍或综述可以涵盖所有内容。因此,针对每个小节都给出了阅读指南以涵盖本节阐述的内容。本章的重点提要放在 8.7 节。

8.1　非共价相互作用

涉及分子三维结构的架构通常由非共价相互作用决定,而不涉及任何化学键连。这种相互作用形成了长分子链(如蛋白质)的折叠,以及使得两个互补 DNA 链成对形成双螺旋的结构。这里将讨论本章展示的一些重要的非共价相互作用,它们决定了多种分子架构的形状和功能(Whitesides et al. , 1991;Brunsveld et al. , 2001;Gittins and Twyman, 2003)。

氢键　氢键涉及弱静电相互作用,这种相互作用发生在已键合到某个分子中电负性原子(一个高度极性键)上的氢原子和带有富电子的原子(包括无键电子对)之间,这个原子可以位于其他分子上,也可以位于同一分子的不同部位上(如作用于分子内部的氢键)。一个例子是图 8.1 显示的水分子 H_2O 中的氢键。一些能够形成氢键的典型结构有 $-NH_2$、$-C \equiv O$ 和 $-OH$。

P.211 正是核酸双链上的碱基对之间的氢键导致了 DNA 双链 Watson-Crick 模型(Watson and Crick, 1953)的形成。能够形成氢键的碱基对是非常特定的。通常,多重氢键是决定巨型分子或高分子结构的关键因素.

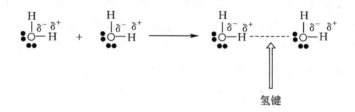

氢键

图 8.1　氢键由虚线表示

金属配位　在这种情况下,相互作用位于金属离子和有机配体之间(这种有机分子单元包含能够与金属离子配对的原子,像具有孤电子对的氮)。有机配体分子将以金属离子为中心分布形成各种几何结构。通常这些配体依据配体上结合位置的数量可以称为单配位基、双配位基等等。金属配位是比氢键更强的相互作用。

π-π 相互作用（芳烃-芳烃） 芳烃（例如苯环）是平面结合结构,含有绕环的离域 π 电子（见 4.6 节）。π 分子轨道垂直于苯环平面。当芳烃的 π 分子轨道重叠时,就会产生 π-π 相互作用。这种相互作用对圆盘状或柱状的芳香环分层排列起到了稳定作用。

静电和离子相互作用 这类相互作用表现在具有相反电荷的分子单元或片断之间。它同样发生在离子团和其他具有永久性偶极矩的分子单元之间。在这种情况下,相互作用表现为离子-偶极形式。

范德瓦尔斯相互作用 它是发生于两个化学物类之间的短距的非特异性相互作用。这是由于任何原子的电子分布都存在瞬时的随机起伏,这导致了短暂的不相等的电子偶极。两个非共价键原子的不相等偶极之间的吸引即产生了范德瓦尔斯相互作用。这种力量是使非极性液体和固体具有内聚力的原因,而它们是无法形成氢键的。

疏水相互作用 这些相互作用涉及分子的非极性部分（只包含 C—C 和 C—H 键的部分）。例如长烷基链之间的相互作用,这些长烷基链能够形成分子的非极性尾部,而利用这些尾部可以组装形成外膜型双层结构。另一个表现出疏水相互作用的例子是在 8.2 节中讨论的聚合体的非极性片段的集中化现象。

单个非共价键也许比一个共价化学键能低。但总体而言,非共价键在维持分子系统的三维结构以及 DNA、蛋白质和生物膜的生物结构上起关键性的作用。通常不止一种的非共价相互作用类型参与决定大分子结构是否折叠或不折叠。原因在于这些非共价相互作用具有高度的定向性。它们也具有特异性,从而提供了使分子单元或片段能对准适当结合（相互作用）位点的自导向辨识特性。这个功能经P.212常被称为自组装。因此,通过非共价相互作用而显示出这类特性的分子结构被称为自组装结构,可用于在基片上自动实现特定形式的分子组装或制定出某种图案形式的分子组装。

8.2 纳米结构的聚合物介质

聚合介质在多种光学应用中极具潜力。图 8.2 显示了在我们研究所中应用聚合物光学的一些领域,同时描绘了聚合物介质在光子学中的多种应用。有两篇非常好的论文介绍了基于聚合物介质尤其是嵌段共聚物类的纳米技术,其作者分别是 Thomas 及其同事(Park et al. , 2003)以及 Bates 和 Fredrickson (1999)。

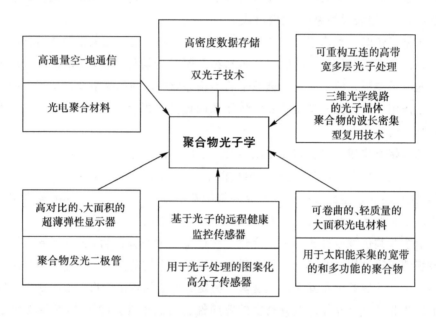

图 8.2　图表阐明聚合光学的多种应用

聚合物材料是分子层级系统,它的结构和功能可以从原子水平到更高层次上进行控制,因此提供了一个纳米结构的控制途径。这类大型结构的灵活性给人们在聚合物材料中引进多功能性的机会。在本质上,人们可以模拟自然界存在的结构,如蛋白质、DNA 以及其他生物系统。我们可以通过一系列化学合成的方法控制它们的一级结构、二级结构以及三级结构。图 8.3 描述了一种多功能聚合物的结构。如图所示可以通过合成交替共聚物或嵌段共聚物(例如嵌入片段—B—B—B— 和 —C—C—C—)来改变主链结构;可以移植不同功能的侧链。此外,通过在主链或侧链中引入灵活的链片段,使聚合物具有可溶性。通过这些修饰方法的组合,人们可以引入不同的性能,如光反应、电反应、机械强度和改进的加工性能。通过制造纳米复合材料或混合聚合物,可以进一步改进其性能。这些特性在第 10 章中进行讨论。另外,还可以利用诱导定向排列来产生或加强期望的功能性反应。

P.213

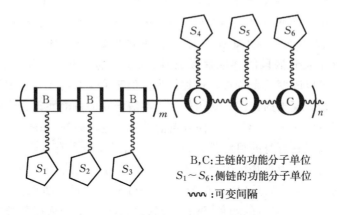

B,C:主链的功能分子单位
$S_1 \sim S_6$:侧链的功能分子单位
〰〰:可变间隔

图 8.3　多功能嵌段共聚物的图示

含有某类结构（例如疏水特性）的一个聚合物片段而其他部分拥有其他结构（例如亲水性）的二嵌段共聚物可以通过两个部分的相位分离而产生不同的形态，这取决于这两个部分的长度尺寸（Bates and Fredrickson，1999；Park et al.，2003）。因此，正如图 8.4 所示，通过调整两个组分的相对尺寸，人们可以使其以不同形态的体相聚集。在一些实例中，人们能够使它们呈球体螺旋上升。在另一个实例中，人们可以使其以柱状聚集。第三个实例是一个螺旋结构，而第四个实例是一个薄片状结构。在图 8.4 中，每条曲线的底部定义了第二相的容积率，随着它的不断增加，聚合物的形态在发生改变（Bates and Fredrickson，1999）。这种特性可以用来制作自组装的光学晶体。这个主题在第 9 章中进行了讨论。

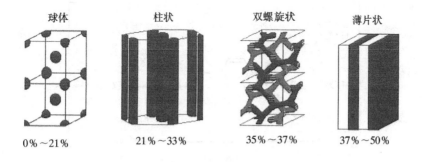

球体	柱状	双螺旋状	薄片状
0%～21%	21%～33%	35%～37%	37%～50%

图 8.4　非结晶二嵌段共聚物的不同形态。每个形态下面的百分数表示第二相（较小的片段）嵌段的容积率，它们被第一相所环绕。由 MIT 的 E. L. Thomas 提供

这里讨论的纳米结构的聚合物的一个具体应用是聚合物发光二极管，这一领域在全球范围内得到了广泛的关注（Akcelrud，2003）。基于聚合物发光二极管

（通常缩写为 PLED）的发光显示器已经商品化。通过利用某种嵌段共聚物可以实现颜色的可调性（Kyllo et al. , 2001；Yang et al. , 1998）。这种嵌段共聚物由

P.214 不同种类的重复单元组成（如在二嵌段共聚物中的—B—B—B— 和—C—C—C—）。通过调节发光嵌段的共轭片段（如图 8.3 中的—B—B—B—）的嵌段长度（低聚物长度）可以改变发光波长。这种行为类似于第 4 章的 4.6 节中讨论过的有限尺寸的低聚物表现出的特性。常用的用于溶液铸膜的可溶性聚合物的制备方法是在非共轭嵌段（—C—C—C—）中插入灵活的脂肪链。另外，如图 8.3 所示，引入灵活的侧链可以提高自身的可溶性。图 8.5 显示了一个含有共轭-非共轭嵌段的共聚物例子。它包含甲氧基衍生物形式的 PPV（聚对苯乙炔）共轭嵌段，以及将这个嵌段分开的非共轭脂肪片段—OC$_6$H$_{12}$—O—（Kyllo et al. , 2001）。这种类型的嵌段共聚物已经表明，产生的颜色（波长）受到共轭长度（共轭嵌段的长度）的控制，而不会受到非共轭嵌段长度的影响，因而有时将非共轭嵌段称为惰性间隔。然而，

P.215 Karasz 及其同事发现，电致发光效率是依赖于非共轭嵌段的，更长的惰性间隔会导致产生更高的发光效率（Yang et al. , 1998）。

图 8.6 显示了另一种设计的嵌段共聚物，在主链和侧链中都含有共轭片段，通过灵活的—O—(CH$_2$)$_6$—O—间隔与主链分开（Chung et al. , 1997）。两个共轭单元都可以发光，但是各自的波长不同。这种设计提供了一种生产白色发光 LED（宽带发射）的方法。

Park 等人（2003）描述了许多利用嵌段共聚物为模板合成纳米微粒、晶体和高密度信息存储介质的例子。他们讨论了嵌段共聚物在来自微结构域的纳米技术中的应用，以及通过改变分子参数来方便地调节自身的大小、形状和周期的特性。

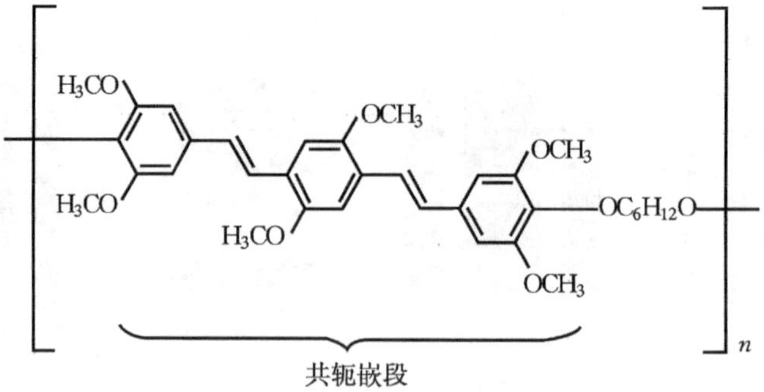

图 8.5   含有共轭限制的电致发光聚合物，包含二甲氧基 PPV 共轭嵌段和一个非共轭脂肪族链（Chung et al. , 1997）

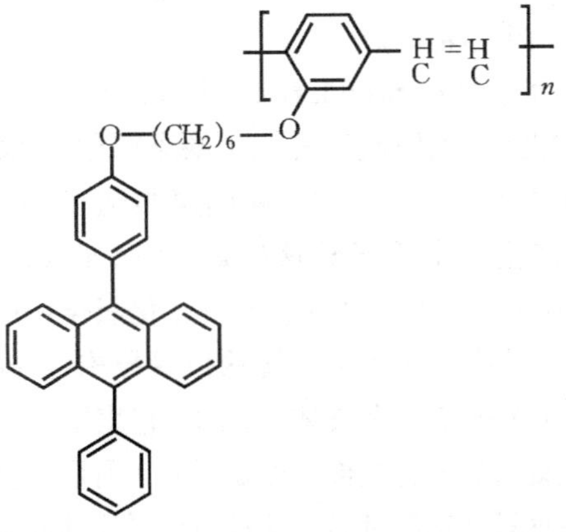

图 8.6 一种侧链聚合物,主链含有 PPV 单元,侧链含有共轭芳环结 9-10-二苯基蒽

8.3 分子机械

分子机械或分子马达——在这本书里是指涉及这样的纳米结构——里面包含两个或两个以上分离的没有任何化学键连接的分子元件。这些元件之间具有内在的机械互锁,它们只能通过一些其他部位的化学键的裂解才能分离开。连接或连锁的位点由非共价相互作用如氢键决定。根据外部刺激,如光、电场或化学变化,该位点的互锁打开,并转移到其他位置而产生机械性移置。因此,这些分子机械也可以被认为是分子梭。

制造这类互锁结构的一种方法是通过特定的非共价相互作用如氢键或金属配位,使互锁单元的前体分子处于正确的方向。然后通过化学反应形成必要的化学键,最终得到互锁结构。

P.216

很多优秀的文章对这些分子机械类型进行了综述。一个不错的早期参考来源是《化学研究报告》(美国化学学会刊物) Volume 34,pp. 409 – 522 (2001)中的"Molecular Machines"。一些其他的参考是 Balzani 等人(2000) 和 Leigh (2003a)的文章。

这里举两个这种类型的纳米结构的例子,它们是(i)索烃和(ii)轮烷。如图 8.7 的草图所示,索烃由两个或两个以上互锁的环状结构组成。这个图表显示了[2]索烃。方括号内的数字表示互锁的环数(就 8.7 图中而言,是 2 个)。如果索烃分子内的这两个环是相同的,就称为同性环索烃,如果不同则称为异性环索烃。

图 8.8 显示了轮烷的结构。轮烷由一个大环(大的分子环)相连到一个线型分子单元上构成,线型部分通常被称为线程。线程的两端有两个大的阻塞基团以防

止环从线程上脱离。就索烃而言，在方括号里的前缀代表互锁成分的数量。同理，图 8.8 所显示的代表一个 [2] 轮烷。

Sauvage (1998) 研究小组和 Stoddart (Balzani et al.，1998) 发展了构造索烃和轮烷类型分子的合成路线，他们使用 π 电子缺乏的繁、π 电子丰富的芳香聚醚单元和过渡金属配位的配合体。Stoddar 及其同事报道了一种分子梭，它可以通过电、光化或化学刺激以产生一个质子转移 (Bissell et al.，1994)。Sauvage 和同事的研究表明，在基于金属的系统中，利用电子或光化氧化还原 (电子转移) 反应可以改变过渡金属的氧化态，最终诱导产生系统的位置异构 (Jimenez et al.，2000)。

P.217 Brouwer 等人 (2001) 给了一个具体的例子，它表明了一种光驱动的平移分子层次的马达。这种由氢键组装的轮烷梭结构如图 8.9 所示。在这种结构中，大环被激光脉冲光激发后，可以在两种状态间翻转。这种亚分子运动发生在微秒尺度上，而且是完全可逆的。经过电荷的复合，大约 100 μs 以后，大环梭回到原来的位点上。

另一个例子是利用亚分子运动在聚合物膜上构造荧光图案 (Leigh，2003b)。为了达到这个目的，需要合成一种在线程上含有荧光蒽基团而大环上含有淬灭基团的轮烷。当大环靠近蒽基团时，没有探测到蒽发出荧光，这是由于淬灭基团的靠近。当在外部刺激 (如光吸收或极性改变) 下，大环远离蒽基团时才可以观察到荧光。这种双态的分子开关可以被合成进聚合物膜以存储可视图像，这种图像仅由可控的亚分子运动所产生。

图 8.7 索烃内的的转动

图 8.8 轮烷的直线运动 （一种分子梭）

8.4 树状高分子

术语"树状高分子" (dendrimer) 源自两个希腊单词的复合："dendron"意思是树或树枝，"meros"指部分。树状高分子涵盖了大量的拥有完善结构和高度分支化纳米结构的家族。在过去十年，这一领域得到了爆炸性的发展，这是由于树状高分子纳米结构有望应用于许多领域，包括光子学。当然，这方面有很多不错的书籍和优秀的综述。一些参考文献包括：

P.218

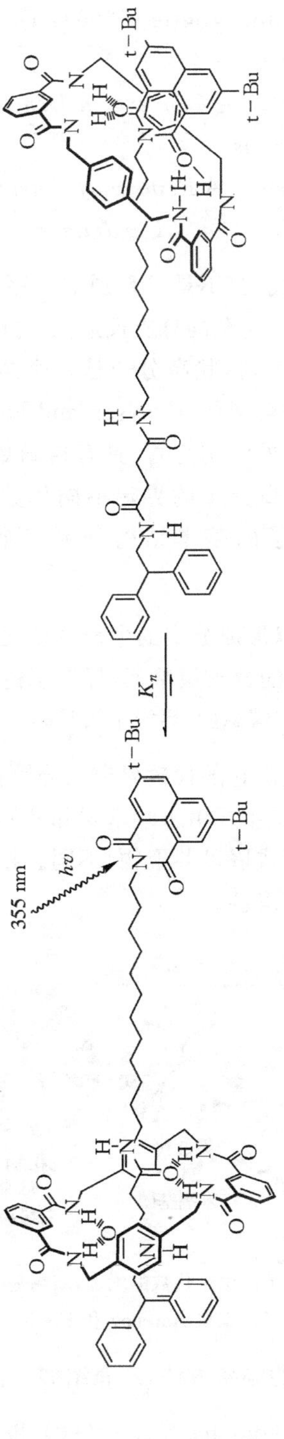

图 8.9 一种光驱动的平移分子马达。来自 Brouwer 等人(2001),经许可后复制

Newkome，Moorefield，and Vögtle（1996）：*Dendritic Molecules：Concepts，Syntheses，Perspectives*

Grayson and Fréchet（2001）：*Convergent Dendrons and Dendrimers：From Synthesis to Applications*

Dykes（2001）：Dendrimers：*A Review of Their Appeal and Applications*

Vögtle et al.（2000）：*Functional Dendrimers*

　　超支化高分子通过非迭代的（不是一系列的顺序步骤）聚合过程而合成，由此表现出不规则的分子结构和不完全的分支反应点。此外，它们的分子量分布广泛，因此是多分散系统。相比之下，树状高分子是一个高度有序、规则的枝球状大分子，而且是由逐步迭代的方法合成的（Grayson and Frechet，2001）。因此树状高分子不同于超支化高分子，它们的结构完善，具有精确数量的同心层分支点（又被称为代）。图 8.10 描绘了树状高分子的界定不同代数的这种特性（Andronov and Fréchet，2000）。树状高分子的基本结构分为三个主要的区域（Grayson and Fréchet，2001；Dykes，2001）：

P.219

- 一个核心或联络基，以形成分支的生长位点（晶核成形位点的类型）。
- 从核心放射出的重复的分支层单元，界定了树状高分子的代数。
- 位于重复单元外层的末端基团，界定了树状高分子的边缘（一个多面状表面）。

　　本质上讲，树状高分子是由它的代数界定的分散化合物，是通过高度控制的生长过程合成的。它的宏观性质主要由末端基团和外界环境的相互作用来决定。这跟 8.2 节讨论的线状高分子（或嵌段共聚物）不同。相比于它们的线状聚合的类似物，树状高分子拥有更好的可溶性。

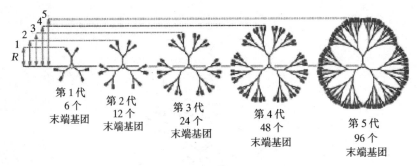

图 8.10　不同代数的树状高分子。由于代数的增加，末端基团的数量倍增，但是从核心到末端基团的距离也增加了。来自 Adronov 和 Fréchet（2000），经许可后复制

　　树状高分子有两种常用的制备方法，现介绍如下：

发散法　这种方法是由 Tomalia 等人（1990）和 Newkome 等人（1996）提出

的。它从核心部开始启动增长,然后通过重复一系列的耦合和活化步骤逐层地向外构造。核心部是具有多连接(分支)位点的单体单元,可以与其他单体的互补活性基团(未保护)相反应。这是连接的步骤。其他活性单体的活性基团受到保护,在需要时才激活,从而达到对生长的控制。图 8.11 描述了这种机制。受到保护的基团通过化学反应可以活化成活性基团,从而连接到分子的第二层上以产生下一代。这一步是活化的步骤,由此就制备出了一个界定清晰的树状高分子的一代。

P.220

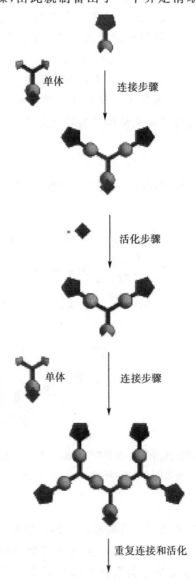

图 8.11　树突合成的草图。来自 Grayson 和 Fréchet(2001),经许可后复制

通过恰当的选择连接和活化步骤,在大规模制备树状高分子时发散法有着优势,因为树状高分子样本的数量每增加一代便会加倍。主要的问题在于不完全功能化的可能性或是副反应会随着代数增多而呈指数增加,因此很有可能出现结构上的缺陷。

收敛法 由 Fréchet 及其合作者(Hawker and Fréchet,1990;Grayson and Fréchet,2001)提出的这种方法,是从树状高分子的外部开始通过连接末端基团到每个单体的支点而向内合成。这个过程首先形成一个楔形的树状片段,称之为树状合成子,然后被活化和连接以形成球形树状分子。在图 8.12 中表示了树状合成子单元和生成的树状高分子(Adronov and Fréchet,2000)。图中,核心用黑圆突出表示,环状的分支单元用灰圆表示,末端基团用长方形表示。收敛法的优点是拥有更好的结构控制,这是因为每个生长步骤只需要相对低数量的连接反应。另外的优点在于可以通过这种结构来精确放置功能基团。缺点就是与发散法相比不容易大批量制备。

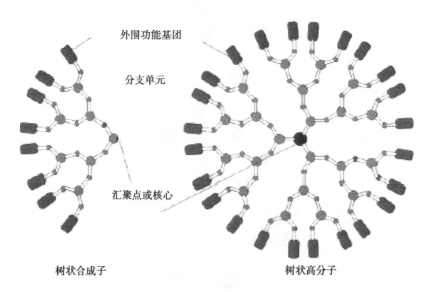

图 8.12 树状合成子和树状高分子的示意图,突出的汇聚点或核心(黑色)被分支单元(灰色圆圈)和外围基团(矩型)环绕 。来自 Adronov 和 Fréchet(2000),经许可后复制

纳米尺度的树状高分子具有一些潜在的优势。例如:

1. 多功能。可以赋予核心、分支单元和外围基团多种不同的光子学性能。此外,客体分子可以通过化学方法来封闭树状高分子的外围基团而物理地封装进树状结构的内部。因此,客体分子被限制在树状盒内。这些树状盒甚至可以通过化

学操作来包裹大尺寸的分子。图 8.13 是一个例子,显示了聚乙烯(丙烯亚胺)树状高分子在其结构中包埋了大分子的孟加拉玫瑰红染料和小分子的对硝基苯甲酸 (Jansen et al.,1994,1995)。庞大的空间氢键壳形成永久性的封装。多功能树状高分子结构的一个例证是基于树状高分子的发光二极管。这类有机 LED 由 Moore 及其合作者(Wang et al.,1996)报道。他们合成了苯乙炔树状高分子,利用三苯胺外围基团进行空穴传输,而 9,10 -二(乙炔)蒽核作为光发射体。然而,这类 LED 只能达到适中的电致发光效率。

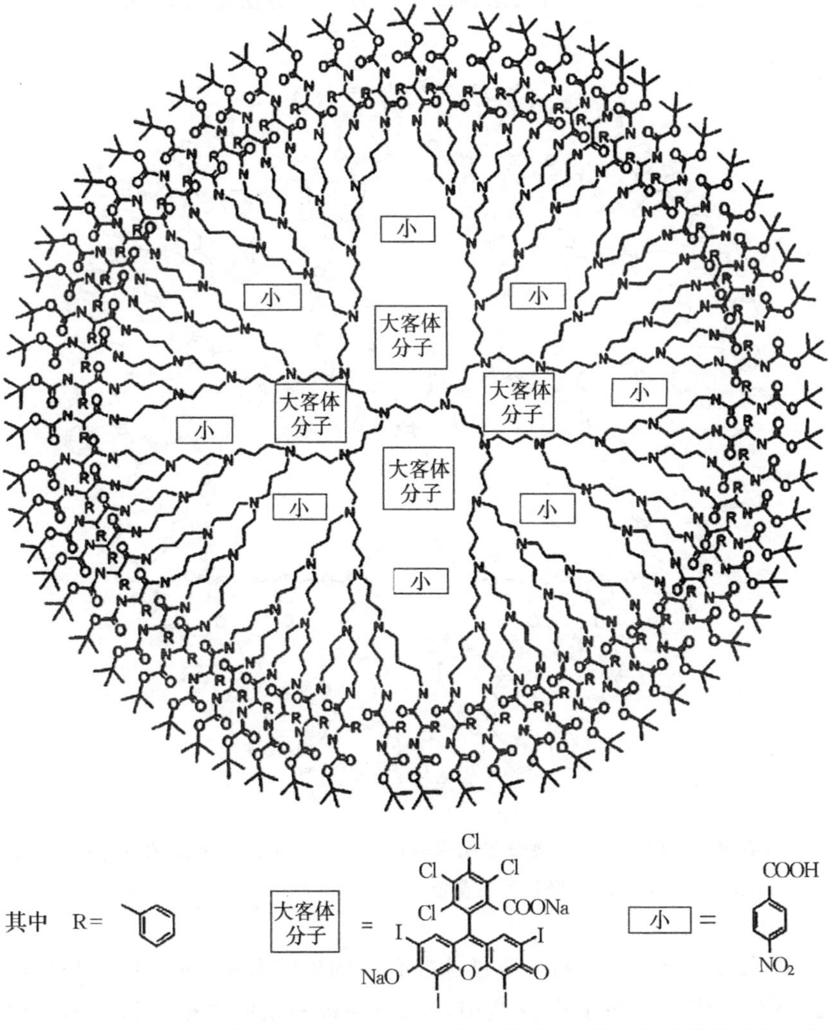

P.223

图 8.13 聚(丙烯亚胺)树状高分子,包含'BOC_L 苯基胺表面,其结构可以捕获孟加拉玫瑰红染料(大客体分子)和 p-硝基苯甲酸(小客体分子)。庞大的空间氢键壳使封装具有永久性。来自 Jansen 等人(1994),经许可后复制

2. 位点孤立的核心。树状的结构提供了与周围环境隔离的核心,从而使核心内的发射体减少了由环境诱发的非辐射淬灭的机会。Kawa 和 Frechet (1998) 的工作便提供了一个例子,他们使用羧酸阴离子为汇聚点的树状合成子作为配体连接到稀土离子上形成核心。这种结构如图 8.14 所示。稀土离子的发光特性由树状外壳的尺寸决定。树状外壳与稀土离子相互隔离,从而防止在第 6 章中讨论过的由于离子对的相互作用而产生的浓度淬灭效应。可以用类似的方法隔离有机染料,特别是能够从水性介质的水分子中隔离有机染料,这类介质提供了高频声子来加强非辐射的过程。因此,树状结构提供了另一种方法来实现 6.7 节中所讨论的位点隔离。

P.224

图 8.14   含有聚乙烯(芳醚)树状高分子配体的稀土离子显示出了增加的发光性能。来自 Kawa 和 Frechet(1998),经许可后复制

3. 集光的能量漏斗结构。通过选择合适的外围基团、分支单元和核心,光子可以被外围基团吸收,沿着分支集中(迁移)到核心以增强核心部位的发射效率。因此树状高分子的分支可以作为吸收天线,这与自然界中叶绿素的光合单元吸收太阳能并集中到反应中心(Devadoss et al.,1996)相类似。集光树状高分子将在第 12 章的生物激发材料中进一步讨论。

4. 调节分子间反应。通过选择恰当的纳米结构,树状高分子的构造提供了可以增强或显著降低某些类型的分子间反应的机会,譬如光电调节器中的二阶非线性光学有机分子。光电调节器利用具有二阶非线性光学特征的线性光电效应(也叫 Pockels 效应,见 Prasad and Williams,1991),在外加电场下产生一个折射率的线性改变。该有机分子的极性结构含有通过共轭片段所隔离的一个供电子基团和一个受电子基团,在微观层次上具有很好的二阶非线性光学性能(Dalton,2002)。在更大的尺度上,这些偶极子被排列成中心非对称结构以产生二阶非线性功能和光电效应。一种通常的操作方法是把光电活性分子合并到聚合物基体上,不是成为一个包络物(客体-主体系统),就是成为一个化学键结合的单元,然后通过加热和强电场使偶极子连成一线。这些高分子光电调节器受到了广泛关注。这是因为 Dalton 和 Steier 的研究(Dalton et al.,2003)证明它们可以工作在非常低的 V_π 电压(偏置电压,能够改变折射率使得沿着设备长度产生 $180°$ 相位改变)和具有超过 150 GHz 的调制频率。在客体-主体的聚合物系统中,主要的问题是高浓度的极性分子具有通过偶极相互作用产生配对的趋势(Dalton et al.,2003)。这种配对能产生对称结构并且降低二阶非线性性能。Jen、Dalton 与其合作者证明,通过在树状球型结构内并入光电活性的极性分子,可以显著降低偶极相互作用而达到更高的极性分子装载量(Dalton et al.,2003)。Jen 与其合作者(Luo et al.,2003)也证明了在树状高分子结合位点孤立效应和自组装效应,可以大大降低偶极发射团之间的静电相互作用,增加制备的纳米尺度聚合物的结构有序性。其结果便是可以显著改善非线性光学聚合物的极化效率(因子数 2.5~3)以获得极高的光电系数(>100 pm/V)。

另一个例子是通过选择合适的外围基团来增强疏水和亲水相互作用,因此有 P.225利于在特定的基体中散布。Hawker 等人(1993)利用在外周加上亲水的羧酸基团的方法将疏水分子溶解到水溶液中。

5. 树状荧光传感器 通过在树状结构外周上放置大量的荧光传感染料,有助于增加传感器的荧光灵敏度。Balzani 等人(2000)制备了一个外周含有 32 个丹酰基团的聚乙烯(丙烯胺)树状高分子。丹酰分子通过荧光淬灭的方式作为金属离子如 Co^{2+} 的荧光传感器。他们证明了这类传感器可以对极低浓度的 Co^{2+} 作出反应。

8.5 超分子结构

如本章前言所述,超分子结构由两个或多个化学物种通过 8.1 节所述的非共价分子间相互作用连接而成。一个例子是超分子聚合物,与通过共价键连接两个单体单元而组成的一般聚合物相反,它是由可逆的且高度定向的非共价相互作用连接的一系列单体组成。这些高度定向的非共价相互作用提供了改变自身三维结构和制造各种形状的纳米物件的能力。

由于 Lehn 在超分子化学中的开创性工作,超分子领域已经演变成为一个多学科交叉的超分子科学。因此,这一领域拥有大量的文献,而且还在不断增加。这里推荐的进一步阅读的参考书目有:

Lehn (1995):*Supramolecular Chemistry*

Brunsveld et al. (2001):*Supramolecular Polymers*

Gale (2002):*Supramolecular Chemistry*

通过非共价键连接组装的超分子,可以产生不同于它们组分的激发态和性能,并得到新的光子诱发能量和电子转移过程。超分子结构体现的一些重要特性有:

- 不同形状的纳米物件,如球状、柱状和碟状;
- 折叠分子与中心空管组装成为介孔折叠体;
- 在左右圆偏振光下表现出不同光学性能的具有强烈手性的盘状结构。

P.226   超分子化学包括分子组成的自发组织(自组装形成),它们通过互补(键合)位点的非共价相互作用实现分子位点的自识别。因此可以通过提供氢键的基团,如酰胺氢,以及接受氢键的基团,如羰基氧原子组装形成氢键连接的超分子。进一步可以产生特异性分子的氢键配对,如 DNA 的碱基对。这些类型的氢键可以用来制造下面将要讨论的折叠螺旋结构。

金属-配体配位作用同样可以广泛用来产生螺旋物、网格物和圆柱形笼状物。这些自组装结构具有可翻转性。螺旋物是由分子链环绕一排金属离子而形成的双螺旋金属络合物。盘状分子有着一个一般由平面芳香环构成的盘状核心和由弹性侧链组成的外周,它们通过强 π-π 作用(吸引力)自组装而堆积形成一个棒状或蠕虫状超分子聚合物结构。在盘状超分子材料中,盘间的 π-π 相互作用比圆柱间的范德瓦尔斯力大几个数量级。

下面介绍两个例子,来说明超分子用于制造复杂光电和光子材料的途径。

Percec 等人(2002)提出自组装的氟化锥型树状合成子可以导致超分子液晶的形成。通过连接传导有机供电子或受电子基团到树状合成子顶端,他们制造了纳米尺度的超分子圆柱,它的核心包含了 π 堆积的供电子基团、受电子基团或通过π-π 相互作用连接的供体-受体复合物。图 8.15 的示意图表明了这种液晶材料的合成过程。这种液晶材料展现出高载流子迁移率,因而对于高分子光电器件(例如,发光二极管、光伏和光折变,后者将在第 10 章进行讨论)而言拥有独特的优势,这是因为高分子光电器件的低电荷载流子迁移率限制了它们的性能。

Percec 等人 (2002) 发现,当这些功能性的树状合成子与拥有相容侧基的非晶聚合物混合时,这些聚合物会通过静电的供体-受体相互作用并入圆柱的中心。这个过程在图 8.15 中所示。这种混合的超分子组装也表现出增强的载流子迁移率。

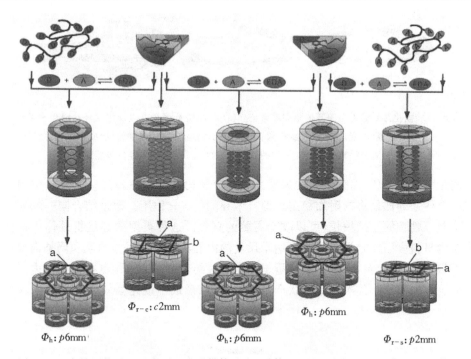

图 8.15　液晶组装过程示意图。表明供体(D)和受体(A)基团之间以及和含 D 和 A 的无
序非晶聚合物之间的自组装、协同装配和自组织。来自六棱柱(Φ_h)的不同系
统，以矩型柱(Φ_{r-c})和简单矩型柱(Φ_{r-s})液晶为中心。a 和 b 是晶格尺寸；空间基
团如图所示。来自 Percec 等人. (2002)，经许可后复制

　　另一例是折叠态的螺旋构象的低聚物。这些折叠的低聚物或折叠体包含一种
含有固化骨架的低聚单位，这些固化骨架至少有一种类型的相互作用(如氢键)来
降低构象的自由度(Gong，2001；Sanford and Gong，2003)。这种类型的低聚物
呈现出带状外形。一小段低聚物的构象有一个与大环相似的新月状，如图 8.16
(a)所示。当固化骨架延伸到一定长度时，低聚物被迫形成螺旋状构象，而由于群
集效应，一端的分子必会位于另一端上(图 8.16(b))。通过局部氢键实现骨架固
化的全芳环螺旋低聚物就属于这一类(Berl et al.，2000)。最后，拥有足够长骨架
的聚合物和低聚物可以折叠成空心螺旋折叠体(图 8.16(c))(Zhu et al.，2000；
Gong et al.，2002)。

　　改变骨架曲率可以导致内腔直径的调节。Gong 与其合作者(Gong，2001；
Sanford and Gong，2003)合成了可调内腔的折叠体，其结构基于不同骨架曲率的
酰胺低聚物和聚酰胺，以及由酰胺氧原子组成的充满负静电电荷的不同纳米尺寸
(10～60 μm)的内腔。因此这种腔体是亲水的，且可以容易地包裹极性纳米颗粒，
比如无机量子点。低聚丙烯胱胺的代表性结构如图 8.17 所示。其弯曲的骨架来

P.227

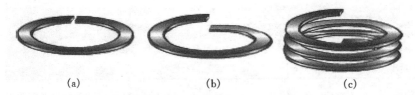

$$(a) \qquad\qquad (b) \qquad\qquad (c)$$

图 8.16　固化月牙型骨架的低聚物和高聚物。(a) 一小段低聚物可以视作大环;(b)当骨架延
　　　　　伸到一定长度,便形成螺旋构象;(c)长的低聚物或高聚物链可以形成多重螺旋结构。
　　　　　改变骨架的曲率可以改变内腔的直径。来自 Gong (2001),经许可后复制

P.228　　自间位双取代苯环,而分子内的氢键固化了分子内的每个氨基连接。其结构为六
或七个残基的低聚物的附加稳定性源自苯环间的 π-π 作用。通过结合同一苯环上
两个对位酰胺的连接模块,可以改变内腔的直径。这种类型的螺旋折叠体可以作
为纳米材料应用在光学上。首先纳米尺度的内腔可以用来当作约束和调整内容物
的模板,比如纳米颗粒、量子点或量子棒。这种约束可以通过预制的折叠体内表面
约束位点来实现。其次螺旋形状产生手性,可以形成手性光学效应和非线性光学
效应。

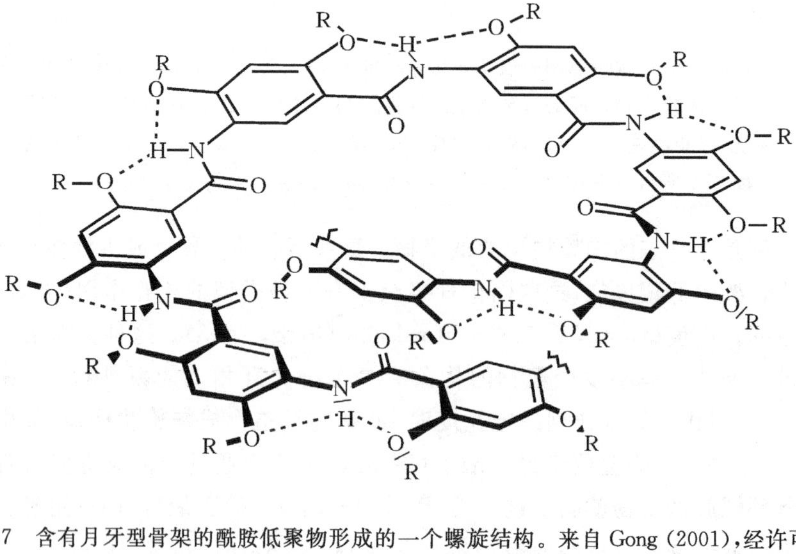

图 8.17　含有月牙型骨架的酰胺低聚物形成的一个螺旋结构。来自 Gong (2001),经许可后复制

P.229 ## 8.6　单层和多层分子组装

　　分子可以组装成纳米级厚度的单层。这些单层可以依次以纳观分辨率的一层
连续沉积而最终形成多层膜。通过交替沉积也可以制造出超晶格。这里介绍的两
个主要方法是 Langmuir-Blodgett(简称 LB)技术和单层自组装方法(简称 SAM)

(Ulman,1991)。使用图案化的表面,这些技术可以用来制造针对一系列应用的纳米组件,如纳米 LED。这些技术同样提供了灵活的排列分子轴以形成特殊方向来制造有序分子组件的方法。进一步的,多层单组分或交替超晶格层结构可以被构造出非中心对称结构以产生具有高二阶非线性光学性能的介质,它可以显示出二次谐波和线性光电效应。因此与高分子介质(见 8.4 节)相比可以不需要电场极化。

Langmuir-Blodgett 膜　Langmuir-Blodgett(LB)膜由含有极性(亲水)端基团和脂肪(疏水)长链尾的组件分子组成,它的脂肪长链尾沉积在水表面形成的基质上。这个膜的主要特征是它们在水表面和侧面的压力下可以从开始的像气相一样的松散结构浓缩成一个范德瓦尔斯力构成的高度组织和稳定的随机分子团。这些作用足够允许膜转移到基质上成为一个连续膜。这里我们简要回顾这些层的制备和性能,同时讨论一些光学应用的实例。

图 8.18 以制作 LB 膜的硬脂酸 $C_{17}H_{35}COOH$ 为例显示了典型的两亲分子的沉积行为。在图中,分子的极性端用深色圆表示,而尾部则表示是脂肪族部分。图中极性(亲水)基质例如玻璃的第一次取出引发了典型的沉积过程。再浸入过程引发脂肪尾间的相互作用,使得形成了尾-尾膜。第二次取出步骤引发头-头沉积。这个过程可以重复若干次,最终可以获得厚度在 1 微米左右的膜。这种沉积过程通常称为 Y 型。显然这个过程生成的是全面对称结构的膜。有时候在浸入和取出过程中发生的沉积偶尔会形成一种化学结构,由于历史原因这类沉积被各自称为 X 型和 Z 型。这两类沉积都能够产生非中心对称的结构,但通常很不稳定,并会发生重新排列生成对称结构。Ulman(1991)发表了关于 LB 膜的综述和相关文献的指南。

人们设计了很多化学方法用来得到具有产生二次谐波或光电效应的、同时具有二阶非线性光学性能的、稳定的且非中心对称的 LB 膜结构。在一种构成二阶 P.231 非线性光学材料的多层膜的首步方法中,Girling 等人 (1987)构造了包含菁染料和 ω-二十三烯酸(Girling et al. ,1987)交替层的膜。图 8.19 显示了这种分子的排列。通过观察得知,图 8.19 所示的膜拥有一个垂直于膜表面的极性轴。一般来说,分子轴表现出关于图中定义的 Z 轴的一定倾斜。倾角 α 的分布或是会迅速达到一定的平均峰值 α_0,或是表现出极宽的散布,这取决于系统的化学性质。倾角 α 同时也表明方位角 Φ 的分布。关于 LB 膜的实验都表明它们具有相同的分布角 Φ,至少在实验中使用的激光柱的物理尺寸上是相同的。

Wijekoon 等人报道通过使用两条透明的非线性光学高分子(Wijekoon et al. ,1996)构成的 LB 膜,可以在蓝光谱区段(400 nm)产生二次谐波。图 8.20 显示了这种被认为是标准高分子(N)和反向高分子(R)的结构。为了提高微观二阶非线性光学性能,该分子的设计利用了通过共轭片段而独立于受电子基团的供电子基团。在 N 高分子中,电子受体基团—SO_2—附着在疏水尾 $C_{10}F_{21}$ 上。另一方面,R

P.230

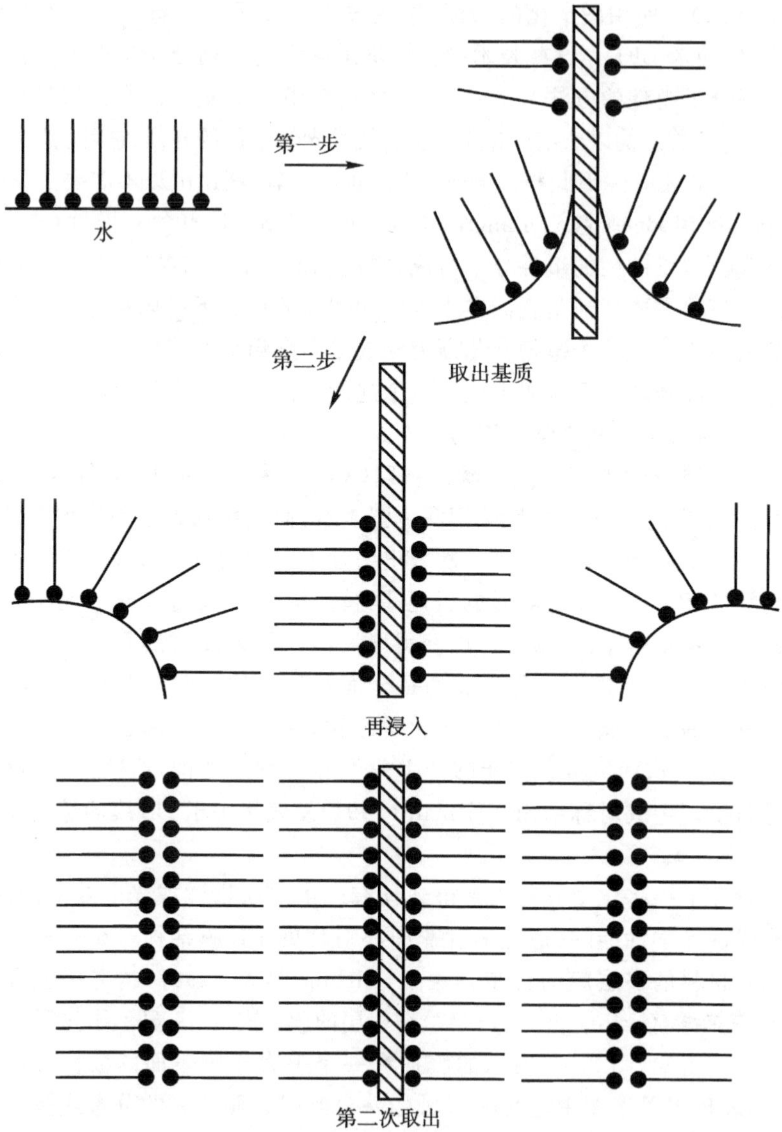

图 8.18 Langmuir-Blodgett Y 型膜沉积过程。第一步亲水基质从水表面中取出,同时压缩的膜表面的亲水端会附着在表面。第二步基质和膜再浸入,同时形成尾-尾沉积。这个过程可以不断重复形成厚膜

高分子的供电子基团—N—连接在疏水的 $C_{18}H_{37}$ 尾上,由此非线性分子是关于尾段而反向的。因此这两类非线性光学高分子单层的交替沉积产生了在同一方向上的二阶非线性,因为它们的偶极正指向同一方向。最终结果是复合双层具有额外的非线性增强作用(一层N和一层R)。随着双层数的增加,倍频光在多层膜中产

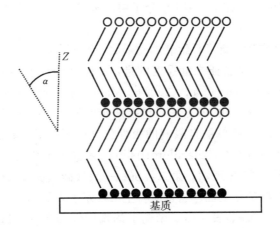

图 8.19 由含有两种不同的相对于表面倾角为 α 的两性分子构成的 Langmuir-Blodgett Y 型膜

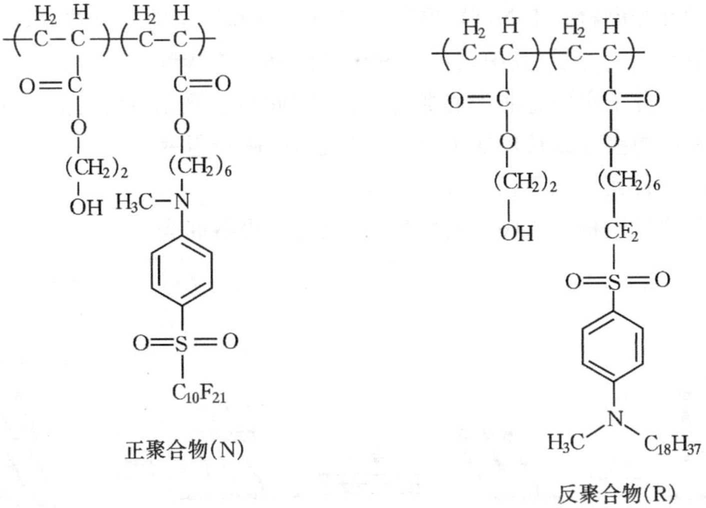

正聚合物(N)

反聚合物(R)

图 8.20 蓝色透明有机高分子交替层形成的 LB 膜化学结构 (Wijekoon,1996)

生的强度呈二倍数增加,表明了双层的光学非线性能是独立单层的光学非线性的 P.232
线性和。

自组装单层 自组装单层(SAM)与 LB 膜有关,但却截然不同。它具有很大
的潜力(Ulman, 1991)。SAM 的分子含有一个头部基团、一条长的烷基链以及一
个活性尾部。典型的头部基团是三氯硅基团,它与羟化表面如 Si 反应而形成共价
键聚合单层。长烷基通过范德瓦尔斯力为层提供了物理稳定性。典型的尾部基因
是酯,它可以被 LiAlH₄ 还原形成新的羟化表面,该表面能够连续地沉积新层。

Moaz 和 Sagiv（1984）研究了 SAM 单分子层的构成。SAM 法也可以合成高质量的多层膜（Ulman,1991）。

　　Marks 与其合作者合成了自组装的超晶格（交替层生长），它具有非常大的光电系数（r_{33}系数——一个表征光电强度的量，在 1064 nm 超过约 65 pm/V）（Zhu et al.，2002；van der Boom et al.，2002）。Marks 与其合作者（Zhu et al.，2001）利用了改进的"全"湿化学法，该方法只包括两步反复联合的步骤：(i)被保护的高度非线性的偶氮苯发色团单层自限制的极性化学吸附；(ii)原位三氯硅基团的去除以及通过辛氯代三硅氧烷（octachlorotrisiloxane）实现每个生色单层的自限制帽化。这一方案在图 8.21 中展示。第二步沉积一层聚硅氧烷层，通过发色团内交联来增加极性微观结构的稳定性。它也能再生活性亲水表面，具有多达 80 层的交替的发色团和帽化层的沉积，表现出了结构上的规则性和极性。相比于 LB 膜内生色团之间相对较弱的相互作用，自组装超晶格（SAS）含有强的 Si-O 共价键。自组装超晶格有如下优点：

- 比标准光电材料 $LiNbO_3$ 更高的光电效率和更小的介电常数。
- 密集且坚固的膜，其中内部的发色基团共价连接到基质上。
- 本质上分子定向是非中心非对称的，因此不需要任何后沉降极化步骤。
- 精确控制在亚波长层次上（层-层沉积）的膜折射率。
- 可以制备大面积膜。
- 与硅或其他相关基底的兼容性，可以进行设备联合。

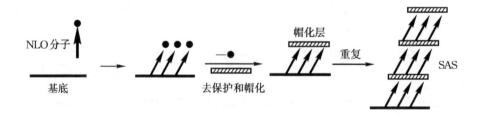

图 8.21　两步层-层自组装构成自组装膜的示意图

8.7　本章重点

- 通过共价键和非共价键相互作用,分子架构拥有灵活的平台来生产丰富的多功能纳米材料。

- 分子架构涉及一个由不含任何化学键的非共价键决定的三维结构。这种三维结构决定了分子架构的形状和功能。

- 各种非共价键包括:(i)氢键;(ii)金属配位;(iii)π-π作用;(iv) 静电离子作用;(v) 范德瓦尔斯力;(vi)疏水相互作用。 P.234

- 非共价键具有高度的指向性和特异性,可以为自定向(或自组装)提供辨识特性,将特定分子单元或片段定向到合适的分子位点。

- 聚合物材料作为有前途的光学介质,它们可以从原子水平到更高层次水平上得到控制,因此提供了纳米可控的结构。

- 通过在主链上引入块状片段(这类聚合物被称为块状共聚物)或在侧链上附着不同的功能团——例如主链附属物(这类聚合物被称为侧-主聚合物),可以在聚合物结构上实现多功能性。

- 定向排列,例如电场极化的聚合物,可以用来产生或加强所需的功能特性。例如在极化聚合物中的光电效应。

- 二嵌段共聚物包含两种具有不同光学和机械特性的基团,并拥有非共价相互作用以提供巨大的机会来产生不同形态和光学性能的纳米物件。

- 展示了一个双嵌段共聚物的例子,它含有 π-共轭基团,可以通过长度的调节并通过电致发光产生不同颜色。

- 分子机械是另一类纳米结构的分子架构的例子,其中两个分子单元之间机械互锁而没有化学键连。通过光活动,两个分子单元可以产生相对另一方的位移。

- 树状高分子代表了一大类具有高度有序性、高度分支化的纳米结构的大分子架构。它们拥有确切数目的同心层的分支点,称为代。

- 树状高分子的两种合成方法:(i)发散法,即从核心开始生长,通过重复一系列的连接和活化步骤来产生层叠结构;(ii)收敛法,即从外围开始合成,通过在每个单体的分支上连接末端基团而向内生长。

- 一些提供的光子学例子:(i) 位点孤立的发光核心可以降低环境引起的非辐射淬灭;(ii)使用外围基团作为收集光子的天线以吸收光子,并通过能量转移集中光子而增强核心所产生的光致电势;(iii) 控制分子间反应(例如静电排斥)来加强光子学效应(如为加强光电效应而设计的电场极化结构);(iv)使用外围基团放大灵敏度的传感应用。

P.235
- 超分子结构是另一大类纳米结构的分子架构,它是由两个或多个化学物种通过非共价分子间相互作用连接而成。
- 超分子聚合物可以由一系列通过可逆的和高度定向性的非共价相互作用连接在一起的分子构成,同时它也可以产生不同形状的纳米物件。
- 另一个例子是介孔折叠体,它包含折叠的组装有中空管腔的分子组件,可以作为腔体或模板合并不同光学作用的分子单元或纳米颗粒。
- 另一种超分子系统包括盘状结构,它能够产生强烈的手性或增强的盘间 π-π 作用。
- 单层和多层分子组装代表了一类可以在纳米厚度尺寸上进行控制的层分子结构。
- 实现单层或多层组装的两种主要方法是:(i) Langmuir-Blodgett 技术;(ii)单层自组装法。
- Langmuir-Blodgett 法是指在水表面上实现极性(亲水)头和长烷基(疏水)尾的分子组装的转移,然后实现伸展成膜。
- 多层 LB 膜通过交替转移两种不同类型的单层膜而生成,通常称为超晶格。一般利用它的二阶非线性光学效应,如产生二次谐波。
- 单层自组装方法利用了沉积单层的头部基团和基质之间的共价键。相继双层间的化学键可用来合成多层。
- 自组装单层方法合成的膜比 LB 技术合成的膜更为坚固耐用。
- 自组装单层方法制备的超晶格可以表现出很高的光电系数而不需要外加电场极化。

参考文献

Adronov, A., and Frèchet, J. M. J., Light-Harvesting Dendrimers, *Chem. Commun.,* 1701–1710 (2000).

Akcelrud, L., Electroluminescent Polymers, *Prog. Polym. Sci.* **28,** 875–962 (2003).

Balzani, V., Gomez-Lopez, M., and Stoddart, J. F., Molecular Machines, *Acc. Chem. Res.* **31,** 405–414 (1998).

Balzani, V., Ceroni, P., Gestermann, S., Kauffmann, C., Gorka, M., and Vögtle, F., Dendrimers as Fluorescent Sensors with Signal Amplification, *Chem. Commun.,* 853–854 (2000).

P.236
Bates, F. S. and Fredrickson, G. H., Block Copolymers—Designer Soft Materials, *Physics Today* **52,** 32–38 (1999).

Berl, V., Hue, I., Khoury, R. G., Krische, R. G., and Lehn, J. M., Interconversion of Single and Double Helices Formed from Synthetic Molecular Strands, *Nature* **407,** 720–723 (2000).

Bissell, R. A., Cordova, E., Kaifer, A. E., Stoddart, J. F., and Tolley, M. S., A Chemically and Electrochemically Switchable Molecular Shuttle, *Nature* **369**, 133–137 (1994).

Brouwer, A. M., Frochot, C., Gatti, F. G., Leigh, D. A., Mottier, L., Paolucci, F., Roffia, S., and Wurpel, G. W. H., Photoinduction of Fast, Reversible Translational Motion in a Hydrogen-Bonded Molecular Shuttle, *Science* **291**, 2124–2128 (2001).

Brunsveld, L., Folmer, B. J. B., Meijer, E. W., and Sijbesma, R. P., Supramolecular Polymers, *Chem. Rev.* **101**, 4071–4097 (2001).

Chung, S. J., Jin, J., and Kim, K. K., Novel PPV Derivatives Emitting Light over a Broad Wavelength Range, *Adv. Mater.* **9**, 551–554 (1997).

Dalton, L., Nonlinear Optical Polymeric Materials: From Chromophore Design to Commercial Applications, in *Advances in Polymer Science: Polymers for Photonics Applications I*, Vol. 158, K. S. Lee, ed., Springer-Verlag, Berlin, 2002, pp. 1–86.

Dalton, L., Robinson, B. H., Jen, A. K.-Y., Steier, W. H., and Nielsen, R., Systematic Development of High Bandwidth, Low Drive Voltage Organic Electro-optic Devices and Their Applications, *Opt. Mater.* **21**, 19–28 (2003).

Devadoss, C., Bharathi, P., and Moore, J. S., Energy Transfer in Dendritic Macromolecules: Molecular Size Effects and the Role of an Energy Gradient, *J. Am. Chem. Soc.* **118**, 9635–9644 (1996).

Dykes, G. M., Dendrimers: A Review of Their Appeal and Applications, *J. Chem. Technol. Biotechnol,* **76**, 903–918 (2001).

Gale, P. A., Supramolecular Chemistry, *Annu. Rep. Prog. Chem. Sect. B* **98**, 581–605 (2002).

Girling, I. R., Gade, N. A., Kolinsky, P. V., Jones, R. J., Peterson, I. R., Ahmad, M. M., Neal, D. B., Petty, M. C., Roberts, G. G., and Feast, W. J., Second-Harmonic Generation in Mixed Hemicyanine: Fatty-Acid Langmuir–Blodgett Monolayers, *J. Opt. Soc. Am. B,* **4**, 950–955 (1987).

Gittins, P. J., and Twyman, L. J., Dendrimers and Supramolecular Chemistry, *Supramol. Chem.* **15**, 5–23 (2003).

Gong, B., Crescent Oligoamides: From Acyclic "Macrocycles" to Folding Nanotubes, *Chem. Eur. J.* **7**, 4337–4342 (2001).

Gong, B., Zeng, H. Q., Zhu, J., Yuan, L. H., Han, Y. H., Cheng, S. Z., Furukawa, M., Parra, R. D., Kovalevsky, A. Y., Mills, J. L., Skrzypczak-Jankun, E., Martinovic, S., Smith, R. D., Zheng, C., Szyperski, T., and Zeng, X. C., Creating Nanocavities of Tunable Sizes: Hollow Helices, *Proc. Natl. Acad. Sci. U.S.A.* **99**, 11583–11588 (2002).

Grayson, S. M., and Fréchet, J. M. J., Convergent Dendrons and Dendrimers: From Synthesis to Applications, *Chem. Rev.* **101**, 3819–3867 (2001).

Hawker, C. J., and Fréchet, J. M. J., Preparation of Polymers with Controlled Molecular Architecture. A New Convergent Approach to Dendritic Macromolecules, *J. Am. Chem. Soc.* **112**, 7638–7647 (1990).

Hawker, C. J., Wooley, K. L., and Fréchet, J. M. J., Unimolecular Micelles and Globular Amphiphiles—Dendritic Macromolecules as Novel Recyclable Solubilizing Agents, *J. Chem. Soc.-Perkin Trans.* **1**, 1287–1297 (1993).

Jansen, J., de Brabander van den Berg, E. M. M., and Meijer E. W., Encapsulation of Guest Molecules into a Dendritic Box, *Science* **266**, 1226–1229 (1994).

Jansen, J., Meijer, E. W., and de Brabander van den Berg, E. M. M., The Dendritic Box-Shape-Sensitive Liberation of Encapsulated Guests, *J. Am. Chem. Soc.* **117**, 4417–4418 (1995).

P.237

Jimenez, M. C., Dietrich-Buchecker, C., and Sauvage, J. P., Towards Synthetic Molecular Muscles: Contraction and Stretching of A Linear Rotaxane Dimer, *Angew. Chem. Int. Ed.* **39,** 3284–3287 (2000).

Kawa, M., and Fréchet, J. M. J., Self-Assembled Lanthanide-Cored Dendrimer Complexes: Enhancement of the Luminescence Properties of Lanthanide Ions Through Site-Isolation and Antenna Effects, *Chem. Mater.* **10,** 286–296 (1998).

Kyllo, E. M., Gustafson, T. L., Wang, D. K., Sun, R. G., and Epstein, A. J., Photophysics of Segmented Block Copolymer Derivatives, *Synth. Met.* **116,** 189–192 (2001).

Lehn, J.-M., *Supramolecular Chemistry,* VCH, Weinheim, Germany, 1995.

Leigh, D. A., Molecules in Motion: Towards Hydrogen Bond-Assembled Molecular Machines, in F. Charra, V. M. Agranovich, and F. Kajzar, *Organic Nanophotonics,* NATO Science Series II. Mathematics, Physics and Chemistry, Vol. 100, Kluwer Academic Publishers, The Netherlands, 2003a, pp. 47–56.

Leigh, D. A., private communication, 2003b.

Luo, J., Haller, M., Li, H., Kim, T.-D., Jen, A. K.-Y., Highly Efficient and Thermally Stable Electro-optic Polymer from a Smartly Controlled Crosslinking Process, *Adv. Mater.* **15,** 1635–1638 (2003).

Moaz, R., and Sagiv. J., On the Formation and Structure of Selfassembling Monolayers. I. A Comparative ATR-Wettability Study of Langmuir–Blodgett and Adsorbed Films on Flat Substrates and Glass Microbeads, *J. Colloid Interface Sci.* **100,** 465– 496 (1984).

Newkome, G. R., Moorefield, C. N., and Vögtle, F., *Dendritic Molecules: Concepts, Syntheses, Perspectives,* VCH, Weinheim, Germany, 1996.

Park, C., Yoon, J., and Thomas, E. L., Enabling Nanotechnology with Self-Assembled Block Copolymer Patterns, *Polymer,* **44,** 6725–6760 (2003).

Percec, V., Glodde, M., Bera, T. K., Miura, Y., Shiyanovskaya, I., Singer, K. D., Balagurusamy, V. S. K. , Heiney, P. A., Schnell, I., Rapp, A., Spiess, H.-W., Hudson, S. D., and Duan, H., Self-Organization of Supramolecular Helical Dendrimers into Complex Electronic Materials, *Nature* **419,** 384–387 (2002).

Prasad, P. N., and William, D. J., *Introduction to Nonlinear Optical Effects in Molecules and Polymers,* John Wiley & Sons, New York, 1991.

Sanford, A. R., and Gong, B., Evolution of Helical Foldmers, *Curr. Org. Chem.* **7,** 1–11 (2003).

Sauvage, J. P., Transition Metal-Containing Rotaxanes and Catenanes in Motion: Toward Molecular Machines and Motors, *Acc. Chem. Res.* **31,** 611–619 (1998).

Tomalia, D. A., Naylor, A. M., and Goddard, W. A., III, Startburst Dendrimers: Molecular Level Control of Size, Shape, Surface Chemistry, Topology, and Flexibility from Atoms to Macroscopic Matter, *Angew. Chem. Int. Ed. Engl.* **29,** 138–175 (1990).

Ulman, A., *An Introduction to Ultra Thin Organic Films from Langmuir–Blodgett to Self-Assemblies,* Academic Press, San Diego, 1991.

van der Boom, M. E., Zhu, P., Evmenenko, G., Malinsky, J. E., Lin, W., Dutta, P., and Marks, T. J., Nanoscale Consecutive Self-Assembly of Thin-Film Molecular Materials for Electro-optic Switching, Chemical Streamlining and Ultrahigh Response Chromophore, *Langmuir* **18,** 3704–3707 (2002).

Vögtle, F., Gestermann, S., Hesse, R., Schwierz, H., and Windisch, B., Functional Dendrimers, *Prog. Polym. Sci.* **25,** 987–1041 (2000).

Wang, P.-W., Liu, Y.-J., Devadoss, C., Bharathi, P., and Moore, J. S., Electroluminescent Diodes from a Single-Component Emitting Layer of Dendritic Macromolecules, *Adv. Mater.* **8,** 237–241 (1996).

Watson, J. D., and Crick, F. H., Molecular Structure of Nucleic Acid. A Structure of Deoxyribose Nucleic Acid, *Nature* **171,** 737–738 (1953).

Whitesides, G. M., Mathias, J. P., and Seto, C. T., Molecular Self-Assembly and nanochemistry: A Chemical Strategy for the Synthesis of Nanostructure, *Science* **254,** 1312–1319 (1991).

Wijekoon, W. M. K. P., Wijaya, S. K., Bhawalkar, J. D., Prasad, P. N., Penner, T. L., Armstrong, N. J., Ezenyilimba, M. C., and Williams, D. J., Second Harmonic Generation in Multilayer Langmuir–Blodgett Films of Blue Transparent Organic Polymers, *J. Am. Chem. Soc.* **118,** 4480–4483 (1996).

Yang, Z., Hu, B., and Karasz, F. E., Contributions of Nonconjugated Spacers to Properties of Electroluminescent Block Copolymers, *J. Macromol. Sci. Pure Appl. Chem.* **A35,** 233–247 (1998).

Zhu, J., Parra, R. D., Zeng, H., Skrzypczak-Jankun, E., Zeng, X. C., and Gong, B., A New Class of Folding Oligomers: Crescent Oligoamides, *J. Am. Chem. Soc.* **122,** 4219–4220 (2000).

Zhu, P., van der Boom, M. E., Kang, H., Evmenenko, G., Dutta, P., and Marks, T. J., Efficient Consecutive assembly of large-response Thin-film Molecular Electro-optic Materials, *Polym. Prep.* **42,** 579–580 (2001).

Zhu, P., van der Boom, M. E., Kang, H., Evmenenko, G., Dutta, P., and Marks, T. J., Realization of Expeditious Layer-by-Layer Siloxane-Based Self-Assembly as an Efficient Route to Structurally Regular Acentric Superlattices with Large Electro-Optic Responses, *Chem. Mater.* **14,** 4983–4989 (2002).

第9章

光子晶体

本章将详细阐述光子晶体,这一内容在前面第 2 章中已作了介绍。光子晶体 P.239 代表了一类特殊的纳米材料,由于其本身在高、低折射率区域的变化,导致光子晶体具有一个与光波长顺序周期相应的折射率空间周期。光子晶体已经成为了纳米光子学的主要延伸领域,并见证了世界上这一领域研究活动的显著增多。由于人们迫切需要对光子晶体光学过程有最本质的理解,同时急需将光子晶体更多地用于实践,这些都推动着这一研究领域的发展。这些探索以及技术应用将在本章予以描述。

9.1 节介绍了光子晶体的一些基本概念。关于光子晶体能带结构以及其光学特性的相关计算方法将在 9.2 节给出。非倾向于理论方面的读者可跳过此节。

光子晶体表现出大量特殊的光学以及非线性光学特性,同时也对某些光学性能有所促进。9.3 节通过非数学的概念性描述,列出了一些光子晶体的重要性质。该小节对于想要全面了解光子晶体领域的读者非常重要。

大量多种类的方法都已被用于制备各种维数的光子晶体(1D、2D 以及 3D)。这些方法将在 9.4 节予以描述。此节对于有志于制造特殊光子晶体的化学家和材料学家具有一定的价值。9.5 节介绍了在光子晶体中制造各种不同尺寸和形状缺陷的方法。这些缺陷能够产生一种微腔效应,从而促进低阈值激光的发射,同时其也可以用于作为一种导光通道应用于微控领域。

9.6 节主要讨论非线性光子晶体,换言之,那些在其能带边缘附近呈现出很强的非线性光学效应的光子晶体。在此给出两个特殊例子,即谐波产生和双光子激发荧光。9.7 节介绍了一种特殊光子晶体:光子晶体光纤。它是一种二维光子晶体,由一束中空的玻璃纤维组成。

9.8 节描述了光子晶体的主动、被动作用在光通信方面的应用。9.9 节介绍了光子晶体另一种常规应用,如化学、环境和生物传感器。本章要点在 9.10 节中给出。P.240

为了方便阅读,建议参考以下书籍:

Joannopoulos et al. (1995)：*Photonic Crystals*

Kraus and De La Rue (1999)：*Photonic Crystals in the Optical Regime—Past, Present and Future*

Slusher and Eggleton，eds. (2003)：*Nonlinear Photonic Crystals*

9.1   基本概念

正如第 2 章所介绍，光子晶体有着规则的纳米结构，即不同介电常数或折射率的两种介质以一种周期性的方式排列。因此，它们形成了两种相互贯穿的区域，即高折射率区和低折射率区。这是一种与光波长周期顺序相应的周期性区域。关于周期性点阵的半导体电子晶体以及周期性电介质光子晶体的比较，已在第 2 章给出。在光子晶体内，对于一定范围能量和特定波矢量（即传播方向）的光，它不可以通过该晶体进行传播；如果从光子晶体内部产生一束光，那么光不能在此方向上传播。如果从外部用一束光照射光子晶体，那么光会被反射。图 9.1 展示了由聚苯乙烯球体堆积形成的光子晶体的一个典型的透射和反射光谱。

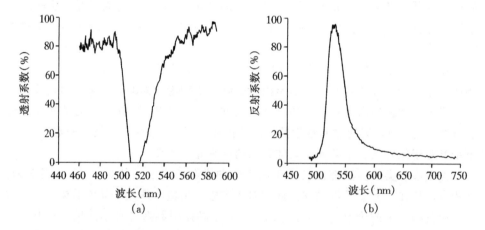

图 9.1   由聚苯乙烯球体堆积形成的光子晶体的一个经典透射(a)和反射(b)光谱。用于透射研究的聚苯乙烯球体的直径为 220 nm，用于反射研究的球体直径为 230 nm

P.241

对于拥有适当的堆积形状和适当的晶体对称性的光子晶体，在存在巨大相对折射率（由 n_1/n_2 比值确定）的情况下，其会形成一个完全的带隙。在此情况下，这个带隙并不取决于光传播的波矢方向；同时，光子态密度在带隙区域变为零。这些有着完全带隙的材料常被称为光带隙材料。

图 9.2 展示了子维度对光子晶体性能的影响。如左上角的图像所示，在 3D 排列中，球体按照面心立方体阵列的方式填充在一起。这些亚微型尺寸的球体可

由玻璃或者塑料如聚苯乙烯制成。它们都是通过胶体化学进行制备,且由于这个原因,它们最初被 Asher 及其合作者称为胶体晶体(Carlson and Asher,1984;Holtz and Asher,1997)。

二维的光子晶体可由特定折射率的一堆圆柱体(或平行圆管)制成。它们之间的带隙可能只是空气或者其他不同折射率的介质。由于折射率在一个平面上发生变化,故这种结构排列是二维的。光子晶体光纤便是一个例子,它的一种可能的几何形态就是由大量的纤维堆积而形成的一束光纤。

一维光子晶体具有层状结构,由不同折射率的层状结构交替堆积而成。因此其堆积方法和折射率变化方向都只沿一个轴(图中的垂直轴)。布拉格光栅便是其中一个简单的例子。图中用倒易空间加以说明,其中带隙区域以阴影部分表示。

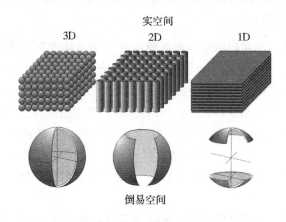

图 9.2　实空间下的光子晶体结构及倒易空间下的非传播区域。来自
http://www.icmm.csic.es/cefe/pbgs.htm,经许可后复制

周期性排列的高折射率物质(例如,球形颗粒),被低折射率介质(如空气)包裹填充,所形成的结构称为规则光子晶体。在堆积胶体颗粒的情况下,该结构也称为蛋白石结构。在这种情况下,禁带不是一个完全的带隙,因为光子态密度在带隙并没有变为零。这就需要一个由高折射率填充介质和低折射率堆积单位(如球体)形成的反转结构来形成一个完全的带隙。一种方法便是生产一个反转的蛋白石结构,其中原本的堆积球体为空隙(空隙空间,如折射率为 1 的空气),原本的空隙由高折射率(>2.9)的材料填充。 P.242

生产这种结构的一种方法便是利用聚苯乙烯球体来进行包裹,并用高折射率的材料来填充空隙(我们的研究工作采用 GaP),然后将聚苯乙烯蒸发以形成空洞(空气)。GaP 的折射率大约为 3.5,与空气相比,它创造了一个巨大的介电差异。若硅酸球体被用于包裹,它们可被 HF 侵蚀以形成一个反转的蛋白石结构。

关于光子晶体光特性的详细论述需要借助能带结构理论,能带结构决定了光

子频率,从而决定了不同的光波矢(包括大小和方向)。它所用的基本特征方程在第 2 章已作过讨论。用于此类计算的不同方法将在 9.2 节予以讨论。

9.2　光子晶体的理论模型

对于一个特定的光子晶体,其能带结构决定了它的光学特性,如传播、反射以及角度关系。因此,关于确定能带结构的方法步骤的研究已成为研究热点。令人兴奋的是,光子带隙结构可根据第一个原理进行计算,并且计算结果与实验结论一致。甚至,具有所需特性的光子晶体可进行精确加工(计算),以用于具体实践。

关于光子能带结构分析的许多方法——理论上以及数学上——都已被提出。这些方法主要分为两种:

- 频域分析技术,其利用第 2 章所描述的光子本征方程来获得所需的光子状态和能量。此方法的优点便是其可直接给出带隙结构。相关例子有平面波展开法 PWEM(Ho et al. , 1990),以及传输矩阵法 TMM(Pendry and MacKinnon,1992;Pendry,1996)。另一种方法是将麦克斯韦方程的有限元离散和快速傅里叶变换处理、以获取特征值为目的的预处理子空间反复运算(Dobson et al., 2000)以及 Korriga - Kohn - Rostoker(KKR)方法结合起来用于计算关于光子晶体的电磁场及弹性场的频率能带结构(Wang et al. , 1993)。

P.243
- 时域分析技术,其可计算传入电磁场经过晶体传播时的暂态变化。然后,可由时域到频域的傅里叶变换计算得出能带结构。其中一个广泛使用的时域方法就是时域有限差分法(FDTD)(Arriaga et al. , 1999)。

时域有限差分方法通过麦克斯韦方程的直接离散化可计算电磁波随时间的变化。对于该方法,麦克斯韦方程中的微分被有限差取代以将此时间间隔内的电磁场与接下来时间间隔内的电磁场连接起来。该方法的优点就是在一次运行中可获得大量频率范围内的结果。该方法也适用于波包传播仿真和传导,以及反射系数的计算。分析方法的优劣取决于所分析晶体结构的特性。

在此,仅给出平面波展开法和传输矩阵法的相关例子。前者取决于具有平面波特性的电磁场的展开特性。

$$H(r) = \sum_{G} \sum_{\lambda} h_{G,\lambda} e_{\lambda} \exp[i(k + G) * r] \tag{9.1}$$

其中,k 表示布里渊区的波向量,G 表示倒格子向量,e_{λ} 表示垂直于 $k + G$ 的单位向量。这些关于倒格子的描述利用了固体物理学的术语(Kittel,2003)。特征值方程(9.2)的解法已在第 2 章中予以描述,它是所有向量电磁波的总方程。

$$\nabla \times \left[\frac{1}{\varepsilon(\boldsymbol{r})} \nabla \times \boldsymbol{H} \right] = \frac{\omega^2}{c^2} \boldsymbol{H} \tag{9.2}$$

其以数学的方式给出了能带结构,此方法对于无缺陷的结构非常有用。麻省理工大学的 Johnson(http://ab-initio.mit.edu/mpb/)已经开发出了极好的相关软件,他就利用了这种平面波展开方法。这种软件包已经获得了 GNU 认证。该方法值得推荐,特别适用于 3D 能带结构的计算。例如,利用这个软件,我们已经计算出聚苯乙烯小球密堆积面心立方结构形成的蛋白石结构能带图,如图 9.3 所示。

在我们的计算中,聚苯乙烯折射率 $n=1.59$。带隙方向取 $<111> L$ 点向量方向。x 轴表示布里渊区中重要的对称线。频率通过 $f_n = (f^* a)/c$ 加以归一化,其中 a 表示晶格常数,c 表示光速,f 表示归一化频率。

在此列出的第二种方法便是传输矩阵法,其利用系统传输矩阵来计算发射和反射系数以及能带结构。在该系统中,总空间被分为若干彼此耦合的小的特定单元。传输矩阵就是将一个周期性排列的晶胞一侧的域与其他侧的域联系起来的矩阵。

P.244

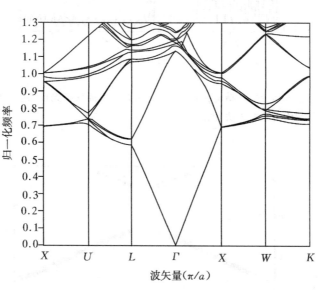

图 9.3 通过平面波展开法计算所得的面心密堆积聚苯乙烯球体结构的能带图。其中 L 点指向向量 $<111>$ 方向

能带结构可通过传输矩阵的对角化计算得出。传输矩阵的特征值给出了能带图表。发射和反射系数可通过多次散射公式计算得出。与 PWEM 相比,该方法能够更快地计算出发射与反射系数以及能带图。而对于高频分析,该方法并不适用。当需要计算有限区域晶体内的电磁传播方式的时候,TMM 显得尤为有效。

作为该方法的计算举例,我们通过利用 Translight 软件包得出了两种光子晶体的反射光谱和能带结构图表。该软件包由 Reynolds 开发,基于 TMM 法,并且已经在网上进行了公布（http：// www. elec. gla. ac. uk/groups/opto/photonic-crysal/Software/SoftwareMain. htm）。该方法的代码对于计算 1D 和 2D 光子晶体的能带结构以及 1D、2D 和 3D 光子晶体的透射及反射系数非常有效。

P.245

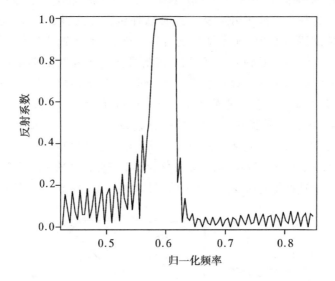

图 9.4　面心立方体蛋白石结构在＜111＞晶体方向上的反射光谱，其由 Translight 软件利用传输矩阵法计算得出

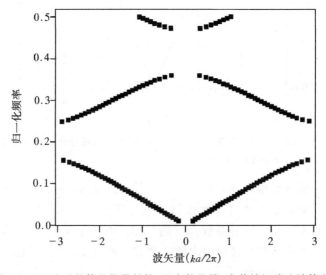

图 9.5　1D 光子晶体的能带结构，即布拉格堆，由传输矩阵法计算所得

图 9.4 给出了一个以密堆积面心立方体形式形成的蛋白石结构的反射光谱，其指向<111>晶体方向。该蛋白石的折射率取 $n = 1.59$（聚苯乙烯）。频率通过 $f_n = (f^* a)/c$ 加以归一化，其中 c 表示光速，a 表示晶格常数，f 表示以 Hz 为单位的归一化频率。

图 9.5 给出了计算所得的一种 1D 光子晶体（布拉格堆）的光子能带结构。该晶体包含 10 层周期性的电介质层，交替排列的介电常数分别为 $\varepsilon_1 = 1.96$ 和 $\varepsilon_2 = 11.56$。其中假定电磁波的入射方向与表面垂直。P.246

总之，两种方法都被普遍使用，并且它们的计算所得都与实验结果一致。平面波展开法对于无缺陷的晶体结构计算非常有效，而传输矩阵法特别适用于有限尺寸的光子晶体。

9.3 光子晶体的性质

光子晶体具有大量特殊的光学及非线性光学性质。这些性质在光通信方面具有重要的应用，如低阈值激光发射、变频以及传感等方面。在此对其中一些性质进行描述。

带隙的存在 正如 9.1 节和 9.2 节所讨论的那样，光子晶体在其能带结构中含有带隙或赝隙（常称阻隙）。这些带隙的存在可使它们适用于高品质的窄带滤波，其波长可通过域周期（晶格常数）的改变来进行调谐。这种有效周期也可根据待分析物的吸附（或包含）情况进行改变，从而使得光子晶体媒介可适用于化学和生物传感器。该主题将在 9.9 节进行详细讨论。

非线性晶体中的带隙位置可通过 Kerr 非线性效应进行改变。光学 Kerr 效应是一种三阶非线性光学效应，它可使折射率变化一个 Δn，其中 $\Delta n = n_2 I$，它与光强成线性关系，n_2 是非线性指数系数（Prasad and Williams，1991）。因此通过增加光强，非线性周期域的折射率可被改变，并进一步导致带隙位置的改变。这种特性可被用来制造针对带边频率光的光学转换系统。通过改变光强以转变带隙（例如带边），光传导可从一个较低值转变为较高值。这种带隙频率的转变可用于 WDM 信道路由的动态控制。在双折射光子晶体中，折射率由于两种垂直偏振而分为两个不同的部分。在这种晶体中，光子带隙由于两种垂直偏振的存在而不同，因此该晶体可用于消除偏振或基于偏振的光学转换。

局域场增强作用 我们可以改变光子晶体中电磁场的空间分布，使得其中一种或多种电介质的局域场增强。非线性光子晶体的场增强作用可用来加强与局域场相关的非线性光学效应。

在光子带隙附近，低频形式的能量主要集中于高折射率区域，高频形式的能量主要集中于低折射率材料区域（Joannopoulos et al.，1995）。该现象如图 9.6 所示。因此，一束光强很大且波长接近低频光子带边的激光，照射到一个周期性结构的 P.247

物质上时,其光场能量将大部分集中于高折射率材料部分,并且可能具有很大的非线性极化率。这种强烈的场局域化作用显著增强了光子晶体与基场的非线性相互作用。

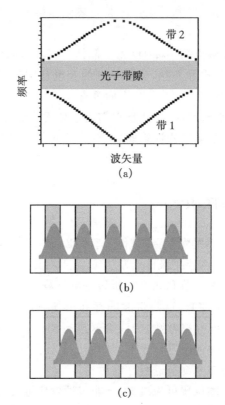

图 9.6   (a)1D 光子晶体的光子带隙结构;(b)基于带 1 的电场分布示意图;(c)带 2 的示意
图。在(b)图和(c)图中,较暗区域表示高折射率的材料层

反常群速色散   光子能带结构(在 9.2 节已讨论)造成了基于传播矢量 **k** 的传播频率色散,因此决定了介质内部光子包络(如一小段光脉冲)传输的群速。这种频率(能量)色散也决定了有效折射率以及与之相关的效应(如折射、准直等)。群速度 v_g 可由光子能带结构通过以下关系计算得出:

$$v_g = \mathrm{d}\omega/\mathrm{d}k \tag{9.3}$$

由于高度的各向异性以及复杂能带结构的存在,光子晶体中的群速度发生很大的改变。其变化范围从 0 直至远低于真空光速的速度值,且总体上取决于与带隙相关的光频率以及光的传播方向。例如,带隙附近频率光的群速度很低,而在带隙区域其值为 0(Imhof et al.,1999)。因此,光子晶体介质可用于改变光子波包的传播速度(及其能量)。该性质可能用于增强光学相互作用,但这还需要时间来

验证。

另一个重要的特征便是群速度色散 β_2,其定义为

$$\beta_2 = \frac{\mathrm{d}^2 k}{\mathrm{d}\omega^2} \tag{9.4}$$

因此,β_2 可由能带曲率得出。在电子能带结构中,其曲率 $\mathrm{d}^2 E/\mathrm{d}k^2$ 与电子的有效质量相关。因此,如公式(9.4)定义所示,β_2 与光子的有效质量成反比。这种色散是一种由光频率引起的群速色散(改变)。因此,这为研究一束复色光(包含大量频率成分)如何展开(变宽)提供了有效信息,因为不同频率的光传播的群速不同。因而,群速度色散确定了波包频率的相对相位变化。反常色散发生于带隙附近,其有效光子质量($1/\beta_2$)不低于甚至高于带隙。而在阻隙内,群速则迅速降低至 0。

由于反常色散作用,大量新现象得以预知并已被验证。其中之一便是超棱镜现象,这是一种基于折射的特殊角敏感性光传播及色散现象(Kosaka et al.,1998)。图 9.7 通过与正常棱镜的比较,阐明了超棱镜光子晶体的折射行为。因此,超棱镜包含棱镜的两个增强特性,即:(i)图 9.7 所示的宽角度分离各种波长成分的超色散;(ii)入射角的小幅度变化引起折射角(射出光)的大幅增长。因此据 Kosaka 等人报道,在硅胶制备的 3D 光子晶体中,当入射角 ±7° 轻微变化时,出射光从 −70° 到 +70° 剧烈摆动(图 9.8)。该折射效应比普通棱镜强两个数量级,并可用于一定角度光束控制。另外值得关注的就是,这种光路表现了一种负弯曲,因此,即使其介质本身不具有负折射率,晶体也表现出负折射特性(Luo et al.,2002)。P.249

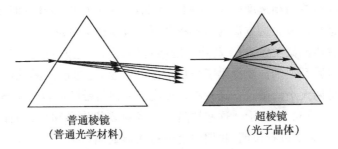

图 9.7　超棱镜与普通棱镜的色散比较

基于光子晶体反常群速色散行为的另一个值得关注的特性便是自准直现象,其准直光传播不受入射光发散的影响(Kosaka et al.,1998)。在同样的光子晶体中,自准直和透镜式发散传播也可实现,其主要取决于所选波长和传播方向上的能带结构色散。这种自准直现象与光强无关(因此,其产生原因并非与强度相关的自聚焦),且对于无发散的光束传播光路非常重要。

反常折射率色散　在不吸收光的区域,电介质折射率随波长的增加(频率的减

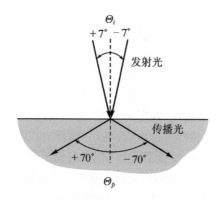

图 9.8   光子晶体中的超衍射行为,其中±7°范围的入射角产生
了±70°大范围的折射光路

少)而减小,这称为正常的折射率色散。而在吸光区域,折射率呈现出一种我们称之为折射率反常色散的色散行为(衍生型曲线)。光子晶体在高频带边附近存在有效折射率的反常色散效应,这种特性与前面所提到的反常群速色散有关。图 9.9 (Markowicz et al. , 2004)描述了 3D 光子晶体中有效折射率对归一化频率的计算值曲线,$f_n = a/\lambda$,其中 a 是晶格常数。这种反常色散与吸收并无联系,因此其不会因吸收而导致任何损失。在 9.6 节有关非线性光子晶体的部分我们还将讨论,这种反常色散可用来产生入射基波段光的二次或三次谐波的相位匹配。相位匹配条件要求基波和谐波的相速度(c/n)相同。因此,在它们协同传播的时候,能量从基波不断地转移至谐波。这方面的内容将在下一节作详细讨论。

光子晶体中的微腔效应   利用缺陷结构(如位错、空穴),光子晶体也为设计植入式光学微腔及纳米微腔提供了应用前景。甚至,通过改变其缺陷的大小和形状可创造出可调大小的微腔。这种缺陷形成了一种与带隙区域光子态(缺陷态)相关联的缺陷,如图 9.10 所示。这些缺陷态与半导体的传导和价带间的杂质(掺杂剂)作用类似。为了进行说明,我们假设一种球形缺陷(例如 9.4 节描述的自组装胶质晶体的包裹球体缺失)。这种球形微腔可支持光模(光子态),其直径 d 由如下公式给出:

$$d = n\lambda/2 \tag{9.5}$$

$n = 1$ 对应最低值。由此可看出,共振腔的尺寸变小,共振模的数量显著减小。如
果一个发射器含在这种微腔中,那么仅当发射比空腔共振峰更窄时,其发射共振腔得到增强,同时其频率(波长)也与空腔共振模匹配。

这种空腔光学反应通常根据品质因子 Q 进行描述,$Q = \omega/\Delta\omega$,其中 $\Delta\omega$ 是空腔共振模的谱带宽度。一个可增强窄波发射的空穴需要很高的 Q 值。光子晶体

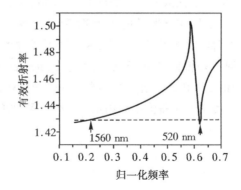

图 9.9　相对归一化频率的有效折射率图形,其显示了发生在 520 nm 左右的反常色散

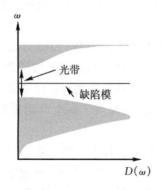

图 9.10　带隙区域中缺陷模示意图。$D(\omega)$ 是频率 ω 处的光子态密度

可以达到一个高品质因子(Q)并可形成一个极低模量的纳米空腔,从而有利于波长的高度选择性以及共振电磁场(共振腔模)的大幅增强。这种效应已用来验证共振腔增强型光电探测器、发光二极管及低阈值激光器(Temelkuran et al.，1998；Painter et al.，1999；Loncar et al.，2002)。光子晶体这种可提供高 Q 微腔的有利特性,对于研究导致特异光学现象的腔量子动力学有着有力的促进作用(Haroche and Kleppner,1989)。

在此列出两种详细的微腔效应,即珀塞尔效应和光子循环。珀塞尔效应是指在以下条件下自发辐射的增强:(i)自发辐射光谱比空腔共振谱峰更窄;(ii)发射频率与空腔共振模频率相符(Purcell,1946)。这种空腔增强因子通常称作珀塞尔因子 f_p,其与 Q/V 成正比,其中 Q 是空腔品质因子,V 是空腔体积。因此,通过提高 Q 并减少 V 可大大增强这种效应。在 InGaAsP 半导体中,Q 值可超过 10^4 而 V 可达到 0.03 μm^3(Okamoto et al.，2003)。

光子循环是指发射光子经再吸收处理,进行再发射。这种处理可使内部效率大大提高。Schnitzer 和 Yablonovitch 的研究工作(Schnitzer et al.，1993)在此提供了一个很好的例证。其中每个光子的重发射平均次数达到了 25 次,增加了 72%的额外效率。光子循环增加了光子寿命,因而降低了设备的响应时间。

P.252　　　在此提出的一个例子是低阈值光子晶体激光(Loncar et al.，2002)。Loncar 等人(2002)通过合并 InGaAsP 量子阱活性材料中一系列小的刃型位错制成了一种光子晶体微腔激光。其在光子晶体中利用低于 220 μW 功率的超低阈值泵浦产生了激光效应。

9.4　制备方法

多种方法已经用来制备光子晶体。其中一些方法适用于 1D 和 2D 光子晶体的制备,而其他的方法则有利于三维空间内的光子定域化。在此对其中一些方法进行探讨。

自组装法　对于 3D 光子晶体的制备,胶体自组装法似乎是最有效的方法。该方法中,预先设计的构成体(通常是单分子硅酸或聚苯乙烯纳米球体)可自发地聚集成一个稳定的结构。尽管这种胶体集合体由于其折射率衬度较低而不具有光波长范围内的完全光子带隙,但其提供了一个可用高折射率材料进行渗透的模板(Vlasov et al.，2001)。

胶体自组装制备可以采用许多技术方法。最广泛使用的制备技术便是重力沉降。沉降就是悬浮在溶液中的固体颗粒在随着溶剂蒸发的过程中沉淀至容器底部的过程。在此值得探讨的一点就是,要选择液体蒸发的合适条件以使得固体颗粒形成周期点阵。

重力沉降是一个缓慢的过程,其需要 4 周的时间才能得到一个很好的晶体。若将此过程加速到几天,则只能结晶得到一个包含许多缺陷的多晶结构,如图9.11 的 AFM(原子力显微镜)图像所示。微晶的大小不一,且取决于构成体的品质、结晶时间、温度、湿度以及其他等等。

另一种自组装方法由 Xia 及其合作者提出(Park and Xia 1999；Gates et al.，1999),称为单元法。制备方法如图 9.12 所示。将球形颗粒的水分散体注入至一个由两个玻璃衬底和一个光致抗蚀剂材料框或 Mylar 膜构成的单元中,其放置在底部基片表面。框架的一面有一个阻滞颗粒的通道,但其允许溶剂通过。在单元中沉淀的固体颗粒最终形成一个规则结构(通常是 FCC 结构)。

这种方法特别适用于在水中制备薄的聚苯乙烯光子晶体。它们的厚度通常不超过 20 μm,侧向尺寸达到 1 cm。当需要研究结合染料的光子晶体的光发散特性时,可使用该方法。该方法的缺点就是,当一个晶体生长出来时,其结构里面存在缺陷。这可能是因为固体颗粒都已高度饱和,并不是所有构成晶体的颗粒都彼此

P.253

图 9.11 利用沉降法,经 5 天晶体生长培养的 450 nm 下硅酸珠的 AFM 图像

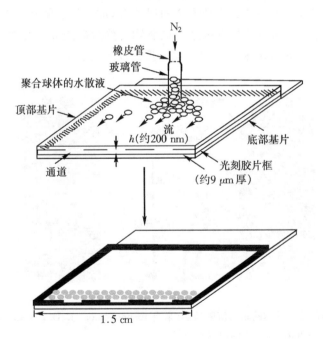

图 9.12 用于胶质晶体自组装的单元法。由 Gates 等人提供(1999),经许可后复制

接触。当水分蒸发的时候,晶体形成了很大的畴,而这些畴间彼此存在裂缝。 P.254

　　当需要制备大面积的干晶结构(如聚苯乙烯/空气)时,这种垂直沉降法可得到较好的结果(Vlasov et al.,2001)。这种方法可生产长程有序晶体。图 9.13 中所

示弯月面区域的强毛细管作用诱导的 3D 规则结构中胶质球体的结晶。当弯月面被冲洗通过垂直放置的基片,胶质晶体就已经成形了。弯月面的这种移动原理可被解释,如通过溶剂蒸发的方式。此外,正如 Zhu 等人(1997)所提出的那样,我们对大球体($d>$ 400 nm)可以使用梯度温度。图 9.14 呈现了用该方法制备的样品扫描电子显微镜(SEM)图形。从中可以容易地看到一个高度规则的三维光子晶体。

垂直沉降的另一种方法便是由 Jiang 等人(1999)使用的对流自组装方法。Wostyn 等人(2003b)使用这种方法生产了高度规则的面心密堆积排列的聚苯乙烯晶体。

正如 9.1 节中所讨论的,高折射率衬度是创造一个完全带隙的所需条件,其中光子态密度在带隙区变为 0。因此,世界上大部分研究都集中于使用不同制备和处理方法来提高折射率衬度。通常使用方法是用高折射率的材料对空隙空间(空心区域)进行渗透。目前,干的(气相)以及湿的(化学)渗透技术都被用于该目的。其中一个例子便是我们研究所利用高折射率材料 GaP,对硅酸蛋白石结构(3D 胶质自组装结构)进行的渗透。这种渗透利用了 MOCVD(金属有机物气相沉积)方法,并用到了第 7 章所讨论的有机金属前驱物。然后硅酸球体可通过 HF 进行侵蚀,以产生一个含有 GaP 和空气交互电介质的反蛋白石结构。

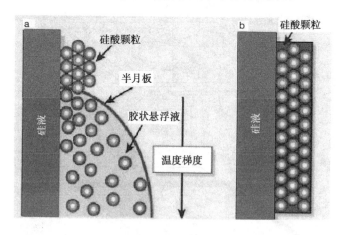

图 9.13　结晶胶质球体的垂直沉降法。(来自 Joannopoulos, J. D., Nature 414, 257 - 258 (2001),经许可后复制)

P.255　　　在湿法中,通过空隙空间溶解相渗透的化学反应可用于制造高折射率的材料。该方法可用于生产半导体纳米晶体或高折射率的塑料聚合体。液相渗透的一个例子便是密堆积硅酸空隙空间 CdS 的形成过程 (Romanov et al., 1997)。

双光子光刻法　11 章所讨论的双光子光刻法可用于 3D 光子晶体的制备。该

图 9.14　由垂直沉降法生产的聚苯乙烯/空气光子晶体的扫描电子显微镜(SEM)图像

技术利用了某些材料,如聚合体,对双光子激发敏感的特性来引发材料结构的化学或物理变化,从而实现三维空间内的纳米光刻(Cumpston et al. , 1999)。

在第 2 章讨论的双光子激发中,红外区域(如, 800 nm)两个相同光子的同时吸收作用可用来进行光加工操作。具体过程将在第 11 章作详细讨论。当飞秒激光脉冲聚焦于光敏材料上时,其可引发双光子聚合作用并产生精度达到 200 nm 的结构。由于吸收限定在一个很小的空间内,通过材料内焦点的扫描,可制造出三维空间的微型图案。通过双光子光刻所制成的结构中,堆积型晶体最常见到(如图 9.15 所示)。

图 9.15　由双光子光刻法制备的光子晶体的 SEM 图像。来自 Cumpston 等人(1999),经许可后复制

电子束光刻法　电子束光刻法是一种可以制造多种高精度光子晶体的方法。

它是一种相对复杂的方法,因为其包含了许多变化。这种方法主要的缺点便是其
高昂的成本。在该方法中,样本(晶片)上覆盖着一种称为抗蚀剂的电子敏感性材
P.256　料。这种材料用作抗蚀剂,当其与电子束接触时,发生较强的化学和物理变化
(Knight et al.,1996,1997)。其中电子束的位置和强度都由计算机控制,而且电
子只会发射至特定区域以获得所需图案。在光刻后,一部分抗蚀剂便会溶解,而样
品将通过刻蚀作进一步处理以获得最终的晶体结构。电子束光刻法大多被用于
2D 光子晶体的制备。图 9.16 展示了通过这种技术制备的 2D 光子晶体样例。

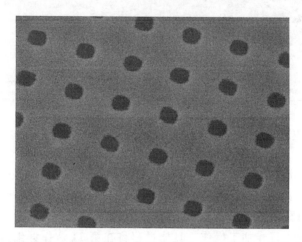

图 9.16　由电子束光刻法制备的光子晶体的 SEM 图像。来自 Beetz 等人
(2002),经许可后复制

刻蚀法　刻蚀法更适用于二维光子晶体的制备,它已经被用于半导体制造方
面。该方法通过使用一种光刻技术,如电子束光刻法,在半导体表面多余区域进行
P.257　平面图案的制作,然后将这些标记区域进行刻蚀以产生空穴。常用的两种方法包
括(Mizeikis et al.,2001):

(1)干法蚀刻。一个例子便是反应离子刻蚀(RIE),其利用的是氯化物($SiCl_4$
和 Cl_2)或氟化物(CHF_3、CF_4、C_2F_6 和 SF_6)反应气体等离子放电所产生的反应离
子。这些离子在电场的作用下,加速通过样品表面。这种干法刻蚀能够很好地控
制空穴的大小,但其刻蚀深度有所限制。这种方法已用于许多半导体的制备,如
GaAs、AlGaAs 和 Si。

(2)湿式刻蚀。一个例子便是同样用于许多半导体的电化学刻蚀法。通过 Si
的电化学刻蚀来生产多孔光子硅晶便是其中应用之一。在该方法中,首先通过使
用光刻图案及 KOH 溶液的碱性化学腐蚀在硅片上制造一个腐蚀陷斑图案,然后
将晶片放置在一个电化学单元上,再使用 HF 溶液进行电化学刻蚀。这样,通过电
化学刻蚀,这种刻蚀凹陷就形成了晶核中心。电化学刻蚀法的优点便是可以轻松

地制造很深的空穴。

使用电化学刻蚀法来生产 2D 光子晶体的另一个方法便是利用酸性溶液中铝的阳极氧化,该方法可以生产高度规则的蜂房状多孔氧化铝(Al_2O_3)结构,其包含着紧密包裹排列的柱状六角形晶胞(Kelleret al.,1953；Almawlawi et al.,2000)。孔径大小以及氧化铝上的孔密度可通过选择阳极反应条件(酸及外加电压的选择)以及铝表面经 SiC 处理的纳米凹痕(换句话说,产生凹点)来进行控制(Masuda and Fukuda,1995；Masuda et al.,2000)。

这种多孔渗透的 Al_2O_3 可用来作为一个模板从而在其小孔周围培养其他的光子介质,而 Al_2O_3 随后可进行侵蚀除去。孔腔聚合物的填充可生产出一个复制阴模,随后用于其他周期结构如半导体的培养。例如,Hoyer 等人(1995)使用电化学法培养了 CdS 晶体。

全息法 全息法是利用两个或多个相干光的干涉来产生一个周期性强度图案,可用于在树脂中制备周期性的(光致抗蚀剂)光生光子结构。在该方法中,初始激光束分为若干条,从而在树脂中按照由所需周期确定的角度进行重叠。最简单的例子便是通过两束激光的重叠来制备一维周期性结构(1D 光子晶体或 Bragg 光栅),其中两束激光之间的角度决定了其周期性。该方法已经实际应用了很长时间。最近的发展使用的是含有无机纳米颗粒(如 TiO_2,金属纳米颗粒)或晶状纳米液滴(第 10 章所描述)的光聚合(或光固化)介质,其中纳米颗粒趋向于没有进行光 P.258 修饰的区域。如此一来,强度图形中的亮斑,不仅可以产生一个光修饰区域,也可以对非光修饰区域的纳米颗粒进行排列以增加折射率衬度。通过与代顿空军研究实验室(Air Force Research Laboratory at Dayton)合作,我们实验室已经开始使用这种方法来制备图 9.17 中的 1D 光子晶体,而 2 束以上的光束可用来制造 2D 和 3D 光子晶体。

2D 六角形光子晶体是由 3 束 $\lambda = 325$ nm 的激光干涉所产生的光致抗蚀剂薄层来进行制备的(Berger et al.,1997)。这种带有图案的光致抗蚀剂层,可用作反应离子刻蚀掩膜从而来制备深度为 $3\mu m$ 的 2D 光子 GaAs 晶体。Shoji 和 Kawata(2000)使用了 HeCd 连续波激光器发射的 5 条波长为 442 nm 的重叠的激光束形成了一个 2D 三角结构。其中 3 束激光的干涉形成了一个 2D 三角结构,而另外 2 束激光在结构上的重叠沿着第三维进行了调节。此方法所产生的 3D 六角形光强图案可转移至一个光聚合树脂从而制备一个 3D 光子晶体。全息法利用了多光束的干涉,其优点在于此法可以通过单次激光照射来制备高周期性结构,从而避免重复分步制备。然而,该法的不利之处可能在于其形成的折射率衬度并不大。

全息法也可用于制备电控聚合体分散液晶光子带隙材料(Jakubiak et al.,2003)。Jakubiak 等人(2003)使用聚合体分散液晶光子带隙来验证了一个功能发 P.259 色团的分布反馈激光发射行为。

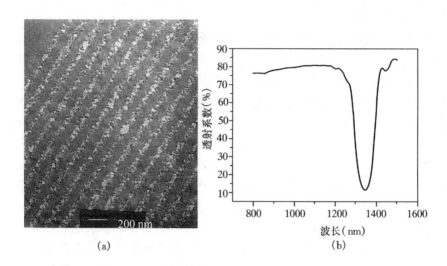

(a)   (b)

图 9.17   利用聚合物分散液晶制备一维光子晶体的全息法。(a) TEM(透射电子显微镜)图
像;(b)透射光谱

9.5   光子晶体光路

近年来,大量的研究活动都在创造光子晶体中点缺陷及拓展缺陷,从而产生出
微腔并制成波导结构,进而构造出基于光子晶体的光路系统。胶质晶体中,点缺陷
可通过掺入不同体积的杂质球体来进行制备(Pradham et al.,1996)。常用的光
刻技术也可用于在反蛋白石结构中引进缺陷(Jiang et al.,1999)。

Braun 及其合作者(Lee et al.,2002)使用双光子及三光子聚合在自组装光子
晶体中引入了波导结构。这种多光子聚合技术与 9.4 节描述的双光子光刻都包含
了相同的方法,其都用于在胶质晶体内部制备高精度 3D 图案。其中三光子聚合
可用于制备更小的图案。

近来,我们实验室利用双光子聚合生产了基于一维及二维光子晶体的结构。
如图 9.18 呈现的研究成果,我们制造了 1X3 光子晶体分离型波导及光子晶体晶
格结构。两种图案都创造于一个聚苯乙烯胶质光子晶体内部。胶质自组装体是由
约 200 nm 的聚苯乙烯颗粒的垂直沉降法进行制备的。而后所制备的晶体通过
P.260 ORMOCER 的甲醇溶液(一种无机/有机杂化材料)进行渗透,其包含了 2% 的一
种光敏引发剂。双光子聚合作用是由 100 fs 的脉冲实现的,脉冲来自于一个锁模
Ti 蓝宝石飞秒激光器。聚合之后,感光材料上未聚合的区域用甲醇除去(洗脱),
而单光子及双光子荧光技术用来呈现改良胶质光子晶体成像。图 9.18 所示的两
种结构是在晶体内 2 μm 处的成像。

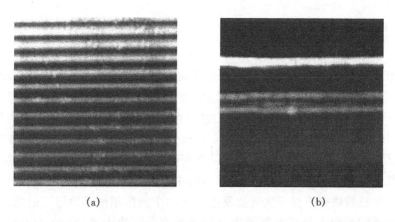

(a)　　　　　　　　　(b)

图 9.18　3D 聚苯乙烯光子晶体内部所创造的缺陷结构。(a) 所制备光栅结构的双光子荧光
　　　　图像(使用 800 nm 的激发光);(b)所制成分歧区域 1X3 光束分离的单光子共聚焦
　　　　荧光图像

　　Wostyn 等人(2003a)在自组装光子晶体中引入了二维面缺陷,他们结合了对
流自组装法、Jiang 等人(1999)所描述的另一种垂直沉降法以及第 8 章所描述的
Langmuir-Blodgett(LB)技术。他们首先使用了一种由垂直沉降法所制备的多层
胶质晶体,然后利用 LB 技术来沉淀一个由不同尺寸纳米球构成的单层,之后再次
进行多层胶质晶体的垂直沉降。这种 LB 沉淀层相当于一个平面微腔,诱导了带
隙中局域态、缺陷模的产生。价带和导带间的局域态能量取决于缺陷层的厚度,其
可由 LB 技术中沉淀的纳米球大小进行控制。这种关系如图 9.19 所示。

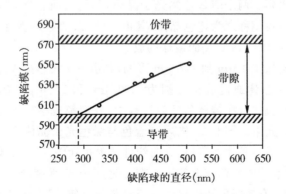

图 9.19　缺陷层的厚度对光子带隙中缺陷模的影响。胶质晶体中含有 290 nm 的球体。注
　　　　意,Y 轴表示的是波长而非能量,因此导带在价带下面。在能量轴上,导带在价带
　　　　上面。来自 Wostyn 等人(2003),经许可后复制

9.6　非线性光子晶体

本节将对非线性光子晶体的一些性质进行详细讨论(Slusher and Eggleton, 2003)。非线性光学的一个标准应用就是光辐射的频率转换,特别是各种谐波的产

P.261

生(Prasad and Williams, 1991)。我们将以光子晶体三次谐波发生应用为例进行说明,具体步骤由我们研究工作完成(Markowicz et al., 2004)。三次谐波产生(THG)是一个非常有用的技术,其可以改变红外激光器的相干输出,使其波长变短至可见及近紫外区域。然而,大多数材料中存在的很小的三阶光学效应以及强烈的折射率色散使得一步三次谐波发生在实际中的应用困难重重。因此,实践中只有通过连续的两步处理才能产生高转换效率的三次谐波(Shen, 1984, Boyd, 1992)。然而,若可以找到合适的条件从而直接产生一步三次谐波发生,整个过程肯定会变得更方便,也更简单。而我们在使用 3D 聚苯乙烯光子晶体介质过程中发现其三次谐波发生效应得到了意想不到的增强。

首先,我们对泵浦和激发信号做了精确的相位匹配,该过程是有效非线性频率转换产生的必要条件。达到三次谐波发生所需条件的一个方法便是利用反常色散区域,其中介质折射率随着光频率的增加而减少。在大多数介质中,反常色散通常伴有强烈的吸收作用,其使得该方法不能用于实际中。然而,在光子晶体中,由周期结构所产生的反常色散却不伴随损耗,因此便可以得到强烈的三次谐波发生。我们实验中所用到的晶体由胶质聚苯乙烯微球密堆积所制成。虽然聚苯乙烯本身只有微弱的三阶非线性效应,但实验中我们观察到了一条很强的三次谐波发生光束。

我们实验中用到了两个聚苯乙烯光子晶体,其均为面心立方体(FCC)晶体结构。其中一个晶体我们称之为蓝色晶体,其由 198 nm 直径的微球制成,另外一个晶体(绿色晶体)由 228 nm 直径的微球构成。

泵浦激光波长从 1.1 μm 到 1.6 μm 可调,其由一个飞秒放大光参量发生器提供。当蓝色和绿色晶体通过波长分别为 1.36 μm 和 1.56 μm 的聚焦激光束在[111]方向上进行照射时,在传播和反射过程中,我们都观察到了与三次谐波波长相对应的一条明亮光束。图 9.20 描述了蓝色与绿色光子晶体中三次谐波发生光的强度与波长的关系。晶体在[111]方向线性透射也在图 9.20 中有所呈现。对于两种晶体,当三次谐波波长调节至其短波带边时,产生光强度最大。

在低频范围中,有效折射率仅仅取决于材料的色散,因为此时的光波长比晶体结构的空间周期更长。当频率调向带隙的时候,聚苯乙烯的有效折射率会强烈偏移其本身的折射率,从而导致其相位匹配失调。然而,相位匹配在带隙的反常色散区域的某些点上得到了恢复,以至于当该频率的光在晶体中正向传播时,其波矢量与低频泵浦相位匹配。由于高能带边附近反常色散所衍生的相位匹配,三次谐波

P.262

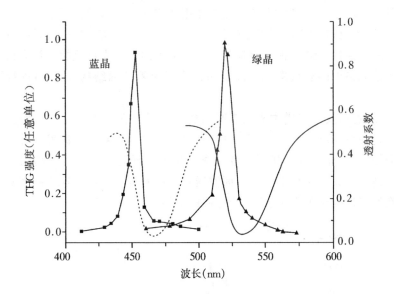

图 9.20 产生的三次谐波信号强度描述了蓝晶（立方体）及绿晶（三角形）的波长关系。虚线部
分表示光子晶体样品带隙附近的线性传播

得以增强。理论上基波与三次谐波的折射率色散如图 9.9 所示。图中虚线表示相
位匹配。

我们组研究的另一种非线性光学效应就是双光子激发发光。虽然双光子吸收
与三次谐波发生类似，是一种三阶非线性光学过程，但双光子发射是不连续的。换
句话说，这种上转换不要求相位匹配。我们报道了双光子激发的修正，来自于高效
染色光子晶体的上转换发射光谱，该晶体含有大小范围在带隙中心频率 1%～3%
的阻带（Markowicz et al.，2002）。该光子晶体由 200 nm 直径的聚苯乙烯微球制
成，然后用染料进行渗透。香豆素 503 染料被选来进行渗透，因为这种染料的发射
光谱适合于聚苯乙烯光子晶体透射光谱的阻带，而且它的高荧光量子产率（0.84）
导致了大多数辐射衰变。

我们通过一个锁模 Ti：800 nm(80 fs 的脉冲宽度)波长的蓝宝石激光器，获得
了光子晶体中染料的双光子激发荧光光谱。激光方向与样品表面垂直。我们收集
了反射模式的光谱。

在香豆素 503 的双光子激发发射光谱中，除了类似于那些报道的外部平面波 P.263
传输（Megens et al.，1999，Yamasaki and Tsutsui，1998）的过滤作用以外，还出
现了一个锐利的峰值（图 9.21）。虽然溶剂染料分子的浓度相当高，但我们没有光
谱形状的任何变化，这归功于激发时的偶极子之间的转移作用。在没有光子晶体
存在的情况下，染料溶液的发射光谱与稀释 100 倍的染料溶液的光谱几乎一样。

最大值可能是由于光子晶体内的光放大作用造成的。峰值的位置取决于阻带的位置。阻带外,香豆素 503 发射光谱的形状,与聚苯乙烯-甲醇和聚苯乙烯-DMSO 结构相似。阻带区域外的两种光谱都与重新调节后的参考光谱重叠。该光谱是通过对放置于单元格中的香豆素 503 以及同样厚度聚苯乙烯结构(8 μm)进行测量得到的。

我们注意到,发射光谱中光的衰减与放大同时存在。为了更好地检验峰值位置与阻带的关系,我们设计了以下实验:在对香豆素 503 双光子激发上转换发射光谱进行测量之前,先对样品相同区域的透射光谱进行记录。该实验结构表明双光子发射光谱的放大作用出现于外平面波透射光谱的衰减边界。这意味着双光子激发上转换发光发生于阻带沿(1,1,1)方向的边界。

P.264

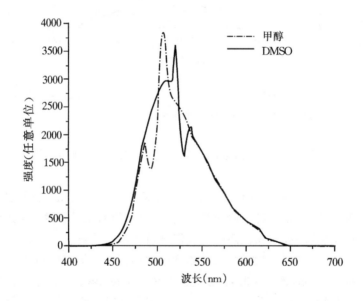

图 9.21 聚苯乙烯-甲醇和聚苯乙烯-DMSO 光子结构中,香豆素 503 的双光子激发上转换发射光谱

9.7 光子晶体光纤

光子晶体光纤 光子晶体光纤(PCF)是一种特殊的光子晶体,其也是光纤的一种。这种光纤在其包层结构上呈现一种折射率周期性变化的规律(Knight et al.,1997;Cregan et al.,1999)。一般来说,PCF 是一束玻璃纤维,沿着其长度方向是一些空腔隧道。这些周期性的管状结构是通过密堆积裸光纤的融化牵拉成形的,因而其周期性与阻带的波长一致。PCF 也称为多孔光纤,是对空心光纤的应用。因此,产生的这种二维结构包含了玻璃气孔的周期性排列。PCF 的制备是一

个复杂的过程,其中包括了先准备一个管棒合理堆积的预成品。它们的形状和分布决定了光纤的最终结构。这种预成品通过精密条件下的处理及伸展从而制成PCF。其中孔内的压力与材料的粘性力应正好维持平衡。

光在PCF中的导向取决于其结构缺陷——阻断周期的点——而其机制是基于光子带隙效应。PCF加强了对于色散、双折射以及模式形状的控制。最明显的一个例子便是空心光纤中,空心管内的光通过光子带隙进行导向。

PCF在工程应用中显示出许多显著特性,如全波长的单模导向、特殊色散特性以及超过三个数量级的模大小调节。一般的光纤仅能在单模中相对较窄的波长范围内有效运行。对于更短的波长,将产生多模传播,而对于更长的波长,基谐模将对光纤弯曲处的损耗变得更加明显。相反的是,光子晶体光纤可适用于所有的波长范围的单模,这对于光纤内的多波长的传输是一个非常有用的特性。

PCF在实际中的大部分应用都是用于波导以及增强非线性特性的。对于这些应用,可能用到的两种变化为(i)实芯光子晶体光纤以及(ii)空芯光子晶体光纤。在这两种情况中,核芯可作为一个延伸缺陷来限制并制导光子晶体光纤带隙区域频率的光的传播。图9.22显示了这两种光纤,这些光纤包含了以下非常有用的特性。

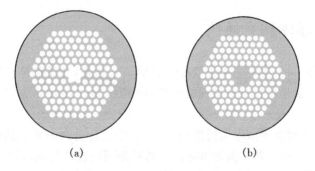

(a)　　　　　　　　　　(b)

图9.22　(a)空芯光子晶体光纤;(b)实芯光子晶体光纤

高效波导　实芯与空芯的PCF都能有效地进行导光而不依赖于波长或中心尺寸,这与一般的光纤不同。对于实心PCF,由于其中心处具有很高的有效折射率以及周围PCF介质(充当包层)中的光子带隙,其产生一个全反射光阱,从而导致了导波作用。对于空气(空)芯的PCF,空芯的导向作用完全依赖于PCF光子带隙频率处光的捕获。这种带隙的存在使得光只能从空芯周围的PCF表面被反射。这为通过空孔进行导光提供了令人兴奋的前景,即伴随最小的损失及群速色散,其中后者可拓宽普通光学光纤中的传播脉冲(Cregan et al.,1999)。一般的光学光纤并不具备这种性质,因为其导向芯的材料折射率高于包层区域的。而在空芯导光中,这恰恰相反。因此,由于其可以比一般的光学光纤减少若干数量级的损耗,空芯 PCF 有这个潜力胜过一般的光学光纤。然而,这种应用还没实现,这可能是由于 PCF 结构中的缺陷造成的。它的另一个优点便是由于中芯和包层间具有相对较小的折射率衬度,在光子晶体导向过程中允许有大角度的弯曲。

零群速度色散　正如 9.3 节所讨论的那样,由于高度复杂的能带结构,光子晶体中的群速度色散表现为大范围的变化。群速度色散可导致一般光纤中的光脉冲变宽。目前所生产的特种光纤在 1550 nm 处具有零群速度色散,其主要促进了位于该波段区域的光通信的发展。而 PCF 可对其能带结构以及芯部尺寸进行调整,因而具有更大的机动性,以至于利用其有可能制成一个在 550 nm~1.7 μm 范围内任意选择波长的零群速度色散光纤。

实芯 PCF 的增强非线性特性　在实芯 PCF 中,芯部的光学非线性特性通过场的加强得以显著增强。这种增强的 Kerr 效应(依赖于强度的折射率,9.3 节已讨论)意味着在 PCF 中可以建立一个比一般光纤强一个数量级的非线性相移。这种非线性特性应用的一个例子便是利用一个锁模激光器所发射的一系列脉冲来进行 PCF 中的有效宽带连续发生(Ranka et al.,2000)。这种连续发生由于锁模脉冲(产生的皮秒脉冲)的快速强度改变形成了一种快速的振荡非线性相移。PCF中仅仅数十厘米的区域所产生的波长即可覆盖从 400 nm 到 1600 nm 的范围。

P.266

9.8　光子晶体和光通信

光子晶体的一个重要应用领域便是光通信。在此,光子晶体可用于制造一种光源,如低阈值激光器和高灵敏性的光电探测器。这已经在 9.3 节进行了详细讨论。

正如 9.3 节和 9.5 节中所讨论的,一个缺陷设计合理的光子晶体可通过其缺陷区域对光进行局限,并对其加以导向。若缺陷通道设计合理,其在导向的时候可允许光路的剧烈弯曲而不造成较大的光学损耗。让我们来利用一个三维光子晶体对落在其带隙波段的光进行验证。该光不能够直接透过该晶体,但是如果该晶体中含有一个延伸的缺陷,结果会怎样呢? 光将会避开其不能传播的区域,因此它将沿着这条延伸的缺陷进行传播,同时这条延伸的区域可以有一个很大的弯曲。该方法的优点便是,与常规波导相反,其能使光弯曲 90°继续传播。也就是说,现在我们已经可以达到以前导波所不能达到的弯曲角度。如果制造一个普通的导波通道来进行剧烈弯曲,那么所传播的光将会损耗殆尽。

P.267

缺陷处的场分布的理论模型如图 9.23 所示。它给出了光进入并在沿缺陷路径传播最后经弯曲后传出的整个过程方向。图 9.24 显示了光从底部向上传播并通过沿缺陷的一个交汇处向两个不同方向传播的整个过程。我们可以制造不同拓扑结构的各种缺陷来进行导光,并可以制造包含强烈弯曲的光学路径,其为光操作提供了应用前景。

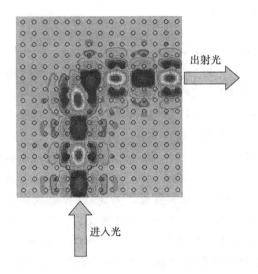

图 9.23   一条缺陷通道的场分布理论模型,其产生了一条剧烈弯曲的
光传播路径。来自 Mekis 等人 (1996),经许可后复制

图 9.24   一束氦-氖激光从底部进入并汇聚于光子晶体顶部,从而形成了向左及向右方向
的强烈弯曲。来自 Parker 和 Charlton (2000),经许可后复制

9.7 节描述了通过使用光子晶体光纤,我们可以达到一个广范围波长内的零群速度色散。因此,光通信的运载频率不必限制在 $1.3 \ \mu m$ 和 $1.55 \ \mu m$ 范围内。

光子晶体的窄带滤波特性以及超棱镜效应可用于波分复用技术(WDM),其中频率相近的多道光路可分离为一个宽角度范围。中心滤波频率的增强性非线性相移,可用于 WDM 通道路径的动力学控制(光交换)。

最后,光子晶体平台为发射器、接收器、放大器、转发器以及路由器在芯片上的高度集成提供一个应用前景。因此,其主动及被动的功能都可用于集成以制造一个真正的光子晶体芯片。

9.9　光子晶体传感器

Asher 及其合作者在其研究工作中利用了胶体阵列论证了一种新颖的化学和生物传感装置（Holtz and Asher，1997；Holtz et al.，1998；Lee and Asher，2000；Reese et al.，2001）。他们利用了一个胶体晶体阵列（CCA）的三维周期结构，该结构由 100 nm 直径聚苯乙烯微球堆积而成。这些饱和的球体间的静电作用使得它们自组装成了体心或面心立方体结构。

P.268　　在化学和生化传感方面，Asher 的研究小组在凝胶内聚合制成了一个聚苯乙烯球体（直径约为 100 nm）的 CCA 结构，在存在分析物如金属离子或葡萄糖的情况下，该凝胶可进行可逆的膨胀和收缩。为此，这种凝胶内含有一种分子识别组分，其可以选择性地与特定分析物进行结合或反应。识别过程导致的结果便是凝胶的膨胀，这是由于渗透压的增加造成的，并导致了晶体周期性的改变（球体分开）。结果该晶体衍射和散射都变至一个更长的波长。Asher 小组的研究表明，凝胶体积 0.5% 的微小变化就会导致衍射波长变化约 1 nm。

　　在探测金属离子如 Pb^{2+}、Ba^{2+} 和 K^+ 方面，Holtz 和 Asher（1997）将 4-氨基偶氮苯-18-冠醚-6（AAB18C6）与聚合晶体胶体阵列（PCCA）进行了共聚合作用。选择冠醚是因为它可与 Pb^{2+}、Ba^{2+} 和 K^+ 进行选择性结合。在这种情况下，凝胶的膨胀主要是由于凝胶内的渗透压得到了提高。

　　在葡萄糖传感方面，Asher 及其合作者（Holtz and Asher，1997；Holtz et al.，1998）将一种酶——葡糖氧化酶（GOx）连接到了一个聚苯乙烯的聚合晶体胶体阵列（PCCA）上。为此，PCCA 要进行水解化和生物素化。这种 PCCA 是从一个含有约 7 wt% 聚苯乙烯胶质球体、4/6 wt% 丙烯酰胺（AMD）和 0.4 wt% N，N'-亚甲基双丙烯酰胺（bisAMD）以及水构成的溶液中聚合得到的。这种水凝胶可在 NaOH 溶液中进行水解，并可通过生物素氨基戊胺进行生物素化。该生物素是利用一个水溶性的乙基碳二亚胺耦合体进行连接的，然后可将抗生物素的葡萄糖氧

P.269　化酶直接加入 PCCA 中去。在空气中配制的葡萄糖溶液可使 PCCA 膨胀并导致衍射波长上的红移，如图 9.25 所示。

　　Nelson 和 Haus（2003）利用一个电介质堆或金属电介质堆制成了一个化学/生物传感器。图 9.26 所示的新型设备利用了一种光子晶体，以 Kretschmann 式的几何方式，在全内反射界面进行光局域。该几何原理已在第 2 章进行了讨论。光局域化作用位于与空气接触的最后一层结构，因此可在那儿放置一种传感材料，从而在有分析物存在的时候改变空腔的光学特性。图 9.27 显示了随两个电介质层厚度变化的电场变化图。最理想的模型便是选择其表面局域场增强的最大值。P 或 S 偏振是基于所选的设计参数发生的。

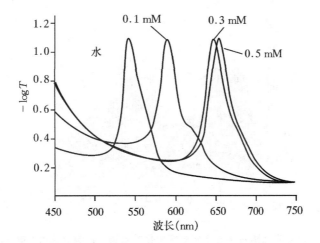

图 9.25　一个聚合胶体晶体阵列葡萄糖传感器的透射光谱。起点以 $-\log T$ 给出,其中 T 表示透射。来自 Holtz 和 Asher (1997),经许可后复制

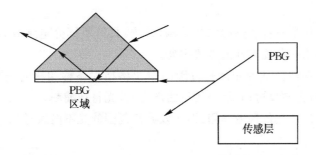

图 9.26　一个基于 PGB 全内反射偏振的传感器。来自 Nelson 和 Haus (2003),经许可后复制

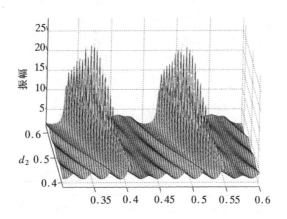

图 9.27　最底界面随每层电介质厚度变化的电场。该响应显示了电场的振
幅。来自 Nelson 和 Haus (2003)，经许可后复制

P.270 **9.10　本章重点**

- 光子晶体是一种规则的纳米结构，其中，具有不同介电常数和折射率的两种介质以一种周期性的方式排列。
- 当其周期性与某种光波长范围的布拉格衍射条件相符时，若从外面发射光，光将会被反射；若从介质里面产生光，光将被捕获。
- 衍射导致了光的局域作用：即在该波长范围的光不能通过光子晶体进行传播。
- 若相对折射率（由两种电介质的折射率 n_1/n_2 比值确定）非常大，其会形成一个完全的带隙，这种光子晶体称为光子带隙材料。
- 若相对折射率并不大，只会产生一个假性的定域化作用，这种带隙常称为假带或阻隙。
- 光子晶体可制成各种不同的一维、二维和三维周期性的拓扑结构。
- 光子晶体的能带结构，取决于通过波矢量体现的光能量（频率），依赖于光子晶体相对折射率、周期和拓扑特性（高低折射率的空间周期阵列）。
- 光子晶体的光学特性，如透射、反射以及角特性，由能带结构所决定。
- 光子晶体的能带结构，无论频域上的还是时域上的，都可由已知的技术和现存的计算机软件计算得出。
- 本章所呈现的频域技术的例子为：(i) 平面波展开法，其利用了电磁场平面波基础理论的拓展；(ii) 传输矩阵法，其中总空间被分为若干彼此耦合的小的特定单元,传输矩阵就是将一个周期性排列的晶胞一侧的域与其他侧的域联系起来的矩阵。

- 光子晶体在其带隙附近含有局域场增强效应,其在光子带隙附近,低频形式的能量主要集中于高折射率区域,高频形式的能量主要集中于低折射率区域。
- 光子波包的群速度色散在光子晶体中进行了大幅的修正,并在其带隙附近表现出一种反常群速色散,其中当光频率改变时,其群速度值迅速地从最大变至最低(所引曲线),并表现出了一种强烈的散射。
- 这种反常色散导致了新的光学现象如:(i)超棱镜现象,其可造成非常宽角度各种波长的散射;(ii)超折射,其导致入射角的小幅度变化可引起折射角(射出光)的大幅增长。　　　　　　　　　　　　　　　　　　　P.271
- 反常群速色散的另一个现象便是自准直现象,其准直光传播不受入射光发散影响。
- 在高频带边附近,光子晶体包含了有效折射率的反常色散,其随着光频率的变化,与频率相应的折射率会迅速从最高值变为最低值。
- 光子晶体为设计植入式光学微腔及纳米微腔提供了应用前景。其是通过其缺陷结构(如位错、空穴)完成的。
- 两种重要的微腔效应为:(i)珀塞尔效应,其是自发射的增强效应;(ii)光子循环,其涉及到了发射光的重吸收以及之后的再发射过程。
- 多种方法已经用来制备各种维度的光子晶体。
- 胶体自组装法可培养出适当尺寸的聚苯乙烯球体或单分子硅酸密堆积 3D 光子晶体。这种晶体也称为胶质晶体,而其经常所培养的是蛋白石结构。通过蒸发来去除堆积聚苯乙烯球体或通过腐蚀来除去玻璃体所产生的结构称为反蛋白石结构。
- 利用双光子聚合作用的双光子光刻法是另一种制备光子晶体的方法。用于制备光子晶体的其他光刻技术还包含电子束技术。
- 用于制备光子晶体的蚀刻法包括干法刻蚀和湿法刻蚀。
- 全息法是利用两个或多个相干光的干涉来产生一个周期性强度图形,可用于在树脂中制备周期性的(光致抗蚀剂)光生光子结构。
- 光子晶体缺陷结构的制备可用来引进微腔效应以及复杂的光学路径,这是研究的另一个重要领域。
- 各种技术如光刻法、多光子聚合法以及与 Langmuir-Blodgett 技术耦合的自组装作用可用于不同大小和尺寸的可控缺陷的制备。
- 光子晶体是产生非线性光学效应的最适介质。
- 阻带(或带隙)的高频边界处的反常折射率色散可用于基波和谐波的相位

P.272 匹配。通过非线性光学作用可产生相位匹配的谐波发射。相关相位匹配的三次谐波发生的实验观察已在文中呈现。

- 在此呈现的另一种非线性光学效应便是双光子激发升频转换发射，其不要求相位匹配。实验中可观察到，由于能带滤波效应，一个波长变得衰减和另一个波长得到放大。
- 光子晶体光纤是一种二维光子晶体，沿其整个长度都包含着一群显微空气腔道。一个例子便是由空管堆积，通过融化和拉伸所形成的多孔光纤。
- 光子晶体光纤中带隙的存在，其芯部包含一个空洞，可形成光子晶体光纤表面处光的反射，其在芯部空穴内可捕获光。这为空孔处提供了最小损失导光的特殊特性。
- 由非线性光学材料实芯构成的光子晶体光纤可以产生芯部的光学非线性特性。
- 光通信是光子晶体的一个重要应用领域。光子晶体介质可用于主动功能，如低阈值激光器和高灵敏性的光电探测器。它也可用于被动功能，如低损耗的光波导（通过孔部）、零群速度色散以及无显著损耗的高角度导光。
- 光子晶体的窄带滤波以及超棱镜效应对于光通信方面的波分复用技术（DWDM）非常有用。
- 光子晶体可用作化学或生物传感器，其中对于被测物的探测是基于能带特性的改变（如带隙位置的移动），而这种改变受到环境介质中被测物的影响。

参考文献

Almawlawi, D., Bosnick, K. A., Osika, A., and Moskovits, M., Fabrication of Nanometer-Scale Patterns by Ion-Milling with Porous Anodic Alumina Masks, *Adv. Mater.* **12,** 1252–1257 (2000).

Arriaga, J., Ward, A. J., and Pendry, J. B., Order-*N* Photonic Band Structures for Metals and Other Dispersive Materials, *Phys. Rev. B* **59,** 1874–1877 (1999).

Beetz, C., Xu, H., Catchmark, J. M., Lavallee, G. P., and Rogosky, M., SiGe Detectors with Integrated Photonic Crystal Filters, *NNUN Abstracts 2002 / Optics & Opto-electronics,* p. 76.

Berger, V., Gauthier-Lafaye, O., and Costard, E., Photonic Bandgaps and Holography, *J. Appl. Phys.* **82,** 60–64 (1997).

P.273 Boyd, R. W., *Nonlinear Optics,* Academic Press, New York, 1992.

Carlson, R. J., and Asher, S. A., Characterization of Optical Diffraction and Crystal Structure in Monodisperse Polystyrene Colloids, *Appl. Spectrosc.* **38,** 297–304 (1984).

Cregan, R. F., Mangan, B. J., Knight, J. C., Birks, T. A., Russell, P. St. J., Roberts, P. J., and Allan, D. C., Single-Mode Photonic Bandgap Guidance of Light in Air, *Science* **285,** 1537–1539 (1999).

Cumpston, B. H., Ananthavel, S. P., Barlow, S., Dyer, D. L., Ehrlich, J. E., Erskine, L. L., Heikal, A. A., Kuebler, S. M., Lee, I.-Y. S., McCord-Maughon, D., Qin, J., Rockel, H., Rumi, M., Wu, X.-L., Marder, S. R., and Perry, J. W., Two-Photon Polymerization Initiators for Three-Dimensional Optical Data Storage and Microfabrication, *Nature* **398**, 51–54, (1999).

Dobson, D. C., Gopalakrishnan, J., and Pasciak, J. E., An Efficient Method for Band Structure Calculations in 3D Photonic Crystals, *J. Comp. Phys.* **161**, 668–679 (2000).

Gates, B., Qin, D., and Xia, Y., Assembly of Nanoparticles into Opaline Structures over Large Areas, *Adv. Mater.* **11**, 466–469 (1999).

Haroche, S., and Kleppner, D., Cavity Quantum Electrodynamics, *Phys. Today* **42**, 24–30 (1989).

Ho, K. M, Chan, C. T., and Soukoulis, C. M., Existence of a Photonic Gap in Periodic Dielectric Structures, *Phys. Rev. Lett.* **65**, 3152–3155 (1990).

Holtz, J. H., and Asher, S. A., Polymerized Colloidal Crystal Hydrogel Films as Intelligent Chemical Sensing Materials, *Nature* **389**, 829–832 (1997).

Holtz, J. H., Holtz, J. S. W., Munro, C. H., and Asher, S. A., Intelligent Polymerized Crystalline Colloidal Arrays: Novel Chemical Sensor Materials, *Anal. Chem.* **70**, 780–791 (1998).

Hoyer, P., Baba, N., and Masuda, H., Small Quantum-Sized CdS Particles Assembled to Form a Regularly Nanostructured Porous Film, *Appl. Phys. Lett.* **66**, 2700–2702 (1995).

Imhof, A., Vos, W. L., Sprik, R., and Lagendijk, A., Large Dispersive Effects near the Band Edges of Photonic Crystals, *Phys. Rev. Lett.* **83**, 2942–2945 (1999).

Jakubiak, R., Bunning, T. J., Vaia, R. A., Natarajan, L. V., and Tondiglia, V. P., Electrically Switchable, One-dimensional Polymeric Resonators from Holographic Photopolymerization: A New Approach for Active Photonic Bandgap Materials, *Adv. Mater.* **15**, 241–243 (2003).

Jiang, P., Bertone, J. F., Hwang, K. S., and Colvin, V. L., Single-Crystal Colloidal Multilayers of Controlled Thickness, *Chem. Mater.* **11**, 2132–2140 (1999).

Joannopoulos, J. D., Meade, R. D., and Winn, J. N., *Photonic Crystals,* Princeton University Press, Princeton, NJ, 1995.

John. S., Strong Localization of Photons in Certain Disordered Dielectric Superlattices, *Phys. Rev. Lett.* **58**, 2486–2489 (1987).

Johnson, S. G., The MIT Photonic-Bands package, http://ab-initio.mit.edu/mpb/.

Keller, F., Hunter, M. S., and Robinson, D. L., Sructural Features of Oxide Coatings on Aluminum, *J. Electrochem. Soc.* **100**, 411–419 (1953).

Kittel, C., *Introduction to Solid State Physics,* 7th edition, John Wiley & Sons, New York, 2003.

Knight, J. C., Birks, T. A., Russell, P. St. J., and Atkin, D. M., All-Silica Single-Mode Fiber with Photonic Crystal Cladding, *Opt. Lett.* **21**, 1547–1549 (1996); Errata, *Opt. Lett.* **22**, 484–485 (1997).

Kosaka, H., Kawashima, T., Tomita, A., Notomi, M., Tamamura, T., Sato, T., and Kawakami, S., Superprism Phenomena in Photonic Crystals, *Phys. Rev. B.* **58**, 10096–10099 (1998).

Kraus, T. F. and De La Rue, R. M., Photonic Crystals in the Optical Regime—Past, Present and Future, *Prog. Quant. Electron.* **23**, 51–96 (1999).

Lee, K., and Asher, S. A., Photonic Crystal Chemical Sensors: pH and Ionic Strength, *J. Am. Chem. Soc.* **122**, 9534–9537 (2000).

P.274

Lee, W., Pruzinsky, S. A., and Braun, P. V., Multi-photon Polymerization of Waveguide Structures within Three-Dimensional Photonic Crystals, *Adv. Mater.* **14,** 271–274 (2002).

Loncar, M., Yoshie, T., Scherer, A., Gogna, P., and Qiu, Y., Low-Threshold Photonic Crystal Laser, *Appl. Phys. Lett.* **81,** 2680–2682 (2002).

Luo, C., Johnson, S. G., Joannopoulos, J. D., and Pendry, J. B., All-Angle Negative Refraction without Negative Effective Index, *Phys. Rev. B.* **65,** 201104-1–201104-4 (2002).

Markowicz, P., Friend, C. S., Shen, Y., Swiatkiewicz, J., Prasad, P. N., Toader, O., John, S., and Boyd, R. W., Enhancement of Two-Photon Emission in Photonic Crystals, *Opt. Lett.* **27,** 351–353 (2002).

Markowicz, P. P., Tiryaki, H., Pudavar, H., Prasad, P. N., Lepeshkin, N. N., and Boyd, R. W., Dramatic Enhancement of Third-Harmonic Generation in 3D Photonic Crystals, *Phys. Rev. Lett.* (in press).

Masuda, H., and Fukuda, K., Ordered Metal Nanohole Arrays Made by a Two-Step Replication of Honeycomb Structures of Anodic Alumina, *Science* **268,** 1466–1468 (1995).

Masuda, H., Ohya, M., Nishio, K., Asoh, H., Nakao, M, Nohitomi, M., Yokoo, A., and Tamamura, T., Photonic Band Gap in Anodic Porous Alumina with Extremely High Aspect Ratio Formed in Phosphoric Acid Solution, *Jpn. J. Appl. Phys.* **39,** L1039–L1041 (2000).

Mekis, A., Chen, J. C., Kirland, I., Fan, S., Villeneuve, P. R., and Joannopoulos, J. D., High Transmission Through Sharp Bends in Photonic Crystal Waveguides, *Phys. Rev. Lett.* **77,** 3787–3790 (1996).

Megens, M., Wijnhoven, J. E. G. J., Lagendijk, A., and Vos, W. L., Light Sources Inside Photonic Crystals, *J. Opt. Soc. Am. B* **16,** 1403–1408 (1999).

Mizeikis, V., Juodkazis, S., Marcinkevičius, A., Matsuo, S., and Misawa, H., Tailoring and Characterization of Photonic Crystals, *J. Photochem. Photobiol. C: Photochem. Rev.* **2,** 35–69 (2001).

Nelson, R., and Haus, J. W., One-Dimensional Photonic Crystals in Reflection Geometry for Optical Applications, *Appl. Phys. Lett* **83,** 1089–1091 (2003).

Okamoto, K., Loncar, M., Yoshie, T., Scherer, A., Qiu, Y., and Gogna, P., Near-Field Scanning Optical Microscopy of Photonic Crystal Nanocavities, *Appl. Phys. Lett.* **82,** 1676–1678 (2003).

Painter, O., Vuckovic, J., and Scherer, A., Defect Modes of a Two-Dimensional Photonic Crystal in an Optically Thin Dielectric Slab, *J. Opt. Soc. Am. B.,* **16,** 275–285 (1999).

Park, S. H., and Xia, Y., Assembly of Mesoscale Particles over Large Areas and Its Application in Fabricating Tunable Optical Filters, *Langmuir* **15,** 266–273 (1999).

Parker, G., and Charlton, M, Photonic Crystals, *Phys. World* **August,** 29–30 (2000).

Pendry, J. B., and MacKinnon, A., Calculation of Photon Dispersion Relations, *Phys. Rev. Lett.* **69,** 2772–2775 (1992).

Pendry, J. B., Calculating Photonic Band Structure, *J. Phys.* (Condensed Matter) **8,** 1085–1108 (1996).

Pradhan, R. D., Tarhan, I. I., and Watson, G. H., Impurity Modes in the Optical Stop Bands of Doped Colloidal Crystals, *Phys. Rev. B* **54,** 13721–13726 (1996).

Prasad, P. N., and Williams, D. J., *Introduction to Nonlinear Optical Effects in Molecules and Polymers,* John Wiley & Sons, New York, 1991.

Purcell, E. M., Spontaneous Emission Probabilities at Radio Frequencies, *Phys. Rev.* **69,** 681–681 (1946).

P.275

Ranka, J. K., Windeler, R. S., and Stentz, A. J., Visible Continuum Generation in Air Silica Microstructure Optical Fibers with Anomalous Dispersion at 800 nm, *Opt. Lett.* **25,** 25–27 (2000).

Reese, C. E., Baltusavich, M. E., Keim, J. P., and Asher, S. F., Development of an Intelligent Polymerized Crystalline Colloidal Array Colorimetric Reagent, *Anal. Chem.* **73,** 5038–5042 (2001).

Reynolds, A. L., TMM Photonic Crystals & Virtual Crystals program, http://www.elec. gla.ac.uk/groups/opto/photoniccrystal/Software/SoftwareMain.htm.

Romanov, S. G., Fokin, A. V., Alperovich, V. I., Johnson, N. P., and DeLaRue, R. M., The Effect of the Photonic Stop-Band upon the Photoluminescence of CdS in Opal, *Phys. Status Solidi A Appl. Res.* **164,** 169–173 (1997).

Schnitzer, I., Yablonovitch, E., Caneau, C., Gmitter, T. J., and Scherer, A., 30% External Quantum Efficiency from Surface Textured, Thin-Film Light-Emitting Diodes, *Appl. Phys. Lett.* **63,** 2174–2176 (1993).

Shen, Y. R., *The Principles of Nonlinear Optics,* John Wiley & Sons, New York, 1984.

Shoji, S., and Kawata, S., Photofabrication of Three-Dimensional Photonic Crystals by Multibeam Laser Interference into a Photopolymerizable Resin, *Appl. Phys. Lett.* **76,** 2668–2670 (2000).

Slusher, R. E., and Eggleton, B. J., eds., *Nonlinear Photonic Crystals,* Springer-Verlag, Berlin, 2003.

Temelkuran, B., Ozbay, E., Kavanaugh, J. P., Tuttle, G., and Ho, K. M., Resonant Cavity Enhanced Detectors Embedded in Photonic Crystals, *Appl. Phys. Lett.* **72,** 2376–2378 (1998).

Vlasov, Y. A., Bo, X. Z., Sturm, J. C., and Norris, D. J., On-Chip Natural Assembly of Silicon Photonic Bandgap Crystals, *Nature (London)* **414,** 289–293, (2001).

Wang, X., Zhang, X. G., Yu, Q., and Harmon, B. N., Multiple-Scattering Theory for Electromagnetic Waves, *Phys. Rev. B* **47,** 4161–4167 (1993).

Wostyn, K., Zhao, Y., de Schaetzen, G., Hellemans, L., Matsuda, N., Clays, K., and Persoons, A., Insertion of a Two-Dimensional Cavity into a Self-Assembled Colloidal Crystal, *Langmuir* **19,** 4465–4468 (2003a).

Wostyn, K., Zhao, Y., Yee, B., Clays, K., and Persoons, A., Optical Properties and Orientation of Arrays of Polystyrene Spheres Deposited Using Convective Self-Assembly, *J. Chem. Phys.* **118,** 10752–10757 (2003b).

Yablonovitch, E., Inhibited Spontaneous Emission in Solid-State Physics and Electronics, *Phys. Rev. Lett.* **58,** 2059–2062 (1987).

Yamasaki, T. and Tsutsui, T., Spontaneous Emission from Fluorescent Molecules Embedded in Photonic Crystals Consisting of Polystyrene Microspheres, *Appl. Phys. Lett.* **72,** 1957–1959 (1998).

Zhu, J., Li, M., Rogers, R., Meyer, W. V., Ottewill, R. H., Russel, W. B., and Chaikin, P. M., Crystallization of Hard Sphere Colloids in Microgravity, *Nature* **387,** 883–885 (1997).

第 10 章

纳米复合材料

纳米复合材料是一种包含纳米尺寸畴或掺杂物的随机介质。这些纳观域或掺杂物也被称作中间相,由它们构成的体相被称作宏观相。光学纳米复合材料根据畴或掺杂物的大小可分为两种不同的类型。一种类型中,畴或掺杂物的尺寸远小于光波长。这些纳米复合材料可以制备成高光学质量的纤维、薄膜或块,其中每个畴/掺杂物都能表现出特定的光子或光电子(结合电子和光子)功能。这样就可以引入多功能性,并且每个功能都能够独立的被优化。另一种纳米复合材料包含尺寸与光波长相当或大于光波长的畴/掺杂物。在这种情况下,该复合材料是一种散射介质,穿过它的光传播可被操控而产生各种光子功能。这里针对两种类型的纳米复合材料都进行了描述。

10.1 节讨论了纳米复合材料作为光子介质的优点。10.2 节描述了适用于光波导的纳米复合材料介质。这里介绍了一种玻璃:聚合物复合材料如何同时发挥出聚合物和玻璃的优点。在这种复合材料中,纳米晶体掺杂物的结合提供了整个宏观相折射率可操控的优势。10.3 节介绍了散射型纳米复合材料作为激光发射介质的应用。这种方法导致了例如随机激光器和激光涂料等课题的兴起,这些在该节也有介绍。

在 10.4 节引入了在特定畴中通过明确选择纳米畴成分而造成电场增强的概念。这种场增强可以产生光学相互作用强度的显著提高——特别是强烈依赖于局部电场的非线性光学效应的显著提高。10.5 节介绍了多相纳米复合材料,展现了用多种纳观相(中间相)设计光学材料令人激动的前景。在中间相内部和之间的光学相互作用可以被控制而产生特定光子响应或多功能性。这里提供了其光学应用的例子。10.6 节是多相纳米复合材料概念的延伸,引入了光折变性。光折变性是一种多功能特性,涉及两个光电功能:光电导性和线性电光效应。这一节阐明了在明确选择的波长下,使用纳米复合材料,包括用于光纤通信的复合材料如何产生强大的光折变性。通过使用无机量子点作为杂质掺杂于空穴传输聚合物基质中,形成了有机-无机杂化纳米复合材料,可以方便地得到光折变性。这种类型的纳米复合材料用于宽带电致发光和宽带太阳能电池也是很有前景的,这些也列入了 10.6节。

10.7 节涵盖另一种类型的多相纳米复合材料。这些聚合物分散液晶(polymerdispersed liquid crystal,通常简写成 PDLC)纳米复合材料中含有液晶微滴。根据微滴的尺寸,PDLC 可以是散射型或光学透明型。PDLC 在电开关滤光片以及光折变性上的应用也在此进行了探讨。

10.8 节描述了混合极不相同的(互不相容的)纳米材料以产生超材料的纳米复合材料方法。本章中讨论的超材料是处于热力学亚稳定或不稳定相的材料。在任何时间段,它们在动力学上都不能产生超过纳米尺度的分离。含重量达 50% 的无机氧化玻璃和一种聚合物的复合材料的纳米级处理过程,以及这种复合材料表现出的一些独特性质都被作为例子在该节陈述。10.9 节提供了本章的重点。

推荐的一般参考文献是:

Nalwa, ed. (2003)：*Handbook of Organic-Inorganic Hybrid Materials and Nanocomposites*

Zhang et al. (1996)：*Photorefractive Polymers and Composites*

Beecroft and Ober (1997)：*Nanocomposite Materials for Optical Applications*

10.1 作为光子介质的纳米复合材料

本章所讨论的纳米复合材料是包含不同纳米畴尺寸的随机介质。因此,纳米复合材料不同于规则的纳米结构,如第 9 章讨论的光子晶体。纳米复合材料方法提供了利用多种纳米畴的潜在优势,在这些纳米畴中可以独立明确地操控光学相互作用和电子激发态动力学以获得光子的多功能性。讨论的两种纳米复合材料类型是:

- 畴/掺杂物的间距尺寸远小于光波长的纳米复合材料。光通过这种复合材料的传播会受有效折射率影响,散射光线会因此减至最低。这种纳米复合材料可以是非常高光学质量的块状介质。本章大部分内容与此类纳米复合材料相关。

- 畴尺寸等于或者甚至大于光波长的纳米复合材料。在这种情况下,光传播受纳米复合材料异质性的影响,故散射占主导地位。此时,有效折射率不能用于描述光传播。这种纳米复合材料将被称为散射随机介质,以与有明显更小的纳米畴的被称为光学纳米复合材料的类型区分。之后会讨论到这类介质用于操控传播或光子定域。

纳米复合材料为制备杂化光学材料提供了机会,例如制备无机：有机混合物——如无机玻璃：有机高分子杂化体。这一章提供的纳米复合材料的例子是聚合物分散无机纳米颗粒、无机玻璃：有机高分子混合相,以及包含多种纳米畴的复合材料。本章讨论的各种纳米复合材料作为光子介质的一些主要优点是:

- 有效折射率的操控性。高折射率材料的纳米微粒可以被分散在玻璃或聚合物中以增加介质的有效折射率(Yoshida and Prasad,1996)。这种方法用以产生光波导,并且更高的折射率也能带来更好的光束约束。我们在10.2 节描述了这种操控。

- 安德森型光子定域(Anderson-Type Photon Localization)。安德森型定域是指在无序介质中由多重散射形成的电子定域(Anderson,1958;Lee and Ramakrishnan,1985)。光的类似现象发生在散射随机介质中,其中畴尺寸等于或大于光的波长,并且畴之间折射率的差异(相对折射率)很大从而产生强烈的散射(John,1991;Wiersma et al.,1997)。由于在介质厚度(光路长度)内透射系数是指数衰减而不是线性衰减,光定域是十分明显的。散射随机介质型纳米复合材料的一个有益应用是随机激光器,如10.3 节所讨论的。另一个例子是用作光阀的聚合物分散液晶,这在10.7 节有描述。

- 局域场增强。通过明确选择两种介质的相对介电常数,我们可以增强局域场以产生非线性光学效应的巨大增益(Sipe and Boyd,2002)。有效三次非线性光学系数的增强可产生非线性光学相移,用于光学开关、门控和双稳态功能。10.4 节讲述了纳米复合材料的这一特征。

- 畴间光通信的控制。不同纳米畴成分间相互作用的明确控制产生了在各畴定位激发动力学和减少成分间激发能量转移的机会(Ruland et al., P.280
1996)。激发能量转移过程涉及纳观相互作用,正如在第 2 章所讨论的。10.5 节也将证实,将畴间能量转移降至最低的性质可以用于同一块光学纳米复合材料的多畴激光发射。

- 多功能性的引入。纳米结构控制允许我们设计多相光学纳米复合材料,其中各纳米畴可以表现出特定的光子或光电子功能并且获得来源于各种纳米畴组合功能的新现象。10.6 节提供的例子阐明了产生光折变性的一个杂化纳米复合材料方法。10.7 节说明了一种光折变性纳米复合材料,涉及量子点(量子点在第 4 章中有讨论)、液晶纳米微滴及空穴传输聚合物以产生光折变功能(Winiarz and Prasad,2002)。光折变效应要求光电荷产生和电光效应的综合作用,后一性质在外加电场时会产生折射率的变化。

- 超材料。先进材料开发的一个活跃的领域就是超材料的开发。超材料通常被定义为具有一定宏观性质的工程结构,这些性质在材料成分中不存在并且在自然界中不易发现。在本章内容中,我们所说的超材料是处于热力学亚稳态(表面局部极小值)或不稳态(无最小值)的材料。主要的挑战是通过动态减慢其向热力学稳定相转换的速度来稳定这些超材料。这些超材料使我们可以获得来源于热力学不稳定相的性质。正如 10.8 节所介绍的亚稳态氧化玻璃:有机高分子光学纳米复合材料的形成,纳米结构加工提供了这种前景。这类材料不能与表现出负折射率的左旋超材料混淆(Shvets,2003)。

10.2　纳米复合材料波导

对光学集成电路日益浓厚的兴趣大大刺激了对光波导材料的研究。许多研究人员已经花了大量的努力以获得对光波导有用的材料。溶胶-凝胶加工是方法之一,因为它产生的材料有高光学质量,并且可以被自由灌注各种添加剂以修饰其光学性能。溶胶-凝胶反应是一种以无需高温处理的化学反应制造金属氧化和非金属氧化玻璃的技术(Brinker and Scherer,1990)。前体溶液是醇盐,如硅醇盐或钛醇盐,它和含酸催化剂或碱催化剂的水反应,即水解反应发生,随后产生缩聚反应,最终产生了三维氧化物网络。

P.281

已经研究了纯无机溶胶-凝胶材料,如 SiO_2 和 TiO_2 的光学应用,包括光学波导(Klein,1988;Schmidt and Wolter,1990;Gugliemi et al.,1992;Motake et al.,1992;Yang et al.,1994;LeLuyer et al.,2002)。Weisenbach and Zelinski(1994)生产了溶胶-凝胶加工的 SiO_2/TiO_2(50/50 wt %)平板波导,在 633 nm 波长典型损耗小于 0.5 db/cm。波导的厚度是 0.18 μm。这些材料具有杰出的光学性质,并可以自由改变其折射率。然而,单一涂层的纯无机溶胶-凝胶材料很难制作成超过0.2 μm厚的薄膜,因为在热致密化过程中材料的巨大收缩会造成较厚膜的开裂。但是这种薄膜太薄以至于不能在波导中引导模态,因此反复的涂层是必要的。而且,二氧化硅的折射率很低,对于需要强烈光约束的通道波导来说不是很理想。聚合材料也已经被用于制造波导(Chen,2002)。聚合材料的优势就是制作简易。聚合物可以利用相对简单的技术,如旋转涂层很容易地制作成薄膜的形式。它们具有机械强度和弹性使得薄膜不会开裂,并且可以生成形成波导的充分厚度(约1 μm或更厚)的厚膜。聚合高分子膜很容易成形并加工成通道波导。通过适当地挑选和选择性掺杂光活性分子(例如,染料或具有高电光系数的分子),它们可以充当无源波导或有源波导。

然而,聚合物和二氧化硅相比表现出更高的光损耗。它们同样也没有表现出高表面质量。聚合物拥有很大的热膨胀系数。包含高分子相和玻璃相的杂化光学纳米复合材料,利用了无机玻璃(如 SiO_2)和高分子的相对优点而表现出巨大的优势(Burzynski and Prasad,1994)。其中一些是:

- 来源于高聚物的机械强度改善。
- 来源于无机玻璃的光学质量增强。
- 通过使用更高折射率的玻璃或其纳米微粒对折射率的操控。

溶胶-凝胶处理的有机:无机复合材料能够通过单涂层产生足够厚的薄膜,并且不会开裂。一些研究人员已经利用有机改性烷氧基硅烷和四烷氧基硅烷生产有机改性硅酸盐,称为有机改性硅基纳米粒子(ORMOSILS)或有机改性陶瓷(OR-MOCERs)(Schmidt and Wolter,1990;Krug et al.,1992;Motakefet et al.,1994),从而使平板波导在 633 nm 完成 0.15 db/cm 的光传输损耗。这是由聚(二甲基硅氧烷)、SiO_2 和 TiO_2 组成的复合材料,厚度为 1.55 μm。另一种方法是将预聚物材料(高分子)混入溶胶凝胶前体(Wung et al.,1991;Zieba et al.,1992;Yoshida and Prasad,1996)。在这种情况下,通过精心挑选溶剂和优化材料加工 P.282 条件,避免贯穿溶胶-凝胶反应过程的相分离大规模延伸是十分重要的。

在这里提供的例子是溶胶-凝胶处理的 SiO_2/TiO_2/聚(乙烯吡咯烷酮)(Yoshida and Prasad,1996)。聚(乙烯吡咯烷酮)(PVP)由于在极性溶剂中的溶解性及热交联特性,成为理想的预聚合材料之一。极性溶剂中的溶解性对与溶胶-凝胶前体混合而言是一个很好的特性,因为溶胶-凝胶反应使用极性溶剂和水并且反应产生酒精。因此,PVP 在溶胶凝胶加工过程中被当作齐性溶液以避免任何相分离。PVP 的交联是另一个优势,因为它与许多非交联聚合物相比有更好的热稳定性。交联 PVP 还允许我们采用蚀刻技术,使用水基蚀刻剂从平板波导刻画出通道波导结构,因此传统的光刻技术就可以被应用。Sheirs 等人(1993 年)研究了 PVP 的交联机制。残余的用作起始聚合反应的过氧化氢发生自由基反应导致了 PVP 的交联。交联发生在 24 小时 120℃ 的热处理期间。

TiO_2 是一种高折射率的材料,所以它可以用来增加系统的折射率。我们成功地将 TiO_2 注入到 PVP/SiO_2 系统,以实现对折射率的操控,这为设计光波导提供了自由扩展的空间 (Yoshida and Prasad,1996)。40% 和 50% 的 TiO_2 波导的光传播损耗分别是 0.62 和 0.52 dB/cm。表 10.1 总结了在钛 2-六氧化乙烷-衍生复合波导的光传输损耗,以及不同复合材料的折射率测量结果。折射率指数与 TiO_2 浓度的函数关系也绘制在图 10.1 上。0% TiO_2 波导的数据来源于我们之前在 PVP/SiO_2 复合材料上的工作(Yoshida and Prasad,1995)。对于所有浓度 TiO_2,通过避免散射和吸收损耗,都达到了 0.62 dB/cm 或更低的传播损耗。此外,通过改变 SiO_2 和 TiO_2 的比率,已经可以将折射率控制在 1.39~1.65 范围内。折射率的变化和 TiO_2 浓度是成比例的。

表 10.1　不同成分 SiO₂/TiO₂/PVP 复合波导在 633 nm 波长的光传输损耗和折射率总结

TiO₂ wt%	0	10	20	30	40	50
SiO₂ wt%	50	40	30	20	10	0
光传输损耗(db/cm)	0.20	0.20	0.43	0.45	0.62	0.52
折射率	1.49	1.52	1.55	1.58	1.62	1.65

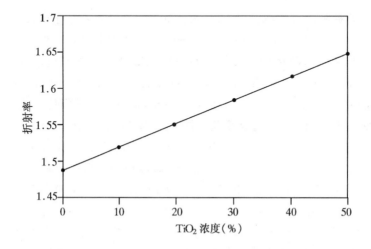

图 10.1　SiO₂/TiO₂/PVP 复合材料的折射率与 TiO₂ 浓度的函数关系

P.283 ## 10.3　随机激光器:激光涂料

　　一般来说,认为激光发射介质中微粒的光散射是激光操作中的一种强损耗机制,通常是有害的。然而,考虑有利的方面,随机介质中的强散射可以提供光反馈,替代常规激光腔中使用镜子的反馈。这种反馈可以产生巨大增益,足以抵消散射光损耗。这样,介质就可以被用于影响激光发射行为并产生所谓的随机激光器(Cao et al.,1999)。

　　Letokhov(1968)理论上预测了散射介质中光放大的可能性。Lawandy 等人(1994)提出了从含高氯酸盐罗丹明 640 染料(rhodamine 640 perchlorate dye)和 TiO₂ 粒子的甲醇胶质溶液产生的激光发射行为。为了防止絮凝,TiO₂ 微粒被涂上一层 Al₂O₃,其平均直径为 250 nm。即使没有外部腔存在,染料发射也表现出频谱收缩和激光多模振荡器的瞬时特性。他们的报道还指出激光行为的阈值激发能量惊人的低。

　　这一结果引出了激光涂料的概念,即含有高折射率超微微粒的悬浮液产生了强散射中心,可以用于发射激光。随着有机染料渗透系统和无机增益介质发射的激光被观测到,随机激光器的领域正在扩大。Ling 等人(2001)使用聚合物薄膜,如聚甲基丙烯酸甲酯(PMMA),包含激光染料和尺寸为 400 nm 的 TiO₂ 粒子以从

染料中产生随机激光。在这种散射随机介质中，增益介质（染料）和散射中心
(TiO₂)是分离的。他们报道说随聚合物中 TiO₂ 粒子密度增加，激光发射阈值降
低。观察到两种不同类型的阈值是：一个由于频谱而收缩，另一个由于沿一定闭合
环路（光路长度）的光放大导致观察到独立激光模态。

Williams 等人(2001)报道了在掺杂强散射稀土金属的绝缘纳米球中的连续激光震
荡。这是电泵随机介质提供受激发射的首次报告。Wiersma 和 Cavaleri (2002)考虑过
一个有趣的系统，由于在烧结玻璃粉末中液晶和染料同时存在，该系统可以被温度调
节。这种可调节随机激光系统在光学应用上可能很有用——例如，在温度传感器中。

Anglos 等人(2004)已经证明在有机/无机杂化随机介质中的随机激光行为，
这种随机介质由 ZnO 半导体纳米微粒分散在聚合物基质，如聚甲基丙烯酸甲酯
(PMMA)、聚二甲硅氧烷(PDMS)、环氧树脂或聚苯乙烯(PS)中组成。例如，在
用 248 nm 的辐射激发一系列的 ZnO/PDMS 杂化复合材料时，在约 384 nm 发现
类激光的窄放射，而带宽从 15～16 nm(在低泵强度时观测)收缩到约 4 nm。

10.4 局域场增强

正如 10.1 节所描述的，纳米复合材料提供了在各畴（也指中间相）间重分配场
和在特定畴内/附近选择性场增强的前景(Haus et al. ，1989a，1989b；Gehr and
Boyd，1996；Sipe and Boyd，2002)。Boyd、Sipe 和他们的同事针对纳米复合材料
的线性和非线性光学性质的局部场效应开展了广泛的理论和实验研究(Gehr and
Boyd，1996；Nelson and Boyd，1999；Yoon et al. ，2000)。他们用一个生动的介
质图片理论性地研究了这个问题，图中纳米复合材料的主体（宏观）光学性质用一
个有效介电常数 ε_{eff} 描述，并且与单个畴（中间相）的介电常数相联系。一个简化模
型即介电常数 ε_i 的掺杂物中间相（纳米畴）分散在介电常数 ε_h 的主体中。因此，提
出一个假设即畴尺寸比原子间距离大得多，从而使 ε_i 和 ε_h 能在纳米畴使用。而畴
尺寸远比光波长小，因此用有效介电常数的概念描述平均宏观性质也是适当的。

考虑随机纳米复合材料的两种拓扑结构（几何结构）。它们是：(ⅰ)Maxwell
Garnett 几何结构，其中球形纳米微粒或掺杂物的小纳米畴随机分散在主体介质
中，以及(ⅱ)Bruggeman 几何结构，其中掺杂物有更大的填充分数，并且两成分相
（主体和掺杂物）交叉分布。两种拓扑结构如图 10.2 所示。Maxwell Garnett 几何
结构的命名是纪念 Maxwell Garnett 在金属胶体溶液上的开创性工作。用显微极 P.285
化率来描述局部场，对于 Maxwell Garnett 拓扑结构 ε_{eff} 和 ε_i，ε_h 有如下关系：

$$\frac{\varepsilon_{eff} - \varepsilon_h}{\varepsilon_{eff} + 2\varepsilon_h} = f_i \left(\frac{\varepsilon_i - \varepsilon_h}{\varepsilon_i + 2\varepsilon_h} \right) \tag{10.1}$$

其中 f_i 是掺杂物的填充率（分数量）。在 Maxwell Garnett 拓扑结构中，f_i 比主体

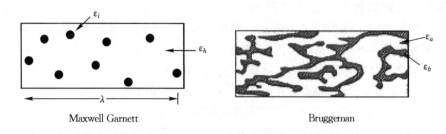

图 10.2   Maxwell Garnett 和 Bruggeman 几何结构的图示

的 f_h 小得多。Bruggeman 拓扑结构是没有较小(掺杂物)相的界限。在这种情况下,因为现在主体介质源于两成分 1 和 2 的交叉分散,通过假设 $\varepsilon_h \approx \varepsilon_{\text{eff}}$ 可以得到(10.1)式的延伸。因此,在 Bruggeman 拓扑结构中的有效极化率由如下等式给出:

$$0 = f_1 \frac{\varepsilon_1 - \varepsilon_{\text{eff}}}{\varepsilon_1 + 2\varepsilon_{\text{eff}}} + f_2 \frac{\varepsilon_2 - \varepsilon_{\text{eff}}}{\varepsilon_2 + 2\varepsilon_{\text{eff}}} \tag{10.2}$$

其中,ε_1 和 ε_2 是介电常数,f_1 和 f_2 是成分 1 和 2 的填充分数。如果 $\varepsilon_i > \varepsilon_h$,源于有效介电常数的局部静电场表现出集中在球状掺杂物附近的主体区域,如图 10.3 电场线所示。这对于纳米复合材料的非线性光学性质有重要意义,例如依赖于强度的折射率,用依赖于局部场四次幂的三次非线性光学相互作用描述。因此对于 $\varepsilon_i \gg \varepsilon_h$ 的情况,由于在掺杂物周围主体区域的场增强(集中),少量线性材料加入非线性主体的情况会导致纳米复合材料的有效光学非线性增加。然而,目前还没有纳米复合材料中光学非线性增强的清楚证明还在。但是,在有序的多层纳米复合材料中,这种光学非线性增强已经有所报道(Fischer et al. , 1995;Nelson and

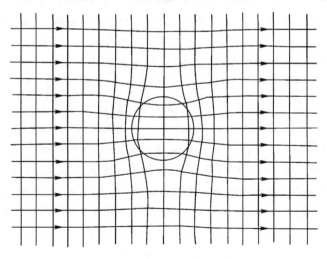

图 10.3   在球状掺杂物附近主体区域局部静电场的集中

Boyd，1999）。即使这些不是无序纳米复合材料，在分层纳米复合材料中非线性光
学效应增强的根本原理是相同的——即在较低的介电常数层中场增强（集中）。这 P.286
些多层复合材料和第 9 章中讨论的一维光子晶体不同，因为这里层厚度明显小于
光波长，因此没有光子能带结构产生，并且介质可以用有效光学介质模型充分合理
地描述。相反，正如第 9 章中所描述的，一维光子晶体的层间距与光波长相当。

10.5 多相纳米复合材料

多相光学纳米复合材料的概念具有令人激动的前景。图 10.4 图示了纳米复
合材料的一个例子（Gvishi et al.，1995；Ruland et al.，1996）。它由溶胶-凝胶加
工的玻璃介质组成，上面有贯穿玻璃的纳米微孔，因为溶胶-凝胶处理会产生多孔
结构。可以通过控制玻璃的温度控制这些孔隙的大小。例如，我们的加工情况产
生含 5 nm 大小微孔的玻璃，这些孔隙可以被渗透而在孔壁形成多层结构从而产
生纳米畴。我们还可以使用化学方法来填补这些孔隙，例如聚合化学。因此，可以
在玻璃孔隙中生产有机聚合物，同时产生分离玻璃和聚合物的界面相。由于相分
离是在纳米尺寸范围，远小于光的波长，所以材料是光学透明的。这些多相复合材
料可以制备成各种体状，如块状、薄膜和纤维（Gvishi et al.，1997）。

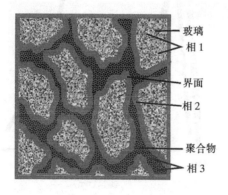

图 10.4 多相纳米复合溶胶-凝胶玻璃的图示

多相纳米复合材料在控制激发动力学以产生各畴特定的光子响应，从而实现 P.287
多功能性方面提供了令人激动的前景。一个例子是孔隙表面沉积离子染料的光学
纳米复合材料。另一种染料，罗丹明 6G 是被混入单体甲基丙烯酸甲酯，随后填充
孔隙而聚合为聚甲基丙烯酸甲酯，即通常所说的 PMMA。因此，我们有一种发射
红光的离子染料 ASPI 附着在孔壁上；另一种发射黄光的染料 R6G 分散在聚合物
PMMA 相中。在复合材料介质中，两种染料的放射都可以检测到。此外，可以利
用两种染料作为发射激光的增益介质来覆盖一段宽波长范围，包含两种染料的特

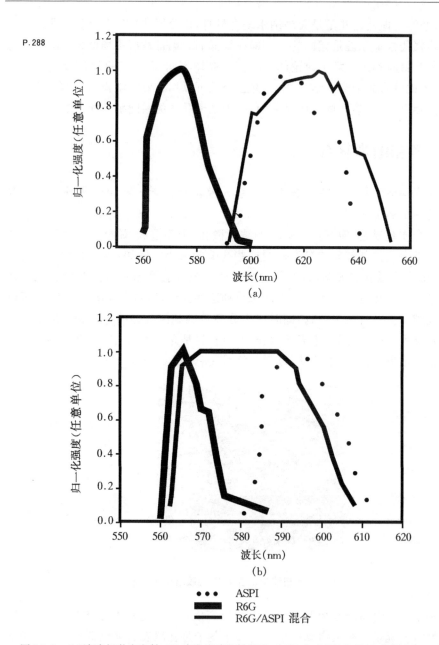

图 10.5 (a)溶液相激光发射;(b)玻璃基质发射激光,在(b)中 ASPI 和 R6G 分别在相 2 和相 3

征范围,如图 10.5 的增益曲线所示。这与在普通溶剂中使用这两种染料所观察到的发射情况形成对比;在这种情况下,只有 ASPI 的放射能观测到。R6G 的放射淬灭,因为它将能量转移到窄能隙红色发光染料 ASPI 上。因此在溶液相中,只有红色染料 ASPI 发射的激光被发现，正如左侧曲线所示（图 10.5(a)）。ASPI 染料激光发射调整曲线的宽度约是 21 nm，而 R6G 染料约 12 nm。另一方面，对于含这两种染料的复合玻璃，曲线宽度是 37 nm（图 10.5(b)）。因此，包含两种染料的复合玻璃的激光发射可以在一个较宽的范围（560～610 nm）调节。在溶液中，淬灭是 Förster 能量转移的结果（第 2 章讨论的）。在这里所描述的多相玻璃中，非常大的表面积-体积比率使两种染料被隔离而将能量转移减到最小。所以，使用光学纳米复合材料，可以获得多畴独立的激光发射并且从相同的主体介质中获得多波长激光发射。

另一个纳米复合材料优势的例子是由聚（对苯乙炔）（PPV）聚合物：玻璃系统提供的。聚（对苯乙炔）（PPV）是在光学应用中很有前途的一个 π-共轭聚合物，因为它有很大的非共振光学非线性（Pang et al.，1991；Singh et al.，1988）。跨 π-π* 能隙的光致激发产生了定位在聚合物链的电子空穴对，增强了光电导性和有意义的电学特性（Lee et al.，1993）。PPV 的大量光致发光量子效率和 PPV 及其衍生物中发现的电致发光引起人们对这一类材料极大的兴趣（Burroughes et al.，1990）。研究人员已经证明当用适当光源激发 PPV 时，在溶液中（Moses，1992；Brouwer et al.，1995）和纯净薄膜中（Hide et al.，1996）PPV 及其类似物有光放大作用。

然而，纯净的固体相 PPV 的光损耗是巨大的，这是由其巨大的光致吸收和散射造成。这个问题在需要较厚样品的应用中是很严重的。另一方面，含无机材料（玻璃）的 PPV 光学纳米复合材料有绝佳的光学特性，并且因此可用于多种光学应用。关于用溶胶-凝胶法处理的这种 PPV-二氧化硅复合材料的第一份报道是 Wung 等人发表的（Wung et al.，1991），他们报道了微米厚薄膜的制备。从那以后也有关于这些复合材料非线性光学性质（Davies et al.，1996）和荧光研究（Faraggi et al.，1996）的其他报告。

在这里讨论的例子是 PPV-二氧化硅共轭聚合-玻璃复合材料主体的制备和激光发射性能，通过基体催化聚合反应，在商用多孔玻璃、Vycor 玻璃（30％孔隙率）的孔隙中利用 PPV 单体的原位聚合形成（Kumar et al.，1998）。用该基体催化聚合反应对 PPV 进行全面转换无需真空热延长处理。这样，几毫米厚的高光学特性 PPV-二氧化硅复合材料可以被制备。Vycor 玻璃的非常小的孔径（30 Å）[①]使玻璃内 PPV 网络的纳米尺寸排布成为可能。由于纳米复合材料中玻璃和聚合物之间的相分离是几纳米范围的，所以玻璃（$n=1.48$）和聚合物（n 约 2.0）之间的折射率失配造成的光散射损耗是可以忽略不计的。

在孔隙表面由 PPV 聚合制备的纳米复合材料提供给聚合物一种链间耦合减

---

① 注：1Å=0.1nm。

少的拓扑结构。因为链间耦合态的光致吸收导致的光损耗占主导地位,所以在聚合物体相,链间耦合大大减少了聚合物的放射。因此,没有足以产生激光的净光学增益。当玻璃微孔中由原位聚合生产出 PPV 聚合物时,聚合物只在微孔表面产生,从而尽量减少了两聚合物链的链间相互作用。因此,由链间带造成的光致吸收被减至最小以提高了光增益。该方法已被用于生产高光学特性的纳米复合材料介质,如图 10.6 中的圆盘所示。圆盘中 PPV 聚合物以纳米尺度分散在多孔玻璃中,图 10.7 展示了这种激光发射行为。在图 10.7 的左侧,虚线是激光发射曲线,可以看到激光发射的频谱收缩特性,而实线是荧光曲线。这种荧光曲线是伸展的,在腔激射发生前都不能观测到频谱收缩。图 10.7 右边的曲线表明激光输出和泵浦功率的输入输出关系。

P.290

图 10.6   纳米复合材料制成的厚圆盘的照片,其中 PPV 在多孔玻璃的微孔中形成

另一个光学纳米复合材料用于发射激光的例子是 Beecroft 和 Ober 的工作提供的(Beecroft and Ober,1995)。他们在含有激光发射材料 Cr-Mg2SiO4(铬掺杂镁橄榄石)纳米晶体的三溴苯乙烯/萘基异丁烯酸盐共聚物复合材料中实现了光放大。镁橄榄石晶体是一种覆盖近红外区域(1167~1345 nm)激光发射的有用介质(Petricevic et al.,1988)。然而,大型单块晶体的增长是一个复杂的进程。这对于处理灵活的聚合物基体是可取的,这种聚合物基体可以制作成用于各种光学应用的薄膜和光纤。因此,包含激光发射介质纳米晶体的聚合光学纳米复合材料是很具吸引力的选择。通过共聚物成分的改变,所用共聚物的折射率可以调整到接近镁橄榄石的折射率。

10.6   用于光电子学的纳米复合材料

光学纳米复合材料方法提供了生产高性能、相对低成本并适于多种应用的光电介质的机会。光折变介质是多功能光电介质的一个很好的例子,因为光折变性质来源于两个功能的综合作用:光电效应和电光效应(Yeh, 1993;Moerner and

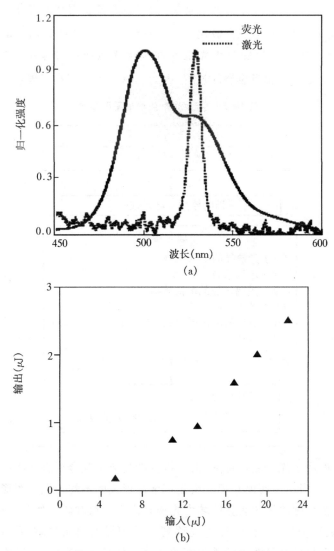

P.291

图 10.7 （a）PPV-SiO₂ 纳米复合材料的荧光与激光发射光谱；（b）PPV-二氧化硅纳米
复合材料中单位脉冲激光输出能量与泵浦能量的函数关系

Silence，1994；Zhang et al.，1996；Wurthner et al.，1996；Würthner et al.，
2002)。表 10.2 展示光折变的"重要步骤"。第一步是在中央处称作光敏剂的光
致电荷载体的产生。第二步是电荷传输介质的加入，使载体可以移动或迁移，因此
产生了电荷的分离（甚至在没有外部电场的时候，在照射区域以外这种分离也可以
通过电荷扩散发生）。第三步是黑暗（非辐照）区域的电荷诱捕。因此，通过电荷分 P.292
离产生了空间电荷场。如果介质还具有电光效应，其折射率将依赖于外加电场强
度。最终结果是折射率的变化由空间电荷场决定。但是，这还是一种光致折射率

的变化,因为是光使材料产生空间电荷场,而导致介质折射率的变化。这与三次非线性光学效应非常相似(由三次极化率 $\chi^{(3)}$ 决定,见第 2 章的讨论),都造成了折射率的光致变化。既然光折变是由光电导性和电光效应综合作用产生的,那么与 $\chi^{(3)}$ 过程相比这是一个相当缓慢的过程,因为它依赖于电荷在三维空间的迁移。

表 10.2   产生光折变性的重要步骤

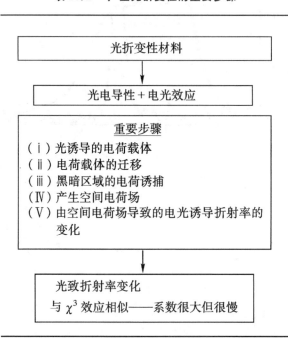

图 10.8 展示了光折变全息图,由光折变性高分子复合材料介质中的两相干光束的干涉产生。当用由两束互相干激光束干涉形成的不均匀光强图形来照射这种材料时,在正弦强度曲线的明亮区域中光诱导产生电荷载体。然后,通过漂移和扩散机制,更易流动的电荷载体优先迁移到干涉图样的黑暗区域(图 10.8 中的空穴)。由于大多数具有足够光学透明度的高分子材料绝缘良好,所以漂移是外加电场下电荷传输的主要机理。接下来,流动电荷被杂质和缺陷位点捕获,从而建立了非均匀的空间电荷分布。这就导致了内部空间电荷场的产生。如果该材料也能够表现出电光效应,周期空间电荷场通过线性 Pockels 效应和/或定向双折射效应(由电场中分子重定向引起)诱导材料折射率的调制。

P.293

光折变效应的一个独有特性是存在照明强度图形以及由此产生的折射率光栅之间的相位移动(Moerner and Silence,1994)。这是由于这样一个事实,即电场是空间电荷分布的空间衍生物,两者之间存在 $\pi/2$ 的相移。这样的非局域光栅不能由形成光栅的任何局域机制(即光致变色、热致变色、热致折射)产生,因为电荷跨

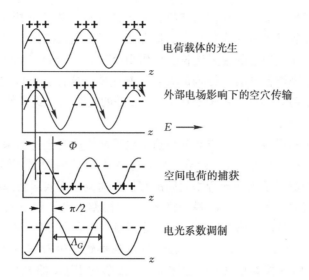

电荷载体的光生

外部电场影响下的空穴传输

空间电荷的捕获

电光系数调制

图 10.8 光折变形成的示意图，Λ_G 是光栅间距

越宏观距离的传输是很复杂的。光折变效应不仅为研究局域和非局域电子和光学过程提供了机遇，它还被期待在许多实际应用中发挥重要作用，如高密度光学数据存储、光学放大和动态图像处理。

　　光折变相移的一种重要表现是在这种媒介中，当两个光束部分重叠并形成光折变光栅时，两个光束的"耦合"发生。一束光将能量转移到另一束中，以降低其本身强度为代价来放大另一束光。这种双光束耦合和能量转换收益有确定的方向（也就是只能从一束到另一束），取决于介质中电光张量如何排列（Moerner and Silence，1994）。因此，光折变介质中产生的两个效应延伸于全息光栅和双光束不均匀耦合（能量传递）。光栅可以用来引导光束或衍射以形成动态全息技术的全息图。通过均匀的光照，可以擦除此全息光栅。第二个应用是利用光折变介质的光放大作用。例如，将一个可能含有光噪声的光束与一束干净光束耦合，将其能量转换到干净光束中且放大该干净光束。在光通信中，光束通过一条长光纤传送，而偏振可能使其杂乱。光折变介质中非对称双光束耦合可用于净化这种光束的偏振。

P.294

　　一种杂化光折变纳米复合材料含有无机半导体量子点与电光活性中心（有机分子）共同分散在空穴传输聚合物基质中，这使其具有许多优点，其中一些是：

　　在从蓝光到红外的宽光谱范围有选择性光敏作用　利用量子点作为光敏剂，可以明确选择光敏作用的波长（Winiarz et al.，1999a，1999b，2002）。这可以通过选择量子点的大小和成分控制它们的能隙从而控制光吸收来实现。量子点的光跃迁在第 4 章中进行了详细的讨论。因此，我们可以制备一种有可调光响应的光折变介质。例如可以制备一种适用于 1.3 μm 和 1.5 μm 通信波长的光折变介质，而这在块状光折变介质中或在使用有机光敏剂的有机光折变介质中很难做到,因为有机光敏剂在红外部分通常不稳定。该方法利用铅或汞硫化物纳米晶体作为光敏剂在 1.3 μm,即光通信的主要波长发生作用(Winiarz et al.,2002)。纳米晶体被分散到具有电光学活性有机结构的聚合物基体中。这样就可以实现 1.3 μm 处的光折变。类似的方法可以用于实现 1.5 μm 处的光折变。这是使用量子点产生光敏现象的很好例子。

光电荷产生的增强   量子点高效地造成电荷载体的光生。如果从量子点到空穴传输聚合物的空穴传输障碍很小,则将产生光电导性的增强,并增强空间电荷场。可以通过制造量子点和聚合物之间的直接界面减小空穴运输障碍。聚合物介质中的光生过程往往用 Onsager 模型描述,在该模型中电子和空穴初步形成平均距离为 r_0 的热化配对,在场的影响下可以分离而产生自由载体(Mort and Pfister,1976;Pope and Swenberg,1999)。因此,可以观察到光生效率对场的强依赖性。图 10.9 比较了 CdS 掺杂的 PVK 主体和 C$_{60}$ 掺杂的 PVK 的光生效率和光敏性(Winiarz et al.,1999a)。CdS 量子点(图中标示成 Q-CdS)有两种不同的尺寸。1.6 nm 的 Q-CdS 的能带隙可以大量地吸收 514.5 nm 波长的激发光;尺寸小于 P.295 1.4 nm 的 Q-CdS 的能带隙转移到较高的能量级而对 514.5 nm 激发的吸收大大减少。含 1.6 nm 量子点的 Q-CdS:PVK 纳米复合材料与含小尺寸量子点的及掺杂 C$_{60}$ 的相比,在 514.5 nm 处表现出明显更高的光生效率。用 Onsager 模型可以很好地描述光生效率的场依赖性,图中实线重现了这种理论拟合。

P.296   **迁移率的提高**   一个意外的结果是,通过量子点的引进,PVK 基质中空穴载流子的迁移率得到了增强(Roy Coudhury et al.,2003,2004)。此特性在飞行时间迁移率测量中是显而易见的。不同浓度 CdS 量子点的迁移率数据与电场的函数关系在图 10.10 中表示出来。当量子点掺杂浓度增加时,可以观察到迁移率的大幅度增加。强电场依赖性是场诱导漂移迁移率(相对载体的扩散)的表现。关于 P.297 $E^{1/2}$ 和 Arrhenius 型热行为的近线性依赖性符合连续时间随机游动的分散模型(Roy Choudhury et al.,2004)。

宽光谱范围以及光电荷产生和载体迁移率的增强,表明量子点:聚合纳米复合材料是生产高效、宽带太阳能电池的非常有用的介质。如果混合可吸收宽波长范围的纳米晶体,就可以获得跨越宽光谱范围的光子从而制作宽带太阳能电池。

量子点:聚合物纳米复合材料方法也被用于其他光电效应,如电致发光(Bakueva et al.,2003)、发光二极管、LED 功能(量子点和聚合物中的电致发光分别在第 4 章和第 8 章进行了讨论)。Bakueva 等人使用了一种由 PbS 纳米晶体分散在 PPV 聚合物衍生物 MEH-PPV 或另一种共轭聚合物 CN-PPV 中组成的纳米复合材料。他们报道说,光致发光和电致发光在 1000~1600 nm 的宽光谱范围上可调。利用大小不同的量子点,电致发光的内部量子效率可以达到 1.2%。

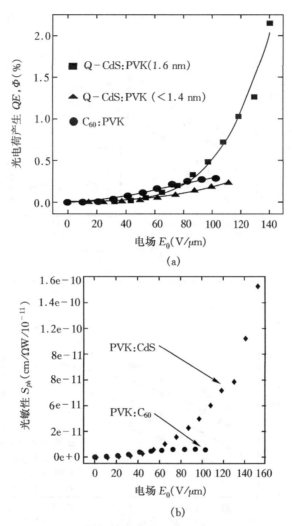

图 10.9　无机量子点:有机高分子杂化纳米复合材料中光电荷产生的增强。(a)
光电荷产生量子效率与外加电场的函数关系,实线相当于使用 Onsag-
er 体系的最优拟合;(b)光敏性与外加电场的函数关系,使用的波长是
514.5 nm

10.7　聚合物分散液晶

　　聚合物分散液晶,通常缩写为 PDLC,是在溶液阶段在聚合物基体中混入液晶
畴而产生的复合材料(Drzaic,1995;Bunning et al.,2000)。通过先蒸发溶剂随后
热退火得到液晶微滴。这些液晶微滴分散在聚合物基体中。两类 PDLC 已经被

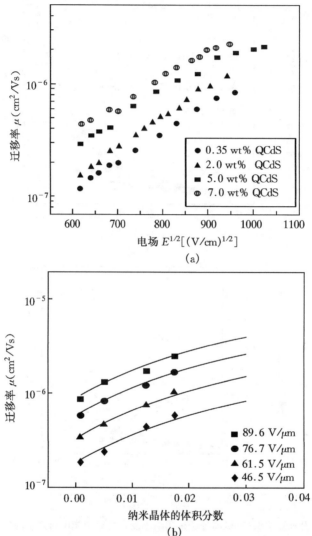

图 10.10 无机量子点：有机高分子杂化纳米复合材料中电荷载体迁移率的提高。
(a)在含不同浓度的 CdS 纳米微粒的样品中，空穴迁移率场依赖性的比较；
(b)在四个不同的外加电场中，空穴迁移率与纳米粒子不同浓度的函数关系

研究过：

1. 聚合物基体含有的液晶畴与光波长相似或更大(例如，微米尺寸液晶畴)。
   由于聚合物和液晶畴之间的折射率不匹配，所以它们都属于之前在 10.1
   节中定义的散射随机介质。这些复合材料是用于之后介绍的光阀操作的
   传统 PDLC。在这些复合材料中，液晶的相对畴尺寸被优化以提高多重散
   射活动，从而使两畴的差别最大限度地增加。

2. 聚合物含很小尺寸（直径≤100 nm）的液晶纳米微滴，其光散射减少到最低限度。这里用有效折射率描述光传播和传播光波的相位。这些 PDLC 这里被标示成纳米-PDLC 以区别于上面讨论的第一类。

　　液晶是各向异性的。它们有两个折射率：反常折射率和普通折射率。通过外加场，可以重定液晶微滴的导向从而改变其折射率。图 10.11 显示了一个将 PDLC 作为光阀的较早的应用，它图示了光阀的功能。液晶微滴的普通折射率与聚合物的相当接近，但是它的反常折射率是相当高的。当液晶微滴（1 型）是随机导向时，一般来说，穿过介质的光都经历了液晶微滴和聚合物间极为不同的折射率。这种折射率失配产生散射而导致传输损耗（封闭状态）。当施加一个电场时，液晶微滴重定位而此时光经历与聚合物匹配良好的普通折射率。这样光可以通过这种介质传输且不产生散射。因此，外加电场可以使介质在光封锁和光传输状态间变换。

P.298

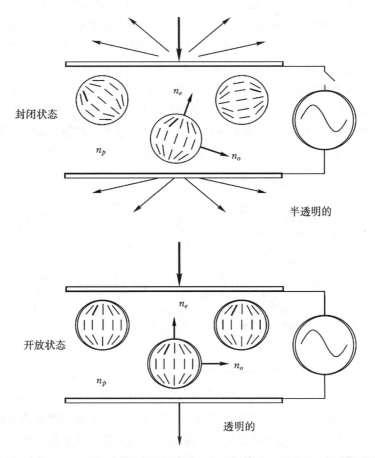

图 10.11　光阀封闭状态（无外加电场）和开放状态（有外加电场）下光阀功能的示意图

P.299   在纳米-PDLC 中,外加电场仅改变了纳米复合材料的有效折射率。纳米-PDLC 的一个应用是在光折变环境下,其中有效电光效应来自液晶(Golemme et al. ,1997)。如果选用的聚合物基体是空穴导体且对量子点光敏,则如上所述,光折变是可以实现的。在我们所采取的做法中,聚合物 PMMA 本身不是空穴导体,而通过掺杂 ECZ(乙基咔唑)使之成为空穴导体(Winiarz and Prasad,2002)。

图 10.12 是纳米液晶微滴和约 10 nm 大小的 CdS 量子点分散于 PMMA 聚合物的 PDLC 系统图示。原位合成的 CdS 吸收 532 nm 的激光用于电荷载体的光生。电子受困停留在纳米微粒中,而空穴则移动并陷于黑暗区域。由此产生一个空间电荷场而重定向液晶纳米液滴,从而改变了有效折射率。在前面描述的双光束交叉几何中,纳米晶/纳米滴液晶形成光栅而产生光折变效应。因为反常折射率 1.71 和普通折射率 1.5 之间差异很大,由液晶造成的有效折射率的变化可以非常大,所以可以形成有大折射率变化 Δn 的光栅。这样使在薄膜上也可以实现非常高的衍射效率。图 10.13 显示了衍射效率与外加电场的函数关系。可以获得约 70% 的最大净衍射效率(Winiarz and Prasad,2002)。此图也显示了样品的整体传播与外加电场的函数关系。如果考虑内部光学损耗,衍射效率约为 100%。目前阶段的缺点是在塑料介质中重定向纳米微滴需要一定的响应时间。光栅的组建主要受到这些纳米液晶微滴重定向的限制,而这需要几秒钟。通过控制纳米微滴尺

P.300寸和界面相互作用,也许可以得到更快的响应。使用无机量子点作为光敏剂,液晶纳米微滴用于电光效应,聚合物基体用于电荷传导,这是多功能多组分系统的一个很好的例子。塑料介质也可以用来制作大面积无衬底的光折变薄片。

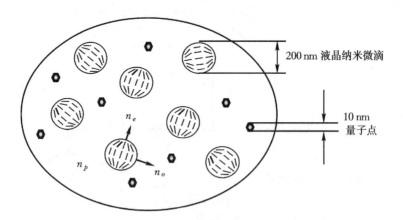

200 nm 液晶纳米微滴

10 nm
量子点

图 10.12   含量子点的聚合物分散液晶的图示

吴和同事(Ren and Wu,2003;Ren et al. ,2003)已经利用聚合物分散液晶的另一种变体生产电调透镜和棱镜光栅。通过将液晶主体中的紫外可矫正单体利用图形掩膜暴露在紫外光下,他们制作出了负透镜和和正透镜。掩膜产生连续可变

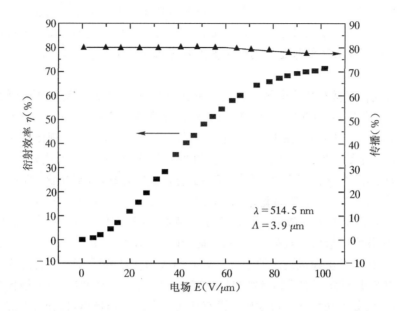

图 10.13 聚合物分散液晶：ECZ：量子点光折变复合材料的衍射效率（■）和光学传播（▲）与电场的函数关系

光输出，从周边到中心依次减少，形成负（凹）棱镜。周边（外）地区紫外光强度较大，产生了较高浓度的聚合物，而中心受到较低水平的紫外光照射，产生了低浓度的聚合物。当外加一个均匀电场时，在有较少网络（较低聚合物浓度）的中心产生了高度的液晶导向重定向。这种重定向造成了折射率的凹面分布，形成了负棱镜。这一梯度镜头的曲率可通过改变外加电压来调节。然而，在高场中，所有液晶导向都沿着场的方向排成线。因此，梯度不再存在，透镜效应在高压场中不再存在。制作棱镜光栅要用到光密度周期性变化的光掩膜。各个周期的强度分布为一个锯齿型，从一个低值开始并在周期末达到最大。因此，一个有周期梯度形态的聚合体网络产生。随着外加电压重定向液晶的导向，周期梯度折射率图形伴随电场出现，结果产生了棱镜光栅。

P.301

10.8 纳米复合超材料

正如在 10.1 节所描述的，这里所指的超材料是处于热力学亚稳状态的材料。换句话说，自由能有一个最低限度，但它并不是界定了热力学稳定状态的最低的能量最小值。然而，在我们的讨论中，将延伸超材料的定义还包括热力学不稳定相，但是运动的过于缓慢而在任何实际时间尺度中都不能转变为稳定相。通常，当两个不相容的材料，如无机玻璃和有机聚合物混合在一起，不稳定相或亚稳相会导致

最终完全的相分离。这种不相容复合材料的纳米加工为限制相分离在纳米范围提
供了机会。超过这个尺寸范围的进一步相分离由于动力学速度太慢而没有任何实
际意义。由于相分离结果是在纳米尺度上且远远小于光的波长，因而材料是光学
透明的。

纳米复合超材料的一个例子就是一种含有高达 50％无机氧化玻璃（例如，二
氧化硅和氧化钒）和共轭聚合物 PPV 的玻璃-聚合物复合材料（Wung et al,1991,
1993;He et al. ,1991）。在 10.4 节就已经讨论过，PPV 聚合物表现出许多有趣的
光学性质。这是一种没有任何可变形支链的刚性聚合物，一旦形成就不能溶解。
在我们的工作中，这种复合物的纳米级加工包含二氧化硅（或氧化钒）的溶胶-凝胶
前体的混合，如 10.4 节所讨论的，这常用于玻璃化学溶解中的化学处理。目前
PPV 聚合物是由单体经酸催化反应产生。溶胶-凝胶前体与 PPV 单体前体在溶
液相混合，并水解形成二氧化硅网络，同时 PPV 单体发生聚合。通过控制加工条
件，复合材料在发生超过纳米的相位分离前形成刚性结构。复合材料的透射电子
显微镜（TEM）研究证实了纳米级相位分离（Embs et al. ,1993）。由于结构变得非
常刚硬，相位分离动力学变得太慢而没有任何意义。应当指出，这种含有交叉分散
的聚合物和玻璃相的纳米复合材料与在 10.4 节中描述的 PPV 复合材料不同，后
者是在成品多孔硅玻璃的小孔中聚合形成 PPV（预掺杂）。相反，这里描述的
PPV:纳米玻璃复合物是由它们以前体阶段在溶液相混合形成的（预混合）。

纳米复合 PPV:玻璃与纯净的 PPV 薄膜相比，即使是高度（约 50％）混合的情
况下也是光学透明的并表现出非常低的光损耗，这明显是由于无机玻璃存在而具
有的特征（Wung et al. ,1991）。复合材料具有很多来源于无机玻璃（如二氧化硅）
的特征，如高表面特性和用于光直接耦合进入波导的易磨光末端。它还具有源自
PPV 聚合物的特征，如机械强度和较高的三次光学非线性（Pang et al. , 1991）。

P.302

对于密集波分复用（DWDM）功能这一光通信技术的重要组成部分，PPV/溶
胶-凝胶玻璃纳米复合材料中的全息光栅记录已经证明。图 10.14 左侧的图显示
了在同一体积上的双光栅记录，用于间隔 20 nm 的复用/分复用双波长功能。图
10.14 右侧的图显示用于滤除极窄带宽（50 pm）光线的单全息光栅。

10.9 本章重点

- 纳米复合材料是含有随机分布的纳米尺寸畴或杂质的介质，有时也被称为
中间相。
- 纳米复合材料可充当多功能光子媒介，因为每个畴/杂质都可以被优化而
执行特定的光子或光电子功能。
- 光学纳米复合材料的两种类型是：(i)畴等于或者大于光波长的散射随机
介质；(ii)畴显著小于光波长的高度透明光学纳米复合材料。

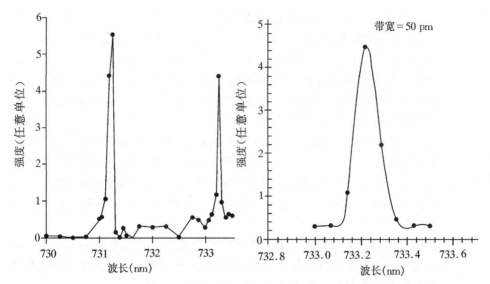

图 10.14　在 PPV：二氧化硅复合材料的溶胶-凝胶处理中的波长复用和窄带滤波技术

- 多功能光学纳米复合材料可以有很高的光学特性,当纳米畴显著小于光的 P.303
波长时,它们不散射光。

- 光学纳米复合材料介质,含有分散在玻璃或聚合体中的高折射率纳米粒
子,可用于生产光波导,折射率越高则光束约束得越好。

- 额外的结构弹性以及折射率的可操控性,可以通过在光波导制造中使用不
同成分的玻璃：聚合物：纳米微粒复合物获得。

- 高折射率的较大纳米微粒在散射随机介质中产生的局部散射效应可用于
在纳米复合材料中局部的发射激光,这种方法导致随机激光器或者激光涂
料等课题的兴起。

- 通过明确选择两种介质的相对介电常数,可以在纳米复合材料的特定畴内
增强局部电场,使非线性光学效应显著扩大。

- 从场增强的观点来看,光学纳米复合材料的两种拓扑结构是：(ⅰ)Maxwell Gar-
nett 几何结构,其中球形纳米颗粒或小纳米畴在主体介质中随机分散；(ⅱ)
Bruggeman 几何结构,其中杂质有较大的填充分数,且两成分相交叉分散。

- 多相光学纳米复合材料由多种纳米畴组成,其中每个畴的光学功能可以被
独立或综合而产生新的表现形式,从而实现多功能。

- 明确控制多相光纳米复合材料不同纳米畴成分之间的相互作用为组分间
激发能量转移的最小化提供了很好的前景。这个特征在获得多畴多波长
激光发射的方法中被阐述。

- 多相光学纳米复合材料的另一种应用由提高共轭聚合物,如聚对苯乙炔(PPV)
的激光发射提供,它发生在可控孔隙的二氧化硅玻璃的小孔界面区域。

- 杂化光学纳米复合材料为太阳能转换和光折变提供了新一代光电介质。它包含(a)作为光敏剂吸收光线产生电荷载体(光电荷产生)的无机量子点和(b)用于柔性塑料介质中电荷传导的空穴传输聚合物。

- 光折变综合了两种功能:光电传导性和电光效应的多功能特性。吸收光而产生电子空穴对,这些电子空穴对的相对迁移创造了一个内部电场,通过电光效应改变了介质的折射率。

P.304

- 在杂化光电介质中使用量子点为获得特定波长的光响应提供了可能(通过选择半导体的类型和量子点的大小来实现,如第 4 章讨论过的),这也可以产生对宽带太阳能电池很有益的宽光谱范围(通过使用大量量子点,一起覆盖宽带范围)。

- 在杂化高分子纳米复合材料中使用量子点还可以加强光电荷产生,以及增加载体迁移率。

- 使用窄带隙的半导体作为量子点可以实现在通信波长段的的光折变。现有的一个例子就是含有电光发色团的 PbS 或 HgS 量子点:聚- N -乙烯基咔唑纳米复合材料。它在 $1.3\ \mu m$ 处表现出光折变。

- 聚合物分散液晶(PDLC)是一种将纳米液晶微滴整合到聚合体矩阵中的纳米复合材料。

- 含有大小与光波长相近或较大的液晶微滴的 PDLC 可作为动态转换光学元件(如光阀),这里光传输过程中会受到电场诱导的液晶微滴重定向导致的折射率变化的影响。

- 含有量子点的聚合物分散液晶已经用作一种非常有效的光折变媒介。这种介质利用量子点生成的光电荷产生一个内部空间电荷场,从而通过液晶的电光效应造成液晶纳米微滴折射率的改变。

- 聚合物分散液晶其他方面的应用包括电控可调透镜、棱镜和光栅。

- 纳米复合超材料由两种热力学不相容相(如玻璃和塑料)的可控纳米级相分离生成,为集合不同光学材料的优点提供了可能。

- 这里展示的一个超材料的例子是由玻璃和共轭聚合物聚对苯乙炔(PPV)以 50:50 的比例合成的复合材料。

- PPV:玻璃复合材料具有来自玻璃的高光学特性,同时具有来源于 PPV 聚合物的机械强度和较高的三次光学非线性。

参考文献

Anderson, P. W., Absence of Diffusion in Certain Random Lattices, *Phys. Rev.* **105,** 1492–1501 (1958).

Anglos, D., Stassinopoulos, A., Dos, R. N., Zacharakis, G., Psylkai, M., Jakubiak, R., Vaia, R. A., Giannelis, E. P., and Anastasiadris, S. H., Random Laser Action in Organic/Inorganic Nanocomposites, *J. Opt. Soc. Am. A* **12,** 208–212 (2004).

Bakueva, L., Musikhin, S., Hines, M. A., Chang, T.-W. F., Tzolov, M., Scholes, G., D., and

Sargent, E. H., Size-Tunable Infrared (1000–1600 nm) Electroluminescence from PbS   P. 305
Quantum Dot Nanocrystals in a Semiconductor Polymer, *Appl. Phys. Lett.* **82,** 2895–2897
(2003).

Beecroft, L. L., and Ober, C. R., Novel Ceramic Particle Synthesis for Optical Applications:
Dispersion Polymerized Preceramic Polymers as Size Templates for Fine Ceramic Pow-
ders, *Adv. Mater.* **7,** 1009–1009 (1995).

Beecroft, L. L., and Ober, C. R., Nanocomposite Materials for Optical Applications, *Chem.
Mater.* **9,** 1302–1317 (1997).

Brinker, C. J., and Scherer, G. W., *Sol–Gel Science: The Physics and Chemistry of Sol–Gel
Processing,* Academic Press, New York, 1990.

Brouwer, H. J., Krasnikov, V. V., Hilberer, A., Wildeman, J., and Hadziioannou, G., Novel
High Efficiency Copolymer Laser Dye in the Blue Wavelength Region, *Appl. Phys. Lett.*
66, 3404–3406 (1995).

Bunning, T. J., Natarajan, L. V., Tondiglia, V. P., and Sutherland, R. L., Holographic Poly-
mer-Dispersed Liquid Crystals, *Annu. Rev. Mater. Sci.* **30,** 83–115 (2000).

Burroughes, J. H., Bradley, D. D. C., Brown, A. R., Marks, R. N., Mackay, K., Friend, R. H.,
Burns, P. L., and Holmes, A. B., Light-Emitting Diodes Based on Conjugated Polymers,
Nature **347,** 539–541 (1990).

Burzynski, R., and Prasad, P. N., Photonics and Nonlinear Optics with Sol–Gel Processed In-
organic Glass: Organic Polymer, in *Sol–Gel Optics—Processing and Application,* L. C.
Klein, ed., Kluwer, Norwell, MA, 1994, pp. 417–449.

Cao, H., Zhao, Y. G., Ho, S. T., Seeling, E. W., Wang, Q. H., and Chang, R. P. H., Random
Laser Action in Semiconductor Powder, *Phys. Rev. Lett.* **82,** 2278–2281 (1999).

Chen, R., Integration Glass Plastic, *SPIE's OE Magazine* **November,** 24–26 (2002).

Dabbousi, B. O., Bawendi, M. G., Onitsuka, O., and Rubner, M. F., Electroluminescence
From CdSe Quantum Dot/Polymer Composites, *Appl. Phys. Lett.* **66,** 1316–1318 (1995).

Davies, B. L., Samoc, M., and Woodruff, M., Comparison of Linear and Nonlinear Optical
Properties of Poly(*p*-phenylene vinylene)/Sol–Gel Composites Derived from Tetram-
ethoxysilane and Methyltrimethoxysilane, *Chem. Mater.* **8,** 2586–2594 (1996).

Drzaic, P. S., *Liquid Crystal Dispersions,* World Scientific, Singapore, 1995.

Embs, F. W., Thomas, E. L., Wung, C. J., and Prasad, P. N., Structure and Morphology of
Sol–Gel Prepared Polymer–Ceramic Composite Thin Films, *Polymer* **34,** 4607–4612
(1993).

Faraggi, E. Z., Sorek, Y., Levi, O., Avny, Y., Davidov, D., Neumann, R., and Reisfeld, R.,
New Conjugated Polymery Sol–Gel Glass Composites: Luminescence and Optical Wave-
guides, *Adv. Mater.* **8,** 833–839 (1996).

Fischer, G. L., Boyd, R. W., Gehr, R. J., Jenekhe, S. A., Osaheni, J. A., Sipe, J. E., and
Weller-Brophy, L. A., Enhanced Nonlinear Optical Response of Composite Materials,
Phys. Rev. Lett. **74,** 1871–1874 (1995).

Gehr, R. J., and Boyd, R. W., Optical Properties of Nanostructured Optical Materials, *Chem.
Mater.* **8,** 1807–1819 (1996).

Golemme, A., Volodin, B. I., Kippelen, B., and Peyghambarian, N., Photorefractive Poly-
mer-Dispersed Liquid Crystals, *Opt. Lett.* **22,** 1226–1228 (1997).

Gugliemi, M., Colombo, P., Mancielli, D. E., Righini, G. C., Pelli, S., and Rigato, V., Char-
acterization of Laser-Densified Sol–Gel Films for the Fabrication of Planar and Strip Op-
tical Wave-Guides, *J. Non-Cryst. Solids* **147,** 641–645 (1992).

P. 306 Gvishi, R., Bhawalkar, J. D., Kumar, N. D., Ruland, G., Narang, U., and Prasad, P. N., Multiphasic Nanostructured Composites for Photonics: Fullerene-Doped Monolith Glass, *Chem. Mater.* **7,** 2199–2202 (1995).

Gvishi, R., Narang, U., Ruland, G., Kumar, D. N., and Prasad, P. N. Novel, Organically Doped, Sol–Gel Derived Materials for Photonics: Multistructured Composite Monoliths and Optical Fibres, *Appl. Organomet. Chem.* **11,** 107–127 (1997).

Haus, J. W., Inguva, R., and Bowden, C. M., Effective-Medium Theory of Nonlinear Ellipsoidal Composites,'' *Phys. Rev. A* **40,** 5729–5734 (1989a).

Haus, J. W., Kalyaniwalla, N., Inguva, R., Bloemer, M., and Bowden, C. M., Nonlinear Optical Properties of Conductive Spheroidal Composites,'' *J. Opt. Soc. Am. B* **6,** 797–807 (1989b).

He, G. S., Wung, C. J., Xu, G. C., and Prasad, P. N., Two-Dimensional Optical Grating Produced on a Poly-*p*-phenylene vinylene/V2O5-Gel Film by Ultrashort Pulsed Laser Radiation, *Appl. Opt.* **30,** 3810–3817 (1991).

Hide, F., Diaz-Garcia, M. A., Schwartz, B. J., Andersson, M. R., Pei, Q., and Heeger, A. J., Semiconducting Polymers: A New Class of Solid-State Laser Materials, *Science* **273,** 1833–1835 (1996).

John, S., Localization of Light, *Phys. Today* **44,** 32–40 (1991).

Klein, L. C., *Sol–Gel Technology for Thin Films, Fibers, Preforms, Electronics, and Specialty Shapes,* Noyes Publications, Park Ridge, NJ, 1988.

Krug, H., Merl, N., and Schmidt, H., Fine Patterning of Thin Sol–Gel Films, *J. Non-Cryst. Solids* **147,** 447–450 (1992).

Kumar, D. N., Bhawalkar, J. D., and Prasad, P. N., Solid-State Cavity Lasing from Poly(*p*-phenylene vinylene)–Silica Nanocomposite Bulk, *Appl. Opt.* **37,** 510–513 (1998).

Lawandy, N. M., Balachandran, R. M., Gomes, A. S. L., and Sauvain, E., Laser Action in Strongly Scattering Media, *Nature* **368,** 436–438 (1994).

Lee, C. H., Yu, G., and Heeger, A. J., Persistent Photoconductivity in Poly(*p*-phenylene Vinylene): Spectral Response and Slow Relaxation, *Phys. Rev. B* **47,** 15, 543–15,553 (1993).

Lee, P. A., and Ramakrishnan, T. V., Disordered Electronic Systems, *Rev. Mod. Phys.* **57,** 287–337 (1985).

LeLuyer, C., Lou, L., Bovier, C., Plenet, J. C., Dumas, J. G., and Mugnier, J., A Thick Sol–Gel Inorganic Layer for Optical Planar Waveguide Fabrication, *Opt. Mater.* **18,** 211–217 (2002).

Letokhov, V. S., Light Generation by a Scattering Medium with a Negative Resonant Absorption, *Sov. Phys.-JETP* **16,** 835–840 (1968).

Ling, Y., Cao, H., Burin, A. L., Ratner, M. A., Liu, X, and Chang, R. P. H., Investigation of Random Lasers with Resonant Feedback, *Phys. Rev. A* **64,** 063808-1–063808-7 (2001).

Moerner, W. E., and Silence, S. M. Polymeric Photorefractive Materials, *Chem. Rev.* **94,** 127–155 (1994).

Mort, J., and Pfister, G., *Electronic Properties of Polymers,* John Wiley & Sons, New York, 1976.

Moses, D. High Quantum Efficiency Luminescence from a Conducting Polymer in Solution: A Novel Polymer Laser Dye, *Appl. Phys. Lett.* **60,** 3215–3216 (1992).

Motakef, S., Boulton, J. M., Teowee, G., Uhlmann, D. R., Zelinski, B. J., and Zanoni, R.,

Polyceram Planar Waveguides and Optical Properties of Polyceram Films, *J. Proc. SPIE* **1758**, 432–445 (1992).

Motakef, S., Boulton, J. M., and Uhlmann, D. R., Organic–Inorganic Optical Materials, *Opt. Lett.* **19**, 1125–1127 (1994).

Nalwa, H. S., ed., *Handbook of Organic–Inorganic Hybrid Materials and Nanocomposites,* Vols. 1 and 2, American Scientific Publishers, Stevenson Ranch, CA, 2003.

Nelson, R. L., and Boyd, R. W., Enhanced Electro-Optic Response of Layered Composite Materials, *Appl. Phys. Lett.* **74**, 2417–2419 (1999).

Pang, Y., Samoc, M., and Prasad, P. N., Third Order Nonlinearity and Two-Photon-Induced Molecular Dynamics: Femtosecond Time-Resolved Transient Absorption, Kerr Gate, and Degenerate Four-Wave Mixing Studies in Poly(*p*-phenylene vinylene)/Sol–Gel Silica Film, *J. Chem. Phys.* **94**, 5282–5290 (1991).

Petricevic, V., Geyen, S. K., Alfano, R. R., Yamagishi, K., Anzai, H., and Yamaguchi, Y., Laser Action in Chromium-Doped Forsterite, *Appl. Phys. Lett.* **52**, 1040–1042 (1988).

Pope, M., and Swenberg, C. E., *Electronic Processes in Organic Crystals and Polymers,* Oxford University Press, Oxford, England, 1999.

Ren, H., and Wu, S.-T., Tunable Electronic Lens Using a Gradient Polymer Network Liquid Crystal, *Appl. Phys. Lett.* **82**, 22–24 (2003).

Ren, H., Fan, Y.-H., and Wu, S.-T., Prism Grating Using Polymer Stablilzed Nematic Liquid Crystal, *Appl. Phys. Lett.* **82**, 1–3 (2003).

Roy Choudhury, K., Samoc, M., and Prasad, P. N., Charge Carrier Transport in poly(*N*-vinylcarbazole):CdS Quantum Dot Hybrid Nanocomposite, *J. Phys. Chem. B*, in press.

Roy Choudhury, K., Winiarz, J. G., Samoc, M., and Prasad, P. N., Charge Carrier Mobility in an Organic–Inorganic Hybrid Nanocomposite, *Appl. Phys. Lett.,* **92**, 406–408 (2003).

Ruland, G., Gvishi, R., and Prasad, P. N., Multiphasic Nanostructured Composites: Multi-dye Tunable Solid-State Laser, *J. Am. Chem. Soc.* **118**, 2985–2991 (1996).

Schmidt, H., and Wolter, H., Organically Modified Ceramics and Their Applications, *J. Non-Cryst. Solids* **121**, 428–435 (1990).

Sheirs, J., Bigger, S. W., Then, E. T. H., and Billingham, N. C., The Application of Simultaneous Chemiluminescence and Thermal Analysis for Studying the Glass Transition and Oxidative Stability of Poly(*N*-vinyl-2-pyrrolidone), *J. Polym. Sci., Polym. Phys. Ed.* **31**, 287–297 (1993).

Shvets, G., Photonic Approach to Making a Material with a Negative Index of Refraction, *Phys. Rev. B* **67**, 035109-1-035109-8 (2003).

Singh, B. P., Prasad, P. N., and Karasz, F. E., Third-Order Non-Linear Optical Properties of Oriented Films of Poly(*p*-phenylene vinylene) Investigated by Femtosecond Degenerate Four Wave Mixing, *Polymer* **29**, 1940–1942 (1988).

Sipe, J. E., and Boyd, R. W., Nanocomposite Materials for Nonlinear Optics in *Nonlinear Optics of Random Media, Topics in Applied Physics,* V. M. Shalaev, ed., Springer, Berlin, 2002.

Weisenbach, L., and Zelinski, B. J., Attenuation of Sol–Gel Waveguides Measured as a Function of Wavelength and Sample Age, *J. Proc. SPIE* **2288**, 630–639 (1994).

Wiersma, D. S., and Cavaleri, S., Temperature-Controlled Random Laser Action in Liquid Crystal Infiltrated Systems, *Phys. Rev. E* **66**, 056612-1–056612-5 (2002).

P. 307

P.308   Wiersma, D., and Lagendijk, A., Laser Action in Very White Paint, *Phys. World* **10**, 33–37 (1997).

Wiersma, D. S., Bartolini, P., Lagendijk, A., and Righini, R., Localization of Light in a Disordered Medium, *Nature* **390**, 671–673 (1997).

Williams, G. R., Bayram, S. B., Rand, S. C., Hinklin, T., and Laine, R. M., Laser Action in Strongly Scattering Rare-Earth-Metal-Doped Dielectric Nanospheres, *Phys. Rev. A* **65**, 013807-1–013807-6 (2001).

Winiarz, J. G., and Prasad, P. N. Photorefractive Inorganic-Organic Polymer-Dispersed Liquid Crystal Nanocomposite Photosensitized with Cadmium Sulfide Quantum Dots, *Opt. Lett.* **27**, 1330–1332 (2002).

Winiarz, J. G., Zhang, L., Lal, M., Friend, C. S., and Prasad, P. N. Photogeneration, Charge Transport, and Photoconductivity of a Novel PVK/CdS–Nanocrystal Polymer Composite, *Chem. Phys.* **245**, 417–428 (1999a).

Winiarz, J. G., Zhang, L., Lal, M., Friend, C. S., and Prasad, P. N., Observation of the Photorefractive Effect in a Hybrid Organic–Inorganic Nanocomposite, *J. Am. Chem. Soc.* **121**, 5287–5298 (1999b).

Winiarz, J. G., Zhang, L., Park, J., and Prasad, P. N., Inorganic:Organic Hybrid Nanocomposites for Photorefractivity at Communication Wavelengths, *J. Phys. Chem. B* **106**(5), 967–970 (2002).

Wung, C. J., Pang, Y., Prasad, P. N., and Karasz, F. E., Poly(p-phenylene vinylene)–Silica Composite: A Novel Sol–Gel Processed Non-Linear Optical Material for Optical Waveguides, *Polymer* **32**, 605–608 (1991).

Wung, C. J., Wijekoon, W. M. K. P., and Prasad, P. N., Characterization of Sol–Gel Processed Poly(p-phenylenevinylene) Silica and V_2O_5 Composites Using Waveguide Raman, Raman and *FTIR* Spectroscopy, *Polymer* **34**, 1174–1178 (1993).

Würthner, F., Wortmann, R., and Meerholz, K., Chromophore Design for Photorefractive Organic Materials, *Chem. Phys. Chem.* **3**, 17–31 (2002).

Yang, L., Saaredra, S. S., Armstrong, N. R., and Hayes, J., Fabrication and Characterization of Low-Loss, Sol–Gel Planar Wave-Guides, *J. Anal. Chem.* **66**, 1254–1263 (1994).

Yeh, P., *Introduction to Photorefractive Nonlinear Optics,* John Wiley & Sons, New York, 1993.

Yoon, Y. K., Bennink, R. S., Boyd, R. W., and Sipe, J. E., Intrinsic Optical Bistability in a Thin Layer of Nonlinear Optical Material by Means of Local Field Effects, *Opt. Commun.* **179**, 577–580 (2000).

Yoshida, M., and Prasad, P. N., Sol–Gel Derived PVP:SiO2 Composite Materials and Novel Fabrication Technique for Channel Waveguides, *Mater. Res. Symp. Proc.* **392**, 103–108 (1995).

Yoshida, M., and Prasad, P. N., Sol–Gel-Processed SiO_2/TiO_2/Poly(vinylpyrrolidone) Composite Materials for Optical Waveguides, *Chem. Mater.* **8**, 235–241 (1996).

Zhang, Y., Burzynski, R., Ghosal, S., and Casstevens, M. K., Photorefractive Polymers and Composites, *Adv. Mater.* **8**, 115–125 (1996).

Zieba, J., Zhang, Y., Prasad, P. N., Casstevens, M. K., and Burzynski, R., Sol–Gel Processed Inorganic Oxide: Organic Polymer Composites for Second-Order Nonlinear Optics Applications, *Proc. SPIE* **1758**, 403–409 (1992).

第 11 章

纳米光刻技术

本章主要介绍一些纳米光子学中的纳米制造方法,其大致过程是利用光诱导 P.309
产生光化学或光物理变化的方法来制备纳米结构。借由非线性光学加工、近场激
发以及等离子场增强技术,我们可以制得一些特殊的纳米结构,这些结构尺寸甚至
比其制备过程中所用的光波长还要小。此外,本章还介绍了其他一些纳米制备技
术,虽然这些技术没有运用光子学方法来产生纳米结构,但其所制备的纳米结构在
纳米光子学方面有着重要运用。

本章也囊括了一些例如光漂白、光化聚合等直写技术的纳米制备方法。虽然
这些纳米制备技术并非传统概念上的光刻技术,但由于它们运用了与传统光刻技
术类似的光刻方法,故把它们放在本章与传统光刻技术一起作相关介绍。

11.1 节讨论了双光子光刻术,该技术中,由于双光子激发作用与光强二次相
关,故焦点附近高光强区域会由于发生双光子激发作用而产生相应的光化学和光
物理变化。基于这一特征,加之在大部分疏松材料(例如聚合物)中使用长波长激
发光(常位于近红外光区)会获得更深的穿透能力,我们可将其结合起来以制造出
各种微纳米结构,制得的这些结构可应用于三维光路、光学微机电系统技术(光学
MEMS)和三维数据存储技术等方面。文中在此将引入几个双光子光刻术的例
子。同时我们也将介绍另外一种双光子微细加工的方法,该方法以相干光干涉的
方式,通过双光子全息技术可制备出更为复杂的三维结构。

11.2 节介绍了近场光刻术,该技术主要是利用孔径几何结构(如锥形光纤)或
无孔几何(局域场增强)来诱导光物理和光化学反应从而制备产生相应的纳米结
构。其中近场相互作用以及用于近场激发的各种几何结构在第 3 章已作介绍。若
将双光子激发与近场几何结合起来,我们甚至可以制备更小的纳米结构。在此给
出的例子中还包括了基于自组装单层模板的近场光刻术(见第 8 章自组装单层的
相关介绍)。

11.3 节介绍了软光刻中相位掩膜的相关概念及应用,其主要原理是利用掩膜 P.310

引入一定的相变从而在近场(接触模式)区域中形成亮度调制。本章介绍的软光刻术指的是使用软有机材料如弹性聚合物的光刻技术。利用该技术可以从母掩膜(由硬材料如金属制成的)中制备弹性模板。之后,再借由相位掩膜引入一定的强度变化即可在底层光刻胶上制得相应的纳米结构。

11.4 节介绍了一种新型的光刻技术,其主要是利用等离子体介导的倏逝波来穿过金属纳米结构从而在位于金属结构下的单层光刻胶中诱导相关的光化学和光物理反应。等离子体光子学以及等离子体介导原理在第 5 章已作讨论。同时,该技术称为等离子体印刷,在此我们将引用一个例子来对其予以说明。

11.5 节介绍了以单层中自组装密堆集纳米球作为掩膜进行光刻的纳米球光刻术。通过对密堆积结构的空隙进行渗透,可使得纳米结构在底层沉积生长,接着去除掉纳米球掩膜即形成纳米结构了。这里给出了一个特殊的例子,即用纳米球光刻术来制造有机发光纳米二极管阵列。

11.6 节介绍了蘸笔纳米光刻术,它是将原子力显微镜(AFM)的探针作为笔在基底上铺上分子以形成纳米结构,整个过程就如同用墨水写字一样。原子力显微镜探针的使用分辨率可达几个纳米。在此将援引这方面的若干例子并予以讨论。

11.7 节介绍了纳米压印光刻术,这种技术主要是利用纳米结构在软(融化的)材料上进行模印刷。然后移掉模具,在材料上即剩下相对应的负衬度(模压)纳米结构。

11.8 节介绍了借助光子吸收作用驱使纳米颗粒进行排列的相关概念。该方法利用光吸收来产生化学修饰结构域从而驱使所含纳米粒子进行迁移。这种由光驱动介导纳米粒子迁移的技术可用来制备光栅结构和其他一些复杂的纳米结构。

本章重点在 11.9 节给出。

考虑到这里描述的光刻技术涉及范围很广,所以很难为本章提供一个全面的参考资料。在此给出一些不同相关方面的参考资料以便读者阅读:

Bhawalkar et al. (1996): *Nonlinear Multiphoton Processes in Organic and Polymeric Materials*

Rogers et al. (2000): *Printing, Molding, and Near-Field Photolithographic Methods for Patterning Organic Lasers, Smart Pixels and Simple Circuits*

Piner et al. (1999): *Dip-Pen Nanolithography*

Haynes and VanDuyne (2001): *Nanosphere Lithography: A Versatile Nanofabrication Tool for Studies of Size-Dependent Nanoparticle Optics*

Kik et al. (2002): *Plasmon Printing—A New Approach to Near-Field Lithography*

11.1 双光子光刻术

近几年来,由于在光学微电子机械系统技术(MEMS)、三维光学波导电路、三 P.311
维光学数据储存器等方面上有着广泛应用,激光直写技术及激光快速成型的三维
微细加工技术一直引起人们很大的兴趣。至今,大部分的微电子机械设备如传感
器和驱动器,都是在硅片上用传统的光刻技术或蚀刻技术进行制备的,其中包含了
许多复杂且耗时的步骤。而另一方面,激光快速成型技术使得计算机辅助激光诱
导光聚合作用或光交联作用单步产生三维结构得以实现。然而,通过光聚合单体
进行激光线性吸收的制备方法往往会使其特征分辨率只局限于光波长范围内。同
时,由于强烈的线性吸收作用,粒状材料的深层穿透一般不大可能实现,故制备过
程只能逐层进行。

用双光子激发代替传统的紫外固化可以提高分辨率并且可以穿透更大体积的
粒状材料(Bhawalkar et al. , 1996)。Rentzepis 研究小组在双光子光学储存器上
(Parthenopoulos and Rentzepis, 1989; Liang et al. , 2003)以及 Webb 的小组在
双光子光刻术(Wu et al. , 1992)上所做的开创性研究证明了双光子激发可用来实
现三维微细加工。在双光子制备过程中,跃迁概率和光强的二次方成正比。如果
将激光通过高数值孔径进行聚焦,双光子吸收作用将仅仅局限在焦点附近,且其作
用区域尺寸预计小于 $1\ \mu m$。而由于光强需要达到一定阈值才能够实现双光子诱
导的光化学反应,利用这一特性,我们可对材料结构进行定征。因此,双光子诱导
的光刻术可以帮助我们制造出亚波长级的纳观结构。由于用来激发单体或引发剂
的光子只有激发吸收材料所需正常能量的一半,材料中也可能在某些波长处发生
单光子激发。但是在焦点处,由于光强度很高,可以实现双光子激发。如此一来,
双光子激发可以提供一种机制来避免线性吸收过程的相关问题,利用该方法,激光
可以无损地深入到材料中,从而能够获得想要的体积元素。此外,由于双光子吸收
剖面和光强二次方成比例,若用一束含有高斯空间剖面的光对样品进行激发,吸收
剖面将比光剖面更窄。这最终将为制造三维纳观结构(亚波长)提供了机遇。

许多研究小组已经制备出了超衍射极限特征纳米结构(Kawata and Sun,
2003; Kuebler et al. , 2003; Prasad et al. , 2000)。例如,在我们研究所里,双光子诱
导的光聚合作用已经被用来在聚合物容积体中进行亚波长三维结构的制备了。

光聚合过程中通常使用的单体大体上可以分为环氧树脂丙烯酸酯和氨酯丙烯
酸酯两类。就环氧树脂单体来说,光生光酸启动了聚合作用,而对丙烯酸酯型的单 P.312
体而言,光生自由基启动了聚合作用。

目前,我们实验室已经研制了若干种有很大双光子吸收截面的双光子吸收有
机发色团。由分子所吸收的光能可通过上转换荧光的方式进行发射,而且该发射

荧光所携带的能量比激发光大得多。这种荧光可进一步作为一种光源从而诱导各种光化学反应的发生,如光化聚合、光交联以及光解离。目前已经研究制得若干种能在各种波长下激发光化学反应的双光子发色基团,其线性吸收和荧光光谱范围主要集中于 400 nm 到 600 nm 的可见光谱区域。吸收和发射的光谱多样性使得它可以在不同波长下激发不同发色团从而产生具有不同功能的多种结构。我们制备的双光子发色团通常兼有供、受体特性,通过改变供体和受体便可以进行相应调节从而获得一个宽区域发射光谱。当然也可以利用另外一种方法,即使用具有高双光子吸收截面的光引发剂来实现这一目的(Cumpston et al. , 1999 Zhou et al. , 2002)。光引发剂既可以是自由基发生剂类型的也可以是光酸发生剂类型的,这主要取决于单体的性质类型。

P.313　　通过利用美国代顿空军研究实验室的 Seng Tan 博士和他的小组合成的一种双光子光敏引发剂,我们已经实现了一种基于聚氨酯丙烯酸酯商业单体的双光子固化。其中一种光敏引发剂叫作 AF281,如图 11.1 所示。该引发剂在 800 nm 处具有强双光子吸收特性。针对双光子激发作用单体不同,目前已经合成了一系列具有特殊性质的该类型化合物。

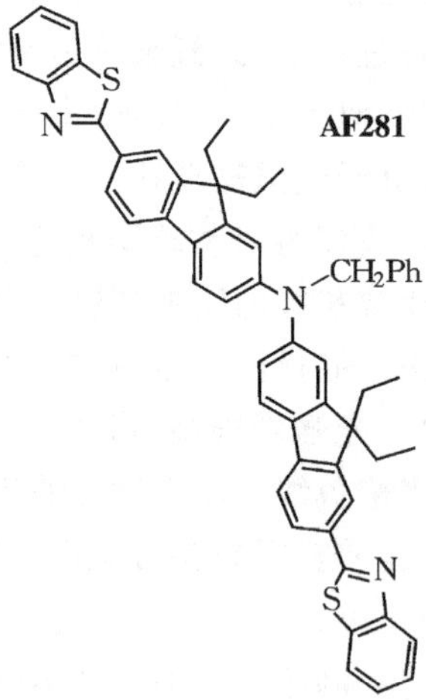

图 11.1　AF281 双光子光敏引发剂的化学结构

　　使用这些双光子光引发剂在固体样品中制造像通道波导和光栅这类的亚微型光路结构已经实现。由于所准备固体样品取自可紫外光固化和热固化的环氧树脂混合物,因此可通过相应的双光子吸收作用介导的热反应以及光化学反应来控制其折射率。该微细加工的实验装置如图 11.2 所示。用一个步进电机控制的 XY 平台来将样品转移至经高数值孔径(NA)显微镜聚焦的光束处,通过提高物镜的数值孔径从而提升分辨率。实验的激光源是一个锁模钛:蓝宝石激光器,其发射波长为 800 nm,脉冲持续时间为 90 fs,重复频率为 84 MHz,平均功率为 200 mW。

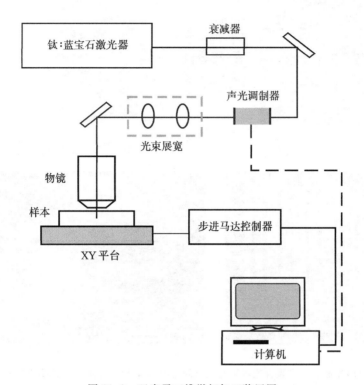

图 11.2 双光子三维微细加工装置图

我们也使用了一系列从空军研究实验室得到的双光子光敏引发剂(自由基型引发剂)(例如,图 11.1 中的 AF281),通过一种迪索特(Desotech)的商业丙烯酸酯单体 Deso-105 来进行微米级结构的制备。

利用这种方法可以制备出多种微米级结构和亚微米级结构。例如三维光波导 P.314结构、1×N(一分为 N)分光器、三维堆栈光学数据储存器、体光栅,以及三维安全验证/条形码。其中部分结构如图 11.3 所示。

双光子光刻术正见证着世界相关研究活动的飞跃发展。Marder、Perry 及其合作者提出了一种有效的双光子激发光致产酸剂,并利用该成果通过双光子激发介导了环氧化物的聚合反应(Zhou et al.,2002;Kuebler et al.,2003)。他们使用光生酸剂和正性化学放大光刻胶进行协同作用,从而制备出了三维微通道结构。早在另一篇报告中,他们就使用了双光子激发的光引发来诱导聚合作用,进而制得了三维光子晶体结构(Cumpston et al.,1999)。这项研究在第 9 章也有介绍。Perry、Marder 及其合作者也用双光子激发来诱导了二维和三维金属模纳米颗粒的组装(Stellaci et al.,2002)。在这项研究中,他们利用染料感光剂对银离子的光 P.315

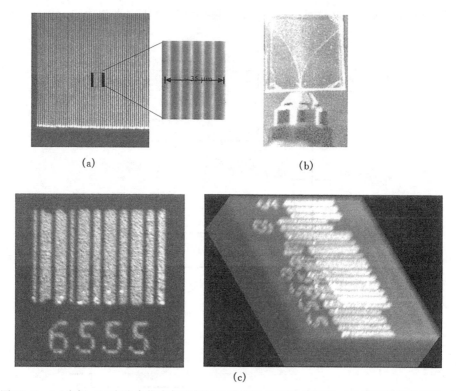

图 11.3　(a)光栅；(b)在聚合物内部光刻出的光波导 Y 型分支结构；(c)垂直放置的两种三
　　　　　维条形码的平面及三维视图

还原反应来培养带有配位体涂层的银纳米颗粒，且随着颗粒数量的增多，这些颗粒
可相互结合从而在基底中或表面表现出一系列的金属特性。

　　Servin 等人(2003)利用钛：蓝宝石激光器在大约 780 nm 飞秒脉冲下，通过对
高光学性能的无机-有机感光性杂化材料 ORMOCER-1 进行双光子聚合，制得了
多种三维纳米结构。实验的媒介是对起始剂分子进行双光子吸收聚合而成的一种
液态树脂。他们同时也制成了由直径 200 nm、间隔 250 nm 的单晶棒组成的光子
晶体。

　　Kawata 和 Sun(2003)的工作为在双光子诱导的聚合反应中通过借助光致基
团淬灭作用来实现超衍射三维空间分辨率的研究提供了一个很好的例子。这表
明，只有在一个特定的强度阈值以上(在焦点的中心可以达到)，聚合反应才会发
生。另外一种能够描述所述超衍射结构的制造成果来自我们实验室，如图 11.4 所
示，用锁模钛：蓝宝石激光器在 100 fs 脉冲下通过双光子聚合作用可产生约 200
nm 分辨率的结构。

　　即使对于高空间分辨率的纳米图案，研究每一个独立体素的特性也很重要。

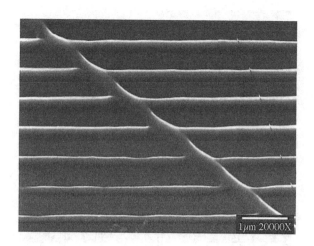

图 11.4　对 DesoBond 956-105 进行双光子聚合所制得纳米结构的 SEM 图
像。该结构分辨率约为 200 nm

Sun、Lee、Kawata 及其合作者(Sun et al.,2003)发现在近阈曝光条件下,体素的
成型大小比例随着激光能和曝光时间的变化而不同(图 11.5)。随着曝光时间的
增加,体素的纵向及横向尺寸比值会逐渐增加,并在上述两个过程中最终达到饱和
状态,该过程称为体素的尺寸调谐(Sun et al.,2003)。基于这些发现,他们在最优　P.316
条件下制造出了近 100 nm 空间分辨率的体素。此外,通过在低激光能和短暴露
时间条件下进行双光子聚合反应,Lee 等人(2003)也成功地制造出了多种二维及
三维结构高分辨率结构,如图 11.6 所示。

Kirkpatrick 等人(1999)利用另外一种双光子诱导聚合反应——光子全息记
录——来制造微纳米结构。他们称之为全息双光子诱导聚合反应(H-TPIP)。这
种方法利用了两个相干的短波脉冲交互作用,从而形成一种空间强度调制图案来
产生光栅结构。他们使用了一种商业树脂,该树脂混有一种具有强双光子吸光性
截面的染料。全息法的优点是可用多束相干光干涉产生的复杂强度分布图形来制
备复杂的三维纳米结构,整个过程无需移动样品或光栅扫描激光束。

11.2　近场光刻术　　　　P.317

近场激发条件下的纳米光学相互作用,可通过介导相应的光物理或光化学反
应发生的方式来进行纳米结构的制备,如畴反转。这种方法的提出使得近场光刻
术这个新兴领域得以脱颖而出。借此,光刻术和近场激发可以结合在一起,用于纳
米结构的制备。由此许多光化学的和光物理的方法都被引入到近场纳米制造中

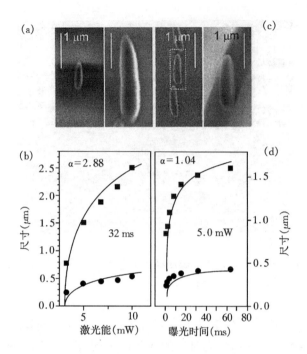

图 11.5　体素与曝光时间（T）和激光能（P）的关系。(a)在(3.2 mW, 32 ms)和(10 mW, 32 ms)下获得的体素的 SEM 图像;(b)体素大小与 P 的关系;(c)在(5 mW, 1 ms)和 (5 mW, 64 ms)两个不同暴露时间下得到的体素;(d)体素大小与 T 的关系(纵向尺寸(■),横向尺寸(●))。该双光子光聚合反应是利用 780 nm, 80 fs 的锁模钛：蓝宝石激光器在 80 MHz 运行状态下进行的。实验中也使用了包含聚氨酯丙烯酸酯单体和低聚物的 SCR 树脂。由韩国汉南大学 K.-S. Lee 提供

来。文献中也出现了许多近场纳米制造的例子,其数量难以列举。在此仅提供一些近场光刻的例子。

P.318　　　第一个例子是利用有机染料的光漂白效应制造纳米图案(Pudavar et al., 1999;Pudavar and Prasad,unpublished results)。图 11.7 展示了一个在塑料介质中利用有机染料进行漂白的例子,该技术可用来刻写图案,如存储应用上的小像素或光偶联的光栅。实验中使用的是永久性光漂白,即染料的化学特性发生了永久性改变。用于该实验的染料可以同时被单光子吸收和双光子吸收激活。如果光漂白是用锥形光纤发射的 400 nm 光条件下的单光子吸收完成的,光漂白的像素尺寸大约是 120 nm,这种 120 nm 大小的像素进而可在一定区域形成大量的像素点阵。

　　在近场几何中使用双光子激发(见 11.1 节)甚至可以得到更小的纳米级分辨率。若用 800 nm 的激光脉冲下的双光子吸收来对染料进行光漂白,其得到的像

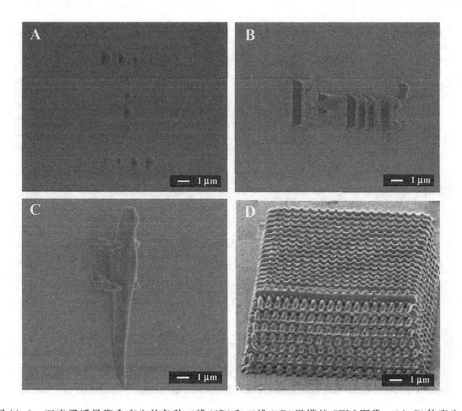

图 11.6　双光子诱导聚合产生的各种二维(2D)和三维(3D)微模的 SEM 图像。(A,B)体素和字母的二维模型。(C,D)蜥蜴雕刻和光子晶体的三维图形。在微加工方面,利用了一套激光系统,即锁模钛:蓝宝石激光器,其波长为 780 nm,脉宽 80 fs,重复频率为 82 MHz。该系统利用压电陶瓷工作台对激光焦点进行三维扫描,从而在光敏树脂的指定区域进行聚合,实验树脂由 SCR-500 和双光子吸收发色基团混合制得。由韩国汉南大学 K.-S. Lee 提供

素尺寸会小得多(大约 70 nm)。光漂白只在焦点的附近或边缘发生,当能量降至一个特定阈值以下时光漂白不会发生。因此,利用焦点扫描,我们可以在空间上形成更集中更狭小的像素。双光子吸收产生的 70 nm 大小的点的图貌如图 11.7 右上图所示。此外,底部两幅线图阐释了光栅的刻写。

利用单光子吸收,我们可以刻写出宽 150 nm 间隔 290 nm 的光栅。图 11.7 P.319的右下部分显示了双光子吸收法下记录的光栅,光栅的宽度是 70 nm 间隔是 160 nm。由此可见,利用双光子吸收可以获得更高的空间分辨率。

Ramanujam 等人(2001)用近场光刻术在支链偶氮苯聚酯中制造出了很窄的表面形貌特征。其中通过强度为 $12W/cm^2$ 的 488 nm 氩离子激光照射,制造出了宽 240 nm 高 6 nm 的地形图(表面形貌)。由于偶氮苯的光异构化在薄膜上进行,

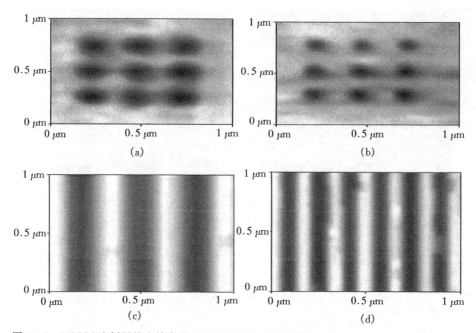

图 11.7　NSOM 法刻写的光储存器((a)和(b))和光栅结构((c)和(d))。(a)和(c)是由单光
子激发刻写并由双光子激发读出的;(b)和(d)刻写和读出都是靠双光子激发。来
自 Shen 等人(2001),经许可后复制

故整个过程只有很小的各向异性,且形貌修正效果非常显著。

　　Sun 和 Leggett (2002)用自组装单层(SAM)(在第 10 章中已作介绍)作为近
场光刻术的模板来制造纳米结构,方法流程图如图 11.8 所示。他们将一个 50 nm
孔径的紫外(UV)光纤与 224 nm 光源相接,从而在金薄膜表面(覆有溶液)上进行
照射和扫描,其中金薄膜表面覆有一个由烷基硫醇构成的自组装单层。由于硫醇
基(-SH)容易与金表面结合,故其常用来在金表面制备 SAM。自组装单层上暴露
的硫醇烷分子被光氧化成烷基磺酸盐,而烷基磺酸盐与金表面的结合能力较弱。因
此,通过加入另一种硫醇的溶液,该化学修饰产物可被硫醇去除(取代)。或者,选择
一种适当的蚀刻溶液对暴露区域的金进行腐蚀。通过这种方法,Sun 和 Leggett 已经
制备出尺寸小于 100 nm 的三维金纳米结构了(在等离子体方面有一定应用,见第 5
章)。

　　Yin 等人(2002)运用了另外一种基于无孔径近场光学显微镜的近场双光子光
刻方法,其原理在第 3 章已经讨论过了。Yin 等人利用金属探测器探针,使用场增
强诱导纳米级双光子激发,从而在商业光刻胶 SU-8 上进行了聚合反应,从而制造
出约 70 nm 精度的光刻图案。

　　图 11.9 描述了另外一种新型方法,即用飞秒激光脉冲融化材料来制备纳米结

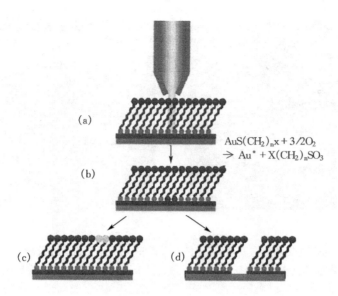

$$AuS(CH_2)_nx + 3/2O_2$$
$$\rightarrow Au^* + X(CH_2)_nSO_3$$

图 11.8 扫描近场光刻术(SNP)的方法及过程示意图,利用该方法可在基底表面预置化学图样并最终在金薄层中制得三维纳米结构。(a)携带 244 nm 光的紫外探针贴着表面(例如,近场体系)进行扫描;(b)对曝光区域的自组装单层(SAM)进行光化学氧化;(c)通过浸入酒精硫醇溶液,氧化的吸附分子被取代;(d)或者,由于 SAMs 被氧化,可对这些氧化区域内的 Au 进行相应的腐蚀。来自 Sun 和 Leggett (2002),经许可后复制

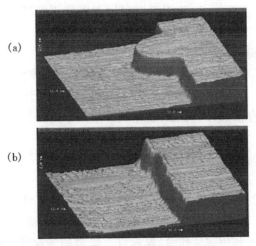

图 11.9 预置缺陷(a)和激光修复后的原子力显微镜(AFM)图像。来自 Lieberman 等人(1999),经许可后复制

P.321

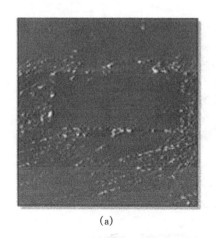

(a)   (b)

图 11.10 (a)NSOM 尖端修饰液晶(8CB)的地形图和(b)光学图像。在反射条件下,使用交叉
极化法可使该修正特征显现出来。来自 Moyer 等人(1995),经许可后复制

构。利用近场装置,我们可以对纳米区域进行融化从而消除缺陷。图中展示了一
个光掩膜,并在上部图像中显示了该掩膜表面上的一个结构凸出。而我们利用近
场传播的飞秒脉冲将该凸出结构融化掉了,融化后的结构如图 11.9 底部图像所
示。

图 11.10 描述了一种液晶,该液晶不仅可以改变光学区域特征而且还可以界
定光学对比度。图 11.11 给出了一个利用近场激发对有机晶体进行表面修正的例
P.322
子。总之,借助激光消融技术,我们可以利用表面修正特征来构造纳米尺寸的凹
陷。由激光融切所产生的凹陷可作为一个模板,进而利用一些技术如自组装法,在
修正表面构建出相应的纳米结构。

图 11.12 描述了一个在磁光材料上用近场显微法来改变纳米尺寸区域内的磁
化强度的例子。我们可通过各种方式,利用材料的磁光特性来改变其光偏振特性。
由于改变磁畴可储存信息,因而这种技术能够应用于磁储存方面。

11.3 近场相掩模软光刻术

软光刻术主要利用了弹性(软)光掩膜,这种掩膜可从母掩膜中轻松制得,同时
也容易从光刻胶中移除(揭去)。Whitesides 及其合作者(Rogers et al.,1998,
2000)已经证明,通过利用弹性印章、模板以及恰当的光掩膜可以制得很多有机电
子和集成光学元件结构。这里给出的特例是利用弹性相位掩模在近场接触模式的
光刻术下来产生约 90 nm 的图案。其原理为:弹性印章上的表面形貌可以调制改
变通过它的光的相位,进而可以作为一种相位掩膜进行应用。若选择一定深度的

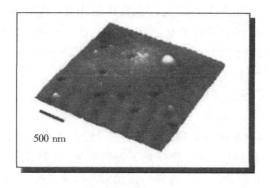

图 11.11　近场表面修正。顶图:有机晶体蒽中的孔图,图中孔穴尺寸小于 100 nm,由材料的局部汽化制得。底图:孔状排列。来自 Zeisel 等人(1997),经许可后复制

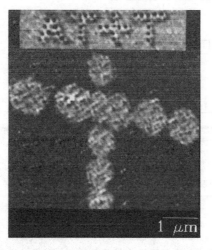

图 11.12　用近场扫描光学显微镜(NSOM)在 14 nm 厚的 Co/Pt 多层磁光膜上光刻并成像得到的 60 nm 磁光域,该图证实了 45 Gbits/in.^{2} 储存强度的可行性。来自 Betzig 等人(1992),经许可后复制

形貌从而引入一个 π 相移,则形貌边缘上的透射强度近场图案会出现空白。当使用 365 nm 的光时,空白的宽度大概是 100 nm。这些强度空白经过曝光和显影后可以用来在正性光刻胶中产生 100 nm 的线条。Whitesides 小组已经证明这种方法甚至可以使用宽带非相干光源进行实验,例如汞灯。

P.323

Whitesides 及其合作者的实验过程示意图如图 11.13 所示。他们首先利用光刻法制造一个母掩膜,然后把一定厚度的聚二甲基硅氧烷膜(PDMS)预聚物放置在掩膜上。之后,预聚物膜经处理形成弹性膜,然后将其揭离母掩膜。此刻,将该膜与光刻胶进行共形接触,并在紫外光下进行曝光,光刻胶将根据 π-相变在近场中的强度分布发生相应的反应。在弹性相膜紫外曝光之后,再经进一步处理,光刻胶上便显影产生了宽约 100 nm 的结构。图 11.14 展示了光刻胶上所产生平行线的原子力显微镜(AFM)图像。这些线条宽约 100 nm,高约 300 nm。

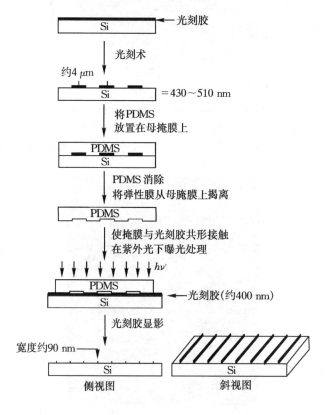

图 11.13　近场触模光刻术制造纳米结构的示意图。来自 Rogers 等人(1998),经
　　　　　许可后复制

P.324　　　这种方法可方便地用来在金属上制造切口,从而对有机电子器件中源极和漏

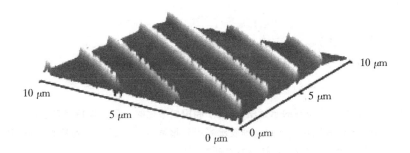

图 11.14 用近场偶联光刻术在光刻胶中形成平行线的原子力显微镜（AFM）图像，线宽约为 100 nm，高约为 300 nm。来自 Rogers 等人（1998），经许可后复制

极进行精确界定（Rogers et al.，1999）。通过不同的掩膜进行分次曝光还可以制造出其他类型的纳米结构。例如通过周期性的二元相位掩膜对光刻胶进行两次曝光可产生相应的纳米点，其中在两次曝光间隔，需转动膜 90°（Rogers et al.，1998）。使用弹性掩膜的触模光刻术精度不仅取决于使用光的波长，也与所用光刻胶的折射率相关。Hence 只是简单地使用了高折射率的光刻胶，就使得光刻的精度得到了很好的提高。

11.4 等离子体印刷

等离子体印刷是由 Atwater 及其合作者发明的，他们使用一块标准光刻胶和一条宽束照射光，通过该技术实现了分辨率远低于衍射临界值纳米图案的印刷（Kik et al.，2002）。该技术主要运用了金属纳米结构的表面等离子体共振技术，其在第 5 章已提到，进而增强了金属纳米结构附近的电场，整个过程中所用的光波长与等离子体共振频率应一致。

等离子体印刷的方法示意图如图 11.15 所示。图中金属纳米结构以纳米颗粒阵列的形式进行排列。利用该金属纳米颗粒的等离子体共振波长光以掠射角方向进行照射，可在颗粒附近形成一种增强场。正如第 5 章讨论的那样，这种增强场对小的金属颗粒来说是偶极性的。该增强场主要集中于纳米颗粒附近的纳米级区域内，可在金属纳米结构下的光刻胶薄层上进行纳观曝光。显影后，胶层即产生了纳米图案。为了使得颗粒正下方的局部场强得到提高，对胶层来说照射光偏振方向应与胶层几乎垂直；也就是说，p-偏振。为此，实验中以掠入射角进行照射。

P.325

为了进行有效的等离子体印刷，需注意以下几个方面：

- 为了获得场增强效应，需要选择具备较长载流子驰豫时间的金属纳米结构。因此，金（$\tau_{relax} \approx 4$ fs）和银（$\tau_{relax} \approx 10$ fs）可作为比较合适的选择。

图 11.15   (a)等离子体印刷的示意图,显示了利用偏振化的可见光以掠射角进行照射,可使
            得金属纳米结构正下方光刻胶曝光得到增强;(b)显影后得到的光刻胶图案。来
            自 Kik 等人(2002),经许可后复制

- 金属纳米结构(纳米颗粒)尺寸应足够小,从而从空间上对纳米颗粒下方的
  偶极增强场加以限制。如果颗粒太大,正如第 5 章讨论的那样,会产生多
  级振荡进而减弱空间限制和场增强。因此,金或银纳米颗粒直径限定在
  30 nm 到 40 nm 之间是比较合适的。
- 金属纳米结构的等离子体共振波长应处于 300~400 nm 范围,因为大部分
  光刻胶在该波长范围内才表现出最大的敏感性。因此,选择银纳米颗粒
  (等离子体共振处于约 410 nm)可能更好。

在等离子体印刷实验中,Atwater 及其合作者(Kik et al.,2002)利用喷射沉积
技术制得了直径约 41 nm 的银纳米颗粒。他们使用了一种标准 g-光刻胶(AZ
1813,产于 Shipley),该胶在 300~400 nm 范围所具备的敏感性最强。它上面涂有
一层约 75 nm 厚的薄膜。利用单色镜,从 1000 W 的 Xe 弧光灯中选出波长为 410
nm 的单色光,并使之通过一个偏光镜从而最终获得一条与样品表面垂直的偏振
光。为了提高光强,光束通过柱面透镜在垂直方向进行压缩并以掠射角的方向入
射到样品表面上。显影后,我们在膜的原子力显微镜(AFM)图片中可以看到一个
直径 50 nm、深 12 nm 的凹陷。

11.5   纳米球光刻术

纳米球光刻术是通过聚合物和硅纳米球体自组装在基底上形成一个密堆积单
层,然后通过相关的材料进行渗透沉积,从而在基底上形成一个二维的纳米图案
(Deckman and Dunsmuir,1982;Haynes and VanDuyne,2001)。纳米球光刻术
的第一步即形成一个由亚微型纳米球组成的密堆积单层,这一步类似于第 9 章介
绍的制造胶体光子晶体的所用方法。在这个例子中,单层的沉积过程可能只是简
单地在适当的纳米球悬液中进行旋涂,进而优化旋涂的速度以获得一种密堆积单
层,即纳米球的周期点阵。随后再对该薄膜进行热沉积或激光沉积从而获得一种
胶体晶体掩膜。图 11.16 给出了胶体晶体膜的示意图。图中先将需要进行纳米成

型的材料(如金属)通过纳米球之间的空孔(空隙)沉积到基底上。然后,用溶剂将聚合纳米球洗掉,仅留下光刻纳米材料。例如对于硅纳米球来说,它们可以通过HF 溶液进行蚀刻。对于六边形堆积纳米球,沉积材料最终形成的周期阵列为三角形,其中纳米球之间的间隔可以通过改变纳米球的大小来改变。图 11.16 (a)显示了银纳米颗粒的三角形阵列图示。金属纳米阵列的产生也用到了等离子体的相关技术,其在第 5 章已作为重点讨论过。

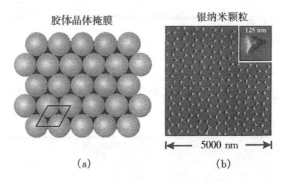

图 11.16　(a)由直径 $D=542$ nm 的纳米球构成的胶体晶体膜示意图;(b)成三角形堆积银纳
　　　　　米颗粒的原子力显微镜(AFM)图像。来自 Haynes 和 VanDuyne(2001),经许可后
　　　　　复制

　　Marks 及其同事(Veinot et al. ,2002)的研究为纳米球光刻术的应用提供了一个很好的例子,他们利用纳米球光刻术制造了一种发光二极管阵列。该纳米发光二极管阵列结构如图 11.17 所示。他们通过在一个干净、超平滑的 ITO/玻璃衬底上涂上一层自组装三芳胺基单层,从而进行羧基末端的聚苯乙烯纳米球(大小为400 nm×160 nm)的沉积。该单层涂层有利于随后的空穴输运层 1,4-bis(1-萘基苯氨基联苯)(NPB)的空穴注入和粘连。在制成密堆积聚苯乙烯纳米球单层并将其进行干燥之后,再利用该单层来真空沉积一个 50 nm 厚的 NPB 输运层。接着再沉积一层 40 nm 厚的三苄基(8-偏苯三酚)化铝电子输运层,且其中含有一种放射P.327性的掺杂剂——N,N′-二异戊基喹吖啶酮(DIQA)。最后,沉积一层 300 nm 厚的铝层。若纳米球大小为 400 nm,去掉纳米球以后,即得到一个边长 90 nm 的规则三角菱形的发光多层异质结构图案。若纳米球大小为 160 nm,三角菱形的边长估计约为 43 nm。图 11.18(插图)显示了 400 nm 纳米球下三角菱形二极管的原子力显微镜(AFM)图像。该图里也给出了 90 nm 和 43 nm 的二极管阵列中电致发光强度-外加电压曲线。由于二极管尺寸与其整流或发射特性相关,借助该结果,P.328我们可以得到符合特性要求的最小二极管尺寸。

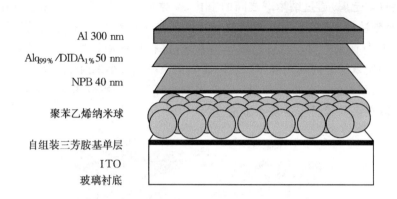

图 11.17 纳米 OLED 的构制图。来自 Veinot 等人(2002),经许可后复制

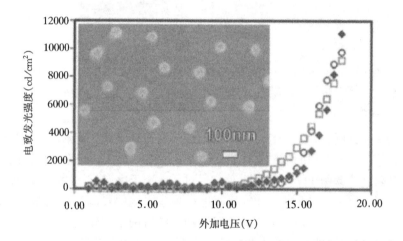

图 11.18 90 nm 纳米二极管(◆)、43 nm 二极管阵列(○)和微米级二极管(□)的发射强度-电压关系
简图。其中纳米二极管数据已经进行了填充因子的校正。插图:三角菱状二极管阵列
(90 nm/边)的扫描电子显微(SEM)图像。来自 Veinot 等人(2002),经许可后复制

11.6 蘸笔纳米光刻术

蘸笔纳米光刻术(DPN)是 Mirkin 及其合作者(Piner et al.,1999,Hong et
al.,1999)发明的另外一种光刻术,它可以利用分子纳米图案来制备单分子厚度的
纳米结构。这是一种以原子力显微镜的探针作为笔,以基底上所置分子为墨的直
写技术。水在尖端和基底之间凝聚形成一种灌注毛细管,它随着尖端的移动而移
动,从而促进有机分子输送以及随后的化学吸收作用,进而将水溶性差的分子沉积

在基底上。Mirkin 及其合作者证明了烷基硫醇可在 Au 基底上用于纳米图案的沉积。其流程如图 11.19 所示。

通过选择相应的转运分子可以控制表面的性质。例如,由于葵酸具有表面亲水性质,我们可以利用 16-硫基十六烷酸来得到相应的亲水表面。图 11.20 给出了用蘸笔光刻术刻写的纳米尺寸的字母,图中所形成的纳米结构以 AFOSR 的形式呈现,其线宽大约是 70 nm(Mirkin,2000)。我们还可以用 DPN 来制造多组分纳米结构。例如,我们可以用葵烷刻写第一层纳米结构,然后在该初始结构中用另一种不同的"墨水"(例如,16-硫基十六烷酸)刻写另一种纳米结构。

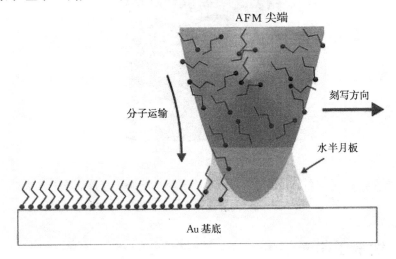

图 11.19 蘸笔纳米光刻术的示意图。来自 Piner 等人(1999),经许可后复制

图 11.20 用蘸笔光刻术刻写的单词 AFOSR。来自 Mirkin(2000),经许可后复制

DPN 为光学应用中纳米结构的制备提供了前景。例如,DPN 可以用来制备光子晶体。Mirkin 和他的同事(Zhang et al.,2003)利用它制造了小于 50 nm、可

P.329

应用于等离子方面的金原子点及线结构阵列。为此,他们使用 DPN 在光刻胶上成图,将 16-硫基十六烷酸放置在 Au/Ti/SiOx/Si 基底上,然后利用湿化学蚀刻法去除暴露的金粒。为了蚀刻掉暴露的金,他们使用了一种水合剂,0.1 M $Na_2S_2O_3$; 1.0 M KOH, 0.01 M $K_3Fe(CN)_6$ 以及 0.001 M $K_4Fe(CN)_6$。所制备的金结构点距为 100 nm。图 11.21 展示了金纳米点阵的原子力显微镜(AFM)图像。

1 μm

图 11.21 用蚀刻法制得的 MHA/Au/Ti/SiOx/Si 纳米点阵的原子力显微镜(AFM)地形图。来自 Zhang 等人(2003),经许可后复制

11.7 纳米压印光刻术

P.330

纳米压印光刻术是高产出、低成本的新型光刻技术。首先它利用压印这一步骤,将表面带有纳米结构的模具压入基底上的薄蚀刻材料(或软材料)中。随后移除模具。因此,模具中的纳米结构会在蚀刻材料上形成压花。此后通过使用各向异性蚀刻的方法,如反应离子蚀刻法,来腐蚀掉压印区域的剩余的蚀刻材料,从而进一步形成厚度衬度。这种纳米光子学技术的分辨率是不受衍射限制的。利用这种技术已经可以制备出 25 nm 尺寸、90°拐角的纳米结构,该法已经成功地应用于纳米级光电探测器、硅量子点、量子线以及晶体环的制备。

为了制造硅纳米结构,Chou 等人(2002)使用了激光辅助的直接压印纳米光刻术。该方法示意图如图 11.22 所示。图中石英模具被压印在硅基底上。随后利用由 XeCl 受激准分子激光器发射的 308 nm 波长的激光束,将与石英模具接触的硅表面薄层进行融化。在该过程中,所发射激光通过石英模具时不会被吸收。融化的硅层可以深至 300 nm 并保持融化状态数百纳秒。融化层之后用石英模具进行压印。当硅层固化后,将模具与压印硅层分离。目前,利用该方法可制造出分辨率高于 10 nm 的多种硅纳米结构。

P.331

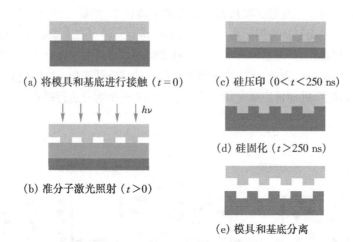

(a) 将模具和基底进行接触 ($t=0$)

(b) 准分子激光照射 ($t>0$)

(c) 硅压印 ($0<t<250$ ns)

(d) 硅固化 ($t>250$ ns)

(e) 模具和基底分离

图 11.22　硅纳米结构的激光辅助直接刻印示意图。(a)将石英模具与硅结构基底进行接触。对模具施加作用力使其紧贴基底;(b)利用一束 XeCl(308 nm 波长)激光脉冲(20 nm 脉冲宽)融化硅表面薄层;(c)融化的硅在液态下进行刻印;(d)硅迅速固化;(e)模具和硅基底分开,并在硅基底中形成模具形状的负影印。来自 Chou 等人(2002),经许可后复制

11.8　光促线型纳米阵列

利用纳米颗粒的光驱动特性对纳米颗粒进行排列是一种很有应用前景的新型纳米制备光学方法(Bunning et al.,2000;Vaia et al.,2001)。该方法示意图如图 11.23 所示。

黑色圆点代表随机分布在基质上的纳米颗粒,当然这种基质必须允许纳米颗粒在其中自由分布,其可能是一种特殊结构单体或是一种聚合物。如图中部所示,当两束光交叉形成一个强度栅(全息几何结构)时,其会通过强度调制的方式产生一系列明暗交替的区域。该强度调制图案可用来介导单层的空间调节聚合。例如,若单层在亮区发生聚合反应,在暗区则保持非聚合形式。如此一来,在亮区我们就可以进行聚合物的交联反应,而在暗区则不会有聚合物的交联反应发生。因此,若纳米颗粒和亮区不相容就会移到非聚合的暗区。而这种纳米颗粒的空间移动可以促使它们在暗区排列成线,进而产生纳米颗粒的周期点阵。

由于这种方法所形成的线型纳米点阵可形成一种相对高折射率,其可用来形成 Q 点阵式排列或用于光子晶体的制备。或者,我们也可以用类似的方法来制备聚合物分散液晶(Bunning et al.,2000)。相对于图 11.23 中所示的小黑点,实验时我们还可以选择更大尺寸的纳米液晶滴(第 10 章讨论过的散射型 PDLC)。若我们在基质中

进行聚合反应或将基质进行交联从而将这些纳米滴挤出,然后这些纳米颗粒便会在暗区中发生相分离进而形成光栅结构。最终我们将得到一种可在无场条件下对光进行衍射的光栅。当场存在时,液晶纳米滴和聚合物之间的相对折射率便会消失,进而导致光栅和折射作用的丢失。因此,该方法可用来制备一种特殊的光栅,这种光栅在电场作用下会发生特性转变,进而可用来对特定方向上的光束或衍射光进行操作。

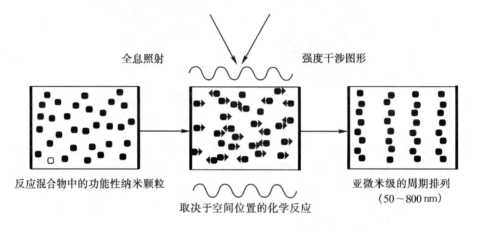

图 11.23　使用全息(激光)光化聚合法来诱导彼此独立的纳米颗粒移动形成所需的三维图案(由代顿空军研究实验室 T. Bunning 和 R. Vaia 提供)

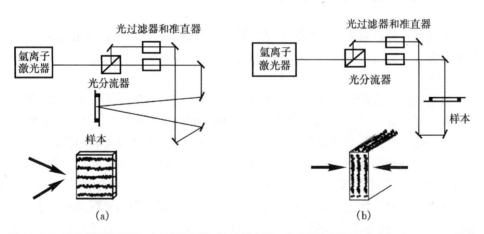

图 11.24　两种刻写装置图。(a)透射光栅;(b)反射光栅。由代顿空军研究实验室 T. Bunning 提供

　　图 11.24 展示了 PDLC 光栅。右图所示的反向传播全息几何,通过在竖直面上将液晶纳米滴进行线型排列从而制备出了一种折射光栅。这种动态光栅的折射效率可达 70%,转换时间约为几十微秒。

　　图 11.24 左图展示了在水平面方向制备的透射光栅,该光栅在特定方向上只

能折射特定波长的光。通过调整两束光之间的交叉角,我们制备的光栅可以在特定方向上对不同波长的光进行衍射。

11.9 本章重点

- 应用非线性光学加工、近场激发,以及等离子场增强等方法可以诱导光化学和光物理变化的发生,进而制得尺寸比制备过程中所用光波长更小的纳米结构。
- 双光子光刻术利用双光子吸收效应来诱导光学加工,从而制备纳米结构。 P.333
- 和光强二次方成正比的双光子激发和光变化所需的能量阈一起提供了光刻图像分辨率小于激发光波长的纳米结构的方法。
- 双光子光刻术产生纳米光致结构的例子有复杂的三维光学电路、多层光学数据储存器以及三维光子晶体。
- 双光子全息术是另外一种双光子光刻方法,其利用了两个甚至更多的连续短脉冲的交叠,从而产生一种空间调制图形从而刻印出相应的纳米结构。
- 近场光刻术利用近场激发效应来制备光刻纳米结构。
- 与近场几何中的单光子激发相比,双光子激发可获得更小的纳米级分辨率,其精度可低于 100 nm。
- 近场光刻术可以用来产生纳米级区域内的物理修饰(例如物理转换)、表面修饰以及纳米成型。
- 软光刻术利用了软弹性膜的压印,膜的形成源自于母掩膜及随后的移除过程。
- 相掩膜软光刻术中将一个弹性相膜通过近场偶联光刻术从而生成了 90 nm 的形貌图,它利用了弹性图章上的表面起伏调节透过其光的相位,从而发挥相膜的作用。
- 等离子体印刷术是指利用金属纳米结构的表面等离子体共振来增强电磁场,随后再进行金属纳米结构下的光刻胶薄层的纳观曝光。
- 纳米球光刻术以基底上的一个聚合物或硅纳米颗粒密堆积单层为基础,利用相关材料对其进行渗透(进入填隙空位),从而在基底上沉积形成二维图形。其中可利用相应的溶液来溶解聚合物纳米颗粒,或利用 HF 蚀刻掉硅纳米颗粒。
- 蘸笔光刻术是一种直写技术,其以原子力显微镜的探针(第 7 章讨论了这种显微镜)作为笔,以分子作为墨,将其铺置在基底上。
- 纳米压印光刻术是通过将模具压在融化的膜上,从而使得模具上的纳米结构印制在基底膜上。
- 介绍了一种新型纳米结构制备的光学方法,即根据内含纳米颗粒的光驱动迁移特性将其进行排列。

参考文献

P. 334　　Betzig, E., Trautman, J. K., Wolfe, R., Gyorgy, E. M., Finn, P. L., Kryder, M. H., and Chang, C.-H., Near-Field Magneto-optics and High Density Data Storage, *Appl. Phys. Lett.* **61**, 142–144 (1992).

Bhawalker, J. D., He, G. S., and Prasad, P. N., Nonlinear Multiphoton Processes in Organic and Polymeric Materials, *Rep. Prog. Phys.* **59**, 1041–1070 (1996).

Bunning, T. J., Kirkpatrick, S. M., Natarajan, L. V., Tondiglia, V. P., and Tomlin, D. W., Electrically Switchable Grating Formed Using Ultrafast Holographic Two-Photon-Induced Photopolymerization, *Chem. Mater.* **12**, 2842–2844 (2000).

Chou, S. Y., Krauss, P. R, and Renstrom, P. J., Nanoimprint Lithography, *J. Vac. Sci. Technol. B* **14**, 4129–4133 (1996).

Chou, S. Y., Chris, K. , and Jian, G., Ultrafast and Direct Imprint of Nanostructures in Silicon, *Nature* **417**, 835–837 (2002).

Cumpston, B. H., Ananthavel, S. P., Barlow, S., Dyer, D. L., Ehrlich, J. E., Erskine, L. L., Heikal, A. A., Kuebler, S. M., Lee, I.-Y. S., McCord-Maughon, D., Qin, J., Röckel, H., Rumi, M., Wu, X.-L., Marder, S. R., and Perry, J. W., Two-Photon Polymerization Initiators for Three-Dimensional Optical Data Storage and Microfabrication, *Nature* **398**, 51–54 (1999).

Deckman, H. W., and Dunsmuir, J. H., Natural Lithography, *Appl. Phys. Lett.* **41**, 377–379 (1982).

Frisken S. J., Light-Induced Optical Waveguide Uptapers, *Opt. Lett.* **18**, 1035–1037 (1993).

Haynes, C. L., and VanDuyne, R. P., Nanosphere Lithography: A Versatile Nanofabrication Tool for Studies of Size-Dependent Nanoparticle Optics, *J. Phys. Chem. B* **105**, 5599–5611 (2001).

Hong, S., Zhu, J., and Mirkin, C. A., Multiple Ink Nanolithography: Toward a Multiple Pen Nano-Plotter, *Science* **286**, 523–525 (1999).

Kawata, S., and Sun, H.-B., Two-Photon Photopolymerization as a Tool for Making Micro-Devices, *Appl. Surf. Sci.* **208–209**, 153–158 (2003).

Kik, P. G., Maier, S. A., and Atwater, H. A., Plasmon Printing—A New Approach to Near-Field Lithography, *Mater. Res. Soc. Symp. Proc.* **705**, 66–71 (2002).

Kirkpatrick, S. M., Baur, J. W., Clark, C. M., Denny, L. R., Tomlin, D. W., Reinhardt, B. R., Kannan, R., and Stone, M. O., Holographic Recording Using Two-Photon-Induced Photopolymerization, *Appl. Phys. A* **69**, 461–464 (1999).

Kuebler, S. M., Braun, K. L., Zhou, W., Cammack, J. K., Yu, T., Ober, C. K., Marder, S. R., and Perry, J. W., Design and Application of High-Sensitivity Two-Photon Initiators for Three-Dimensional Microfabrication, *J. Photochem. Photobiol. A Chem* **158**, 163–170 (2003).

Lee, K. S., Yang, H. K., Kim, M. S, Kim, R. H, Kim, J. Y., Sun, H. B, and Kawata, S., private communication, 2003.

Liang, Y. C., Dvornikov, A. S., and Rentzepis P. M., Nonvolatile Read-out Molecular Memory, *Proc. Natl. Acad. Sci.* **100**, 8109–8112 (2003).

Lieberman, K., Shani, Y., Melnik, I., Yoffe, S., and Sharon, Y., Near-Field Optical Photomask Repair with a Femtosecond Laser, *J. Microsc.* **194**, 537–541 (1999).

Mirkin, C. A., Programming the Assembly of Two- and Three-Dimensional Architectures with DNA and Nanoscale Inorganic Building Blocks, *Inorg. Chem.* **39**, 2258–2274 (2000).

Moyer, P. J., Kämmer, S., Walzer, K., and Hietschold, M., Investigations of Liquid Crystals and Liquid Ambients Using Near-Field Scanning Optical Microscopy, *Ultramicroscopy* **61,** 291–294 (1995).

P. 335

Parthenopoulos, D. A., and Rentzepis, P. M., Three-Dimensional Optical Storage Memory, *Science* **245,** 843–845 (1989).

Piner, R. D., Zhu, J., Xu, F., Hong, S., and Mirkin, C. A., Dip-Pen Nanolithography, *Science* **283,** 661–663 (1999).

Prasad, P. N., Reinhardt, B., Pudavar, H., Min, Y. H.; Lal, M., Winiarz, J., Biswas, A., and Levy, L., Polymer-Based New Photonic Technology Using Two Photon Chromophores and Hybrid Inorganic–Organic Nanocomposites, 219th ACS National Meeting, San Francisco, CA, March 26–30, 2000, Book of Abstracts (2000), POLY–338.

Pudavar, H. E., Joshi, M. P., Prasad, P. N., and Reinhardt, B. A., High-Density Three-Dimensional Optical Data Storage in a Stacked Compact Disk Format with Two-Photon Writing and Single Photon Readout, *Appl. Phys. Lett.* **74,** 1338–1340 (1999).

Ramanujam, P. S., Holme, N. C. R., Pedersen, M., and Hvilsted, S., Fabrication of Narrow Surface Relief Features in a Side-Chain Azobenzene Polyester with a Scanning Near-Field Microscope, *J. Photochem. Photobiol. A: Chem.* **145,** 49–52 (2001).

Rogers, J. A., Paul, K. E., Jackman, R. J., and Whitesides, G. M., Generating ~90 Nanometer Features Using Near-Field Contact-Mode Photolithography with an Elastomeric Phase Mask, *J. Vac. Sci. Technol. B* **16,** 59–68 (1998).

Rogers, J. A., Dodabalapur, A., Bao, Z., and Katz, H. E., Low-Voltage 0.1 μm Organic Transistors and Complementary Inverter Circuits Fabricated with a Low-cost Form of Near-field Photolithography, *Appl. Phys. Lett.* **75,** 1010–1012 (1999).

Rogers, J. A., Bao, Z., Meier, M., Dodabalapur, A., Schueller, O. J. A., and Whitesides, G. M., Printing, Molding, and Near-Field Photolithographic Methods for Patterning Organic Lasers, Smart Pixels and Simple Circuits, *Synth. Metals* **115,** 5–11 (2000).

Serbin, J., Egbert, A., Ostendorf, A., Chichkov, B. N., Houbertz, R., Domann, G., Schultz, J., Cronauer, C., Fröhlich, L., and Popall, M., Femtosecond Laser-Induced Two-Photon Polymerization of Inorganic–Organic Hybrid Materials for Applications in Photonics, *Opt. Lett.* **28,** 301–303 (2003).

Shen, Y., Swiatkiewicz, J., Jakubczyk, D., Xu, F., Prasad, P. N., Vaia, R. A., and Reinhardt, B. A., High-Density Optical Data Storage with One-Photon and Two-Photon Near-Field Fluorescence Microscopy, *Appl. Opt.* **40,** 938–940 (2001).

Stellacci, F., Bauer, C. A., Meyer-Friedrichsen, T., Wenseleers, W., Alain, V., Kuebler, S. M., Pond, S. J. K., Zhang, Y., Marder, S. R., and Perry, J. W., Laser and Electron-Beam Induced Growth of Nanoparticles for 2D and 3D Metal Patterning, *Adv. Mater.* **14,** 194–198 (2002).

Sun, S., and Leggett, G. J., Generation of Nanostructures by Scanning Near-Field Photolithography of Self-Assembled Monolayers and Wet Chemical Etching, *Nano Letters* **2,** 1223–1227 (2002).

Sun, H.-B., Takada, K., Kim, M.-S., Lee, K.-S., and Kawata, S. Scaling Laws of Voxels in Two-Photon Photopolymerization Nanofabrication, *Appl. Phys. Lett.* **83,** 1104–1106 (2003).

Vaia, R. A., Dennis, C. L., Natarajan, V., Tondiglia, V. P., Tomlin, D. W., and Bunning, T. J., One-Step, Micrometer-Scale Organization of Nano- and Mesoparticles Using Holographic Photopolymerization: A Generic Technique, *Adv. Mater.* **13,** 1570–1574 (2001).

P.336   Veinot, J. G. C., Yan, H., Smith, S. M., Cui, J., Huang, Q., and Marks, T. J., Fabrication and Properties of Organic Light-Emitting Nanodiode Arrays, *Nano Lett.* **2,** 333–335 (2002).

Wu, E.-S., Strickler, J., Harrell, R., and Webb, W. W., Two-Photon Lithography for Microelectronic Application, *SPIE Proc.* **1674,** 776–782 (1992).

Yin, X., Fang, N., Zhang, X., Martini, I. B., and Schwartz, B. J., Near-Field Two-Photon Nanolithography Using an Apertureless Optical Probe, *Appl. Phys. Lett.* **81,** 3663–3665 (2002).

Zeisel, D., Dutoit, B., Deckert, V., Roth, T., and Zenobi, R., Optical Spectroscopy and Laser Desorption on a Nanometer Scale, *Anal. Chem.* **69,** 749–754 (1997).

Zhang, H., Chung, S. W., and Mirkin, C. A., Fabrication of Sub-50-nm Solid-State Nanostructures on the Basis of Dip-Pen Nanolithography, *Nano Lett.* **3,** 43–45 (2003).

Zhou, W., Kuebler, S. M., Braun, K. L., Yu, T., Cammack, J. K., Ober, C. K., Perry, J. W., and Marder, S. R., An Efficient Two-Photon-Generated Photoacid Applied to Positive-Tone 3D Microfabrication, *Science* **296,** 1106–1109 (2002).

第 12 章

生物材料和纳米光子学

在材料学方面,生物系统为科学家提供了富饶的土壤,从而衍生出很多应用广泛的新型纳米技术。自然界中的生物过程产生的纳米结构在组成成分上几乎无任何瑕疵,不仅具有立体的结构,而且这种纳米结构非常灵活。此外,这些纳米结构很容易降解,所以也很环保。具有生物性的化合物能自发(自组装地)合成复杂的纳米结构,也能合成长程有序和不同纳米等级的纳米功能体系。同时,也可以用化学修饰或者基因工程来改造生物材料,从而提高或设计出特殊功能。这里讨论的纳米光子学应用是指许多不同种类的生物材料及其衍生物可用来实现种种不同的主动或被动的光子学功能。本章描述了四种重要的生物材料,通过控制这些材料的纳米结构来实现纳米光子学的应用。这四种生物材料是:(i)生物衍生材料,可以是天然的或是经过化学修饰的材料。(ii)生物仿生材料,是在生物系统的指导原则下合成的。(iii)生物模板,为光子活性结构(photonic active structure)的自组装合成提供锚位点(anchoring site)。(iv)通过代谢工程用于生产光子聚合物的细菌生物反应器。生物材料的应用包括有效地收集太阳能、低阈值发射激光、高密度数据存储、光学转换以及滤波。本章就生物材料的一些应用进行讨论。

12.1 节描述了一些生物衍生材料的例子。菌视紫红质是一种在光子学中被广泛研究的生物衍生材料(Birge et al.,1999)。研究的主要焦点在于应用此种材料的激发态特性以及相关的光化学性质进行高密度的全息数据存储。另一种生物衍生材料是天然的 DNA,通常被用作光波导或激光染料基质的光学媒介。其中,DNA 的双螺旋结构提供了光学活跃基因在纳米尺度的自组装。第 9 章中也讨论了另一种生物衍生材料,这就是由高度结构化的、复杂的、离散的纳米粒子组成的生物胶体,经由表面定向组装这些粒子能够被组织为致密的阵列从而形成光子晶体。

生物仿生材料是通过模仿天然生物材料合成过程而产生的一种纳米结构材料。仿生学是一门蓬勃发展的学科,它集中于具有多功能层次材料的研发,以及模

P.338　仿天然物质的形态。在 12.2 节中将给出这种材料的例子,即一种具有集光特性的树状结构。

12.3 节讨论的生物模板材料,指具有适当形态和表面作用的天然纳米结构被用来作为模板以生产多尺度和多成分的光子材料。生物模板材料可以是天然的生物材料,也可以是经化学修饰过的生物衍生材料,或者是其他相似的合成物。这里讨论的例子是具有不同形态的自组织纳米结构的寡核苷酸、多肽以及病毒。

12.4 节讨论的代谢工程材料,是指利用天然细菌生物合成机制合成的能够被加工为具有广泛光学特性的一族螺旋聚合物的材料。本节列举了很多不同的可生物降解的聚酯聚合体,例如由细菌合成的聚羟基脂肪酸(PHA)。12.5 节对本节的重点做了强调。建议的其他一般读物有:

Prasad(2003):*Introduction to Biophotonics*

Saleh and Teich(1991):*Fundamentals of Photonics*

Birge et al.(1999):*Biomolecular Electronics:Protein-Based Associative Processors and Volumetric Memories*

12.1　生物衍生材料

本节将介绍光子学研究中应用到的一些天然生物材料及其化学结构上的衍生形式。其中有:

- 细菌视紫红质。
- DNA。
- 生物胶体。

另外一种引起了广泛注意的生物衍生光子材料是野生的或突变后的绿色荧光蛋白(GFP)(Prasad,2003)。在单光子和双光子的激发下,绿色荧光蛋白和它的变体都具有强烈发射。通过选择合适的变体就可以选择特定的激发和发射波长。这些蛋白的光学特性很大程度上依赖于它们的纳米结构(Yang et al.,1996;Prasad,2003)。GFP 已经被广泛应用于在体成像中的生物荧光标记,或者在研究蛋白质与蛋白质以及 DNA 与蛋白质的相互作用时,被用作荧光共振能量转移成像(FRET)。在相关文献中还报道了 GFP 作为光电器件和发射激光的另一些光子学应用。本书作者的《生物光子学》(*Biophotonics*)(Prasad,2003)一书描述了GFP 的这些光子应用。

本节只讨论细菌视紫红质、DNA 和生物胶体。

P.339　　**细菌视紫红质**　细菌视紫红质(Bacteriorhodopsin,bR)(Birge et al.,1999)是一种具有广泛光子学应用的天然蛋白。由于这种蛋白稳定性好,容易加工成光学薄膜,激发态具有适当的光物理和光化学特性,而且可以灵活地进行化学或基因修饰,因此人们对它在光子学方面的应用产生了浓厚的兴趣(Birge et al.,1999)。这些应用包括:随机存取薄膜记忆体(Birge et al.,1989)、光子计数器与光电转换器(Marwan et al.,1988;Sasabe et al.,1989;Hong,1994)、空间光调制器(Song et al.,1993)、可逆的全息媒介(Vsevolodov et al.,1989;Hampp et al.,1990)、人工视网膜(Miyasaka et al.,1992;Chen and Birge,1993)、双光子容积记忆体(Birge,1992)以及模式识别系统(Hampp et al.,1994)。这里只讨论全息数据存储,它的原理是当细菌视紫红质的特定中间激发态粒子数增加时,由于吸收改变从而导致了折射率的改变。细菌视紫红质由 7 个跨膜 α 螺旋构成蛋白质的二级结构。由于一种全反式视黄醛发色团的存在,这种蛋白以光适应性形式吸收光。这种发色团吸光后使其结构从全反式变成 13 顺式光致异构体,接着会产生一系列具有不同吸收光谱和质子传输的蛋白中间体。最后,发色团的重新异构化导致了蛋白质初始态的重建。关于光致循环的细节,读者可以参考 Bridge 等人在 1999年发表的论文以及 Prasad 在 2003 年出版的《生物光子学》一书。

　　激发到特定的中间能级,例如在细菌视紫红质中的 M 态(Birge et al.,1999),会导致吸收谱的变化,从而在特定的频率(角单位为 ω)上吸光度会发生变化,定义为 $\Delta\alpha(\omega)$。相应的折射率变化定义为 $\Delta n(\omega)$,它可以通过光学的 Kramers-Kronig关系式由 $\Delta\alpha(\omega)$ 推导出来:

$$\Delta n(\omega) = \frac{c}{\pi} \text{p.v.} \int_0^\infty \frac{\mathrm{d}\omega' \Delta\alpha(\omega')}{\omega'^2 - \omega^2} \tag{12.1}$$

式中 p.v. 是积分的主值。正如在第 10 章所描述的那样,当两束波长为 λ 的单色光束(一个是物光束,一个是参考光束)在全息介质中相交一定的角度时,便产生一个周期调制的折射率光栅全息图(参照图 10.14)。随着黑白条纹的交替,两束光束的干涉导致了强度的调制。在光亮区域,由于激发态粒子数的变化而导致了吸收的变化 $\Delta\alpha(\omega)$,进而导致折射率的改变 $\Delta n(\omega)$,它们之间的关系由等式(12.1)Kramers-Kronig 关系式决定。由于折射率光栅对光强进行重复调制,因此它是局部的。相反,在第 10 章中的光折变全息光栅是与强度调制有关的相移,因此它是非局部的。这一全息图可以通过一个微弱的衍射探针束读出来。这样,当用参考光束照射全息图时,在物光束的方向上会产生一束明亮的衍射光束。根据较厚光栅的 Bragg 衍射条件,这一重现过程对角度和波长非常敏感(Kogelnik,1969)。 P.340

　　对于对称的光栅,衍射效率 η 和折射率变化 $\Delta n(\omega)$ 的关系通过如下公式表示:

$$\eta = \sin^2\left(\frac{\pi\Delta nd}{\lambda\cos\theta/2}\right) \tag{12.2}$$

式中 d 是样品的厚度。在正弦函数 0～1 的范围内,Δn 越大所产生的衍射效率也越大。通过改变记录光束的角度(角度复用),全息存储允许人们在同一个空间上

(体积单元)存储很多(数千个)不同的全息图。相应地,通过改变记录光束的波长,人们可以在同一个体积单元中记录不同的全息图,这一过程称为波长复用。

反过来这种复用原则可以用于分辨存储在介质中的任一幅全息图像,这种分辨图像的过程称为光学相关。为了达到这一目的,我们将物光束(记录时有一固定的角度)穿过图像并且照射存有大量全息图的全息介质。如果图像与全息图中的一个图像相符合,在与存储那副图像的参考光束的相应方向上便会产生一个明亮的衍射斑。通过判别衍射光束的角度,就可以确定与已知图像匹配的存储的图像。没有衍射斑则表明没有相符合的图像。

Δn 的大小可以用来直接测量材料的存储能力。较大的折射率调制具有较好的衍射效率,从而可以存储大量的全息图。这一通过 $M_\#$ 参数(M 数)表示的特点常常被用来描述材料的动态范围,具体关系如下:

$$\sqrt{\eta} = (M_\#)/M \qquad (12.3)$$

式中 M 是在同一体积单元中记录的全息图的数目,η 是每一全息图的衍射效率。在一些具有大的折射率调制值或较厚的材料中,η 可以近似达到 100%,而 $M_\#$ 可能高达 10 或者是更高。

大多数细菌视紫红质的全息应用都是利用基态 bR 向被称为 M 态的中间激发态过渡时其光学量的改变($\Delta\alpha$ 以及其相应的 Δn)的机理。由于两个态的最大吸收相差很大,通过 Kramers-Kronig 公式(12.1)计算的两个态之间的 Δn 改变也很大。bR 态转换到 M 态的量子产率也很高,但是主要的限制是 M 态的寿命太短。令人庆幸的是,化学或基因修饰提供了改良的细菌视紫红质类似物以便用于长期存储。另外一种方法是用由玻璃或其他聚合物与细菌视紫红质构成的纳米复合物。Shamansky 等人在 2002 年研究了细菌视紫红质在干凝胶玻璃中 M 态的动力学问题。他们发现,当从湿的凝胶中去掉溶剂而变为干的凝胶玻璃时,M 态的衰变动力学变慢大约 100 倍。这一 M 态衰减率的大幅下降归结于水含量的降低以及蛋白质中氢键网络的减少。

DNA　天然的 DNA 展现了很多有用的光子学特性。首先,在从 350 nm～1700 nm 的很宽的光谱范围内,DNA 的核苷酸结构(包含异环环基)是光学透明(非吸收)的。其次,它们杂交的特点(碱基对互相配对形成双链)和通过静电吸引把物质吸引到其表面(DNA 带负电)或者插入到双链中的能力,使 DNA 可以结合很多光学活性单位。再次,DNA 的绝缘特性使它们适合作聚合物电光器件的覆层(Grote et al. ,2003)。

自然界中的 DNA 是十分丰富的,而且一些 DNA 资源(例如鲑鱼和扇贝的精子)在捕鱼业中是废弃产物。来自于千岁科学技术大学(日本)的 Ogata 和他的合作者已经证明来自鲑鱼的天然 DNA 可以用来作为光子介质(Kawabe et al. ,2000;Wang et al. ,2001)。第一步是通过酶降解尽可能去除 DNA 中的蛋白成分以进行纯化。天然的 DNA 在常规的用于铸膜或聚合光纤加工的有机溶剂中是不可溶的。然而，当与脂类混合时，例如十六烷基三甲基铵（CTMA），DNA 便能够溶于有机溶剂中。Ogata 及其合作者已经证明，用和脂类混合的天然 DNA 可以制作具有光波导特性的薄膜和光纤。他们的方法如图 12.1 所示（Grote et al.，2003）。

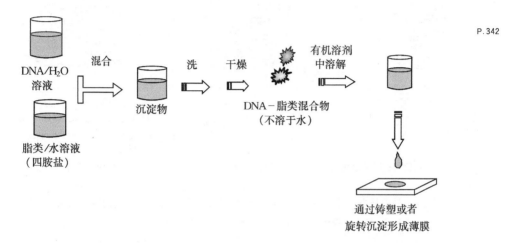

P.342

图 12.1 从 DNA 溶液中提取光学材料的示意图。来自 Grote 等人 (2003)，经许可后复制

Grote 等人在 2003 年已经制作出了用于光波导的薄膜，其在 1.55 μm 时的光损耗预计小于 1 dB/cm。Grote 等人同时也证明了在电光器件的电场诱导效应中，此 DNA-脂类膜可作为高品质的覆层介质。Ogata 等人把激光染料掺杂到 DNA-表面活性剂（脂类）复合膜中获得了放大的自发辐射（Kawabe et al.，2000）。图 12.2 介绍了将染料掺入 DNA-脂类表面活化复合物中的方法。

很多荧光染料都可以容易地插到 DNA 的双螺旋中而形成自组装的规则的纳米结构。一些染料的荧光强度都可以被大幅度地提高（Jacobsen et al.，1995；Spielmann，1998）。Ogata 及其合作者发现插入的染料分子能够稳定的结合和对齐（Kawabe et al.，2000；Wang et al.，2001）。染料的插入浓度可以很高而不显示出由于聚合而产生的浓度淬灭反应。

科学家采用这一技术已经制作出了掺杂罗丹明 6G 的薄膜用来发射激光（Kawabe et al.，2000）。首先，把鲑鱼 DNA 溶液与加有罗丹明 6G 的十六烷基三甲基氯化铵（表面活性剂）水溶液混合生成 DNA-表面活性剂复合物。然后，在封闭腔室（55% 的湿度）中的载玻璃片上的乙醇溶液中（浇铸）出一层掺杂有罗丹明 6G 的 DNA-表面活化剂薄膜（DNA 碱基对与染料的比例为 25∶1）。再经过缓慢 P.343 的蒸发形成固体膜。当泵浦光束（532 nm，7 ns，10 Hz）处于某个阈值能量（20 μJ）和能量密度（300 kW/cm²）之上时，它具有的窄的谱线形状以及与泵浦强度的超线

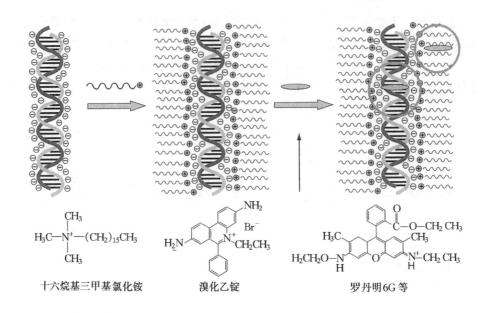

十六烷基三甲基氯化铵　　　　溴化乙锭　　　　　　罗丹明6G 等

图 12.2　染料掺杂的 DNA-表面活性剂膜的制备方法图以及其可能的结构。由 N. Ogata 和 J. Grote 提供

性关系都被认为是通过这个薄膜的受激辐射而产生的光放大的标志。

　　Kawabe 等人在 2000 年已经提出：由于罗丹明 6G 的化学结构，严格地说，它也许并不是插入 DNA 式的结构。即使如此，当染料浓度高达 1.36% 时，薄膜仍然具有很强的荧光和受激辐射，由此可以判断这些染料没有发生聚合。

　　生物物体和生物胶体　纳米尺寸的生物物体的很多独特构型都具有高精度的几何形状（圆盘型、杆状、二十面体等等）。其中一些以单分散系统形式存在于自然界，可用来作为构成纳米光子元件的基本单元。这些例子有：病毒、海绵体、海胆针、鲍鱼壳中的血小板。例如，病毒粒子是由按一定规则排列的蛋白质亚基组成的中空衣壳（其直径在 20～300 nm 之间），其中包含着基因成分。通过用其他功能物质替代病毒粒子核中的基因物质，就可以实现新型的光子功能。另外，通过使用合适的蛋白质化学手段，可以修饰病毒微粒的表面以获得不同的光子学功能。

　　单分散性纳米级的生物物体可以作为光子晶体的构造单元。有关光子晶体的内容在第 9 章中已经进行了讨论。正如第 9 章讲到的，构造 3D 光子晶体的重要方法是，用合适直径的二氧化硅和聚苯乙烯单分散胶体晶体自组装形成密集的面心立方结构的周期性排列。生物物体，例如 100～300 nm 范围内的不同形状（圆盘状、杆状等）的病毒微粒，都可以以面心立方结构或非面心立方结构包装形成广泛的自组装光子晶体。当生物物体散布在合适溶剂介质中时，形成的生物胶体可以自组装为密堆积结构（close-packed structure）从而展示出光子晶体的性能。美国空军研究实验室聚合物部门的研究小组(United States；R. Vaia)与 MIT(United States；E. L. Thomas)以及奥塔哥大学(New Zealand；V. K. Ward)合作，用具有 200 nm 直径的二十面体蛋白质壳的虹彩病毒研制出了光子晶体(Vaia et al.，2002；Juhl et al.，2003)。他们通过离心机离心 15 分钟来获得强大的重力(约 11 000g)使病毒形成液相悬浮液，其中含有 4% 的甲醛用来将沉积的微粒交联在一起。图 12.3 给出了虹彩病毒微粒面心立方结构包的局部区域图。与图 9.14 中的胶体聚苯乙烯小球组装(packing)很相似。另外，McPherson 及他的合作者们已经证明，病毒不仅以面心立体结构组装，也可以以其他晶格形式，比如正交晶系和单斜晶系组装(Kuznetsov et al.，2000)。Ha 等人在 2004 年用其他生物物体(海胆外骨骼)合成了在中红外范围存在禁带间隙(stop gap)的高电介质对比度的 3D 光子晶体。

图 12.3 周期结构上密集的虹彩病毒在电子显微镜下的照片。
来自 Vaia (2002)未公布的结果

病毒的另一个潜在的应用是病毒能够将高折射率的纳米颗粒包含在它的衣壳中，从而通过调节折射率来提高光子晶体的电介质对比度(参照第 9 章)。Douglas 和 Young 在 1998 年已经证明在适当的条件下，病毒衣壳可以被暂时打开从而把不同的物质传输到里面，当衣壳关闭时这些物质就被包裹在衣壳里面。

P.344

12.2 仿生材料

生物系统利用其复杂的多功能结构来完成生物识别、多层次处理、自我组装以及在纳米尺度上的模板等功能。人们逐渐认识到，基于人们对生物结构功能关系以及已知的细胞过程的理解,可以设计出多功能的浅层结构。这些材料被称为仿生材料。在第 8 章已经给出了一些用于光子学应用的仿生超分子结构。其中一个例子就是由 Fechet 及其合作者开发的集光树状高分子(Andronov et al.,2000),它组装了叶绿素从而模拟自然界中的光合作用系统。这一光合系统由环绕着反应中心的一个很大的叶绿素分子阵列(Prasad,2003)组成。这一叶绿素阵列相当于一个有效的集光天线,用来捕获来自太阳的光子并把吸收的能量传递到反应中心。反应中心用这些能量分离电荷,最后形成了三磷酸腺苷(Adenosine triphosphate,ATP)以及还原型烟酰胺腺嘌呤二核苷酸磷酸(nicotinamide adenine dinucleotide phosphate,NADPH)。

P.345 Frechet 及其合作者开发的集光树状高分子由大量的纳米尺寸天线以超支链结构形式排列组成(Andronov et al.,2000)。图 12.4 给出了纳米级集光树状高分子的示意图。图中大量的外围位点(用圆点表示的光吸收色团)能够吸收和捕获太阳光。所吸收的型能量最终以 Förster 型能量转移的方式定量转移(这一转移在第 2 章中提到过)到树状高分子中心的激发能量接收器,在这里能量被"重新加工"成具有不同波长的单色光(通过核心发射)或者被转换成电能或化学能。这里的树状天线是由约为 3 nm 的单个分子组成的。

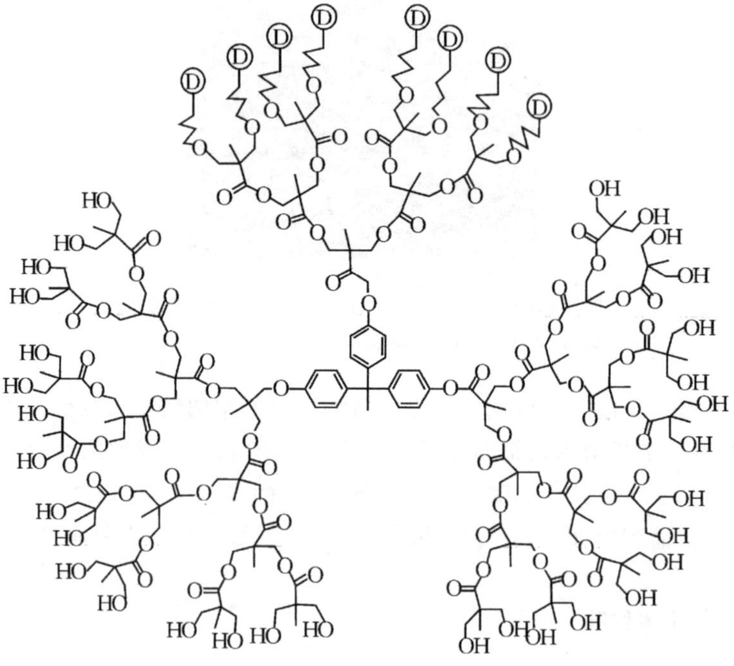

图 12.4 天线式的集光树状结构。由 J. M. J. Frechet 提供

能量收集天线的方法对双光子激发过程更为有用。此处天线分子是很强的双

光子吸收体,它可以将能量像漏斗一样传输到核心,它也许是一个具有较窄能量带的分子,但却是能够产生低阈值的双光子激光的更有效的发射器。通过使用这种类型的树状系统,有效双光子吸收体的数量密度对于能量收集会有显著的增加。而且,通过隔离核心上的纯光活性功能(发射激光、光限制和光化学作用),人们可以独立地优化双光子的吸收强度以及激发态过程。Frechet、Prasad 及其合作者证明了在新型树状系统中双光子激发的高效集光效应(Brousmiche et al.,2003;He et al.,2003)。其中,天线是高效的双光子吸收体(绿光发射器),它可以吸收 800 nm 波长处的近红外光子,并可以将激发能量定量地传输到核心分子处(红光发射器)。Frechet、Prasad、Tan 及其合作者通过外围天线分子产生强烈的双光子激发,然后把能量高效地传输到核心处的光敏卟啉类分子以实现光动力学治疗 P.346(Dichtel et al.,2004)。有关光动力疗法的相关内容将在第 13 章中讨论。

12.3 生物模板

通过反复的中间合成和加工,可以用天然的微结构作为模板,以天然的原始形式或以天然材料生物仿生材料的表面功能化的形式,用来制作多尺度和多成分的材料。这些生物模板可以用来发展新的组装和加工技术,从而为光子学的应用制备周期的、非周期的以及其他工程纳米结构。生物分子结构作为模板的优点在于它们本身所具有的自我组装及自我识别能力。在纳米技术中用作生物模板的两类生物分子结构是(a)多肽和(b)DNA(不论是天然的还是合成的),或者是通过预置序列合成的它的低聚物形式。目前有人已经证实一些材料可以通过肽驱动(peptide-driven)形成和组装纳米微粒(Sarikaya et al.,2003)。通常通过基因工程方法可以将多肽连接到选定的无机化合物上并组装为功能纳米结构。这些基因方式设计的多肽的特点是具有特定的氨基酸序列。这些连接形式的特异性源于无机纳米结构(即纳米粒子)的化学识别(氢键、极性和电荷效应)和结构(尺寸和形态)识别。2000 年,Whaley 等人从数以千计的多肽组合库中选择出特定的可以用来区分 GaAs 不同晶面的多肽序列,因此可以用多肽结构来控制纳米结构的定位和组装。

DNA 广泛地用作生物模板以培养无机量子限制结构(第 4 章讨论的量子点、量子线和金属纳米颗粒),它也可以将非生物的结构单元组织成扩展的杂化材料(详细参看 Storhoff 和 Mirkin;1999)。因为 DNA 模板可以将纳米级的基本单元组装在一起,因而常常将它们称为"智能胶"(Mbindyo et al.,2001)。用作模板的 DNA 可以是天然存在的也可以是用合适长度的碱基序列(多核苷酸)人工合成的。采用 DNA 的一个主要优点是 DNA 链对互补链的选择性。Coffer 及其合作者首先用 DNA 作为模板来生成硫化镉(CdS)纳米微粒(Coffer et al.,1992;Coffer,

1997)。他们生成 CdS 的方法是：首先将小牛胸腺的 DNA 水溶液与 Cd^{2+} 离子混合，接着加入 Na_2S。这种 CdS 纳米微粒粒径约为 5.6 nm 且具有 CdS 量子点的光学特性。

P.347 Mirkin 等人采用硫醇单链 DNA 修饰的 13 nm 的胶体金纳米粒子制作了 DNA 热量传感器（Mirkin et al.，1996；Mucic et al.，1998）。他们还合成了含有 Au 和 CdSe 纳米微粒的杂化材料（Mitchell et al.，1999）。Alivisatos 小组 （Loweth et al.，1999)用单链 DNA 作为模板用于纳米粒子的直接自组装，并由和 DNA 模板特殊部分互补的单链修饰。在 2002 年，Harnak 等人与 Mertig 等人用 DNA 作为模板分别合成了金与铂金属纳米线。

在 2003 年，Khomutov 等人用单层和多层 DNA/聚阳离子 Langmuir – Cblodget 膜（第 8 章中所述）作为模板合成了一些无机纳米结构：半导体量子点以及氧化粒子纳米颗粒组成的拟线性阵列（纳米棒）。他们其中的一个工作就是生成了 CdS 量子点。为了达到这一目的，他们准备了一种含有很多物质的膜，包括 DNA、Cd^{2+}、聚阳离子聚合物以及含有 16% 的十六烷基组 PVP-16。由于 DNA 带有负电荷因而可吸附到正电荷离子上。通过在 H_2S 环境中膜的制备，CdS 纳米颗粒在原位就可以生成。采用这一方法他们获得了包含有直径为 5 nm 的 CdS 纳米线的平面聚合物复合膜。

我们研究所（Suga、Prasad 及其合作者）的主要工作是通过在 DNA 的两条链中间插入分子桥，即桥接-DNA 来合成二维和三维 DNA 周期阵列。桥接 DNA 有两个功能，首先它能将两个链首尾相连。其次，它能将两个链在平行方向上相连。关于此方法的详细内容参照 Prasad 在 2003 年出版的专著《生物光子学》。

另一个生物模板的例子是病毒结构。病毒具有清晰的形态和灵活的微结构，经过表面的修饰，它可以作为制作新型光子材料的合适模板。其中一个例子是直径为 30 nm 的二十面体形状的豇豆花叶病毒（CPMV）颗粒，它可以作为模板附着染料分子或纳米金颗粒（Wang et al.，2002）。Wang 等人在 2002 年使用功能化的突变 CPMV 颗粒与染料马来酰亚胺试剂进行反应后，使每一个 CPMV 颗粒上可附着 60 个染料分子。相似地，通过使用单马来酰亚胺基-纳米金，采用相同的方法可以将金纳米簇附着在 CPMV 颗粒表面上。这一方法为制作具有高局部浓度附着物提供了一种可能性。

Lee 等人在 2002 年证明通过组合噬菌体的排列产生的筛选方法，设计的病毒可以识别特定的半导体表面。他们使用病毒的特定识别能力来合成 ZnS 量子点，即在液晶形成物所规定的长度上形成有序阵列。通过这种方法能够自组装成高度定向和自支持的薄膜。

12.4　细菌生物合成器

　　细菌所具有的生物合成能力为光子学中制备独特的纳米聚合物提供了一种新颖的代谢工程方法（Aldor and Keasling，2003）。由食油假单胞菌合成的聚羟基 P.348脂肪酸酯（polyhydroxyalkanoate，PHA）聚合物族产品便是这类生物合成的一个例子（图 12.5）。有赖于 3-羟基脂肪酸单体的存在，这一有机体能够合成包含 C_6 和 C_{14} 羟基烃酸的各种 PHA。

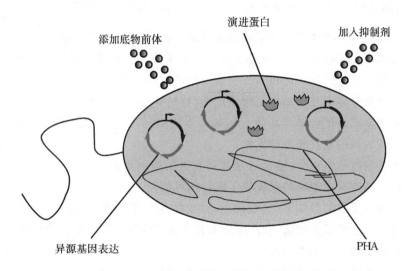

添加底物前体　演进蛋白　加入抑制剂

异源基因表达　PHA

图 12.5　PHA 细菌合成的生物反应器的图解

　　聚羟基脂肪酸酯（PHA）是一类能够储存碳的天然热塑性聚脂，它是由于细菌对诸如必要营养物质的缺失等压力条件作出反应而产生的。PHA 是由 3-羟基脂肪酸单体组合而成的线性聚酶，图 12.6 给出了其基本结构。这种天然的聚合物（结晶热塑性塑料、类等规聚丙烯）是由左旋 2_1 螺旋（"全 R"confirmation）组成的，它可归类到带有 5.96Å 重复结构的手性晶体。对这些聚合物进行离析和结晶可以形成多层"条"形结构，这一结构在新型的光子材料发展中也许会有重要的应用价值（Nobes et al.，1996）。有关 PHA 生物合成的详细内容在别处可见（Prasad，2003）。

　　从不同的细菌中已经分离出超过 100 种不同的 PHA，这些细菌中的 3-羟基脂肪酸（HA）单体组成单元涵盖了 3-羟基丙酸到 3-羟基十六烷酸的范围（Steinb chel and Valentin，1995）。一些 PHA 的 R 基团中存在一个或者两个双键就会包含不饱和的 3-羟基链烯酸。另外的一些 PHAs 其 R 基团的多个位置上含有带一个甲基的 3 羟基己酸。另外，一些 3-羟基脂肪酸（HA）中的 R 基团中包含有诸如卤素

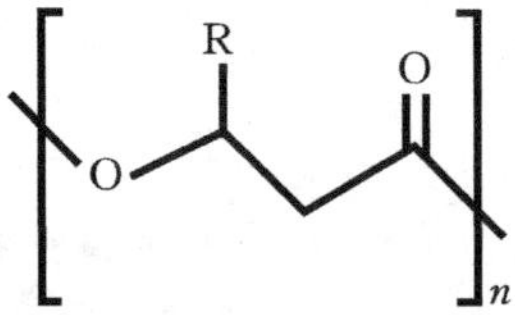

图 12.6 PHA 的单位循环结构

(-Br、-Cl、-F)、烯烃、氰化物以及羟基等官能团(Curley et al.，1996a，1996b)。
采用细菌体系的代谢工程在纳米光子材料的制备中具有以下优点：

- 可以制备多功能的纳米结构的光子聚合物,同时这一聚合物可生物降解。
- 由细菌合成的 PHA 聚合物为新型的自组装光子聚合物提供了骨架和手性
  结构以及一些很难通过人工合成得到的独特性质。
- 天然聚合体本身的结构是螺旋形的,特别容易形成 β 折叠。
- 生物合成的聚合体与其他生物聚合体结构(例如蛋白质和核酸)相比具有
  更高的热稳定性和光稳定性。
- 通过控制单体成分、链长以及共聚物微结构而形成的结构变异,为研究聚
  合物结构与功能的关系提供了独特的可能性。
- 在营养受限的条件下(过量的碳,过少的氮),用具有合适的 β-羟基烃酸侧
  链的生色团喂养细菌,会产生带有侧基团的 PHA 聚合物。这些聚合物具
  有特定的光学和力学性质。
- 与特种聚合体的合成制备相比,这些聚合物的代价更小。
- 可以通过使用基因操纵来调整生物聚合物的合成。

通过将交联功能与已经建立的极化技术结合,可以设计或改变某些材料的螺
旋和 β-折叠结构,以便开发出具有时间稳定性和热稳定性的界定清晰的非中心对
称聚合体。目前已经设计出了用于非线性光学的相似材料,例如高频光电调制器
(Prasad and Williams,1991,可以参照第 8 章)。在聚合物中引入电活性物质或
者光敏性物质会影响结构的改变,从而使这些聚合物可以应用在传感器、智能材料
以及致动器(actuator)中。

为了测试经细菌合成的 PHA 作为薄膜光学介质的适用性,科学家已经制造
出细菌合成的 PHA 薄膜并且评估了它们的特性(Bergey and Prasad,未公开的成
果)。浸泡涂层与旋转涂层两种方法都很成功地用于在玻璃基片上沉积具有光学
性能的薄膜。我们研究所也成功地将一种重要的生色团白蛋白生理盐溶液(albumin
physiological salt solution，APSS)掺杂到这种聚合体膜上。这种生色团具有重要的
非线性光学特性,例如电光活性(在电荷极化的条件下)和双光子激发的上转换荧光。

12.5 本章重点

- 在大量的纳米光子学应用中,生物材料是一种具有潜在吸引力的多功能材料。
- 光子学中重要的生物材料种类有(i)生物衍生材料;(ii)仿生材料;(iii)生物模板;(iv)用细菌合成的代谢工程材料。
- 生物衍生材料是天然的生物材料或是它们的化学修饰形式。
- 仿生材料是在生物系统的控制原理上合成的。
- 生物模板是用天然的微结构作为适当的模板来自我组装光学活性结构。
- 代谢工程材料是用细菌作为生物合成器来生产光子聚合物。
- 天然的用于纳米光子学的生物材料有(i)用于全息存储器的细菌视紫红质;(ii)用作光波导以及激光染料基质的 DNA;(iii)用于光子晶体介质的生物物体或者生物胶体。
- 集光树状高分子是以天然光合单元的天线效应为理论基础设计的仿生材料。
- DNA 成为一个生物模板,它可以将非生物单元,包括有机染料、半导体量子点、金属纳米微粒等组织成为扩展的杂化结构。
- 另一种生物模板是一类病毒,它们具有清晰的形态、灵活的微结构和易修饰的表面。
- 聚羟基脂肪酸酯(PHA)是一类由细菌产生的天然热塑性聚合物,它是代谢工程的一个范例。

参考文献

Aldor, I. S., and Keasling, J. D., Process Design for Microbial Plastic Factories: Metabolic Engineering of Polyhydroxyalkanoates, *Curr. Opin. Biotechnol.* **14,** 475–483 (2003).

Andronov, A., Gilat, S. L., Frechet, J. M. J., Ohta, K., Neuwahl, F. V. R., and Fleming, G. R., Light Harvesting and Energy Transfer in Laser Dye-Labeled Poly (Aryl Ether) Dendrimers, *J. Am. Chem. Soc.* **122,** 1175–1185 (2000).

Birge, R. R., Protein-Based Optical Computing and Memories, *IEEE Comput.* **25,** 56–67 (1992).

Birge, R. R., Zhang, C. F., and Lawrence, A. F., Optical Random Access Memory Based on Bacteriorhodopsin, in *Molecular Electronics,* F. Hong, ed., Plenum, New York, 1989, pp. 369–379.

Birge, R. R., Gillespie, N. B., Izaguirre, E. W., Kusnetzow, A., Lawrence, A. F., Singh, D., Song, Q. W., Schmidt, E., Stuart, J. A., Seetharaman, S., and Wise, K. J., Biomolecular Electronics: Protein-Based Associative Processors and Volumetric Memories, *J. Phys. Chem. B* **103,** 10746–10766 (1999).

P. 351

Brousmiche, D. W., Serin, J. M., Frechet, J. M. J., He, G. S., Lin, T.-C., Chung, S. J., and Prasad, P. N., Fluorescence Resonance Energy Transfer in a Novel Two-Photon Absorbing System, *J. Am. Chem. Soc.* **125**, 1448–1449 (2003).

Chen, Z., and Birge, R. R., Protein-Based Artificial Retinas, *Trends Biotechnol.* **11**, 292–300 (1993).

Coffer, J. L., Approaches for Generating Mesoscale Patterns of Semiconductor Nanoclusters, *J. Cluster Sci.* **8**, 159–179 (1997).

Coffer, J. L., Bigham, S. R., Pinizzotto, R. F., and Yang, H., Characterization of Quantum-Confined CdS Nanocrystallites Stabilized by Deoxyribonucleic Acid, *Nanotechnology* **3**, 69–76 (1992).

Curley, J. M., Hazer, B., Lenz, R. W., and Fuller, R. C., Production of Poly(3-hydroxyalkanoates) Containing Aromatic Substituents by *Pseudomonas oleovorans,* Macromolecules **29**, 1762–1766 (1996a).

Curley, J. M., Lenz, R. W., and Fuller, R. C., Sequential Production of Two Different Polyesters in the Inclusion Bodies of *Pseudomonas oleovorans, Int. J. Biol. Macromol.* **19(1)**, 29–34 (1996b).

Dichtel, W. R., Serin, J. M., Ohulchanskyy, T. Y., Edder, C., Tan, L.-S., Prasad, P. N., and Frechet, J. M. J., Singlet Oxygen Generation via Two Photon Excited Fluorescence Resonance Energy Transfer, submitted to *J. Am. Chem. Soc.* (2004).

Douglas, T., and Young, M., Host–Guest Encapsulation of Materials by Assembled Virus Cages, *Nature* **393**, 152–155 (1998).

Finlayson, N., Banyai, W. C., Seaton, C. T., Stegeman, G. I., Neill, M., Cullen, T. J., and Ironside, C. N., Optical Nonlinearities in CdS_xSe_{1-x}-Doped Glass Wave-Guides, *J. Opt. Soc. Am. B* **6**, 675–684 (1989).

Grote, J. G., Ogata, N., Hagen, J. A., Heckman, E., Curley, M. J., Yaney, P. P., Stone, M. O., Diggs, D. E., Nelson, R. L., Zetts, J. S., Hopkins, F. K., and Dalton, L. R., Deoxyribonucleic Acid (DNA) Based Nonlinear Optics, in *Nonlinear Optical Transmission and Multiphoton Processes in Organics,* Vol. 5211, A. T. Yeates, K. D. Belfield, F. Kajzar, and C. M. Lawson, eds. SPIE Proceedings, 2003, Bellingham, WA, pp. 53–62.

Ha, Y.-H., Vaia, R. A., Lynn, W. F., Constantino, J. P., Shin, J., Smith, A. B., Matsudaira, P. T., and Thomas, E. L., Top-Down Engineering of Natural Photonic Crystalks: Cyclic Size Reduction of Sea Urchin Stereom, submitted to *Adv. Mater.* (2004).

Hampp, N., Bräuchle, C., and Oesterhelt, D., Bacteriorhodopsin Wildtype and Variant Aspartate-96-Asparagine as Reversible Holographic Media, *Biophys. J.* **58**, 83–93 (1990).

Hampp, N., Thoma, R., Zeisel, D., and Bräuchle, C., Bacteriorhodopsin Variants for Holographic Pattern-Recognition, *Adv. Chem.* **240**, 511–526 (1994).

Harnack, O., Ford, W. E., Yasuda, A., Wessels, J. M., Tris(hydroxymethyl)phosphine-Capped Gold Particles Templated by DNA as Nanowire Precursors, *Nanoletters* **2**, 919–923 (2002).

He, G. S., Lin, T.-C., Cui, Y., Prasad, P. N., Brousmiche, D. W., Serin, J. M., and Frechet, J. M. J., Two-Photon Excited Intramolecular Energy Transfer and Light Harvesting Effect in Novel Dendmitic Systems, *Opt. Lett.* **28**, 768–770 (2003).

Hong, F. T., Retinal Proteins in Photovoltaic Devices, *Adv. Chem.* **240**, 527–560 (1994).

Jacobsen, J. P., Pedersen, J. B., and Wemmer, D. E., Site Selective Bis-Intercalation of a Homodimeric Thiazole Organge Dye in DNA Oligonucleotides, *Nucl. Acid Res.* **23**, 753–760 (1995).

P.352

Juhl, S., Ha, Y.-H., Chan, E., Ward, V., Smith, A., Dockland, T., Thomas, E. L., and Vaia, R., BioHarvesting: Optical Characteristics of Wisenia Iridovirus Assemblies, *Polym. Mater. Sci. Eng.,* **91** (2004, in press).

Kawabe, Y., Wang, L., Horinouchi, S., and Ogata, N., Amplified Spontaneous Emission from Fluorescent-Dye-Doped DNA–Surfactant Complex Films, *Adv. Mater.* **12,** 1281–1283 (2000).

Khomutov, G. B., Kislov, V. V., Antipina, M. N., Gainutdinov, R. V., Gubin, S. P., Obydenov, A. Y., Pavlov, S. A., Rakhnyanskaya, A. A., Serglev-Cherenkov, A. N., Saldatov, E. S., Suyatin, D. B., Tolstikhina, A. L., Trifonov, A. S., and Yurova, T. V., Interfacial Nanofabrication Strategies in Development of New Functional Nanomaterials and Planar Supramolecular Nanostructures for Nanoelectronics and Nanotechnology, *Microelectron. Eng.* **69,** 373–383 (2003).

Kogelnik, H., Coupled Wave Theory for Thick Hologram Grating, *The Bell System Tech. J.* **48,** 2909–2948 (1969).

Kuznetsov, Y. G., Malkin, A. J., Lucas, R. W., and McPherson, A., Atomic Force Microscopy Studies of Icosahedral Virus Crystal Growth, *Colloids and Surfaces B: Biointerfaces* **19,** 333–346 (2000).

Lee, S.-W., Mao, C., Flynn, C. E., and Belcher, A. M., Ordering of Quantum Dots Using Genetically Engineered Viruses, *Science* **296,** 892–895 (2002).

Loweth, C. J., Caldwell, W. B., Peng, X., Alivisatos, A. P., and Schultz, P. G., DNA-Based Assembly of Gold Nanocrystals, *Angew. Chem. Int. Ed.* **38,** 1808–1812 (1999).

Marwan, W., Hegemann, P., and Oesterhelt, D., Single Photon Detection by an Archaebacterium, *J. Mol. Biol.* **199,** 663–664 (1988).

Mbindyo, J. K. N., Reiss, B. D., Martin, B. R., Keating, C. D., Natan, M. J., and Mallouk, T. E., DNA-Directed Assembly of Gold Nanowires on Complementary Surfaces, *Adv. Mater.* **13,** 249–254 (2001).

Mertig, M., Ciacchi, L. C., Seidel, R., and Pompe, W., DNA as a Selective Metallization Template, *Nanoletters* **2,** 841–844 (2002).

Mirkin, C. A., Letsinger, R. L., Mucic, R. C., and Storhoff, J. J., A DNA-Based Method for Rationally Assembling Nanoparticles into Macroscopic Materials, *Nature* **382,** 607–609 (1996).

Mitchell, G. P., Mirkin, C. A., and Letsinger, R. L., Programmed Assembly of DNA Functionalized Quantum Dots, *J. Am. Chem. Soc.* **121,** 8122–8123 (1999).

Miyasaka, T., Koyama, K., and Itoh, I., Quantum Conversion and Image Detection by a Bacteriorhodopsin-Based Artificial Photoreceptor, *Science* **255,** 342–344 (1992).

Mok, F. H., Burr, G. W., and Psaltis, D., System Metric for Holographic Memory Systems, *Opt. Lett.* **21,** 896–898 (1996).

Mucic, R. C., Storhoff, J. J., Mirkin, C. A., and Letsinger, R. L., DNA-Directed Synthesis of Binary Nanoparticle Network Materials, *J. Am. Chem. Soc.* **120,** 12674–12675 (1998).

Nobes, G. A. R., Marchessault, R. H., Chanzy, H., Briese, B. H., and Jendrossek, D., Splintering of Poly(3-hydroxybutyrate) Single Crystals by PHB-Depolymerase A from *Pseudomonas lemoignei, Macromolecules* **29,** 8330–8333 (1996).

Prasad, P. N., and Williams, D. J., *Introduction to Nonlinear Optical Effects in Molecules and Polymers,* John Wiley & Sons, New York, 1991.

Prasad, P. N., *Introduction to Biophotonics,* John Wiley & Sons, New York (2003).

Saleh, B. E. A., and Teich, M. C., *Fundamentals of Photonics,* Wiley-Interscience, New

P. 353

York, 1991.

Sarikaya, M., Tanerkerm, C. M., Jen, A. K.-Y., Schulten, K., and Baneyx, F., Molecular biomimetics: nanotechnology through biology, *Nature Mater.* **2,** 577–585 (2003).

Sasabe, H., Furuno, T., and Takimoto, K., Photovoltaics of Photoactive Protein Polypeptide LB Films, *Synth. Met.* **28,** C787–C792 (1989).

Shamasky, L. M., Luong, K. M., Han, D., and Chronister, E. L., Photoinduced Kinetics of Bacteriorhodopsin in a Dried Xerogel Glass, *Biosensors Bioelectronics* **17,** 227–231 (2002).

Song, Q. W., Zhang, C., Gross, R., and Birge, R. R., Optical Limiting by Chemically Enhanced Bacteriorhodopsin Films, *Opt. Lett.* **18,** 775–777 (1993).

Spielmann, H. P., Dynamics of a bis-Intercalator DNA Complex by H–1-Detected Natural Abundance C-13 NMR Spectroscopy, *Biochemistry* **37,** 16863–16876 (1998).

Steinbüchel, A., and Valentin, H. E., Diversity of Bacterial Polyhydroxyalkanoic Acids, *FEMS Microbiol. Lett.* **128(3),** 219–228 (1995).

Storhoff, J. J., and Mirkin, C. A., Programmed Materials Synthesis with DNA, *Chem. Rev.* **99,** 1849–1862 (1999).

Vaia, R., Farmer, B., and Thomas, E. L. (2002), private communications.

Vsevolodov, N. N., Druzhko, A. B., and Djukova, T. V., Actual Possibilities of Bacteriorhodopsin Application in Optoelectronics, in *Molecular Electronics: Biosensors and Biocomputers,* F. T. Hong, ed., Plenum Press, New York, 1989, pp. 381–384.

Wang, L., Yoshida, J., and Ogata, N., Self-Assembled Supramolecular Films Derived from Marine Deoxyribonucleic Acid (DNA)–Cationic Surfactant Complexes: Large Scale Preparation and Optical and Thermal Properties, *Chem. Mater.* **13,** 1273–1281 (2001).

Wang, Q., Lin, T., Tang, L., Johnson, J. E., and Finn, M. G., Icosahedral Virus Particles as Addressable Nanoscale Building Blocks, *Angew. Chem. Int. Ed.* **41,** 459–462 (2002).

Whaley, S. R., English, D. S., Hu, E. L., Barbara, P. F., and Belcher, A. M., Selection of Peptides with Semiconductor Binding Specificity for Directed Nanocrystal Assembly, *Nature* **405,** 665–668 (2000).

Yang, F., Moss, L. G., and Phillips, J. G. N., The Molecular Structure of Green Fluorescent Protein, *Nat. Biotechnol.* **14,** 1246–1251 (1996).

第 13 章

纳米光子学在生物技术和纳米医学中的应用

纳米光子学对生物医学的研究和应用有着广泛的影响,如单细胞或分子水平上 P.355
所研究的相互作用和动力学基本原理方面,以及运用纳米医学进行的光引导和光活
化疗法方面都有着广泛的应用。纳米医学是一个新兴领域,它主要包括如何利用纳
米颗粒研制新型检测方法以及针对疾病的早期检测和最小侵入诊断,它使得准确给
药、有效治疗和实时监测药物疗效等方面更加容易实现。本章提供了许多易于理解
的例子来阐述这些应用。在单细胞水平上,疾病发病前的状态会引发分子变化,这些
变化可以让我们理解药物-细胞相互作用的基本原理,并提供基于分子识别的"个性
化"治疗的前提。纳米光子学能够使人们运用光子技术来追踪进入体内的药物、阐明
它的细胞通路以及监测药物在细胞内的相互作用。此外,生物成像技术、生物传感器
技术和用以研究单细胞生物功能的光探针技术,都在应用中体现出了巨大的价值。

在纳米医学疾病分子识别领域中,光引导和光活化疗法进展最快。包含光探
针的纳米颗粒(即光动力治疗的光活化剂和特定的能够引导纳米颗粒运送到病变
细胞或组织处的携带组群)使得靶向给药以及对药物疗效的实时监测成为可能。
这一章提供了光子诊断和光疗法的一些例子。

13.1 节阐述了近场显微镜的用处,已经在第 3 章进行过讨论,这一技术用于
对通常认为的尺度小于光波长的微生物和生物结构进行生物成像。13.2 节对运
用纳米光子方法进行光诊断、光活化和光引导疗法进行了概述。13.3 节介绍了利
用半导体量子点进行生物成像。这些量子点及其依赖于其尺寸的光特性已在第 4 章进
行了讨论。13.4 节涵盖了上转换纳米颗粒在生物成像中的应用。这些包含了稀土离
子的纳米颗粒,吸收谱在红外波段而发射谱却在可见光谱内,这已在第 6 章进行了讨
论。这些无机发射体相比有机荧光团的优点也已经在相关章节进行了讨论。

13.5 节描述了纳米光子学在生物传感器中的应用。这一节中包括了各种生 P.356
物传感器,有等离子生物传感器、光子晶体传感器、多孔硅微腔生物传感器、PEB-
BLE 纳米传感器、染料渗杂纳米颗粒传感器和纳米光纤传感器。13.6 节叙述了光

子诊断和靶向治疗在纳米诊疗剂中的应用,讨论了药物运输的光子追踪和光动力的靶向治疗方法在纳米诊疗剂中的有效性。这一节提供的例子是关于肿瘤的光引导磁场疗法,其中纳米颗粒的光子追踪用于优化细胞摄取率上。13.7节介绍了光子可追踪纳米诊疗剂的基因送递系统。13.8节针对用于光动力疗法中的光活化纳米诊疗剂进行了讨论。上转换纳米颗粒的应用,使得比起可见光来讲更有穿透力的红外辐射在更深层肿瘤治疗上的应用成为可能。13.9节为这一章的重点做了总结。

进一步的阅读,请参考:

Prasad(2003):*Introduction to Biophotonics*

13.1 近场生物成像

近场显微镜可以让我们探测到比光波波长小得多的生物结构图像。这些生物结构包括染色体和病毒体,甚至一些达到了亚微米级的细菌。使用普通的显微镜是无法探测到这些生物结构的,但是有了可以达到100 nm甚至小于100 nm的分辨率,近场显微镜可以很容易地在这个数量级尺寸上进行探测。使用近场扫描光学显微镜(NSOM)和一些在细菌成像中应用的荧光染料染色技术进行生物成像的方法,在Parasad(2003)编写的《生物光子学》(*Biophotonics*)一书中进行了讨论。书中讨论的例子是细菌和病毒的生物成像。

NSOM也被用来对不同种类的生物分子亚细胞结构进行成像。Yanagida等人(2002)的研究是一个不错的参考。染色体包含了超螺旋结构的DNA,同时也是细胞核的主要成分,它们仅仅只有几微米长,而NSOM已经可以用来获得染色体的高分辨率的全貌图景。即使是单DNA分子,其中插入了DNA特定荧光染料YOYO-1,也是用NSOM来成像的。结果表明,在低染料浓度下,YOYO-1呈现混杂嵌入。与共聚焦显微图像相比,NSOM也提供了细胞骨架内纤维母细胞的精细结构(Muramatsu et al.,2002;Betzing et al.,1993)。Muramatsu等人(1995)通过研究在水缓冲液环境中经过化学处理的细胞骨架结构,得到了第一个溶液中的NSOM图像。他们在NSOM透射模式下获得了70 nm的空间分辨率。

P.357 　　NSOM生物成像的另一个领域是神经元细胞成像。高分辨率的NSOM荧光成像为研究神经元细胞的信号处理机制提供了更易被人们理解的方法(Yanagida et al.,2002)。

13.2 光学诊断和靶向治疗中的纳米粒子

纳米颗粒的尺寸小于50 nm,明显小于生物细胞膜的孔隙尺寸,它在细胞诊断和靶向治疗中有着一系列的优点。纳米结构可以是聚合体、陶瓷、硅、树状的或是基于脂质体的结构。基于聚合体、陶瓷和硅的纳米颗粒更为刚性。树状和脂质体

的结构是更为软性的纳米结构,这些纳米结构提供了多功能的结构弹性。纳米颗粒法有着以下的优点:

- 纳米颗粒具有无免疫性,因此在它们进入人体循环系统时不会引起任何的免疫反应。而免疫反应可能会引起循环系统的中断或阻塞,从而导致严重的后果。
- 纳米颗粒可以结合化合物(例如硅或者有机修饰的硅)以抵抗微生物的侵蚀。它们不会被酶促降解,因此可以有效保护胶囊化的探针或药物。
- 纳米颗粒提供了三种不同的诊断治疗结构平台:(a)内部具有可以胶囊化探针和治疗剂的容积。(b)表面可以与靶向目标结合而使纳米颗粒到达细胞或特定细胞受体的生物点。此外,该表面可以结合特异性的生物分子,以利于细胞内传输(例如在稍后 13.7 节讨论的基因治疗),该表面也可以引进亲水(极性)、疏水(无极性)或者两亲的功能基团,以利于提高在多种溶剂介质中的分散性。(c)纳米颗粒中的孔隙可以被修饰成特定的尺寸来选择性地摄取或释放生物活性分子或活性治疗剂。
- 具有合适功能化表面且尺寸小于 50 nm 的纳米颗粒可以通过细胞内吞作用穿透细胞膜的孔隙,这提供了细胞内诊断和治疗的合适机制。
- 纳米颗粒,例如硅基的纳米泡(薄壳),有着高光透性,因此可以很容易完成光活化和光探测。

表 13.1 中列出了几种纳米颗粒在光诊断和治疗中的应用,这将在随后的小节中予以讨论。纳米颗粒已经用于生物成像和生物传感器中。此外,能够进行光引导、光活化或两者兼有的纳米颗粒已经应用在靶向治疗(纳米医学)中。 P.358

表 13.1　几种纳米颗粒在光诊断和治疗中的应用

13.3　生物成像中的半导体量子点

和第 4 章讨论的一样,选择纳米尺寸合适的半导体材料可以在较宽的光谱范围进行生物成像。同时,另一个有用的特点是许多的量子点能够在同一波长被激发,即使它们的发射波长不同。典型的发射带的线宽在 20～30 nm,这样的范围相对较窄,因此有利于在多光谱成像中使用量子点。与生物成像中的有机荧光团相比,量子点拥有以下的主要优点(Parasad,2003):

- 与有机荧光团的宽发射峰相比,量子点有着较为明显的狭窄发射峰。因此,在同步测量的多通道探测中,由不同探测通道之间的串扰引起的光混叠会显著减少。
- 与有机荧光团相比,量子点的发射寿命较长,因此可以利用时间门探测器来抑制发射寿命相当短的自发荧光。
- 量子点不易被光漂白。

P.359　　　　在使用量子点进行生物成像的一个主要问题是发射效率的表面诱发淬灭。这是由表面纳米高度晶体化引起的,因此要采用表面封装钝化或者采用核-壳型量子点,如第 4 章所述。

另一个要解决的问题是量子点在生物介质中的分散性。人们用各种技术来确保量子点在生物介质中的分散性,有使用硅层封装的(Bruchez et al. ,1998),也有使用共价键将量子点结合到生物分子上的,例如蛋白质分子或 DNA 片段(Chan and Nie,1998;Mattoussi et al. ,2000;Akerman et al. ,2002)。关于这些例子的细节,读者可以参考《生物光子学》(Parasad,2003)。这些例子主要用到 II-IV 族半导体量子点。

近来,人们制造出硅基纳米颗粒和 III-V 族半导体量子点,它们具有在生物溶液中的分散性。这些纳米结构有着比红外光更长的波长,其性质有利于更深地穿透生物样本(Parasad,2003)。

13.4　生物成像中的上转换纳米球

在生物成像中使用的另一类纳米颗粒就是稀土离子掺杂氧化物纳米颗粒(Holm et al. ,2002)。众所周知,稀土离子有进行红外-可见光转换的机理,这已在第 6 章进行了讨论。这些上转换纳米颗粒也可用于光活化治疗(光动力治疗),这将在 13.8 节进行讨论。稀土离子的上转换过程非常依赖激发强度(例如,二次双光子过程),有效发射峰只在最高强度的激发光柱附近产生,因此它们具有更好的空间分辨率。使用上转换纳米粉粒的生物成像支持无背景探测(实际上没有自身荧光),因为激发源处于近红外区(通常是 975 nm 的激光二极管)。生物的自体荧光经常是生物成像中的主要问题(Parasad,2003)。

　　纳米颗粒优于双光子激发染料,因为稀土纳米颗粒的上转换过程是由连续多步的实态吸收组成,故而其上转换发射性质有着显著的改善。因此,我们可以使用低功率 975 nm 的连续二极管激光器(价格便宜且用法简易)来激发上转换发射。相比之下,有机染料的双光子吸收是直接(瞬态的)通过虚拟态的双光子吸收,这需要高峰功率的脉冲激光源。但是,稀土离子的发射通常是一个毫秒级的磷光过程,而染料荧光的发射是纳秒级的。由此,在需要短寿命荧光的应用条件下,不能使用这些上转换纳米颗粒产生的磷光,这可以参考纳米孔(nanophores)或纳米荧光粉(nanophosphors)。

　　　　(a)　　　　　　　　　　(b)　　　　　　　　　　(c)

图 13.1　口腔上皮癌细胞(KB)生物成像中使用上转换纳米颗粒。KB 细胞被植入内含渗铒
　　　　的 Y_2O_3 纳米粉粒的硅壳型纳米颗粒。(a)KB 细胞的发光图像;(b)在 974 nm 激发
　　　　下的荧光发射;(c)为(a)和(b)的综合

　　相当数量的基于上转换纳米颗粒及其应用的工作最初是由 SRI 完成的(Chen et al.,1999)。最近,我们小组在激光、光子和生物光子研究所制造了掺杂稀土的三氧化二钇(Y_2O_3)纳米颗粒,并在其上涂上二氧化硅以形成大约 25 nm 的纳米球(Holm et al.,2002)。这些硅涂层的纳米球是水溶的而且相当稳定,显示出无光漂白性。这些纳米球的尺寸小到足以让它们穿透细胞膜,并且通过结合到表面的运载组让功能化二氧化硅纳米颗粒靶向作用到特定的细胞型上。 P.360

　　在反胶束化学技术中(Kapoor et al.,2000),制备这些纳米球是用来做封装和功能化的,这已在第 7 章讲过。利用二氧化硅壳将配合基键有序地合成到纳米球上,靶向配合基就通过碳化二亚胺被键合成到间隔臂中的—COOH 组或者 NH_2 组上。遵循相同的过程,把铒/镱联合掺杂 Y_2O_3 和铥/镱联合掺杂 Y_2O_3 合成到纳米球上。键合铒/镱联合掺杂 Y_2O_3 的上转换纳米颗粒发射红光(640 nm),键合铒掺杂 Y_2O_3 的上转换纳米颗粒发射绿光(550 nm),键合铥/镱联合掺杂 Y_2O_3 的上转换纳米颗粒发射蓝光(480 nm)。这些波长的光能顺利地被 CCD 阵列或 CCD 耦合光谱仪探测到。

　　键合不同表面功能的纳米颗粒可以改变发射峰,这使得这些物质有着许多特

殊的应用。我们最初的研究围绕着 KB 细胞展开(Holm et al. ,2002),正如在图 13.1 中看到的,红外激发波长没有在靶向细胞中引起自体荧光,只有纳米球的发射光可见(图 13.1(b))。信噪比的降低在生物系统低能光信号的可视化中有着非常大的优点。

13.5　生物传感器

　　等离子体生物传感器　金属纳米结构已经用于生物传感器中。一个广泛的应用生物传感器的方法是 Kretchmann 模型的表面等离子体共振,这在第 2 章进行了讨论。薄膜表层等离子传感器在《生物光子学》这本书中有着详细的讨论(Parasad,2003)。这种类型的表面等离子传感器已在市场上销售。近来的工作聚焦于金属纳米颗粒和金属壳。这些纳米结构的等离子体共振已在第 4 章进行了讨论。在每一个实际应用中,不是由于金属纳米结构表面结合了被测物,就是由于被测物引起粒子间相互作用的改变而导致荧光增强或等离子体共振改变。下面讨论纳米颗粒和纳米壳的一些应用例子。

　　Lakowicz 与其合作者(Malicka et al. ,2003)使用金属增强荧光来探测 DNA 杂交,形成了一门应用广泛的生物技术和诊断技术。他们在玻璃表面上将硫醇化寡核苷酸结合到银纳米颗粒,之后互补的荧光标记的寡核苷酸的添加产生了极强的荧光强度的时变 12 倍增长,这是由于杂交过程使得荧光团充分接近银纳米颗粒而产生的表面等离子增强效应。这一增强效应在第 5 章 5.6 节中进行了讨论。因此,这一类型的方法能够用来加强 DNA 探测的强度。

　　Storhoff 和 Mirkin(1999)把一个末端采用强金属-硫磺反应的硫醇修饰的单链 DNA 链接到一个 15 nm 的金纳米颗粒上。15 nm 的金纳米颗粒显示出良好限定的表面等离子体共振。由于这个共振效应,单一的金颗粒结合到 DNA 上时立即显示出酒红色。当这个结合了金颗粒的 DNA 在试棒中同它的互补 DNA 杂交后,双列导致了纳米颗粒的聚合,改变了表面等离子体共振,由此改变了颜色,变为蓝黑色。颜色改变的原因在于等离子体带对粒间距离和聚合尺寸非常敏感(见第 5 章)。

　　Halas、West 与其合作者(Hirsch et al. ,2003)使用金纳米壳来阐明一个能够在复杂生物介质,如血液中,进行被测物检测的快速免疫测定。这些金属纳米壳的等离子体共振已在第 5 章进行了讨论。他们用的是结合了纳米壳的抗体。原理在于,当抗体结合的颗粒在多价被测物上表达时,多重颗粒结合到被测物上,形成颗粒二聚物和高阶聚合物,这些金属纳米颗粒的聚合由于等离子体共振而产生红移,同时伴随着吸光系数的降低。Hirsch 等人(2003)阐明了免疫球蛋白的检测。图 13.2 表明,由于结合到被测物(免疫球蛋白)上而形成的金纳米壳的聚合,导致了在 720 nm 处等离子体带的吸光系数的降低。

光子晶体生物传感器 另一类利用纳米光子学进行生物传感器设计的方法是基于光子晶体中禁带波长的转换,该转换是通过被测物的结合而制造出来。这一方法已在第 9 章的 9.8 节中进行了讨论。

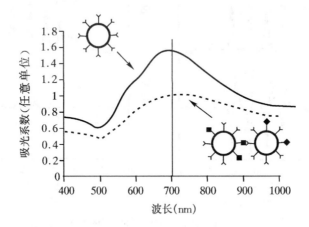

图 13.2 96 nm 直径的核和 22 nm 厚的金壳制成的纳米壳,在分散状态下的紫外和可见光光谱(──);添加在被测物上的纳米壳/抗体结合体的光谱(……)。如前所述,在出现被测物聚合的情况下,消光现象在 720 nm 处开始降低。来自 Hirsch 等人(2003),经许可后复制

多孔硅微腔生物传感器 多孔硅是一种包含硅纳米的材料,具有高发光性。然而其发射分布相当宽(150 nm 为中心宽达 750 nm)。Fauchet 与其合作者(Chan et al.,2001a)使用多孔硅微腔谐振调节器来限制荧光线宽(约 3 nm),并提高它的灵敏度,进一步论述了这一材料在生物传感器中的应用。介于两层布拉格反射介质间的多孔硅构成了微腔结构。他们利用微腔进行 DNA 检测,氧化的多孔硅表面成为硅烷化的并且链接了单链 DNA,当接触到互补 DNA 时微腔共振模结构的荧光模式发生了转变,这一结果表现在图 13.3 中。相反,在接触无互补性 DNA 时没有荧光变化。Chan 等人(2001b)使用这一硅微腔传感器进行了革兰氏阴性菌的检测,结果表明多孔硅传感器在分辨革兰氏阴性菌和革兰氏阳性菌上卓有成效。

用于体外生物检测的 PEBBLE 纳米传感器 局部生物包埋封装探针(PEBBLE)是由 Kopelman 与其合作者(Clark et al.,1999;Monsoon et al.,2003)共同发明的,它能够对细胞内钙离子浓度、pH 值和其他生化参数进行光测量,在纳米探针和纳米医学应用中有着无可比拟的优点。PEBBLE 是纳米尺度的球状材料,它包含着被包埋于化学惰性基体间质中的分子传感器。图 13.4 显示了 PEBBLE 纳米传感器能够提供的功能列表,以及用来制造 PEBBLE 的基体间质材料。

P.362

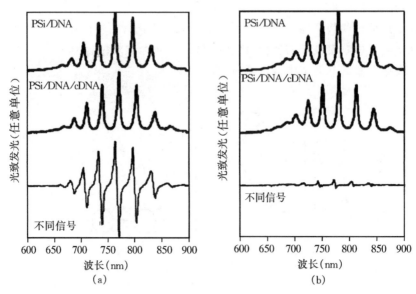

图 13.3 结合多孔硅微腔的 DNA 模结构光谱处于两幅图的最上方。当互补 DNA 接触到结合多孔硅微腔的 DNA 后，观察到有 7 nm 的红移（图(a)的中间谱线）。在结合前后获得有着极大差别的信号。当无互补性的 DNA 链接触到多孔硅传感器（图(b)的中间谱线），观察不到发光峰值的变化，而且发出的差异信号不明显。来自 Chan 等人(2001a)，经许可后引用

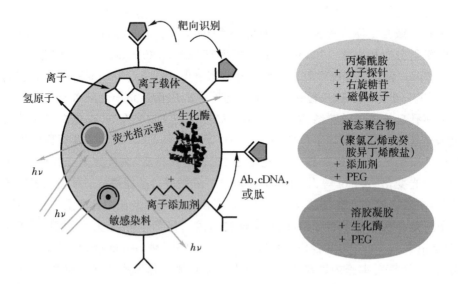

图 13.4 PFEBBLE 纳米传感器不同功能的展示略图。现行的基体间质材料显示在右边。来自 http://www.umich.edu/~koplab/research2/analytical/EnterPEBBLEs.html

PEBBLE 技术中使用的基体间质材料包括聚丙烯酰胺水凝胶、溶胶-凝胶硅和交联癸基甲基丙烯酸盐。这些基体间质材料已经被 Kopelman 的小组用来制作 H^+、 P.363 Ca^{2+}、Na^+、Mg^{2+}、Zn^{2+}、Cl^-、NO_2^-、O_2、NO 和葡萄糖传感器。PEBBLE 的尺寸在 30~600 nm 之间。基体间质材料的多孔性可以捕获和传感被测物。

PEBBLE 的纳米传感器的一个例子是钙离子 PEBBLE，它利用钙 Green-1 和磺酰罗丹明染料作为传感器元件。随着钙离子浓度的增加，钙离子发出的绿色荧光强度增强，但磺酰罗丹明的荧光强度却没有变化。因此，我们可以用钙离子的绿色荧光强度与磺酰罗丹明荧光强度的比值来测定细胞中钙离子的浓度。

依据 Kopelman 与其合作者的说法，PEBBLE 技术有着以下的优点：

- 能够使细胞不受敏感染料的毒性侵害。
- 提供了结合多种传感元素的方法（染料、离子载体等），且制定了更复杂的传感方案。
- 使染料指示剂不受细胞干扰，例如蛋白质的结合。

染料掺杂的纳米颗粒传感器 Tan 与其合作者(Zhao et al.，2003)在 DNA 传 P.364 感方面发展了染料掺杂纳米颗粒(NP)技术。在这个方法中，将多个发光分子植入到二氧化硅纳米颗粒中，这些纳米颗粒有着很强的发光性和抗环境光漂白性，已经作为色素应用于细胞的染色和生物标记中。Tan 与其合作者(Zhao et al.，2003)同时研究了修饰二氧化硅纳米颗粒的表面以满足一定的生化功能的方法，这些生化功能包括细胞染色、酶促 NP 和 DNA 生物传感器。

利用这些纳米颗粒，他们研究了实用的 DNA/mRNA 分析分离生物技术，同时也发展了单微生物检测和细胞成像技术。灵敏的 DNA 检测在临床诊断、基因治疗和多种生物医学中非常重要。第 7 章描述的使用反胶团反应的方法制备染料掺杂的二氧化硅纳米颗粒，有着很强的荧光性、不感光性以及生物分析中的生物链接性。如图 13.5 所示，利用夹芯免疫分析方法实现超灵敏的 DNA/mRNA 基因分析。在此法中有三个 DNA 单链：捕捉 DNA1 (5'TAA CAA TAA TCC T-生物素 3')；探针 DNA3(5' 生物素-T ATC CTT ATC AAT ATT 3')，上面标有一个 NP (60 nm)，形成 NP-DNA3 共轭；以及目标 DNA2(5'GGA TTA TTG TTA AAT ATT GAT AAG GAT 3')。DNA1 和 DNA3 与目标 DNA2 互补。首先，生物素酰化的 DNA1 被固定在一个抗生物素蛋白涂层玻璃培养基上，然后 DNA2 和 NP-DNA3 通过杂交加入，在经过洗涤步骤之后，通过合适的激发光检测留在玻片表面上的 NP-DNA3 共轭物的荧光信号，就能完成与 DNA1 杂交后玻璃表面上被俘获的 DNA2 的检测。在跟踪大量的 DNA 目标方面，纳米颗粒展现出良好的信 P.365 号能力。通过高效表面变性，非特异性结合与纳米颗粒的聚集能够减少到最低限度。此外，以纳米微粒为基础的 DNA 生物分析方法可以有效地区分与基底不匹配的 DNA 序列。

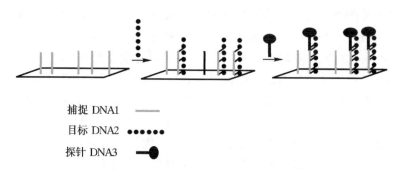

图 13.5　基于 NP 的夹芯免疫分析。来自 Zhao 等人（2003），经许可后复制

　　纳米光纤传感器　　这类传感器是由在近场显微镜中用到的锥形光纤（Cullum and Vo-Dinh,2003）制成的。锥形纤维尖端直径介于 20～100 nm 之间，这些锥形纤维又被称为纳米光纤。正如在近场显微镜中一样，这些纤维是由涂在其外壁上的金属来限制光路的。生物标记探针与被测物相结合，固定在尖端开口处（纳米纤末端）。首枚光纳米传感器是由 Kopelman 小组制造出（Tan et al.，1992）并用作细胞内化学传感的。自那以后，出现了多份关于 pH 值、各种离子和其他化学成分测量的报告（Tan et al.，1995，Song et al.，1997；Koronczi et al.，1998；Bui et al.，1999；Vo-Dinh et al.，2000；Xu et al.，2001）。由 Vo-Dinh 与其合作者发表的关于纳米生物传感器的报告（Alarie and Vo-Dinh,1996）便是其中之一。在这项工作中，硅烷化纤维尖端使得与羰基二咪唑反应的抗体共价键合。传感器探针处的抗体可以作为特定检测苯并芘四醇（BPT）的抗原而识别苯并芘，苯并芘四醇（BPT）是一个细胞分解这一化学致癌物而产生的苯并芘的 DNA 加合物。这为快速检测被某种化学物质恶性侵蚀了的细胞提供了一个便捷的方法。

13.6　光诊断和靶向治疗中的纳米诊疗剂

　　我们研究所在激光、光电和生物光子领域均研究了在纳米诊疗中用到的纳米粒子，它具有复杂的表面官能化二氧化硅纳米壳，包含各种诊断和药物靶向用的探针（Levy et al.，2003）。这种"纳米诊疗剂"（图 13.6）提供了靶向诊断和治疗的新方法。它们是在反胶束纳米反应物中经过多步纳米反应制备得到（方法见第 7 章），其表面已被特定的生物靶向剂官能化。

　　纳米诊疗剂具有 30 nm 的二氧化硅壳，可封装各种光、磁或电探针以及外部活化治疗剂（图 13.6）。这些纳米诊疗剂的尺寸小到足以让它们进入细胞，以使它们在细胞内部发挥作用。通过纳米诊疗剂的发展（可作为载体的官能化纳米尺寸颗粒),新的疾病治疗方法可以在细胞内完成。在我们研究所中,原型纳米诊疗剂已通过磁流体、纳米技术和多肽激素类似物靶向剂制备出来(Levy et al., 2002)。这种多层纳米结构包含氧化铁核心、一个双光子光学探针和一个带有共价键合到表面的多肽激素类似物靶向剂(促黄体激素释放激素类似物:LH-RH)的二氧化硅壳。这一模型可以产生直径在$5\sim40$ nm可调的纳米诊疗剂,其大小使它们能够扩散到组织,并进入细胞。这些纳米颗粒大到足以对37°C下的直流磁场作出响应。高分辨透射电镜术表明,该结构的纳米粒子是由相应的Fe_2O_3晶体核和一个无定形硅层(泡沫)组成的。同样的晶体/非晶结构在颗粒的电子衍射和X-射线衍射中得到了证实。

　　具有相互作用和内在选择性的细胞内纳米诊疗剂可以利用双光子激光扫描显微镜达到可视化,实现了实时观察纳米诊疗剂的摄入情况(Bergey et al.,2002),它们被(KB)口腔上皮癌细胞(LH-RH受体呈阳性)吸收,而类似的情况在LH-RH阴性纳米诊疗剂研究中没有观察到,也没有在受体阴性细胞(UCI-107)培养的LH-RH阳性纳米颗粒上检测出来,这说明靶向纳米诊疗剂具有选择吸收性。

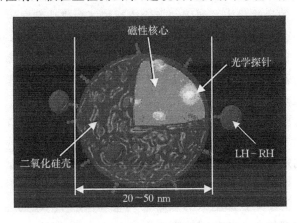

图13.6　纳米诊疗剂的示意图

　　含有磁性Fe_2O_3纳米粒子的多功能纳米诊疗剂显示出新的能力,当它置于直流磁场背景时,会产生选择性阻滞靶向细胞。磁性探针或颗粒经调查已被视为一个有潜力的治疗癌症的后备方案。研究表明,磁性粒子耦合高频交流磁场所产生的温热效应(需要巨大的能量),可作为替代或辅助目前癌症治疗的方法。这种温热效应(磁弛豫能源的磁性材料所产生的热)被证明能够有效地摧毁周围有探针或粒子的肿瘤组织或导致肿瘤面积的减少。相比之下,我们的研究阐明了一个新的机制,即通过磁共振成像(MRI)系统使用直流磁场产生的力,有选择且机械性地破坏靶向细胞结构。

P.367

13.7　纳米诊疗剂的基因送递

众所周知,细胞的基因操作已成为分子生物学的基础。在治疗人类的疾病方面,基因疗法有着许多潜在应用,包括肾脏疾病(多囊肾、肾癌、慢性间质性疾病和肾小球肾炎)、囊肿性纤维化疾病、各种免疫缺陷疾病(传染病和遗传病)、癌症(胰腺癌、乳腺癌、前列腺癌等)、帕金森病、多发性硬化症等等(Anderson,1998;Kayet al.,1997)。

当我们深入了解与基因有关的人类疾病后,用基因治疗方法预防或治疗疾病将成为"未来的医疗浪潮"。然而,有效基因疗法的主要问题在于发展一个安全治疗基因载体以作用于适当的细胞或组织。现在活体内技术已经尝试使用灭毒病毒株(不能够造成疾病)作为具有移动特异性遗传物质的载体,但这种技术成效不大,有时伴有很大的副作用(El-Aneed,2004)。

由于基因疗法在治疗人类慢性疾病上有巨大潜力,因此人们有很浓厚的兴趣来研究安全有效的运输载体。利用纳米诊疗剂的概念成功发展的非病毒基因送递纳米颗粒平台,代表了医生能够对特定病人调整疗法以实现个体化治疗的重要一步。一旦某一特定疾病的基因缺陷确定下来则有一种基因疗法就可以用来修复该缺陷了。非病毒基因转移或转染载体的工程将有助于这些治疗基因运输到组织和细胞中合适的位点上。

P.368 　对于非病毒基因送递,我们已经开发并测试了一组纳米微粒,它是稳定的水分散超细有机改性硅基纳米粒子(ORMOSIL)(平均直径 30 nm)。可以合成基于 ORMOSIL 的纳米粒子,这种粒子在水环境中具有多种表面电荷,并且表现得非常稳定(无聚集)。基因的有效载荷(带有负电荷的 DNA)被限制在纳米粒子表面上的阳离子团上。无聚集性加上人为设计的约束和保护 DNA 的能力,创造了一个非病毒基因转移载体制备和测试的第二平台。此外,我们还合成了一些含有选择性荧光染料的颗粒,我们可以使用光学跟踪 DNA 直接跟踪细胞核的运输过程。用于 DNA 运输的纳米粒子被氨基酸团官能化,人们就有可能以静电将 DNA 分子链接到表面,如图 13.7 所示。

我们的研究使用了(a)具有高结合效率(分子探针)的核酸染色剂 YOYO-1 染色的 DNA 分子,和(b)阳离子染料 And-10,作为封装在 ORMOSIL 内壳中的染料。因此,纳米粒子-DNA 的复合体有两种染料分子,一种封装在颗粒内,而另一种在表面吸附的 DNA 分子上。之所以选择这些染料是因为 And-10 的发射峰与 YOYO-1 吸收峰有大幅度重叠。同时,YOYO-1 在 And-10 吸收范围内具有最小的吸收峰。因此,如果 And-10→YOYO-1 荧光共振能量转移(FRET),即第 2 章所描述的一个纳米光子过程在 And-10 的激发下表现出来,人们就可以得出结论,

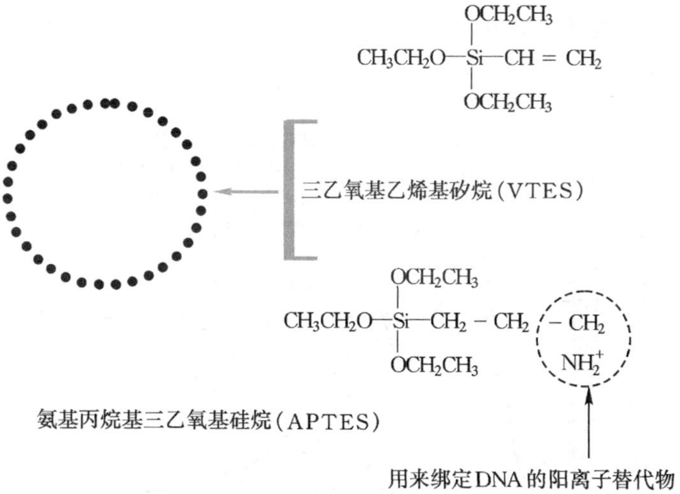

OCH2CH3
CH3CH2O—Si—CH = CH2
OCH2CH3
三乙氧基乙烯基矽烷(VTES)
OCH2CH3
CH3CH2O—Si—CH2 - CH2 - CH2
OCH2CH3
NH2+
氨基丙烷基三乙氧基硅烷(APTES)
用来绑定DNA的阳离子替代物

图 13.7 ORMOSIL 纳米粒子成分的简图

这是因为封装在 ORMOSIL 纳米粒子中的 And-10 与插入到吸附在纳米粒子表面 DNA 分子上的 YOYO-1 两者之间距离过近(图 13.8)。

hν″
And－10
(供体)
YOYO－1 标记的
DNA (受体)
N
荧光共振
能量转移
HO
O
O
N
N
hν‴
hν′
约20 nm

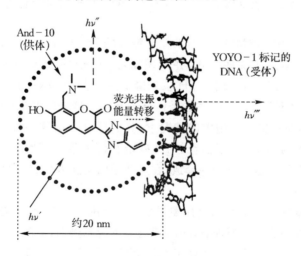

图 13.8 染料封装和与 ORMOSIL 纳米粒子表面结合的 DNA 之间 FRET 成像的简图

事实上,在一个含有 YOYO-1 染色的 DNA 的 ORMOSIL 缓冲溶液中,我们观察到了在 380 nm 激发波长下 YOYO-1 的发射峰(接近 And-10 的最大吸收峰) P.369
(图 13.9)。与没有 ORMOSIL 纳米粒子的 DNA- YOYO-1 缓冲液相比,发射强度有着显著的增加。与此同时,与没有 DNA 的 ORMOSIL 粒子的缓冲液相比,含有

YOYO-1 染色的 DNA 的 ORMOSIL 缓冲溶液中,供体染料 And-10 的发射强度有所降低。所有其他条件(pH 值、温度)保持不变,并且对吸收物质的浓度进行了仔细的控制分光。

P.370

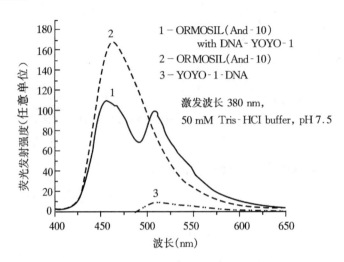

图 13.9 荧光发射光谱表明封装在 ORMOSIL 纳米粒子中的染料 And-10 与插入吸附在纳米粒子表面的 DNA 上的染料 YOYO-1 之间存在共振能量转移

在细胞质内,由 ORMOSIL 纳米粒子释放的 DNA 可以对 pH 值变化作出反应。我们在体外模拟了这些变化,并发现随着 pH 值的降低,And-10→YOYO-1 的 FRET 效率也减少了,我们把 pH 值的降低原因归于 DNA 分子从纳米粒子上的脱离。由于 FRET 只有在供体和受体分子有密切接触时产生(见第 2 章),排除了没有恶性 DNA 运输到细胞内的情况下,我们可以利用这一特性来监测在活细胞内纳米粒子上的 DNA 分子的释放,并确定在何种条件下发生的效率较好。非病毒载体携带遗传物进入细胞并释放,在这类基因送递方面,光学可跟踪纳米粒子有着潜在的应用。

我们已经显示了在细胞内使用氨基官能化 ORMOSIL 纳米粒子作为非病毒载体的运输基因的表达。质粒、pGFP、编码绿色荧光蛋白(见第 12 章,绿色荧光蛋白)已在 COS-1 细胞内成功地实现了 ORMOSIL 纳米粒子的转换,正如单个细胞共聚焦荧光成像时所看到的(图 13.10)。由绿色荧光蛋白生成初始的细胞荧光(区别于细胞自体荧光)已经通过被转染细胞的局部光谱所证实。

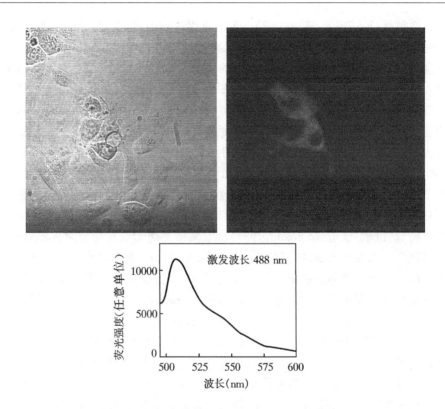

图 13.10　转染 eGFP（增强型绿色荧光蛋白）的细胞体通过 ORMOSIL 纳米粒子运输。
显示发射光（左）和荧光成像（右）。下图：eGFP 在细胞质中的荧光光谱

13.8　用于光动力疗法的纳米诊疗剂

P.371

　　光动力疗法是一种新兴疗法，用于治疗各种肿瘤、心血管病、皮肤病和眼科疾病。光动力疗法的概念是，光敏物质或光敏剂（PS）能够通过系统化监测优先定位肿瘤组织（Prasad，2003）。当这种光敏剂经过适当波长的可见或近红外（NIR）光照射后，受激分子可以将能量转移给存在于周围介质中的氧分子（在其三重基态）。这种能量传递的结果是形成活性氧（ROS），如单线态氧（$^1O_2$）或自由基（Prasad，2003）。ROS 能使各种细胞成分氧化，包括血浆、线粒体、溶酶体膜和核等等，造成细胞不可修复的损伤（Prasad，2003）。因此，在适当的条件下，光动力疗法的优势在于提供了一种有效的且可以选择性地摧毁病变组织，而不损害邻近健康组织的方法（Hasan et al.，2000）。

　　然而，大多数光敏药物（PS）具有疏水性（即水溶性很差），所以肠胃外制备方

案可行性很低(Konan et al.，2002)。为了克服这一困难，人们采取了不同方法使这些药物稳定地分散到水相系统中，通常通过运载工具来实现这一目标。经系统化管理，这类掺杂药物携带物凭借"增强的通透性和保留效应"都会被肿瘤组织优先摄入(Konan et al.，2002；Dun-Can，1999)，这种效应是由于其自身存在"漏洞"的微管结构使这些组织具有了吞没并保留大分子和颗粒循环的一种特性。这些携带物包括石油分散剂(胶)、脂质体、低密度脂蛋白、聚合物微团和亲水性药物-聚合复合物。以石油为基础的药物制剂(胶团系统)使用非离子型聚氧化乙烯蓖麻油(例如 Tween-80，Cremophor-EL 或 CRM 等)，它们表现为药物运载量增大，以及相对于自由药物分子而言肿瘤摄入率的改善，这大概是由与血液中的血浆脂蛋白的相互作用造成(Kongshaug et al.，1993)。然而，据报道这种乳化剂在体内会引起急性超敏(过敏)反应(Michaud,1997)。脂质体是磷脂双层同心封装的水相室，它可以包含亲水性和亲油性药物(Konan et al.，2002)。虽然肿瘤对脂质体制备的药物比简单的水分散物质制备的药物吸收得更好，但是低的药物运载量和药物在包埋状态下自我聚集的增加引起了许多问题(Damoiseau et al.，2001)。脂质体同样易于被体内主要防御系统调理和捕获(网状内皮系统或 RES)(Damoiseau et al.，2001)。最近，相比于 Cremophor-EL 制备的药物而言，内部纳入对 pH 敏感的聚合物胶团药物在活体内已经显示出优良的肿瘤光毒性。然而，在体研究引起了肿瘤缩小以及在正常组织中积累的增加(Taillefer et al.，2000)。另一个所有上述运载系统主要的共同缺点在于，它们是基于释放控制的光敏药物，治疗后会在皮肤和眼睛内积累自由药物分子并造成光毒副作用，这种作用可能会持续数周甚至几个月(Dillon et al.，1988)。

　　水合陶瓷基纳米粒子掺杂了光敏药物，使得与自由药物和聚合物封装药物相关的许多问题有了解决的希望。这种陶瓷颗粒比有机聚合物微粒有许多的优势。首先，制备过程与众所周知的溶胶凝胶法(Brinker and Schrer，1990)十分相似，要求简单的常温温度条件。这些粒子可以制备成具有期望的大小、形状、孔隙度和具有相当高的稳定度。其超小尺寸(小于 50 nm)可帮助它们避免被网状内皮组织系统捕获。此外，由于没有 pH 值的变化所引起的膨胀或孔隙率的变化，使得它们不易受到微生物的侵袭。这些粒子也能针对极端的 pH 值和温度条件下有效地保护掺杂分子(酶、药物等)以避免变性(Jain et al.，1998)。这种粒子，像硅、氧化铝和二氧化钛，它们也有着知名的生物系统的兼容性(Jain et al.，1998)。此外，它们的表面可以方便地用不同的官能团修饰(Lal et al.，2000)。因此，它们可以附加在各种各样的单克隆抗体或其他配位体上以靶向体内的合适位点。

　　陶瓷纳米粒子非常稳定，甚至是在 pH 值和温度条件非常不好的情况下也不会释放任何封装性生物分子(Jain et al.，1998)。常规给药方法要求运载自由药物的工具引发适当的生物反应(Hasan et al.，2000)，但是高分子运载分子在光动力疗法用于运输光敏药物时并不是一个先决条件（Hasan，1992；Hasan et al.，2000）。有鉴于此，我们在光动力疗法中已经发展了陶瓷基纳米粒子作为光敏药物的运载工具。尽管这些粒子不会释放封装药物，但是它的多孔矩阵可渗透氧。因此，期望药物的光损害效应在封装形式下依然可以维持。

P.373

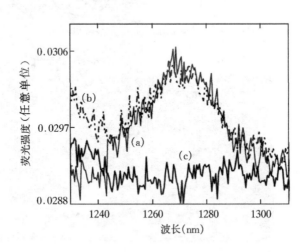

图 13.11　不同情况中产生单线态氧的发射光谱：(a)HPPH 在 AOT/BuOH/D₂O 微团中（实线）；(b)HPPH 掺杂的硅纳米粒子分散在 D₂O 中；(c)空的硅纳米粒子在 D₂O 中

我们已经介绍了通过在微团介质中控制水解乙烯基三乙氧硅烷（Roy et al.，2003）来合成光敏剂掺杂有机改性硅为基础的纳米诊疗剂纳米粒子（直径约30 nm）。使用的药物/染料是 2-联乙烯-2-(1 -己氧基乙基)焦脱镁叶绿甲酯酸（HPPH），这是在阶段 I / II 临床试验中一个有效的光敏剂，该实验完成于纽约州布法罗市的罗斯威尔公园癌症研究中心（Henderson et al.，1997）。掺杂纳米粒子表现出球形和高度分散性。由于陶瓷矩阵一般是多孔的，封装在其中的光敏药物可以与通过孔隙扩散的氧分子相互作用。通过激发光敏剂将能量转移到氧会导致形成单态氧，这样单态氧就可以重新扩散出孔隙而在肿瘤细胞中产生细胞毒作用。激发 HPPH 后所产生的单态氧可以通过单态氧在 1270 nm 发光波长检测到。图13.11 显示了溶解在微团内和封装在纳米粒子中的 HPPH 所产生的单态氧的发光。这两个光谱显示出类似的强度和峰值（1270 nm），这表明在这两种情况下单态氧产生相同的效率。使用没有 HPPH 的纳米颗粒控制频谱表明没有单态氧发光。掺杂的纳米粒子能够被肿瘤细胞充分摄入，并辐射可见光导致这种浸渍细胞的不可修复性破坏（图 13.12 ）。这些观察数据显示出了以陶瓷为基础的粒子作为光动力药物载体的潜力（Roy et al.，2003）。

P.374

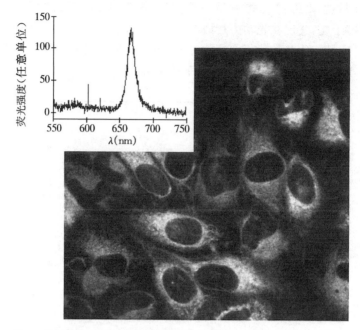

图 13.12　HPPH 掺杂纳米粒子治疗肿瘤细胞的共焦荧光图像。插图为 HPPH 在细胞质中的荧光光谱

纳米光子的另一种应用是上转换纳米微粒多光子动力学疗法。在我们的激光、光电和生物光子学研究所,二氧化硅封装的稀土掺杂纳米氧化钇(在 13.4 节进行了讨论)也正在用于多光子光动力疗法的研究中(Holm et al.,2002)。其基本理念与双光子光动力疗法相似(Bhawalkar et al.,1997),不同之处在于,在这些纳米球上利用的是红外到可见光的上转换而不是一个双光子激发的染料。其优点是通过利用近红外光(974 nm),激发源可以多次更深入地渗透到组织中。为此,我们再次使用了光敏剂 HPPH 来测试纳米球在光动力治疗中激发 HPPH 的能力。下面阐述了研究过程。熔结的纳米粒子分散在 DMSO 中以获得分散的半透明胶体纳米球,相同容积的纳米球溶液和含有 1 mM 的 HPPH-DMSO 在一支试管里混合,相同容积的只包含 HPPH 或纳米粒子的溶液放入另一支的试管中,每支试管由 974 nm 的连续激光二极管泵浦,并且发射光谱利用与激发光呈 90°的光纤耦合 CCD 光谱仪收集,数据标准化到最大峰值强度并用相同的纳米荧光体空溶液绘制。

从图 13.13 中可以清楚地看到,在实验参数下,绿色和红色发光纳米荧光体都能够激发 HPPH。封装 HPPH 与纳米荧光体发射峰的耦合可以用纳米粒子发射峰的消失和 HPPH 发射峰的出现表现出来。但是发蓝光的纳米荧光体没有显示出任何与 HPPH 有意义的耦合。这种 HPPH 荧光的消失是由于蓝色纳米荧光体的发射峰与 HPPH 的吸收带没有重叠的缘故。

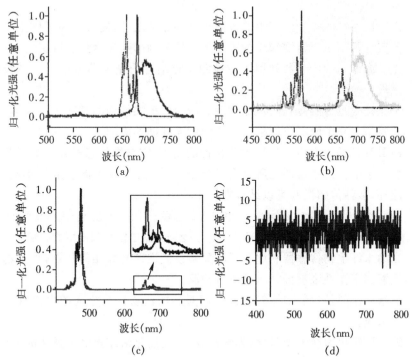

图 13.13　HPPH 在纳米球中的激发：(a)红发射光纳米球；(b)绿发射光纳米球；(c)蓝色纳米球；(d)通过 974 nm 激发 HPPH。虚线表示单独的纳米球的发射峰。实线表示 HPPH 的发射峰

13.9　本章重点

- 纳米光子学在光学诊断、光学诱导(光学跟踪)和光活化疗法等纳米医学中有着广泛的应用。

- 纳米医学是一个新兴领域，它利用纳米粒子实现靶向药物传输使得疗效更为显著。

- 近场生物成像能够让我们探测比光波长小得多的微生物和生物聚合体的结构和功能。

- 小于 50 nm 的纳米颗粒通过修饰它们的内部、表面以及微孔，为获得灵活的细胞内光诊断结构提供了平台。

- 半导体量子点以其狭窄的发射线宽以及通过结构和规模的变化来调节发射波长的能力，有成为在多光谱生物成像中的重要生物标记物的前途。

- 稀土掺杂纳米粒子，通过多步多光子吸收红外光来实现发射可见光的上转换，相比由单光子吸收而激发的荧光标记物，实现了无背景生物成像和细胞与组织的更深层渗透。

- 纳米光子学为生物成像提供了诸多方法。
- 由于被测物的结合而产生的等离子体共振的改变,使得等离子体生物传感器实现了利用金属纳米结构表面上被检测到的荧光增强进行探测。
- 光子晶体生物传感器利用了与被测物相结合的光子晶体中禁带波长的变化进行检测。
- 多孔硅微腔传感器利用被测物诱导的微腔模式结构的转变进行检测,这个微腔是由处于两层布拉格反射之间的无孔硅形成的。

P.376

- PEBBLE 是局部生物包埋封装探针的缩写,它是指传感器分子被封装在惰性粒子中。这些器件之所以有其优势,是因为细胞和指示染料互不干扰。此外,多种传感机制可以结合在一个粒子中。
- 染料掺杂纳米生物传感器是利用嵌入到硅粒子中的荧光分子进行检测的,由于硅粒子的保护,使得这些荧光分子免于受到光漂白作用和环境的影响。
- 光纳米纤生物传感器利用了近场显微镜的锥形光纤几何特点,将生物识别元素固定在纤维顶部开口处进行检测。
- 纳米诊疗剂是封装了探针以及外部激活的药物或治疗剂的表面官能化硅纳米壳。
- 纳米诊疗剂为纳米光引导(光学跟踪)和光活化治疗提供了灵活的平台。
- 磁性纳米诊疗剂能通过直流磁场产生细胞内机械破坏来摧毁癌细胞。
- 光学跟踪纳米诊疗剂已被用来建立有效的基因运输方法,在利用它们作为非病毒、安全的基因治疗方面有着令人振奋的前景。
- 纳米诊疗剂可以用来提高光活化治疗的效率,如光动力疗法。
- 使用封装光动力治疗药物(光敏剂)的纳米诊疗剂,可以使这些通常呈疏水性的药物更有效地分布在生物液体中。光学成像技术可以用来追踪它们在肿瘤中的分布和定域。
- 纳米诊疗剂表面的孔隙允许氧扩散到纳米诊疗剂内部,与光活化光动力治疗药物相互作用形成单态氧。单态氧实现了光动力疗法的效果。
- 包含上转换纳米粒子的纳米诊疗剂使激发光动力治疗药物的光谱处于红外区,从而比可见光提供了使光更深入渗透以治疗深层肿瘤的机会。

参考文献

Akerman, M. E., Chen, W. C. W., Laakkonen, P., Bhatia, S. N., and Ruoslalti, D., Nanocrystals Targeting *In Vivo, Proc. Natl. Acad. Sci.* **99,** 12617–12621 (2002).

Alarie, J. P., and Vo-Dinh, T., Antibody-Based Submicron Biosensor for Benzo[*a*]pyrene DNA Adduct, *Polycyclic Aromat. Compd.* **9,** 45–52 (1996).

Anderson, W. F., Human Gene Therapy, *Nature* **392 [Suppl.],** 25–30 (1998).

Bergey, E. J., Levy, L., Wang, X., Krebs, L. J., Lal, M., Kim, K.-S., Pakatchi, S., Liebow, C., and Prasad, P. N., Use of DC Magnetic Field to Induce Magnetocytolysis of Cancer Cells Targeted by LH-RH Magnetic Nanoparticles *In Vitro, Biomed. Microdevices* **4,** 293–299 (2002).

Betzig, E., Chichester, R. J., Lanni, F., and Taylor, D. L., Near-Field Fluorescence Imaging of Cytoskeletal Actin, *Bioimaging* **1,** 129–135 (1993).

Bhawalkar, J. D., Kumar, N. D., Zhao, C.-F., and Prasad, P. N., Two-Photon Photodynamic Therapy, *J. Clin. Laser Med. Surg.* **15,** 201–204 (1997).

Brinker, C. J., and Schrer, G., *Sol–Gel Science: The Physics and Chemistry of Sol–Gel Processing,* Academic Press: San Diego, 1990.

Bruchez, M., Jr., Moronne, M., Gin, P., Weiss, S., and Alivisatos, A. P., Semiconductor Nanocrystals as Fluorescent Biological Labels, *Science* **281,** 2013–2016 (1998).

Bui, J. D., Zelles, T., Lou, H. J., Gallion, V. L., Phillips, M. I., and Tan, W. H., Probing Intracellular Dynamics in Living Cells with Near-Field Optics, *J. Neurosci. Meth.* **89,** 9–15 (1999).

Chan, S., Horner, S. R., Fauchet, P. M., and Miller, B. L., Identification of Gram Negative Bacteria Using Nanoscale Silicon Microcavities, *J. Am. Chem. Soc.* **123,** 11797–11798 (2001a).

Chan, S., Li, Y., Rothberg, L. J., Miller, B. L., and Fauchet, P. M., Nanoscale Silicon Microcavities for Biosensing, *Mater. Sci. Eng. C* **15,** 277–282 (2001b).

Chan, W. C., and Nie, S., Quantum Dot Bioconjugates for Ultrasensitive Nonisotopic Detection, *Science* **281,** 2016–2018 (1998).

Chen, Y., Kalas, R. M., and Faris, W., Spectroscopic Properties of Up-converting Phosphor Reporters, *SPIE Proc.* **3600,** 151–154 (1999).

Clark, H. A., Hoyer, M., Philbert, M. A., and Kopelman, R., Optical Nanosensors for Chemical Analysis Inside Single Living Cells. 1. Fabrication, Characterization, and Methods for Intracellular Delivery of PEBBLE Sensors, *Anal. Chem.* **71,** 4831–4836 (1999).

Cullum, B. M., and Vo-Dinh, T., Nanosensors for Single-Cell Analyses, in *Biomedical Photonics Handbook,* T. Vo-Dinh, ed., CRC Press, Boca Raton, FL, 2003, pp. 60-1–60-20.

Damoiseau, X., Schuitmaker, H. J., Lagerberg, J. W. M., and Hoebeke, M., Increase of the photosensitizing efficiency of the Bacteriochlorin *a* by liposome-incorporation, *J. Photochem. Photobiol. B Biol.* **60,** 50–60 (2001).

Dillon, J., Kennedy, J. C., Pottier, R. H., and Roberts, J. E., *In Vitro* and *In Vivo* Protection Against Phototoxic Side Effects of Photodynamic Therapy by Radioprotective Agents WR-2721 and WR-77913, *Photochem. Photobiol.* **48,** 235–238 (1988).

Duncan, R., Polymer Conjugates for Tumour Targeting and Intracytoplasmic Delivery. The EPR Effect as a Common Gateway, *Pharm. Sci. Tech. Today* **2,** 441–449 (1999).

El-Aneed, A., An Overview of Current Delivery Systems in Cancer Gene Therapy, *J. Controlled Rel.* **94,** 1–14 (2004).

Hasan, T., *Photodynamic Therapy: Basic Principles and Clinical Applications,* Marcel Dekker, New York, 1992.

Hasan, T., Moor, A. C. E, and Ortel, B., Photodynamic Therapy of Cancer, in *Cancer Medicine, 5th ed.,* J. F. Holland, E. Frei, R. C. Bast, et al., eds., B. C. Decker, Hamilton, 2000, pp. 489–502.

Henderson, B. W., Bellnier, D. A., Graco, W. R., Sharma, A., Pandey, R. K., Vaughan, L., Weishaupt, K., and Dougherty, T. J., An *In Vivo* Quantitative Structure–Activity Rela-

P. 377

tionship for a Congeneric Series of Pyropheophorbide Derivatives as Photosensitizers for Photodynamic Therapy, *Cancer Res.* **57,** 4000–4007 (1997).

Hirsch, L. R., Jackson, J. B., Lee, A., Halas, N. J., and West, J. L., A Whole Blood Immunoassay Using Gold Nanoshells, *Anal. Chem.* **75,** 2377–2381 (2003).

Holm, B. A., Bergey, E. J., De, T., Rodman, D. J., Kapoor, R., Levy, L., Friend, C. S., and Prasad, P. N., Nanotechnology in BioMedical Applications, *Mol. Cryst. Liq. Cryst.* **374,** 589–598 (2002).

Jain, T. K., Roy, I., De, T. K., and Maitra, A. N., Nanometer Silica Particles Encapsulating Active Compounds: A Novel Ceramic Drug Carrier, *J. Am. Chem. Soc.* **120,** 11092–11095 (1998).

Kapoor, R., Friend, C., Biswas, A., and Prasad, P. N., Highly Efficient Infrared-to-Visible Upconversion in $Er^{3+}:Y_2O_3$, *Opt. Lett.* **25,** 338–340 (2000).

Kay, M. A., Liu D., and Hoogerbrugge, P. M., Gene Therapy, *Proc. Natl. Acad. Sci* **94,** 12744–12746 (1997).

Konan, Y. N., Gruny, R., and Allemann, E., State of the Art in the Delivery of Photosensitizers for Photodynamic Therapy, *J. Photochem. Photobiol. B: Biology.* **66,** 89–106 (2002).

Kongshaug, M., Moan, J., Cheng, L. S., Garbo, G. M., Kolboe, S., Morgan, A. R., and Rimington, C., Binding of Drugs to Human Plasma Proteins, Exemplified by Sn(IV)-Etiopurpurin Dichloride Delivered in Cremophor and DMSO, *Int. J. Biochem.* **25,** 739–760 (1993).

Koronczi, I., Reichert, J., Heinzmann, G., and Ache, H. J., Development of a Submicron Optochemical Potassium Sensor with Enhanced Stability Due to Internal Reference, *Sensors Actuators B Chem.* **51,** 188–195 (1998).

Lal, M., Levy, L., Kim, K. S., He, G. S., Wang, X., Min, Y. H., Pakatchi, S., and Prasad, P. N., Silica Nanobubbles Containing an Organic Dye in a Multilayered Organic/Inorganic Heterostructure with Enhanced Luminescence, *Chem. Mater.* **12,** 2632–2639 (2000).

Levy, L., Sahoo, Y., Kim, K.-S., Bergey, E. J., and Paras, P. N., Nanochemistry: Synthesis and Characterization of Multifunctional Nanoclinics for Biological Applications, *Chem. Mater.* **14,** 3715–3721 (2002).

Malicka, J., Gryczynski, I., and Lakowicz, J. R., DNA Hybridization Assays Using Metal-Enhanced Fluorescence, *Biochem. Biomed. Res. Commun.* **306,** 213–218 (2003).

Mattoussi, H., Mauro, J. M., Goldman, E. R., Anderson, G. P., Sundor, V. C., Mikulec, F. V., and Bawendi, M. G., Self-Assembly of CdSe–ZnS Quantum Dot Bioconjugates Using an Engineered Recombinant Protein, *J. Am. Chem. Soc.* **122,** 12142–12150 (2000).

Michaud, L. B., Methods for Preventing Reactions Secondary to Cremophor EL., *Ann. Pharmacother.* **31,** 1402–1404 (1997).

Monsoon, E., Brasuel, M., Philbert, M. A., and Kopelman, R., PEBBLE Nanosensors for *In Vitro* Bioanalyses, in *Biomedical Photonics Handbook,* T. Vo-Dinh, ed., CRC Press, Boca Raton, FL, 2003, pp. 59-1–59-14.

Muramatsu, H., Chiba, N., Homma, K., Nakajima, K., Ataka, T., Ohta, S., Kusumi, A., and Fujihira, M., Near-Field Optical Microscopy in Liquids, *Appl. Phys. Lett.* **66,** 3245–3247 (1995).

Muramatsu, H., Homma, K., Yamamoto, N., Wang, J., Sakuta-Sogawa, K., and Shimamoto, N., Imaging of DNA Molecules by Scanning Near-Field Microscope, *Mater. Sci. Eng.* **12C,** 29–32 (2002).

Prasad, P. N., *Introduction to Biophotonics,* Wiley-Interscience, New York, 2003.

P. 379

Roy, I., Ohulchanskyy, T., Pudavar, H. E., Bergey, E. J., Oseroff, A. R., Morgan, J., Dougherty, T. J., and Prasad, P. N., Ceramic-Based Nanoparticles Entrapping Water-In-soluble Photosensitizing Anticancer Drugs: A Novel Drug-Carrier System for Photodynamic Therapy, *J. Am. Chem. Soc.* **125,** 7860–7865 (2003).

Song, A., Parus, S., and Kopelman, R., High-Performance Fiber Optic pH Microsensors for Practical Physiological Measurements Using a Dual-Emission Sensitive Dye, *Anal. Chem.* **69,** 863–867 (1997).

Storhoff, J. J., and Mirkin, C. A., Programmed Materials Syntheses with DNA, *Chem. Rev.* **99,** 1849–1862 (1999).

Taillefer, J., Jones, M. C., Brasseur, N., Van Lier, J. E., and Leroux, J. C., Preparation and Characterization of pH-Responsive Polymeric Micelles for the Delivery Of Photosensitizing Anticancer Drugs, *J. Pharm. Sci.* **89,** 52–62 (2000).

Tan, W. H., Shi, Z. Y., Smith, S., Birnbaum, D., and Kopelman, R., Submicrometer Intracellular Chemical Optical Fiber Sensors, *Science* **258,** 778–781 (1992).

Tan, W. H., Shi, Z. Y., and Kopelman, R., Miniaturized Fiberoptic Chemical Sensors with Fluorescent Dye-Doped Polymers, *Sensors Actuators B Chem.* **28,** 157–161 (1995).

Vo-Dinh, T., Alarie, J. P., Cullum, B. M., and Griffin, G. D., Antibody-Based Nanoprobe for Measurement of a Fluorescent Analyte in a Single Cell, *Nat. Biotechnol.* **18,** 764–767 (2000).

Yanagida, T., Tamiya, E., Muramatsu, H., Degennar, P., Ishii, Y., Sako, Y., Saito, K., Ohta-Iino, S., Ogawa, S., Marriot, G., Kusumi, A., and Tatsumi, H., Near-Field Microscopy for Biomolecular Systems, in *Nano-Optics,* S. Kawata, M. Ohtsu and M. Irie, eds., Springer-Verlag, Berlin, 2002, pp. 191–236.

Zhao, X., Tapec-Dytioco, R., and Tan, W., Ultrasensitive DNA Detection Using Highly Fluorescent Bioconjugated Nanoparticles, *J. Am. Chem. Soc.* **125,** 11474–11475 (2003).

Xu, H., Aylott, J. W., Kopelman, R., Miller, T. J., and Philbert, M. A., A Real-Time Ratiometric Method for the Determination of Molecular Oxygen Inside Living Cells Using Sol–Gel-Based Spherical Optical Nanosensors with Applications to Rat C6 Glioma, *Anal. Chem.* **73,** 4124–4133 (2001).

第 14 章

纳米光子学应用及其市场前景

本章主要分析纳米光子学的多种应用,描述其在现代商业领域的地位并对其 P.381
未来的发展前景展开讨论。诚如第 1 章中所说,在一个比光波长还小的范畴内发
生的光与物质相互关系是最具吸引力的研究点,为新的知识的探索创造了机遇。
本章的着眼点在于由科学发现带动技术革新,产生出可丰富人类生活的商业化技
术。当前,纳米光子学已应用于实际生产,并将在今后几年内取得更大发展。总的
来说,纳米技术,特别是纳米光子学技术毫无疑问将在未来产品的发展及应用中起
到很大作用。然而今天的预测可能很快就会成为过去时。纳米光子学的哪怕一点
点突破都可以催生出一些新的、令人振奋的产品,虽然开始它们是相对模糊的,但
之后会引起技术的重大进步并最终造福社会。

一项新技术对经济的影响力有几个衡量标准。利用互联网进行搜索可以发
现,涉足纳米光子学领域的公司越来越多。很多公司还处于研究和开发阶段,也有
一些公司已经有成熟的产品投入市场。我们必须注意区分所谓的技术和产业。读
者应谨慎看待市场预测,因为其中很多是在自我标榜或是被夸大了的。

目前,纳米光子学的某些技术领域已经建设得很完善了,因此对于其商业潜力
或许可以通过调查其当前的市场规模并推测它能带来什么样的新型纳米技术来预
测。还有一些技术才刚刚起步,很难预测其未来市场规模。本章即是通过一些重
要的实例来说明纳米光子学是什么,以及它是怎样商业化的。

14.1 节大致介绍了纳米技术、激光技术及光子技术等纳米光子学领域的市
场范围和趋势。14.2 节介绍了纳米材料当前的商品化现状。这部分涉及到的实
例包括纳米粒子、光子晶体、荧光量子点和纳米条形码。14.3 节主要介绍了量子
限制激光器。多数商品化的半导体激光器都是基于量子限制结构的。14.4 节描 P.382
述了近场显微技术的应用及商品化现状。14.5 节介绍了纳米光刻技术的应用和
发展趋势。这里对其主要应用以及微处理器的小型化作了详细分析。14.6 节通
过一些例子对纳米光子学的市场化发展前景提出了一些个人观点。14.7 节对本

章进行总结。

14.1　纳米技术、激光技术和光子技术

　　首先我们来大致了解一下纳米光子学如纳米技术、激光技术、光子技术的市场现状和发展趋势。尽管 2000 年前后很多技术市场缩水，纳米技术还是从风险资本集团中吸收到了投资。有很多途径可以获得关于纳米技术市场和预测的信息(Third European Report，2003；Hwang，2003；The Nanotech Report，2003；Dunn and Whatmore，2002)。《激光世界》每年都汇编当年激光器的销售量，并在1 月和 2 月份的期刊里分别对非半导体激光器和半导体激光器议题进行报道，但更多的是关于光电产业的数据和预测报道。《光子光谱》在 1 月份的期刊上用少量篇幅回顾了光子学的广阔市场，并将关注的重点放在讨论重要成长型产业的发展情况。

　　许多重要的商业决定是基于不同市场部门的预期增长所作出的。市场调研公司为了满足人们的这种需要发布报告，声称已经对市场作了严格的调查研究。尽管完成这个报告需要耗费数千美元，但相对那些感兴趣并购买的人所支付的资金来说这些钱就不算什么了。要提醒注意的是，在作出相信这些市场预测报告的决定之前，最好看看他们过去预测的跟踪记录。

14.1.1　纳米技术

　　总的来说，纳米技术是一个全球范围内快速发展的领域。许多国家的政府把它看作国家的优先发展领域，投入重金用于其研究和开发。美国 1996 年开始发起国家纳米技术计划 (NNI)。在过去的 10 年里，NNI 提供的资金和其他国家一样大幅度增加(1997 年全球投入资金是 4.32 亿美元，2002 年是 21.54 亿美元)。英国工程和物理科学研究理事会(EPSRC)每年投资大约 8 亿美元用于纳米技术领域的研究和开发，他们已经将纳米技术确定为优先发展领域(Gould，2003)。根据 Hwang 的报告，自 1999 年以来风险资本在纳米技术领域的投资已达约 10 亿美元，其中仅 2002 年就投资了 3.86 亿美元(Hwang，2003)。

　　很少有人愿意对市场潜力作出预测。美国国家科学基金会的 Dr. Roco(Roco and Bainbridge，2001)预测说在未来的 10 到 15 年里，全世界这个领域每年的产值将超过 1 万亿美元。他还进一步将其分解为以下几个部分：

市场规模（十亿美元）	分类
340	材料(纳米)
100	化学(催化剂)
70	太空
300	电子业
180	制药业
20	工具

源自：http://www.ehr.nsf.gov/esie/programs/nsee/workshop/mihail_roco.pdf.

不管怎样定义，纳米光子学都是这些预测的一部分并存在于每一个类别中。

14.1.2 激光技术类产品在全球的市场情况

激光技术作为一种功能强大的工具应用于许多光子学技术领域。随着便携式高能效广谱固体激光器越来越多的出现，激光技术的市场得到良好发展并不断壮大。激光技术的应用不仅对先进的技术领域，如电信和医疗保健产生了影响，而且对消费型产品，如 CD 播放机、激光打印机等也有影响。纳米光子学对激光技术市场的扩大起了很大作用。大多数半导体激光器使用量子限制材料作为激光媒介（量子阱）。表 14.1 中对激光技术的市场分析数据来自《激光世界》2003 年 1 月刊，"2003 年激光技术市场：激光技术市场回顾与展望：第一部分：非半导体激光技术"2003 年 1 月，73-96 页。半导体激光技术数据(2003)来自《激光世界》2003 年 2 月刊，"2003 年激光技术市场：激光技术市场回顾与展望：第二部分：半导体激光技术"2003 年 2 月，63-76 页。《激光世界》每年的这两期都会提供这些分析数据。

表 14.1 激光类产品的市场份额分析

应用领域	非半导体激光类产品		半导体激光类产品	
	件	销售额（百万美元）	件（千）	销售额（百万美元）
材料加工	30 278	1 316	1	4
医疗	11 265	383	272	53
仪器制造	34 298	52	0	0
基础研究	5 943	147	0	0
电信	0	0	2 521	884
光存储	130	0.6	487 280	1 557
娱乐	1 605	12.9	43 040	23

应用领域	非半导体激光类产品		半导体激光类产品	
	件	销售额（百万美元）	件（千）	销售额（百万美元）
图像记录	7 393	16	7 645	44
检测、测量及控制	11 330	10	10 030	8
条码扫描	8 250	1	4 520	18
传感器	705	15	1 365	7
固体激光泵浦	NA	NA	144	135
其他	665	15	9 580	80
合计	112 506	1 995	566 398	2 814

激光类产品 总销售量：	非半导体激光类产品销售量约为 112 500 件，总值将近 20 亿美元 半导体激光类产品其销售量约为 566 000 000 件（超过 90% 的是量子限制激 光类产品），总值大约为 28 亿美元

14.1.3   光子技术

光子学与光电子学适用于许多领域，包括光的产生、调节、操控、放大以及探测等。显然，这些技术可用于很多商业领域，其中包括 CD 播放机、电信设备、医药、制造等等。

图 14.1 到图 14.4 是对一些光电产品的市场分析数据，这些数字来源于光电产业发展协会（OIDA，www.oida.org）。OIDA 是一个著名的产业集团，每年为其成员提供详尽的市场分析数据。

P.384

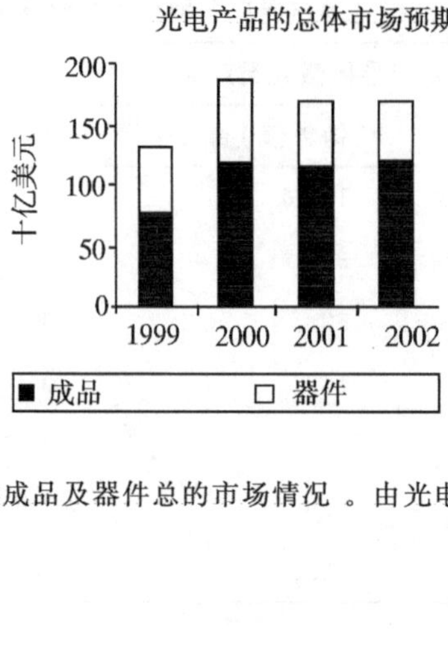

图 14.1   光电子类成品及器件总的市场情况 。由光电工业发展协会提供

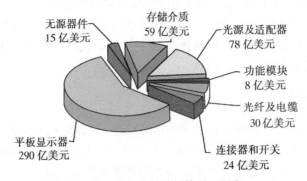

P.385

图 14.2 光子器件市场分割情况。源自:OIDA

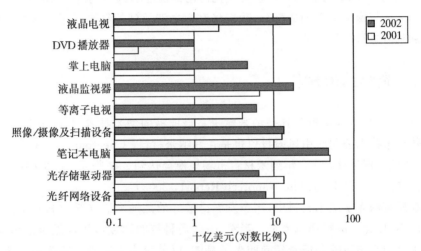

图 14.3 2001 年与 2002 年光电子产品市场占有情况对比。源自:OIDA

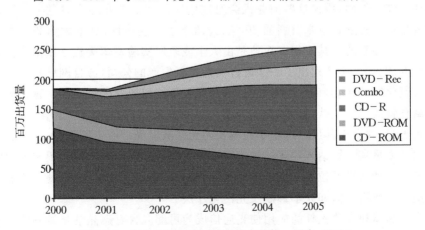

图 14.4 个人电脑光盘驱动器技术趋势。源自:OIDA

P.386 光电产品的整体市场规模如图 14.1 所示（来源于 OIDA ）。不论以哪种标准来衡量，这个市场都是巨大的，并在本书撰写期间一直保持相对平稳（部分是由于受到经济发展缓慢的影响）。图 14.2 描述了各组分的市场占有情况。图 14.3 通过比较 2001 年和 2002 年光电市场数据，揭示了市场的发展趋势。图 14.4 描述了基于特殊光学数据存储的技术趋势。

14.1.4　纳米光子学

虽然现在无法确定大部分或全部的市场前景，但纳米光子学无疑可以影响图 14.2 中所描述的光子学组成部分的进一步发展。有人可能会问，为什么今天的研发创新工作对未来的产业那么重要。因为随着纳米产品变小，越小的器件就越容易受到人们的青睐。然而，如果没有其他的附加性能，人们就会在产品的小型和它的成本之间权衡。在下面的部分，我们将对本书涉及到的纳米光子学领域的市场及发展趋势进行分析调查。

14.2　光学纳米材料

总的来说，纳米材料尤其是纳米粒子是最前沿的纳米技术（Pitkethly，2003）。大多数纳米技术公司吸引风险投资也是在其纳米材料（Cheetham and Grubstein，2003）领域。据估计，2005 年纳米材料市场规模会达到 9 亿美元，而到 2010 年时，这个值将是 110 亿美元（The Nanotech Report，2003）。

P.387 在所有的光学纳米材料中，当今发展得最好的是纳米级光学材料在低技术领域的应用，如光学涂料和遮光剂。当然，一些高科技的商业应用最近也已出现，包括用于复杂光学转换和信号转导的光子晶体，以及应用于监测及响应生化威胁的纳米传感器。然而，要说这些商业机会对这些应用多么重要还为时过早。有人对全世界生产多种形式纳米材料的 300 家公司作了一些估计，其中大约 200 家公司是生产纳米颗粒的。其中很多企业是由大学或政府实验室牵头建立或由企业家们创业开办的。表 14.2 列出了一些进行纳米材料生产的公司（源自网络）。

二氧化钛（TiO_2）和氧化锌（ZnO）纳米颗粒可被用作紫外阻断剂。遮光剂就是利用氧化锌或二氧化钛纳米颗粒作为紫外阻断剂的。这些纳米粒子吸收紫外线，通过可见光，并由于其尺寸远小于光波长而无法散射光。由于散射少，它们吸收紫外线的效率更高。钛纳米粒子还被用于开发更高效的太阳能电池。很多公司已经开始使用这种纳米颗粒去开发下一代太阳能电池，但仍处于发展阶段。纳米粒子还有望用于药物运输和光学诊断及光活化疗法。

光子晶体和多孔光纤的应用使光通信成为可能。含有态晶纳米微滴的一维光子晶体可用于生产动态切换光栅。这在本书第 11 章已对它进行了讨论。动态切换光栅已经被引入市场（SBG 实验室公司）。目前，光子晶体器件还在寻找市场定位，而光子晶体光纤也正在进行商品化开发（Blazephotonics；晶体光纤 A/S）。对此仍然要面对许多实际挑战。

　　下面我们选择一些实例进行详细分析。

表 14.2　纳米材料的生产公司及使用纳米材料的设备一览

P.388

材料类型	应用	公司主页
金属纳米颗粒		
金	生物传感器	www. nanospheric. com
金	生物传感器	www. nanoprobes. com
金/银纳米棒	安全条形码	www. nanoplextech. com
硅	显示器件	www. ultradot. com
氧化物纳米颗粒		
多种氧化物	粒子制备	www. nanophase. com
		www. nanosonic. com
	涂料	www. ppg. com
	聚合物复合材料	www. tritonsys. com
	显示器及电池	www. ntera. com
二氧化钛	粒子制备	www. altairinc. com
	遮光剂	www. oxonica. com
		www. granula. com
	光伏电池	www. konarka. com
	自清洁玻璃	www. pilkington. com
		www. afgglass. com
		www. ppg. com
掺杂镧系元素的氧化物	荧光粉	www. nanocrystals. com
其他无机纳米颗粒		
镧系元素磷酸盐	防伪标记	www. nano-solutions. de
Ⅱ - Ⅳ族元素量子点和量子线		
硒化镉量子点	产品	www. evidenttech. com
量子点	生物传感器和荧光标记	www. qdots. com

材料类型	应用	公司主页
量子点和量子线	光伏电池盒纳米激光器	www.nanosysinc.com
有机物		
纳米晶体	药物送递系统	www.nanocrystal.com
树状大分子	药物送递系统	www.dnanotech.com
纳米乳状液	药物送递系统	www.nanobio.com
脂胞囊	药物送递系统	www.imarx.com
聚合物纳米复合材料	全息数据存储	www.lptinc.com
聚合物分散液晶	开关光栅	www.sbglab.com
有机无机杂化物		
纳米诊疗剂	纳米医学	www.nanobiotix.com
光子晶体和	波导	www.blazephotonics.com
光子光纤	超连续谱产生	www.crystal-fibre.com

14.2.1 纳米涂料

只有少数材料在使用时不需要表面涂层,因此涂料产品的市场是非常大的。表 14.3 列出了美国生产和销售的一些普通涂料。成功的涂料往往可以使不太昂贵的材料能更好地满足应用需求。在过去的 10 到 20 年里,纳米粒子出现且被用于多个方面。随着组分颗粒体积的减小,颗粒表面积体积比变大,使得粒子与基质界面的处理变得更为重要。这些更小粒子的电性能、机械性能和光学性能发生了很大变化。

"Ceramiclear"是 PPG 生产的第一个以纳米技术为基础的汽车清漆产品。这款涂料是 PPG 与梅赛德斯-奔驰公司合作开发,并于 2002 年 8 月应用于第一辆汽车。涂层厚度大约为 40 nm,由直径 10～20 nm 的硅纳米颗粒组成。广告称这种涂料与以往涂料相比更耐水洗。

Ceramiclear 的一位开发者(PPG 的 Kurt Olson)指出,目前还有很多问题需要解决。这种涂料必须适用于现有的设备,喷涂效果必须美观,经济实惠,并且保质期要超过 6 个月。纳米颗粒的凝集(特别是在凝固化阶段)往往会导致令人无法接受的汽雾。为了解决这个问题,他们开发了一种特有的无机/有机黏结剂,该黏合剂优化了交联密度,同时还允许用致密高硅氧空气涂料进行表面喷涂,这种黏合剂的使用部分改善了涂料性能。该涂料可利用现有设备完成油漆抛光,对机械作用产生的污渍进行重复冲洗,起到最优保护作用。(源自:http://corporate.ppg.

com/PPG/Corporate/AboutUs/Newsroom/Corporate/pr_Ceramiclear. htm)

表 14.3　2002 年美国的涂料生产销售情况

分类	产量(百万加仑)	产值（百万美元）
建筑类	719	1 023
OEM 产品	412	5 538
特殊用途	183	3 352
其他杂项	149	1 188
总计	1 463	17 210
汽车用油漆	48	1 069

源自：U. S. Census (http：// www. census. gov/industry/1/ma325f02. pdf)

14.2.2　遮光剂中的纳米颗粒

在遮光剂中应用纳米级尺寸的二氧化钛和氧化锌粒子可有效屏蔽紫外线,增加透明度(实际上消除垩白外观),并有抗菌功能。在这里二氧化钛和氧化锌都可以选用,但由于氧化锌具有更优异的紫外线吸收特性及抗菌性(与 BASF 相比)所以更为常用(资料来源：Kowalczyk)。虽然纳观粒子的市场需求大约有 2500 万英磅,但这相比于表 14.4 显示的二氧化钛 800 000 万英磅的市场需求来说还是比较小的。

表 14.4　TiO₂ 纳米粒子的市场分析

纳米粒子类型	直径	成本/磅	年度市场(百万英磅)
全球 TiO_2(60%用于涂料等)	约 200 nm	0.90 美元	8000
用于遮光剂的纳米粒子	10~20 nm	3~10 美元	25
用于催化剂的 TiO_2(包括基底材)	不同	不同	20
光电用途	—	—	1

源自：Marc S. Reisch. Essential Minerals,*Chemical and Engineering News*,Vol,81,pp.13-14,March 31,2003. JimFisher,国际商业管理协会(TBMA)主席,预测遮光剂晶体拥有每年达 2500 万英磅的潜在市场。

14.2.3　自清洁玻璃

平板玻璃制造商一直有一个梦想,就是希望开发一种可进行自身清洁的玻璃。这种创新在曼哈顿市区、住宅天窗以及一系列其他玻璃装置,包括应用在航空航天工业中的玻璃产品上都非常有价值。

P.390 在过去的几年里,几乎所有主要的玻璃制造商都宣称已开发出可自我清洁的平板玻璃。这一创新的原理是通过光催化分解作用得到二氧化钛纳米晶体,该晶体能产生附加效应使玻璃表面具有亲水性,从而解释了玻璃板表面水的来源。事实上,洁净的玻璃本身是亲水的,但因为玻璃很容易变脏,这种洁净的玻璃几乎见不到。

下列是一些涂料制造商及其商品名:

公司	商品名
PPG	SunClean
Saint Gobain Glass (SGG)	Aquaclean
Pilkington	Activ
Ashai Glass Company (AFG)	Radiance Ti

对玻璃涂料还有一些其他要求,包括不能降低窗口的光学清晰度(无混浊、色彩等),具有足够的韧性使其可对抗恶劣的环境及进行必要的处理,而且费用不能高于其附加值。

14.2.4 荧光量子点

荧光量子点成像的优点已在第 13 章讨论过。位于加利福尼亚州海沃德的量子点公司是一家荧光量子点标记领域的商业化公司,其产品应用的主要优点是具有比较窄的发射光谱以及在光漂白时的稳定性。

荧光量子点标记的另一个应用是关于安全防护的。德国的 Nanosolutions 公司(http://www.nano-solutions.de/en/index.html)是安全颜料 REN®-X 红和 REN®-X 绿的制造商,这些颜料中含有分散在油墨中的纳米粒子,由此产生的色散是无色完全透明的。当用紫外线辐射照射时,就产生了油墨荧光图像。

P.391 ### 14.2.5 纳米条形码

纳米条形码利用了另一个有趣的概念。在这个例子中,纳米条形码拥有以纳米金属棒形式存在的互相连接的微小金属片段。这里金、银等不同的纳米金属棒都可用。这些金属纳米棒表现出依赖于纳米棒长度以及金属材料的表面等离子体共振效应(见第 5 章)。光通过这些不同片段时,会产生不同颜色的彩色编码。2003 年 3 月 4 日至 14 日,Nanoplex 科技公司(www.nanoplextech.com)在佛罗里达州奥兰多举行的匹兹堡会议上推出其第一个产品:一个包含 Nanobarcodes™ 粒子及六种不同剥离模式的套件。

14.2.6 光子晶体

光子晶体能以精确的角度引导光的传输(见第 9 章),这使人们对其产生很大的期望,希望可以制造很多用传统的波导技术无法生成的小型集成光学器件。当前的主要任务是寻找与半导体生产设备和方法兼容的材料和制造方法。目前最被看好的材料是绝缘体衬底硅(SOI),它可在绝缘硅衬底上的硅薄膜层中蚀刻出圆孔图案,这种材料与当前的加工方法具有良好的兼容性。Galian、Luxtera 和 Clarendon Photonics 等公司是这种材料开发应用的先驱。另外,NanoOpto 公司正在开发一种专有的成型工艺,将电路设计印制在一个聚合物抗蚀层中,然后通过各向异性反应离子蚀刻在硅/二氧化硅层上形成图案。NeoPhotonics 公司正在制作一种聚合物中的光子结构,而 Micro Managed Photons 公司则利用玻璃衬底上的金薄膜层中的图案形成光子结构。尽管所有的工作都处于元件这一层次上,许多业内专家仍认为要获得可用性的产品还有一段路要走。康宁公司光学系统发展部主管 Jaymin Amin 谨慎地说:"我认为在未来五年内还不会有光子晶体元件出现。"(Mills,2002)

14.2.7 光子晶体光纤

研发人员做了很多努力想要将实验室里的光子晶体光纤实验品转化为实际应用的产品。20 世纪 90 年代,光纤拉丝程序的改进,已经使光纤制造方法得到发展和优化,并在这本书撰写期间实现了 PCFs 的商品化。最早开展这项工作的是 Blaze Photonics 公司。该公司总部设在英国,大量生产各种类型的光纤,这些光纤在特定波长具有零群速色散特性,其长度可达几千米,每米价格在 20 美元到 400 美元之间。显然,如果这些光纤价格下降,它们将在更大范围被接受并实现规模化生产。目前可用的产品包括空芯光纤(用于可见光,800 nm、1060 nm 和 1550 nm 的光传输)、高非线性光纤(用于超连续谱光传输)、偏振保持光纤和无休止单模光纤(www. blazephotonics. com)。这些应用已经在第 9 章进行了讨论。丹麦的 A/S 晶体光纤公司(www. crystal-fibre. com)是另一家生产商业光子晶体光纤的公司,此公司还生产纯 PCFs 及硅基质掺杂(例如,稀土离子掺杂)PCFs 。

P.392

14.3 量子限制激光器

量子阱、量子线和量子点(Qdot)激光器件作为纳米结构设备已被用于生产高效半导体激光器。如 14.1 节中所述,目前出售的大部分半导体激光器都是基于量子阱结构的。因此,纳米光子学已经拥有了一个比较大的市场,而且随着微型光学器件需求的增多,这一市场也将越来越大。正如在第 4 章所说的,量子点激光器有其独特的优点,仍然是一个非常有商业价值的研究领域。阿尔布开克的 Zia 激光公司已经开始研发量子点激光器产品。

量子级联激光器(QCL)是另一种正在商业化开发,并探索其在化学和生物传感方面应用的激光器。阿尔卑斯激光器公司(瑞士)和应用光电子公司(美国)是两家生产量子级联激光器的公司。阿尔卑斯公司生产的反馈单模 QCLs 可提供脉冲模式激光,用于半导体、食品、医疗诊断以及污染物检测和爆炸物探测。美国的 Maxima 公司生产出一种更有前景的可在室温下运行的 9.1 μm 量子级联激光器来用于通信应用。人们相信这种更长的波长可以大大提高空间通信的传输速度 (http://optics.org/articles/ole/7/6/5/1)。

14.4　近场显微镜

越来越多的人认识到,近场显微镜将会成为纳观成像的有利工具。它作为一种新型研究工具可用于探索纳米结构动力学特性以及对纳米结构设备进行无损检测。利用近场显微镜的纳米成像技术具有广泛的应用,如在半导体行业中对材料的无损检测。在生物医学研究中,它可被用于细菌和病毒成像。现在的医学成像技术由于能看到微米和亚微米级的细菌和其他非常小的物体而受到了极大的关注,使用近场探头的近场传感器和纳米装置也受到了广泛关注。然而,近场技术仍处于研究阶段,离日常应用还很远。

P.393 # 14.5　纳米光刻技术

本书第 11 章中对纳米光刻技术的优势做了阐述,正是由于这些优点,纳米光刻技术同样是一个引起了广泛兴趣的研究领域。然而,第 11 章中提及的大多数技术转变为用于生产商用纳米装置还有很长的路要走。

纳米光刻技术的一个主要的应用是半导体行业。半导体工业因能迅速引进技术改进产品而得到突出的发展。用于制造集成电路最小功能单元的尺寸成指数下降(根据著名的摩尔定律,单个 IC 上可容纳的晶体管数目每 18 个月增长一倍,性能也增长一倍)带来了生产成本的降低,并通过计算机的普及、电子通信和消费电子产品的应用转化为生产力的进步和生活质量的提高。20 世纪 60 年代 DRAM 的典型特征尺寸是 5 μm,现在是 0.25 μm,2012 年的技术目标是达到 50 nm。关于这一主题的完整资源来自国际半导体技术路线图(ITRS)(http://public.itrs.net)。

用于制作硅 CMOS 器件的光刻技术正不断向前向下推进,制造出越来越小的晶体管。因为生产最小 MOSFET 栅极长度为 1.6 μm 的硅芯片的设备已然存在,尖端微处理器将达到亚显微水平。最新的英特尔奔腾 4 处理器是采用 0.13 μm 技术,即 MOSFET 的最小栅极长度不大于 0.13 μm 或 130 nm(这种处理器的实际栅极长度目前是 70 nm),而早期的奔腾 4 是采用的是 0.18 μm 的技术。这种更精密的处理器系统将带来 1000 亿美元的市场(资料来源:英特尔公司的网站)。

对工艺尺寸的小型化研究仍在进行之中,预计在 2003 年底可以实现 90 nm 工艺流程(Thompson et al.,2002)。此外,通过论证显示标准光学蚀刻技术(波长 248 nm)可用于加工栅极长度为 30 nm 的设备(Chau et al,2000)。然而,为了使 30 nm 技术用于生产,必须使用新的光刻技术。现有的构想是利用波长为 13 nm 的超紫外光刻(EUVL)(Garner,2003)。目前已经有很多研究机构在进行 EUVL 的研究(例如 Stulen and Sweeney, 1999;Sweeney, 2000;Kurz et al., 2000)。虽然有许多可能性,如分子电子学,但目前还不清楚十年后什么技术将用于制造更小型的设备。

此外,目前的晶片尺寸可做到直径 300 mm,通过掩膜技术的发展,可使紫外光源在整个晶片上产生均匀一致的照射强度。

在本书撰写期间,纳米光刻技术被宣传为蘸笔光刻技术。芝加哥 Nanoink 公司(http://www.nanoink.net/)宣称他们推出了一种用于 DPN 实验的新产品 NSCRIPTOR™ DPNWrite™ 系统,该系统包含全功能商用扫描探针显微镜系统 (SPM)、环境实验舱、笔、墨水池、基板、基板台和附件。

P.394

位于德克萨斯州奥斯汀市的另一个生产纳米光刻工具的公司 Molecular Imprints 公司(http://www.molecularimprints.com/),推出了一系列基于步进-闪光压印光刻技术(S-FIL™)的产品如 Imprio 50、Imprio 55 和 Imprio 100。其中 Imprio100 能提供小于 50 nm 的光刻技术。

新泽西蒙默思郡的 Nanonex 公司 (http://www.nanonex.com/)生产纳米光刻工具、抗蚀剂和掩膜。

14.6 纳米光子学的前景展望

随着社会对小型高能效多模化技术产品的渴求,科学对认知的追求为纳米光子学提供了一个光明的未来。和多数技术领域一样,以市场为导向的发明创造往往会产生新的经济机遇。要知道纳米光子学还是一个新兴领域,新的科学发现也将有利于新技术的发展。但是,并不是所有的发现和实验室技术成果都能转化为商业化产品。一定的竞争力、可靠的性能、生产的可扩展性和成本效益是产品可商品化的重要指标。

虽然科学家善于生产创新,却大多不善于将一项创新转化为商业机会。这也就是大学和企业的投资伙伴关系可以发挥重要作用的地方,这样可以将科学创新用于进行商业生产。

虽然对未来的发展前景和经济增长方向作预测本身存在风险，对未来的前景展望仍然是有用的。预计有四大重点领域将从纳米光子学的突破中获益。下面通过一些例子进行详细阐述。

14.6.1 发电及能量转化

为了努力获得清洁和高效的能源，太阳能的转换利用成为一个优先发展的领域。纳米光子学利用无机-有机杂化纳米结构和纳米复合材料制成低成本、大面积卷带式塑料太阳能电池板和太阳能帐篷以获得太阳能的宽带收集。纳米复合材料的一些优点已经在第 10 章进行了讨论。其他能量转换源包括稀土掺杂纳米粒子上转换器和量子切割器，如第 6 章中所述。这些光子换能器可以用来收集太阳光谱边缘的太阳光子，特别是红外和深紫外区域。为了使技术不断成熟而开展的基础研究的一个主要方向是对纳米级动态过程的理解及后续控制，重点在于对纳观结构与功能关系的研究上。此外，纳观结构的动力学特性在多光子功能控制（如光子转换）中同样重要。

另一个主要应用是利用量子切割的纳米颗粒照明。如第 6 章所述，我们迫切需要寻找到一种无汞高效的照明源，而这种可喷涂涂层的高效量子切割器可以满足这种需求。光子上转换纳米颗粒还可应用于显示和安全标志。

P.395

14.6.2 信息技术

尽管 2000 年初 IT 市场增长放慢，但由于社会必须处理不断增多的信息并对信息进行存储、显示和传播，可以预期 IT 市场还是会继续增长。因此，处理速度的加快、带宽的增加（更多渠道来传递信息）、高密度的存储和高效率处理，以及灵活的显示都将需要新的技术。此外，正如我们已经习惯于无线通信一样，光子和RF/微波的耦合将在未来的信息技术中发挥重大作用。纳米光子学有望在所有这些领域中产生重大影响。以光子晶体为基础的集成光路，以杂化纳米复合材料为基础的显示设备，以及射频/光子连接器就是其中一些典型例子。制定明确的处理方法以满足设备的可靠性、批处理和成本效益等方面的需求是目前面临的主要挑战。

14.6.3 传感器技术

人们迫切需要将传感器技术应用到卫生、结构和环境监测等领域。一个引起人们极大关注的问题是微生物有机体菌株和传染病的快速检测与识别。这需要进行定点检测以及环境监测。另一个全球关注的焦点领域是应对生化武器的威胁。不仅需要检测生化武器对生态系统的破坏力，还需要检测爆炸时对建筑结构（桥梁、纪念碑等)造成的破坏。纳米光子传感器利用多元纳米探针对多种威胁进行同步监测及遥感。未来可将纳米光电子用于光电混合检测。

14.6.4　纳米医学

全球范围的老龄化带来了一系列医疗保健问题,因此对疾病进行早期发现和干预治疗变得非常重要。纳米医学利用光诱导和光活化疗法对药物进行实时监 P.396测,产生出更有效的个性化分子疗法。因此,本书作者认为,纳米医学将是一个有巨大发展潜力的领域。同时,应该指出的是,由于任何技术的应用都是一个长期的过程,不能指望纳米医学很快出现在应用市场中。许多人指出纳米医学应用中的一个主要问题是,纳米粒子的长期使用会对健康产生不利影响(如毒性在重要器官积累,引起循环系统梗阻等)。此外,纳米医学还可用于化妆品工业。

总之,强有力的证据显示,纳米光子学拥有光明的商业前景,其创新将对市场产生革命性的影响。

14.7　本章重点

- 纳米光子学提供了大量的商业机遇,其中许多已经占有了一定的市场份额。
- 纳米技术、激光技术、和光子技术在纳米光子学领域的融合已建立起价值数十亿美元的市场。
- 许多国家所提供的国家优先发展资金成为推进纳米技术,包括纳米光子学技术发展的主要动力。
- 在纳米技术领域,大部分风险资本投资集中在纳米材料领域。
- 光学纳米材料在低技术应用领域有成熟的市场,如遮光剂和光学涂料。
- 荧光量子点和纳米条形码是另一些纳米结构材料商品。
- 光子晶体光纤是最近上市的一种纳米光子材料。
- 大多数半导体激光器利用量子阱结构。最近,已有新的量子点激光器进入市场。
- 量子级联激光器是量子限制激光器的又一个例子,广泛用于半导体行业、食品和医疗诊断中的污染物检测,以及爆炸物探测等领域。
- 近场显微镜可用于纳米器件无损检测和生物成像。
- 纳米光刻技术的一个主要的应用是在半导体行业生产更小的微处理器。
- 蘸笔光刻和压印光刻是一些新的商业化技术。
- 代表未来发展前景和经济机遇的一些例子是:(i)新能源的产生及能量的 P.397转化;(ii)信息技术;(iii)传感器技术;(iv)纳米医学。

参考文献

Chau, R., Kavalieros, J., Roberds, B., Schenker, R., Lionberger, D.; Barlage, D., Doyle, B., Arghavani, R., Murthy, A., and Dewey, G., 30 nm Physical Gate Length CMOS Transistors with 1.0 ps *n*-MOS and 1.7 ps *p*-MOS Gate Delays, presented at Electron Devices Meeting, 2000, IEDM Technical Digest International, 2000.

Cheetham, A. K., and Grubstein, P. S. H., Nanomaterial and Venture Capital, *Nanotoday* **December,** 16–19 (2003).

Dunn, S., and Whatmore, R. W., Nanotechnology Advances in Europe, working paper STOA 108 EN, European Commission, Brussels, 2002.

Garner, C. M., Nano-materials and Silicon Nanotechnology, presented at NanoElectronics & Photonics Forum Conference, Mountain View, VA, 2003.

Gould, P., UK Invests in the Nanoworld, *Nanotoday* **December,** 28–34 (2003).

Hwang, V., Presented at Nanorepublic Conference, Los Angeles, 2003 (www.larta.org/nanorepublic).

Kurz, P., Mann, H.-J., Antoni, M., Singer, W., Muhlbeyer, M., Melzer, F., Dinger, U., Weiser, M., Stacklies, S., Seitz, G., Haidl, F., Sohmen, E., and Kaiser, W., Optics for EUV Lithography, presented at Microprocesses and Nanotechnology Conference, 2000 International, 2000.

Mills, J., Photonic Crystals Head Toward the Marketplace, *Opto and Laser Europe* **November,** 2002; *http://optics.org/articles/ole/7/11/1/1.*

Pitkethly, M., Nanoparticles As Building Blocks?, *Nanotoday* **December,** 36–42 (2003).

Roco, M. C., and Bainbridge, W. S., eds., *Societal Implications of Nanoscience and Nanotechnology,* Kluwer Academic Publishers, Hingham, MA, 2001.

Stulen, R. H., and Sweeney, D. W., Extreme Ultraviolet Lithography, *IEEE J. Quantum Electron.* **35,** 694–699 (1999).

Sweeney, D., Current Status of EUV Optics and Future Advancements in Optical Components, presented at Microprocesses and Nanotechnology Conference, 2000 International, 2000.

The Nanotech Report 2003, *Investment Overview and Market Research for Nanotechnology,* Vol. 2, Lux Capital, New York, 2003.

Third European Report on Science of Technology Indicators, EUR 2002, European Commission, Brussels, 2003.

Thompson, S., Anand, N., Armstrong, M., Auth, C., Arcot, B., Alavi, M., Bai, P., Bielefeld, J., Bigwood, R., Brandenburg, J., Buehler, M., Cea, S., Chikarmane, V., Choi, C., Frankovic, R., Ghani, T., Glass, G., Han, W., Hoffmann, T., Hussein, M., Jacob, P., Jain, A., Jan, C., Joshi, S., Kenyon, C., Klaus, J., Klopcic, S., Luce, J., Ma, Z., Mcintyre, B., Mistry, K., Murthy, A., Nguyen, P., Pearson, H., Sandford, T., Schweinfurth, R., Shaheed, R., Sivakumar, S., Taylor, M., Tufts, B., Wallace, C., Wang, P., Weber, C., and Bohr, M., A 90 nm Logic Technology Featuring 50 nm Strained Silicon Channel Transistors, 7 Layers of Cu Interconnects, Low *k* ILD, and 1 μm^2 SRAM Cell, Proc. Electron Devices Meeting, 2002. IEDM '02, pp. 61–64.

索　引

（本索引词条中文后面的数字是英文原书的页码，此页码排印在中译本每页靠近切口的白边上。）

A

C

D

M

N

O

T

U